战略性新兴领域"十四五"高等教育系列教材

机械精度设计基础

U0240506

主　编　陈丙三　陈昌荣
副主编　周建星　邵　俊
参　编　林　彬　林志熙　李春雨
　　　　邢闽芳　张　旭　王文豪

机械工业出版社

本书在编写过程中，充分融入了近年来应用型本科教育的精髓与教学团队在教育改革方面所取得的成果，并将企业综合实例与理论知识紧密融合，确保了高度的实用性，易于建立机械产品精度设计系统观，内容体现"两性一度"。本书结构严谨，章节之间前后呼应，呈现出整体性。同时，本书依据现行国家标准编写，内容表述独特且通俗易懂，极大地方便了读者的自主学习。

本书共分为 9 章，包括绪论、测量技术基础、尺寸精度设计、几何精度设计与检测、表面粗糙度与检测、典型零件的精度设计与检测、光滑工件尺寸检测和量规设计、尺寸链以及计算机辅助公差设计等多个方面。书中详细阐述了常见几何参数的精度设计方法与各类公差的选择、标注、查表与解释，并深入介绍了几何量的常见检测与验证方案以及数据处理技术。

本书适合应用型本科院校机械类专业使用，也适合成人教育学院、函授大学、电视大学、高等职业技术学院等机电类专业的教学需求。对于从事机械设计与制造的工程技术人员而言，本书也是一本极具参考价值的工具书。

图书在版编目（CIP）数据

机械精度设计基础／陈丙三，陈昌荣主编． -- 北京：机械工业出版社，2024. 11. --（战略性新兴领域"十四五"高等教育系列教材）． -- ISBN 978-7-111-77178-4

Ⅰ．TH122

中国国家版本馆 CIP 数据核字第 2024ML3159 号

机械工业出版社（北京市百万庄大街 22 号　邮政编码 100037）

策划编辑：余　皞　　　　　　责任编辑：余　皞　杨　璇
责任校对：陈　越　薄萌钰　　封面设计：严娅萍
责任印制：任维东

天津嘉恒印务有限公司印刷

2024 年 12 月第 1 版第 1 次印刷

184mm×260mm · 18.75 印张 · 463 千字

标准书号：ISBN 978-7-111-77178-4

定价：59.80 元

电话服务　　　　　　　　　　　网络服务
客服电话：010-88361066　　　　机　工　官　网：www.cmpbook.com
　　　　　010-88379833　　　　机　工　官　博：weibo.com/cmp1952
　　　　　010-68326294　　　　金　书　网：www.golden-book.com
封底无防伪标均为盗版　　　机工教育服务网：www.cmpedu.com

前 言

"机械精度设计基础"课程即"互换性与技术测量"课程，是应用型高等院校机械类、仪器仪表类和机电类等专业的一门重要的主干技术基础课程，其内容与机械工业发展紧密相关。本书契合产业发展新态势和当前教育改革需要，侧重培养适应现代工业发展需求的机械类高级应用型、复合型技术人才。

随着装备制造业的快速高质量发展，机械产品精度和质量已成为企业竞争的关键要素。在此背景下，机械精度设计相关知识、能力的培养是高等教育重要的一环。课程旨在为学生提供关于互换性原理、机械精度设计方法及其运用、测量技术等相关知识，以满足装备创新设计工程实践中对高精度和质量控制的需求。

本书根据应用型高等院校机械类、仪器仪表类和机电类等专业的培养目标及对毕业生的基本要求，结合编者多年教学实践并与一些院校、企业专家反复研讨编写而成。本书本着注重理论与实践紧密联系的原则，既保证了必要、足够的理论知识内容，又增强了理论知识的应用性、实用性；既突出了常见几何参数及典型表面的公差要求的设计解释以及对几何量及其误差的常见检测与验证方案、检验操作的内容，又适当地保证了对国家标准制定的基本原理的解释、分析。本书突出以下特点。

1）紧密结合教学大纲，将企业综合实例贯穿全书始终，以阐述理论及其应用的内容，尤其是重点化解了难以理解的理论内容，可更好满足教学和自学的需要。

2）以小型机床为主要实例，内容突出"两性一度"，建立机械成套装备精度设计系统观，培养解决综合设计问题、复杂工程问题的能力基础。

3）为了保证科学性与先进性，本书主要依据现行国家标准进行编写，并反映产业新需求与技术发展新动态。

4）为巩固和加深对有关内容的理解，本书提供了大量的实训题和适量的习题。

5）专业适用广且可满足不同学时设置的课程需求。

本书由福建理工大学陈丙三、陈昌荣任主编，新疆大学周建星、棣拓（上海）科技发展有限公司邵俊任副主编。参编人员还有福建理工大学林彬、林志熙、李春雨、邢闽芳，棣拓（上海）科技发展有限公司张旭、王文豪。本书的编写得到了福州工大台钻有限公司的全力支持与配合，在此表示诚挚的谢意。

本书由陈丙三统稿和定稿，分工如下：第 1、2、8 章由陈昌荣、邢闽芳编写，第 3、7章由林彬、林志熙编写，第 4、5、6 章由陈丙三、周建星、李春雨编写，第 9 章由邵俊、张旭、王文豪编写。

由于编者水平有限，书中难免有不足之处，恳请读者批评指正。

编 者

目　录

知识图谱

教学大纲

第 1 章

绪论

PPT 课件

视频

本章要点及学习指导：

1）通过小型机床——立式台钻实例分析，结合学习的"机械制图"和"机械设计"等课程，了解机械产品精度设计的基本内容，明确精度设计的任务。

2）了解在机械产品的制造、装配和使用过程中，一般遵循"互换性"原则的理由。

3）掌握互换性概念的基本内容、互换性的作用、互换性的种类及其应用。

4）掌握实现互换性的条件——公差标准化和技术测量的基本内容。

5）了解公差标准化应用实例——标准尺寸的应用。

6）明确本课程的性质与基本要求。

1.1 机械精度设计概述

本节介绍机械产品精度设计的基本概念和主要任务。

1.1.1 机械产品的几何量精度设计

机械产品（如各类机器设备——机床、各类机构——减速器及其他传动装置）设计通常除了进行机械产品的总体开发、方案设计、运动设计、结构设计、强度和刚度设计之外，还必须进行机械产品的精度设计。几何量精度设计是机械产品精度设计中的重要内容。几何量精度设计是否正确、合理，对机械产品的使用性能和制造成本，对企业生产的经济效益和社会效益都有着重要的影响，有时甚至起决定性作用。

1. 几何量精度设计的基本概念

机械产品的几何量精度设计是指按照机械产品的使用功能要求和机械加工及检测的经济合理的原则，对构成机械产品的零件的配合部位确定配合性质；确定各个零件上各处的尺寸精度、几何精度、表面质量；确定机械产品在轴向上的定位精度（涉及尺寸链计算和确定轴向尺寸公差）等。

2. 几何量精度设计的主要任务

机械产品的几何量精度设计的主要任务如下。

1）在机械产品的总装配图和部件装配图上，确定各零件配合部位的配合代号和相关技术要求，并将配合代号和相关技术要求标注在装配图上。

2）在机械产品的零件图上，确定零件上各处尺寸公差、几何公差、表面粗糙度要求以及典型表面（如键、圆锥、螺纹、齿轮等）公差要求等内容，并在零件图上进行正确标注。

1.1.2　机械产品的几何量精度设计实例

以小型机床——立式台钻主轴部件的几何量精度设计为例，具体说明几何量精度设计的主要内容。

图1.1所示为立式台钻主轴部件的装配示意图。立式台钻主轴部件主要由主轴箱、主轴、齿条套筒、齿轮轴、花键套筒、主轴带轮、轴承、挡圈、平键、螺母等零件组成。

1. 立式台钻主轴部件的基本工作原理

如图1.1所示，立式台钻主轴部件的基本工作原理是由电动机带动带轮经V带传至主轴带轮和花键套筒，再经花键传至主轴，并使与主轴连接的钻头旋转。花键套筒上的带轮为5级塔轮，变换V带在塔轮上的级位，可获得5种转速，达到变速要求。

2. 立式台钻的几何量精度设计的主要内容

1）在立式台钻主轴部件的装配图中，确定其各零件之间配合部位的配合代号或其他技术要求，并进行图样标注。

2）经过尺寸链计算，确定主轴上各零件轴向尺寸及其公差，以保证它们在轴向上的定位要求。

3）在立式台钻的各零件图中，确定各处尺寸公差、几何公差、表面粗糙度要求、平键与键槽的公差以及齿轮齿面公差要求等，并进行图样标注。

立式台钻主轴部件的装配示意图、花键套筒和主轴箱零件图如图1.1、图3.21、图6.6所示。

3. 立式台钻零件加工、部件装配过程和立式台钻的使用及修配过程

（1）立式台钻零件加工、部件装配过程　由图1.1可知，立式台钻由多种零部件组成，有轴承、平键、弹性挡圈、弹簧、螺母等标准件或通用件，也有主轴箱、主轴、齿条套筒、花键套筒、齿轮轴、压紧螺钉和挡圈等非标准件，还有油毛毡等非金属标准件等。这些零部件由不同工厂、不同车间、不同工人生产。例如：轴承是由专业化的轴承制造厂制造；平键、螺母、弹性挡圈、弹簧、密封圈等由专业化的标准件厂生产；非标准件由一般的机械制造厂加工制造。当这些零部件加工合格后，都汇聚到立式台钻的装配车间。当装配一定批量的立式台钻时，为了提高装配效率，在装配车间的装配线上，各个装配工位按照一定的节拍进行装配。装配工人在一批相同规格的零件中不经选择、修配或调整地任取其中一个零件就能装配在一起，最后装配成一台满足预定使用功能要求的立式台钻。

（2）立式台钻的使用及修配过程　当立式台钻使用一段时间后，其中一些易损件，如轴承中的滚动体——滚珠、密封圈、齿轮齿面等容易磨损。当磨损到一定程度，就会影响立式台钻的使用功能。这时要求迅速更换易损件，使立式台钻尽快修复，从而保证立式台钻尽早可靠地正常工作。

由立式台钻的加工、装配和使用过程可知，只有立式台钻中加工的零件具有相互更换的性能，才能满足快速装配和修配的要求。零件相互更换的性能称为几何量的互换性，简称为

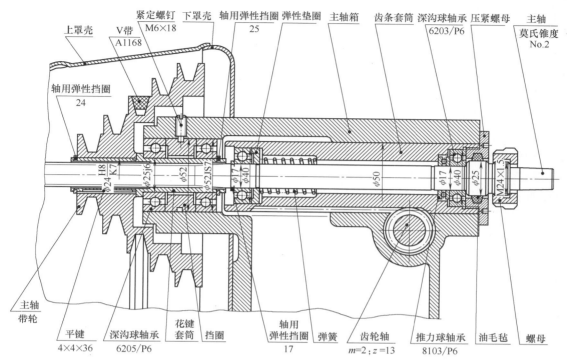

图 1.1 立式台钻主轴部件的装配示意图

互换性。它是全球化、专业化、协作生产机械产品中一般要遵循的原则。

1.2 机械零件精度设计原则

机械零件精度设计的基本原则是经济地满足功能需求，即在满足产品使用要求的前提下，给产品规定适当的精度（合理的公差）。互换性及标准化只是机械零件精度设计的部分任务。

机电产品用途不同，机械零件精度设计的要求和方法也不同，但都应遵循以下原则。

1. 互换性原则

互换性原则是现代化生产中一种普遍遵守的重要技术经济原则，在机械制造中可以有效保证产品质量，提高劳动生产率和降低制造成本。它是针对重复生产零件的要求，只有重复生产、分散制造、集中装配的零件才要求互换。

2. 标准化原则

机械零件精度设计提倡大量采用标准化、通用化、系列化的零（部）件、元器件和构件，以提高产品互换程度。

3. 精度匹配原则

在机械总体精度设计的基础上进行结构精度设计，需要解决总体精度要求的恰当和合理分配问题。精度匹配就是根据各个组成环节的不同功能和性能要求，分别规定不同的精度要求，分配恰当的精度并保证其相互衔接。

4. 优化原则

优化原则就是通过确定各组成零（部）件精度之间的最佳协调，达到特定条件下机电产品的整体精度优化。主要体现在：①公差优化（即经济地满足功能要求）；②优先选用，如基孔制优先；③数值优化，如数值采用优先数。

5. 经济性原则

在满足功能和使用要求的前提下，精度设计还必须充分考虑经济性的要求。经济性原则的主要考虑因素包括加工及装配工艺性、精度要求的合理性、原材料选择的合理性、是否设计合理的调整环节以及提高工作寿命等。

高精度（小公差）固然可以满足高的功能要求，但也意味着高投入，即高成本。因此，在对具有重要功能的几何要素进行精度设计时，要特别注意生产经济性，应该在满足功能要求的前提下，选用尽可能低的精度（较大的公差），从而提高产品的性价比。

随着工作时间的增加，运动零件的磨损将使机械精度逐渐下降直至报废。零件的机械精度越低，其工作寿命也相对越短。因此，在评价精度设计的经济性时，必须考虑产品的无故障工作时间，以减少停机时间和维修费用，提高产品的综合经济效益。

综上所述，互换性原则体现机械零件精度设计的目的，标准化原则是机械零件精度设计的基础，精度匹配原则和优化原则是机械零件精度设计的手段，经济性原则是机械零件精度设计的目标。

1.3 实现互换性的条件

随着机械行业的发展和科学技术的提高，经济市场需要各式各样物美价廉的机械产品。而组成这些机械产品的各个零（部）件，在现代化的机械产品设计、制造和使用过程中，普遍遵守一个原则——互换性原则。

1.3.1 互换性概述

1. 互换性

互换性是指在机械产品装配时，从制成的同一规格的零（部）件中任意取一件，不需要调整或修配等工作，就能与其他零（部）件安装在一起组成一台机械产品，并且达到预定的使用功能要求。

2. 互换性的作用

互换性的作用主要体现在以下3个方面。

1）在设计方面。能最大限度地使用标准件，因此可以简化绘图和计算工作量，使设计周期缩短，有利于机械产品更新换代和计算机辅助设计技术的应用。

2）在制造方面。有利于组织专业化生产，使用专用设备和计算机辅助制造（CAM）技术。

3）在使用和维修方面。便于及时更换已经丧失使用功能的零（部）件，对于某些易损件可以提供备用件，这样既可以及时维修，缩短停机时间，又减少维修成本。

互换性在提高机械产品质量和可靠性、提高企业经济效益等方面均具有重大意义。但是，互换性原则未必适用于所有的机械产品，有的零（部）件就采用单配制，零（部）件就不具有互换性，但也有公差和检测要求。

3. 互换性的种类

1）按互换的范围，可以将互换性分为完全互换（也称为绝对互换）和不完全互换（也称为有限互换）。

在同一规格的零（部）件中，经过分组，在组内具有互换性的称为不完全互换。

例如：滚动轴承，其外圈外径和箱体孔直径的配合尺寸以及内圈内径和轴颈直径的配合尺寸（图 1.1 所示尺寸 $\phi52JS7$、$\phi25j6$ 等）均采用完全互换；轴承内、外圈滚道的直径与滚动体直径的结合尺寸，因其装配精度很高，则采用分组互换，即不完全互换。

2）对于标准部件或非标机构来讲，互换性又可分为外互换和内互换。

外互换是指标准部件与机构之间配合的互换性。例如，轴承与轴颈、箱体孔直径的配合尺寸（图 1.1 所示尺寸 $\phi52JS7$ 和 $\phi25j6$）属于外互换。

内互换是指标准部件内部各零件之间的互换性。例如，滚动轴承内、外圈的滚道直径与滚动体直径的结合尺寸为内互换。

1.3.2 实现互换性的条件——公差标准化和技术测量

1. 几何量公差及其标准化

机械产品的零（部）件具有互换性，也就是说，相互更换的两个相同规格的零（部）件，其几何参数应一致。

在零件加工过程中，由于各种因素（机床误差、刀具误差、切削变形、切削热、刀具磨损等）的影响，使零件的几何参数不可避免地存在误差，因此，无法将一批相同规格的零件制成完全一致，或者说，无法将零件的几何参数加工成绝对准确。

从满足零件的互换性要求和机械产品的使用性能出发，也不要求将零件制造得绝对准确。只要求将零件的几何参数误差控制在一定范围内，即制成的一批相同规格的零件的几何参数具有一致性。

这个允许零件几何参数变动的范围称为几何量公差。

1）几何量公差。几何量公差包括尺寸公差、几何公差、表面粗糙度要求以及典型表面（如键、圆锥、螺纹、齿轮等）公差。

2）公差标准化。简单地说，公差标准化是指几何量公差应在一定范围内进行规范、统一，并要求相关制造企业和管理机构遵照执行。

在现代化生产中，标准化是一项重要的技术措施。因为某一机械产品的制造，往往涉及地区内、国内许多制造厂家和有关部门，甚至还要进行国际协作。如果没有在一定范围内共同遵守的技术标准，就不能达到互换性要求。

标准是指为了在一定的范围内获得最佳秩序，对活动或其结果规定共同的和重复使用的规则、导则或特性的文件。

我国按标准使用的范围分为国家标准、行业标准、地方标准和企业标准。

3）公差标准化应用实例。公差标准化实例很多。例如，图 1.1 所示的配合尺寸都应进行标准化，这个经过标准化的尺寸称为标准尺寸，即尺寸数值应按优先数选取。

国家标准 GB/T 321—2005《优先数和优先数系》规定十进制等比数列为优先数系，并规定了 4 个基本系列，分别用符号 R5、R10、R20 和 R40 来表示，并依次称为 R5 系列、R10 系列、R20 系列和 R40 系列。R80 系列为补充系列。

优先数系 R5、R10、R20 和 R40 公比 q 分别是 $\sqrt[5]{10}$、$\sqrt[10]{10}$、$\sqrt[20]{10}$ 和 $\sqrt[40]{10}$，其 1~10 常用值见表 1.1。

从表 1.1 中可知：R5 系列的常用值包含在 R10 系列的常用值中；R10 系列的常用值包含在 R20 系列的常用值中；以此类推。

4 个基本系列的小于 1 和大于 10 的常用值可按照十进制向两端进行扩展，如在 R5 系列中，大于 10 的常用值为 16，25，40，63，100 等。

优先数系具有一系列的优点：相邻两项的相对差相同，疏密适当，前后衔接不间断，简单易记，运用方便。工程技术人员应在一切标准化领域中尽可能地采用优先数系列中的优先数，以达到对各种技术参数协调、简化和统一的目的。

表 1.1   优先数系公比和 1~10 的常用值

优先数系	公比 q	1~10 的常用值									
R5	$q_5 = \sqrt[5]{10} \approx 1.6$	1.00		1.60		2.50		4.00		6.30	10.00
R10	$q_{10} = \sqrt[10]{10} \approx 1.25$	1.00		1.25		1.60		2.00		2.50	3.15
		4.00		5.00		6.30		8.00		10.00	
R20	$q_{20} = \sqrt[20]{10} \approx 1.12$	1.00	1.12	1.25	1.40	1.60	1.80	2.00	2.24	2.50	2.80	3.15
		3.55	4.00	4.50	5.00	5.60	6.30	7.10	8.00	9.00	10.00	
R40	$q_{40} = \sqrt[40]{10} \approx 1.06$	1.00	1.06	1.12	1.18	1.25	1.32	1.40	1.50	1.60	1.70	1.80
		1.90	2.00	2.12	2.24	2.36	2.50	2.65	2.80	3.00	3.15	3.35
		3.55	3.75	4.00	4.25	4.50	4.75	5.00	5.30	5.60	6.00	6.30
		6.70	7.10	7.50	8.00	8.50	9.00	9.50	10.00			

为了满足技术与经济的要求，应当按照 R5、R10、R20、R40 的顺序，优先选用公比较大的基本系列，而且允许采用补充系列（R80 系列）。

在确定零件的尺寸时，应尽量地采用优先数系的常用值。图 1.1 所示的立式台钻设计中，经力学计算，得出主轴的最小直径为 16.98mm，则该处直径的公称尺寸按优先数系取值，即该处直径的公称尺寸应为 17mm（为 R40 系列）。

优先数还应用于 IT6~IT18 的公差等级系数 α 值中，见表 3.3。

此外，在几何量精度设计中均应采用现行几何量公差等国家标准，实现在全国范围内的公差标准化。

拓展导读：优先数和优先数系的由来

19 世纪末，法国工程师 Charles Renard（雷诺）在研究气球使用的绳索时，提出了一种使尺寸规格简化的数值系列，这一系列采用等比数列，每进 5 项值增大 10 倍，从而将 425 种绳索尺寸简化为 17 种。为了纪念 Renard 的贡献，这个系列后来被称为 R 数系。随后，R 数系被推广并被一些国家采用为标准，最终由国际标准化组织制定为国际标准 ISO497：1973，称为优先数系。按照这个标准，产品参数的选择尽可能地采用这个系列，以简化设计和制造过程。

2. 技术测量

在机械产品的几何量精度设计之后，工人按照零件图上的各项要求进行加工。各个零件完工之后，须采用适当的计量器具、正确的测量方法和数据处理方法对零件进行检测，从而判断零件是否达到零件图上各公差标准的要求。只有将真正符合标准要求的零件装配成机械产品，才能使机械产品发挥设计时所规定的使用功能，其零件才能具有互换性。计量器具、测量方法和手段等构成技术测量，所以，技术测量是保证实现互换性的重要手段。

对零件进行检验和测量（简称为检测），其目的不仅在于确定零件是否合格，而且还要根据检测结果，分析产生废品的原因，以便减少废品，最终消除废品，降低制造成本。

要使检测的结果准确可靠，必须在计量上保证长度计量单位的统一，并在全国范围内规定严格的量值传递系统以及相应的测量方法，制定有关计量器具、测量方法和数据处理的规定，以保证必要的检测精度，最终确保零件具有互换性。

综上所述，机械产品的几何量精度设计及其检测是保证企业生产的机械产品质量与制造成本的两个重要技术环节。

1.4　课程性质与基本要求

1.4.1　课程性质

本课程是高等工科应用型本科院校机械类各专业（包括车辆、材料、智能制造等专业）的一门重要的技术基础课程，是联系机械设计与后续机械加工工艺等课程的纽带，是从专业基础课程学习过渡到专业课程学习的桥梁。

1.4.2　课程基本要求

学习者在学习本课程之前，应具有一定的理论知识和初步的机械制造生产实践知识。在完成本课程的学习后，应达到以下基本要求。

1）建立几何参数互换性与标准化的概念。

2）认识有关几何参数公差标准的基本内容和主要规定。

3）初步掌握选用国家标准中规定的各几何参数公差和配合；在机械产品的装配图和零件图上，按常见几何参数公差和配合的要求正确标注，会解释和查用有关标准。

4）会正确选择、使用在机械制造现场中常用的计量器具，能对一般的、常见的几何量误差按照国家标准规定选择合理的检测与验证方案进行综合检测，经过数据处理获得几何量误差值，并做出合格性的正确判断。

5）会设计光滑极限量规。

习　　题

1. 填空题

1）互换性是指在机械产品装配时，从制成的同一规格的零（部）件中任意取一件，不需要_____等工作，就能与其他零（部）件安装在一起而组成一台机械产品，并且达到预定的_____要求。

2）按互换的范围，可以将互换性分为_____和_____。对于标准部件或非标机构来讲，互换性又可分为_____和_____。

3）实现互换性的条件有_____和_____。

4）在确定轴类零件上轴径公称尺寸时，应按_____取值。

5）R5 数系的公比为_____，每进_____项，数值增大到 10 倍。

6）R40 系列 10～100 的常用值为_____。

7）20～100W 系列的荧光灯系列的符号为_____。

2. 选择题

1）IT6～IT18 标准公差计算公式为 $10i$、$16i$、$25i$、$40i$、$64i$、$100i$、$160i$、$250i$ 等，i 前的公差等级系数约为（   ）系列的常用数值。

A. R5   B. R10   C. R20   D. R40

2）螺纹公差的等级自 3 级起，其公差等级系数为 0.50、0.63、0.80、1.00、1.25、1.60、2.00，它们属于（   ）优先数系。

A. R5   B. R10   C. R20   D. R40

3）下列优先数系中，（   ）为基本系列。

A. R5   B. R10   C. R80   D. R40

3. 简答题

1）机械产品的零（部）件具有互换性的意义是什么？

2）为什么技术测量是实现互换性的重要手段？

3）本课程的性质与基本要求是什么？

科学家科学史
"两弹一星"功勋科学家：最长的一天

第 **2** 章

测量技术基础

PPT 课件　　　视频

本章要点及学习指导：

测量技术基础是本课程的重要组成部分之一。本书各章都会涉及测量技术内容。加工后实际零件的几何量精度是否达到设计要求，是否满足互换性要求，只有通过测量或检验才能确定。

1）测量过程四要素：被测对象、测量单位、测量方法和测量精度。

2）量块的"等"和"级"及应用。

3）计量器具的主要量度指标。

4）两个测量原则：阿贝原则和圆周封闭原则。

5）产生测量误差的原因、处理方法及测量结果的表达式。

2.1 概述

本节介绍几何量测量技术方面的基础知识，包括测量与检验的概念、计量单位与长度基准、长度量值传递系统以及在生产实际中作为标准量具的量块及其应用。

2.1.1 测量与检验的概念

加工后实际零件的几何量要经过测量或检验，才能判断其合格与否。

测量是指为确定被测量的量值而进行的实验过程，即将被测量 L 与具有计量单位的标准量 E 进行比较，从而确定两者比值的过程。被测量的量值可表示为

$$L = qE \tag{2.1}$$

式（2.1）表明，任何几何量的量值都由两部分组成：表征几何量的数值和该几何量的计量单位。例如，几何量 $x = 40\text{mm}$，mm 为长度计量单位，40 则是该几何量的数值。

检验是指判断被测量是否合格的实验过程。

任何一个完整的测量过程必须有被测对象和所采用的计量单位，同时要采用与被测对象相适应的测量方法，并使测量结果达到所要求的测量精度。因此，测量过程应包括被测对象、计量单位、测量方法和测量精度 4 个要素。

（1）被测对象 在几何量测量中，被测对象主要是指零件的尺寸、几何误差以及表面粗糙度等几何参数。由于被测对象种类繁多，复杂程度各异，因此熟悉和掌握被测对象的定义，分析和研究被测对象的特点十分重要。

（2）计量单位 我国规定的法定计量单位中，长度单位为米（m）。在机械制造业中，常用的长度单位为毫米（mm）；在精密测量时，多采用微米（μm）；在超精密测量时，多采用纳米（nm）。

（3）测量方法 测量方法是指在进行测量时所采用的测量原理、计量器具以及测量条件的总和。

（4）测量精度 测量精度是指测得值与其真值的一致程度。测量过程中不可避免地存在测量误差。测量误差小，测量精度高；测量误差大，测量精度低。只有测量误差足够小，才表明测量结果是可靠的。因此，不知道测量精度的测量结果是没有意义的。通常用测量的极限误差或测量的不确定度来表示测量精度。

2.1.2 计量单位与长度基准

1. 计量单位

为了保证计量的准确度，首先需要建立统一、可靠的计量单位。

1984 年国务院发布了《关于在我国统一实行法定计量单位的命令》，在采用国际单位制的基础上，规定我国计量单位一律采用《中华人民共和国法定计量单位》，其中规定米（m）为长度的基本单位。机械制造中常用的长度单位为毫米（mm）。

2. 长度基准

1983 年 10 月在第 17 届国际计量大会上通过"米"的现行定义："米是光在真空中 1/299792458s 的时间间隔内所经过的路程的长度"。这是"米"在理论上的定义，使用时，需要对"米"的定义进行复现才能获得各自国家的长度基准。

2.1.3 长度量值传递系统

在工程上，一般不能直接按照"米"的定义用光波来测量零件的几何参数，而是采用各种计量器具。为了保证量值的准确和统一，必须建立从长度基准一直到被测零件的量值传递系统。

我国长度量值传递的主要标准器是量块（端面量具）和线纹尺（刻线量具）。长度量值传递系统，如图 2.1 所示。

2.1.4 量块及其应用

量块是平面平行的长度端面标准量具，多用铬锰钢制成，具有尺寸稳定、不易变形和耐磨性好等特点。量块的用途广泛，除作为标准器具进行长度量值的传递外，还可用来调整仪器、机床和其他设备，也可以用来直接测量零件。

量块通常制成长方形六面体，如图 2.2a 所示。其中两个表面光洁（$Rz \leqslant 0.08\mu m$）且平面度误差很小的平行平面，称为测量面。量块的精度极高，但是两个测量面也不是绝对平行的。因此，量块的长度规定为：把量块的一个测量面研合在平晶（辅助体）的工作平面上，另一个测量面的中心到平晶平面的垂直距离称为量块中心长度 l_c，如图 2.2b 所示。测量面

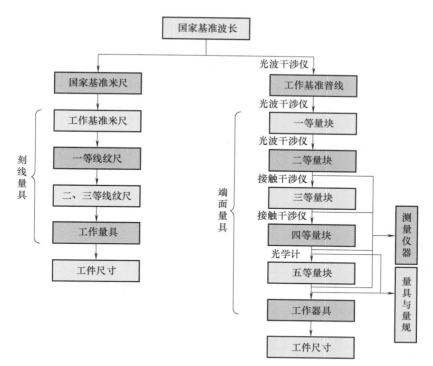

图 2.1　长度量值传递系统

上的任意点到平晶平面的垂直距离称为量块长度 l。量块上标出的量值称为量块的标称长度 l_n。标称长度不大于 5.5mm 的量块，有数字的一面为上测量面；大于或等于 5mm 的量块，有数字面的右侧面为上测量面。

为了满足不同生产的要求，量块按其制造精度分为 5 级，即 0，K，1，2，3 级。其中 0 级精度最高，3 级精度最低，K 级为校准级。

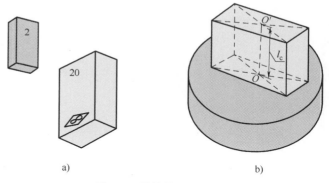

图 2.2　量块的形状与尺寸

按级使用时，各级量块的长度偏差（量块长度 l-标称长度 l_n 的代数差，用 e 表示）的极限偏差 t_e 和长度变动量（量块长度的最大值 l_{max} 与最小值 l_{min} 之差，用 v 表示）的最大允许值 t_v，见表 2.1。

量块按其检定精度分为 5 等，即 1，2，3，4，5 等。其中 1 等精度最高，5 等精度最低。各等量块长度测量不确定度和长度变动量最大允许值，见表 2.2。

量块按级使用时，应以量块的标称长度为工作尺寸，该尺寸包含了制造时的尺寸误差。量块按等使用时，应以经检定所得到的量块中心长度的实际尺寸为工作尺寸，该尺寸不受制造误差的影响，只包含检定时较小的测量误差。因此，量块按等使用比按级使用时的精度高。例如：按级使用量块时，使用 1 级、30mm 的量块，标称长度范围为（30±0.0004）mm；按等使用量块时，使用 3 等量块，该量块检定尺寸为 30.0002mm，其中心长度的测量变化范围为（30.0002±0.00015）mm。

表 2.1　各级量块测量面上任意点的长度相对于标称长度的极限偏差 t_e 和长度变动量的最大允许值 t_v

（摘自 JJG 146—2011）

标称长度 l_n/mm	K 级		0 级		1 级		2 级		3 级	
	$\pm t_e$	t_v	$\pm t_e$	t_v	$\pm t_e$	t_v	$\pm t_e$	t_v	$\pm t_e$	t_v
	最大允许值/μm									
$l_n \leqslant 10$	0.20	0.05	0.12	0.10	0.20	0.16	0.45	0.30	1.0	0.50
$10 < l_n \leqslant 25$	0.30	0.05	0.14	0.10	0.30	0.16	0.60	0.30	1.2	0.50
$25 < l_n \leqslant 50$	0.40	0.06	0.20	0.10	0.40	0.18	0.80	0.30	1.6	0.55
$50 < l_n \leqslant 75$	0.50	0.06	0.25	0.12	0.50	0.18	1.00	0.35	2.0	0.55
$75 < l_n \leqslant 100$	0.60	0.07	0.30	0.12	0.60	0.20	1.20	0.35	2.5	0.60
$100 < l_n \leqslant 150$	0.80	0.08	0.40	0.14	0.80	0.20	1.6	0.40	3.0	0.65
$150 < l_n \leqslant 200$	1.00	0.09	0.50	0.16	1.00	0.25	2.0	0.40	4.0	0.70
$200 < l_n \leqslant 250$	1.20	0.10	0.60	0.16	1.20	0.25	2.4	0.45	5.0	0.75
$250 < l_n \leqslant 300$	1.40	0.10	0.70	0.18	1.40	0.25	2.8	0.50	6.0	0.80
$300 < l_n \leqslant 400$	1.80	0.12	0.90	0.20	1.80	0.30	3.6	0.50	7.0	0.90
$400 < l_n \leqslant 500$	2.20	0.14	1.10	0.25	2.00	0.35	4.4	0.60	9.0	1.00
$500 < l_n \leqslant 600$	2.60	0.16	1.30	0.25	2.6	0.40	5.0	0.70	11.0	1.10
$600 < l_n \leqslant 700$	3.00	0.18	1.50	0.30	3.0	0.45	6.0	0.70	12.0	1.20
$700 < l_n \leqslant 800$	3.40	0.20	1.70	0.30	3.4	0.50	6.5	0.80	14.0	1.30
$800 < l_n \leqslant 900$	3.80	0.20	1.90	0.35	3.8	0.50	7.5	0.90	15.0	1.40
$900 < l_n \leqslant 1000$	4.20	0.25	2.00	0.40	4.2	0.60	8.0	1.00	17.0	1.50

注：距离测量面边缘 0.8mm 范围内不计。

表 2.2　各等量块长度测量不确定度和长度变动量最大允许值（摘自 JJG 146—2011）

标称长度 l_n/mm	量块检定精度									
	1 等		2 等		3 等		4 等		5 等	
	测量不确定度	长度变动量	测量不确定度	长度变动量	测量不确定度	长度变动量	测量不确定度	长度变动量	测量不确定度	长度变动量
	最大允许值/μm									
$l_n \leqslant 10$	0.022	0.05	0.06	0.10	0.11	0.16	0.22	0.30	0.6	0.50
$10 < l_n \leqslant 25$	0.025	0.05	0.07	0.10	0.12	0.16	0.25	0.30	0.6	0.50
$25 < l_n \leqslant 50$	0.030	0.06	0.08	0.10	0.15	0.18	0.30	0.30	0.8	0.55
$50 < l_n \leqslant 75$	0.035	0.06	0.09	0.12	0.18	0.18	0.35	0.35	0.9	0.55
$75 < l_n \leqslant 100$	0.040	0.07	0.10	0.12	0.20	0.20	0.40	0.35	1.0	0.60
$100 < l_n \leqslant 150$	0.05	0.08	0.12	0.14	0.25	0.20	0.5	0.40	1.2	0.65
$150 < l_n \leqslant 200$	0.06	0.09	0.15	0.16	0.30	0.25	0.6	0.40	1.5	0.70
$200 < l_n \leqslant 250$	0.07	0.10	0.18	0.16	0.35	0.25	0.7	0.45	1.8	0.75
$250 < l_n \leqslant 300$	0.08	0.10	0.20	0.18	0.40	0.25	0.8	0.50	2.0	0.80
$300 < l_n \leqslant 400$	0.10	0.12	0.25	0.20	0.50	0.30	1.0	0.50	2.5	0.90
$400 < l_n \leqslant 500$	0.12	0.14	0.30	0.25	0.60	0.35	1.2	0.60	3.0	1.00
$500 < l_n \leqslant 600$	0.14	0.16	0.35	0.25	0.7	0.40	1.4	0.70	3.5	1.10
$600 < l_n \leqslant 700$	0.16	0.18	0.40	0.30	0.8	0.45	1.6	0.70	4.0	1.20
$700 < l_n \leqslant 800$	0.18	0.20	0.45	0.30	0.9	0.50	1.8	0.80	4.5	1.30
$800 < l_n \leqslant 900$	0.20	0.20	0.50	0.35	1.0	0.50	2.0	0.90	5.0	1.40
$900 < l_n \leqslant 1000$	0.22	0.25	0.55	0.40	1.1	0.60	2.2	1.00	5.5	1.50

注：1. 距离测量面边缘 0.8mm 范围内不计。

2. 表内测量不确定度置信概率为 0.99。

为了能用较少的块数组合成所需的尺寸，量块按一定的尺寸系列成套生产。GB/T

6093—2001 中规定的量块有 91 块、83 块、46 块、38 块、10 块等 17 套，见表 2.3。

　　由于量块测量面的平面度误差和表面粗糙度数值均很小，所以当测量面上有一层极薄的油膜时，两个量块的测量面相互接触，在不大的压力下做切向相对滑动，就能使两个量块黏附在一起。于是，就可以用不同尺寸的量块在一定尺寸范围内组合成所需要的尺寸。为了减少量块的组合误差，保证测量精度，应尽量减少量块的数目，一般不应超过 4 块，并使各量块的中心在同一直线上。在实际组合时，应从消去所需尺寸的最小尾数开始，每选一块量块应至少减少所需尺寸的一位小数。

　　例如：用 83 块一套的量块，组成尺寸 28.785mm，其组合方法如下。

量块组的尺寸：	28.785mm	
第 1 块量块的尺寸：	− 1.005mm	（尺寸 1.005mm）
剩余尺寸：	27.78mm	
第 2 块量块的尺寸：	− 1.28mm	（间隔 0.01mm）
剩余尺寸：	26.50mm	
第 3 块量块的尺寸：	− 6.5mm	（间隔 0.5mm）
剩余尺寸（即第 4 块量块的尺寸）：	20mm	（间隔 10mm）

表 2.3　成套量块的组合尺寸（摘自 GB/T 6093—2001）

套别	总块数	级别	尺寸系列/mm	间隔/mm	块数
1	91	0,1	0.5	—	1
			1	—	1
			1.001,1.002,…,1.009	0.001	9
			1.01,1.02,…,1.49	0.01	49
			1.5,1.6,…,1.9	0.1	5
			2.0,2.5,…,9.5	0.5	16
			10,20,…,100	10	10
2	83	0,1,2	0.5	—	1
			1	—	1
			1.005	—	1
			1.01,1.02,…,1.49	0.01	49
			1.5,1.6,…,1.9	0.1	5
			2.0,2.5,…,9.5	0.5	16
			10,20,…,100	10	10
3	46	0,1,2	1	—	1
			1.001,1.002,…,1.009	0.001	9
			1.01,1.02,…,1.09	0.01	9
			1.1,1.2,…,1.9	0.1	9
			2,3,…,9	1	8
			10,20,…,100	10	10
4	38	0,1,2	1	—	1
			1.005	—	1
			1.01,1.02,…,1.09	0.01	9
			1.1,1.2,…,1.9	0.1	9
			2,3,…,9	1	8
			10,20,…,100	10	10
⋮	⋮	⋮	⋮	⋮	⋮
17	6	3	201.2,400,581.5,750,901.8,990	—	6

2.1.5　计量器具和测量方法

1. 计量器具的分类

计量器具按其测量原理、结构特点和用途可分为以下几类。

1）基准量具。基准量具是用来调整和校对一些计量器具或作为标准尺寸进行比较测量的器具。它又分为定值基准量具，如量块、角度块等；变值基准量具，如线纹尺等。

2）极限量规。极限量规是一种没有刻度的用于检验零件的尺寸和几何误差的专用计量器具。它只能用来判断被测几何量是否合格，而不能得到被测几何量的具体数值，如光滑极限量规、位置量规和螺纹量规等。

3）检验夹具。检验夹具也是一种专用计量器具，其与有关计量器具配合使用，可方便、快速地测得零件的多个几何参数。例如，检验滚动轴承的专用检验夹具可同时测得内、外圈尺寸和径向与轴向圆跳动量等。

4）通用计量器具。通用计量器具是指能将被测几何量的量值转换成可直接观测的指示值或等效信息的器具。按工作原理不同，通用计量器具又可分为：

① 游标量具，如游标卡尺、游标深度尺和游标量角器等。

② 微动螺旋量具，如外径千分尺和内径千分尺等。

③ 机械比较仪，即用机械传动方法实现信息转换的量仪，如齿轮杠杆比较仪、扭簧比较仪等。

④ 光学量仪，即用光学方法实现信息转换的量仪，如光学比较仪、工具显微镜、投影仪、光波干涉仪等。

⑤ 电动量仪，即将原始信息转换成电信号参数的量仪，如电感测微仪、电容测微仪、接触式三坐标测量仪、电动轮廓仪等。

⑥ 气动量仪，即通过气动系统的流量或压力的变化来实现原始信息转换的量仪，如游标式气动量仪、薄膜式气动量仪和波纹管式气动量仪等。

⑦ 光电式量仪，采用非接触方式，通过将光学信号转换成电量的量仪，以实现几何量的测量，如光学显微镜、激光干涉仪、光学干涉显微镜、光子扫描隧道显微镜等。

5）微机化量仪。它是指在微机系统控制下，结合光学、电学等测量原量，利用软件测量及分析平台，可实现数据的自动采集、自动处理、自动显示和打印测量结果的智能一体化量仪。

6）机器视觉。作为当今最新技术之一，机器视觉是运用计算机模拟人的视觉功能，以机器代替人眼进行目标对象的识别、判断和测量，具有快速、准确、可靠与智能化等优点。目前，机器视觉已广泛应用于食品、制药、化工、建材、电子制造、机械制造等各种行业，对于提高产品检验的一致性、产品生产的安全性、降低工人劳动强度以及实现智能化生产具有不可替代的作用。

机器视觉是利用光学或光电学原理进行测量，主要包括光照系统、CCD 摄像机、图像采集卡等，如图 2.3 所示；结合分析软件，可完成从宏观到微观、从一维到三维的复杂测量、识别、分类标定等。

2. 计量器具的技术性能指标

（1）标尺间距　标尺间距是沿着标尺长度的同一条线测得的两相邻标尺标记之间的距

离。为便于目力估读一个分度值的小数部分，一般将标尺间距取为 1~2.5mm。

（2）分度值　分度值是对应两相邻标尺标记的两个值之差。几何量计量器具的常用分度值有 0.1mm，0.05mm，0.02mm，0.01mm，0.002mm 和 0.001mm。图 2.4 所示比较仪的分度值为 0.002mm。

（3）示值范围　示值范围是由计量器具所显示或指示的最低值到最高值的范围。如图 2.4 所示，比较仪的示值范围是 ±100μm。

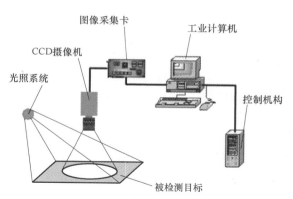

图 2.3　典型机器视觉系统硬件组成

（4）测量范围　测量范围是在允许误差限内，计量器具所能测量的最小和最大被测量值的范围。如图 2.4 所示，比较仪的测量范围是 0~180mm。

（5）灵敏度 S 和放大比 K　灵敏度是计量器具对被测量变化的反映能力。如果被测参数的变化量为 ΔL，引起计量器具的示值变化量为 Δx，则灵敏度 $S=\Delta x/\Delta L$。对于一般计量器具，灵敏度又称为放大比。对于具有等分刻度的刻度尺或刻度盘的量仪，放大比 K 等于标尺间距 a 与分度值 i 之比，即

$$K=\frac{a}{i} \qquad (2.2)$$

（6）灵敏限　灵敏限是引起计量器具示值可察觉变化的被测量的最小变化值。它表示量仪反映被测量微小变化的能力。

（7）测量力　测量力是在测量过程中，计量器具与被测表面之间的接触力。在接触测量时，测量力可保证接触可靠，但过大的测量力会使量仪和被测零件变形和磨损，而测量力的变化会使示值不稳定，影响测量精度。

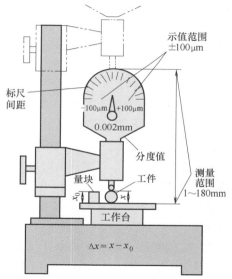

图 2.4　机械式比较仪的基本度量指标

（8）示值误差　示值误差是计量器具的示值与被测量真值之差。

（9）示值变动　示值变动是在测量条件不变的情况下，对同一被测量进行多次重复测量（一般 5~10 次）时，各测得值的最大差值。

（10）回程误差　回程误差是在相同条件下，对同一被测量进行往返两个方向测量时，测量示值的变化范围。

（11）修正值　修正值是为了消除或减少系统误差，用代数法加到未修正测量结果上的数值。修正值等于示值误差的负值。例如，若示值误差为 - 0.003mm，则修正值为 +0.003mm。

（12）测量不确定度　测量不确定度是由于测量误差的影响而使测量结果不能肯定的程度。测量不确定度用误差界限表示。

3. 测量方法的种类及其特点

测量方法是指测量原理、计量器具、测量条件的总和。但在实际工作中，往往从获得测量结果的方式来划分测量方法的种类。

1）按计量器具的示值是否是被测量的全值，测量方法可分为绝对测量和相对测量。

① 绝对测量。计量器具的示值就是被测量的全值。例如，用游标卡尺、千分尺测量轴、孔的直径属于绝对测量。

② 相对测量。它又称为比较测量，计量器具的示值只表示被测量相对于已知标准量的偏差值，而被测量为已知标准量与该偏差值的代数和。例如，用比较仪测量轴的直径尺寸，首先用与被测轴径公称尺寸相同的量块将比较仪调零，然后换上被测轴，测得被测直径相对量块的偏差。该偏差值与量块尺寸的代数和就是被测轴直径的实际尺寸。

2）按实测量是否是被测量，测量方法可分为直接测量和间接测量。

① 直接测量。无须对被测量与其他实测量进行函数关系的辅助计算，而直接测得被测量值的测量方法称为直接测量法。例如，用外径千分尺测量轴的直径属于直接测量法。

② 间接测量。通过测量与被测量之间有已知函数关系的其他量，经过计算求得被测量值的方法称为间接测量法。例如，采用弓高弦长法间接测量圆弧样板的半径 R，只要测得弓高 h 和弦长 L，然后按照有关公式进行计算，就可获得圆弧样板的半径 R，这种方法属于间接测量法（图 2.10）。

3）按零件上是否同时测量多个被测量，测量方法分为单项测量和综合测量。

① 单项测量。单项测量是对被测量分别进行测量。例如，在工具显微镜上分别测量螺纹的中径、螺距和牙型半角的实际值。

② 综合测量。综合测量是对零件上一些相关联的几何参数误差的综合结果进行测量。例如，齿轮的综合偏差的测量。

4）按被测零件表面与计量器具的测头之间是否接触，测量方法可分为接触测量和非接触测量。

① 接触测量。接触测量是计量器具的测头与被测表面相接触，并有机械作用的测量力的测量。例如，用比较仪测量轴径。

② 非接触测量。非接触测量是计量器具的测头与被测表面不接触，因而不存在机械作用的测量力的测量。例如，用光切显微镜测量表面粗糙度。

5）按测量结果对工艺过程所起的作用，测量方法可分为被动测量和主动测量。

① 被动测量。被动测量是对完工零件进行的测量。测量结果仅限于发现并去除不合格品。

② 主动测量。主动测量是在零件加工过程中所进行的测量。此时，测量结果可直接用来控制加工过程，以防止废品的产生。例如，在磨削滚动轴承内、外圈的滚道过程中，测头测量磨削直径尺寸，当达到尺寸合格范围时，则停止磨削。

6）按被测零件在测量中所处的状态，测量方法可分为静态测量和动态测量。

① 静态测量。静态测量是在测量时，被测表面与测头相对静止的测量。例如，用千分尺测量零件的直径。

② 动态测量。动态测量是在测量时，被测表面与测头之间有相对运动的测量。它能反映被测参数的变化过程。例如，用电动轮廓仪测量表面粗糙度。

主动测量和动态测量是测量技术的主要发展方向，前者能将加工和测量紧密结合起来，从根本上改变测量技术的被动局面；后者能较大地提高测量效率和保证零件的质量。

2.2　测量误差及数据处理

本节介绍测量误差的基本概念、测量误差的来源、测量误差的种类及特性、测量精度的分类、测量数据的处理等内容。

2.2.1　概述

1. 测量误差的基本概念

测量误差是指测得值与被测量的真值之差。在实际测量中，任何测量不论使用的仪器多么精密，采用的测量方法多么可靠，工作多么细心，测量误差总是会有的。因此一般来说，真值是难以得到的。在实际测量中，常用相对真值或不存在系统误差情况下的算术平均值来代替真值。例如，用量块检定千分尺时，对千分尺的示值来说，量块的尺寸就可作为约定真值。

测量误差可用绝对误差和相对误差来表示。

1）绝对误差。绝对误差 Δ 是指被测量的实际值 x 与其真值 μ_0 之差，即

$$\Delta = x - \mu_0 \tag{2.3}$$

绝对误差是代数值，即它可能是正值、负值或零。

例如，用外径千分尺测量某轴的直径，若测得的实际直径为 35.005mm，而用高精度量仪测得的结果为 35.012mm（可看作是约定真值），则用外径千分尺测得的实际直径值的绝对误差为

$$\Delta = 35.005\text{mm} - 35.012\text{mm} = -0.007\text{mm}$$

2）相对误差。相对误差 ε 是指绝对误差的绝对值与被测量的真值（或用约定测得值 x_i 代替真值）之比，即

$$\varepsilon = \frac{|\Delta|}{\mu_0} \times 100\% \approx \frac{|\Delta|}{x_i} \times 100\% \tag{2.4}$$

上例中的相对误差为

$$\varepsilon = \frac{|-0.007|}{35.012} \times 100\% = 0.02\%$$

当被测量的大小相同时，可用绝对误差的大小来比较测量精度的高低。当被测量的大小不同时，则用相对误差的大小比较测量精度的高低。例如，有（100±0.008）mm 和（80±0.007）mm 两个测量结果。倘若用绝对误差进行比较，则无法判断测量精度高低，这就需用相对误差比较，即

$$\varepsilon_1 = \frac{0.008}{100} \times 100\% = 0.008\%$$

$$\varepsilon_2 = \frac{0.007}{80} \times 100\% = 0.00875\%$$

可见，前者的测量精度较后者高。

在长度测量中，相对误差应用较少，通常所说的测量误差，一般是指绝对误差。

2. 测量误差的来源

在测量过程中产生误差的原因很多，主要的误差来源如下。

（1）计量器具误差　计量器具误差是指计量器具本身所具有的误差。计量器具误差来源十分复杂，它与计量器具的结构设计、制造和安装调试等许多因素有关。

1）基准件误差。任何计量器具都有供比较的基准，而作为基准的已知量也不可避免地会存在误差，称为基准件误差。例如，刻线尺的划线误差、分度盘的分度误差、量块长度的极限偏差等。

显然，基准件误差将直接反映到测量结果中，其是计量器具的主要误差来源。例如，在立式光学比较仪上，用 2 级量块作为基准测量 $\phi 25\text{mm}$ 的零件时，由于量块制造误差为 $\pm 0.6\mu\text{m}$，测得值中就有可能带入 $\pm 0.6\mu\text{m}$ 的测量误差。

2）原理误差。在设计计量器具时，为了简化结构，有时采用近似设计，用近似机构代替理论上所要求的机构，从而产生原理误差，或者设计的器具在结构布置上，未能保证被测长度与标准长度安置在同一直线上，不符合阿贝原则而引起阿贝误差，这些都会产生测量误差。再如，用标准尺的等分刻度代替理论上应为不等分的刻度而引起的示值误差等。在这种情况下即使计量器具制造得绝对正确，仍然会有测量误差，故称为原理误差。当然，这种设计带来的固有原理误差通常是较小的，否则这种设计便不能采用。

在几何量计量中有两个重要的测量原则，即长度测量中的阿贝原则和圆周分度测量中的封闭原则。

阿贝原则是指在长度测量中，使测量误差最小应将标准量安放在被测量的延长线上，也就是说，量具或仪器的标准量系统和被测尺寸应按串联的形式排列。

圆周封闭原则是指对于圆周分度器件（如刻度盘、圆柱齿轮等）的测量，利用"在同一圆周上所有夹角之和等于 $360°$，即所有夹角误差之和等于零"的这一自然封闭特性。

3）制造误差。计量器具在制造过程中必然产生误差。例如，传递系统零件制造不准确引起的放大比误差；机构间隙引起的误差；千分尺的测微螺杆的螺距制造误差；千分表刻度盘的刻度中心与指针回转中心不重合而引起的偏心误差。

4）测量力引起的误差。在接触测量中，由于测量力的存在，使被测零件和量仪产生弹性变形（包括接触变形、结构变形、支承变形），这种变形量虽不大，但在精密测量中就需要加以考虑。由于测头形状、零件表面形状和材料的不同，因测量力而引起的压陷量也不同。

（2）测量方法误差　测量方法误差是指采用近似测量方法或测量方法不当而引起的测量误差。

例如，用 π 尺测量大型零件的外径，是先测量圆周长 S，然后按 $d = \dfrac{S}{\pi}$ 计算出直径。按此式算得的是平均直径，当被测截面轮廓存在较大的椭圆形状误差时，可能出现最大和最小实际直径已超差但平均直径仍合格的情况，从而做出错误的判断。再如，测量圆柱表面的素线直线度误差代替测量轴线直线度误差等。

另外，同一参数可用不同的方法测量。不同的测量方法所得的测量结果往往不同，当采用不妥当的测量方法时，就存在测量方法误差。

（3）环境条件误差　环境条件误差是指测量时的环境条件不符合标准条件而引起的测量误差。测量环境的温度、湿度、气压、振动和灰尘等都会引起测量误差。这些影响测量误差的因素中，温度的影响是主要的，而其余的各因素一般在精密测量时才予以考虑。

在长度测量中，特别是在测量大尺寸零件时，温度的影响尤为明显。当温度变化时，由于被测件、量仪和基准件的材料不同，其线膨胀系数也不同，测量时的温度偏离标准温度（20℃）所引起的测量误差 ΔL 可按式（2.5）计算，即

$$\Delta L = L\left[\alpha_2(t_2-20)-\alpha_1(t_1-20)\right] \tag{2.5}$$

式中　L——被测长度尺寸（mm）；

α_1、α_2——标准件、被测件材料的线膨胀系数（10^{-6}/℃）；

t_1、t_2——标准件、被测件的实际温度（℃）。

式（2.5）可改写成

$$\Delta L = L\left[(\alpha_2-\alpha_1)(t_2-20)+\alpha_1(t_2-t_1)\right] \tag{2.6}$$

由式（2.6）可知，当标准件与被测件材料的线膨胀系数相同（$\alpha_1=\alpha_2$）时，只要使两者在测量时的实际温度相等（$t_1=t_2$），即使偏离标准温度也不存在温度引起的测量误差。

由温度变化和被测件与计量器具的温差引起的变值系统误差，可按随机误差处理，由式（2.7）计算，即

$$\Delta_{\lim} = L\sqrt{(\alpha_2-\alpha_1)^2\Delta t_2^2+\alpha_1^2(t_2-t_1)^2} \tag{2.7}$$

式中　Δt_2——测量温度（环境温度）的最大变化量（℃）；

t_2-t_1——被测件与标准件的极限温度差（℃）。

为了减少温度引起的测量误差，应尽量使测量时的实际温度接近标准温度，或进行等精度处理，也可按式（2.7）的计算结果，对测得值进行修正。

（4）人为误差　人为引起的测量误差常指测量者的估计判断误差、眼睛分辨能力的误差、斜视误差等。

2.2.2　测量误差的种类及特性

为了提高测量精度就必须减小测量误差，而要减小测量误差，就必须了解和掌握测量误差的性质及其规律。根据测量误差的性质和出现的规律，可以将测量误差分为系统误差、随机误差和粗大误差。

1. 系统误差及其消除方法

系统误差是指在一定的测量条件下，对同一被测量进行多次重复测量时，误差的绝对值和符号保持不变或按一定规律变化的测量误差。前者称为定值（或已定）系统误差，后者称为变值（或未定）系统误差。例如：在光学比较仪上用相对测量法测量轴的直径时，按量块的标称长度调整光学比较仪的零点，由量块的制造误差所引起的测量误差就是定值系统误差；而千分表指针的回转中心与刻度盘上各条刻线的中心之间的偏心所引起的按正弦规律周期变化的示值误差则是变值系统误差。

对于定值系统误差，可用不等精度测量法来发现。

对于变值系统误差，可根据它对测得值残差的影响，采用残差观察法来发现，即将各测得值残差按测量顺序排列，若各残差大体上正、负相间，又无显著变化（图 2.5a），则可认

为不存在变值系统误差；若各残差大体上按线性规律递增或递减（图 2.5b），可认定存在线性变值系统误差；若各残差的变化基本上呈周期性（图 2.5c），则可认为存在周期性变值系统误差。

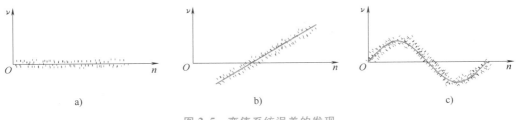

a)　　　　　　　　　　b)　　　　　　　　　　c)

图 2.5　变值系统误差的发现

在测量过程中，应尽量消除或减小系统误差，以提高测量结果的正确度。消除系统误差有如下方法。

1）从产生误差根源上消除系统误差。要求测量人员对测量过程中可能产生系统误差的各个环节进行仔细分析，并在测量前就将系统误差从产生根源上加以消除。

2）用修正法消除系统误差。预先将计量器具的系统误差检定或计算出来，然后将测得值减去系统误差，即可得到不包含系统误差的测量结果。

3）用抵消法消除定值系统误差。在对称位置上分别测量一次，使这两次测量中读数出现的系统误差大小相等、符号相反，取两次平均值作为测量结果，即可消除定值系统误差。

4）用半周期法消除周期性变值系统误差。可每相隔半个周期测量一次，以两次测量的平均值作为一个测得值，即可有效消除周期性变值系统误差。

2. 随机误差的特性与评定

随机误差是指在一定的测量条件下，对同一被测量连续多次测量时，绝对值和符号以不可预知方式变化的误差。对于随机误差，虽然每一单次测量所产生的误差的绝对值和符号不能预知，但是以足够多的次数重复测量，随机误差的总体服从一定的统计规律。

随机误差是由测量过程中未加控制又不起显著作用的多种随机因素引起的。这些随机因素包括温度的波动、测量力的变动、量仪中油膜的变化、传动件之间的摩擦力变化以及读数时的视差等。

随机误差是难以消除的，但可用概率论和数理统计的方法，估算随机误差对测量结果的影响程度，并通过对测量数据的适当处理，减小其对测量结果的影响程度。

试进行以下实验，即在某一条件下，对某一个零件的同一部位用同一方法进行 150 次重复测量，得到 150 个测得值，这一系列测得值通常称为测量列。为了描述随机误差的分布规律，假设测得值中的系统误差已消除，同时也不存在粗大误差。然后将 150 个测得值按尺寸的大小分为 11 组，每组间隔 $\Delta x = 0.001$ mm，统计出每组的频数（零件尺寸出现的次数）n_i，计算出每组的频率（频数 n_i 与测量次数 n 之比）n_i/n，见表 2.4。

再以测得值 x 为横坐标，以频率 n_i/n 为纵坐标，画出频率直方图。连接每个长方图上部中点，得到一条折线，称为实际分布曲线，如图 2.6a 所示。若将上述试验次数 n 无限增大，而分组间隔 Δx 区间趋于无限小，则该折线就变成一条光滑的曲线，称为理论分布曲线。

表 2.4　测量数据统计表

组号	测得值分组区间/mm	区间中心值/mm	频数 (n_i)	频率 (n_i/n)
1	7.1305 ~ 7.1315	$x_1 = 7.131$	$n_1 = 1$	0.007
2	>7.1315 ~ 7.1325	$x_2 = 7.132$	$n_2 = 3$	0.020
3	>7.1325 ~ 7.1335	$x_3 = 7.133$	$n_3 = 8$	0.053
4	>7.1335 ~ 7.1345	$x_4 = 7.134$	$n_4 = 18$	0.120
5	>7.1345 ~ 7.1355	$x_5 = 7.135$	$n_5 = 28$	0.187
6	>7.1355 ~ 7.1365	$x_6 = 7.136$	$n_6 = 34$	0.227
7	>7.1365 ~ 7.1375	$x_7 = 7.137$	$n_7 = 29$	0.193
8	>7.1375 ~ 7.1385	$x_8 = 7.138$	$n_8 = 17$	0.113
9	>7.1385 ~ 7.1395	$x_9 = 7.139$	$n_9 = 9$	0.060
10	>7.1395 ~ 7.1405	$x_{10} = 7.140$	$n_{10} = 2$	0.013
11	>7.1405 ~ 7.1415	$x_{11} = 7.141$	$n_{11} = 1$	0.007
测得值的平均值:7.136			$n = \sum n_i = 150$	$\sum (n_i/n) = 1$

如果横坐标以测量的随机误差 δ 代替测得尺寸 x_i，纵坐标以表示对应各随机误差的概率密度 y 代替频率 n_i/n，那么就得到随机误差的正态分布密度曲线，如图 2.6b 所示。

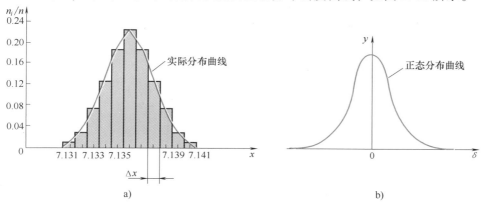

图 2.6　频率直方图与随机误差的正态分布曲线

大量的观测实践表明，测量时的随机误差通常服从正态分布规律。正态分布的随机误差具有下列 4 个基本特性。

（1）单峰性　绝对值小的误差出现的概率大，而绝对值大的误差出现的概率小。

（2）离散性　随机误差有正有负，有大有小，离散分布，不可预知。

（3）抵偿性　对同一量在同一条件下进行重复测量，其随机误差的算术平均值随着测量次数的增加而趋近于零，即 $\sum\limits_{i=1}^{\infty} \delta_i = 0$（呈现对称性）。

（4）有界性　在一定的测量条件下，随机误差的绝对值不会超出一定的界限。

随机误差除了按正态分布之外，也可能按其他规律分布，如等概率分布、三角形分布等。本章讨论的随机误差为服从正态分布的随机误差。

评定随机误差的特性时，以服从正态分布曲线的标准偏差作为评定指标。根据概率论，正态分布曲线的数学表达式为

$$y = \frac{1}{\sigma\sqrt{2\pi}} e^{-\frac{\delta^2}{2\sigma^2}} \tag{2.8}$$

式中　y——概率密度；

　　　e——自然对数的底；

　　　σ——标准偏差；

　　　δ——随机误差。

从式（2.8）可知，概率密度 y 与随机误差 δ 及标准偏差 σ 有关。当 $\delta = 0$ 时，概率密度最大，且有 $y_{\max} = \dfrac{1}{\sigma\sqrt{2\pi}}$。概率密度的最大值 $y_{\max}$ 与标准偏差 σ 成反比。图 2.7 所示不同标准偏差的正态分布曲线中，$\sigma_1 < \sigma_2 < \sigma_3$，$y_{1\max} > y_{2\max} > y_{3\max}$。标准偏差 σ 表示了随机误差的离散（或分散）程度。可见，σ 越小，$y_{\max}$ 越大，分布曲线越陡峭，测得值越集中，即测量精度越高；反之，σ 越大，$y_{\max}$ 越小，分布曲线越平坦，测得值越分散，测量精度越低。

按照误差理论，随机误差的标准偏差 σ 计算公式为

$$\sigma = \sqrt{\frac{\sum_{i=1}^{n} \delta_i^2}{n}} \qquad (2.9)$$

式中　δ_i——各测得值的随机误差，$i = 1$，2，$\cdots$，n；

　　　n——测量次数。

由概率论可知，全部随机误差的概率之和为 1，即

$$P = \int_{-\infty}^{+\infty} y\mathrm{d}\delta = \frac{1}{\sigma\sqrt{2\pi}} \int_{-\infty}^{+\infty} e^{-\frac{\delta^2}{2\sigma^2}} \mathrm{d}\delta = 1$$

随机误差出现在区间（$+\delta$，$-\delta$）内的概率为

$$P = \frac{1}{\sigma\sqrt{2\pi}} \int_{-\delta}^{+\delta} e^{-\frac{\delta^2}{2\sigma^2}} \mathrm{d}\delta$$

若令 $t = \dfrac{\delta}{\sigma}$，则 $\mathrm{d}t = \dfrac{\mathrm{d}\delta}{\sigma}$，于是有

$$P = \frac{1}{\sqrt{2\pi}} \int_{-t}^{+t} e^{-\frac{t^2}{2}} \mathrm{d}t = \frac{2}{\sqrt{2\pi}} \int_{0}^{t} e^{-\frac{t^2}{2}} \mathrm{d}t = 2\varphi(t)$$

其中 $\varphi(t) = \dfrac{1}{\sqrt{2\pi}} \int_{0}^{t} e^{-\frac{t^2}{2}} \mathrm{d}t$，函数 $\varphi(t)$ 称为拉普拉斯函数。

当已知 t 时，在拉普拉斯函数表中可查得函数 $\varphi(t)$ 的值。

例如：当 $t = 1$ 时，即 $\delta = \pm\sigma$ 时，$2\varphi(t) = 68.27\%$

当 $t = 2$ 时，即 $\delta = \pm 2\sigma$ 时，$2\varphi(t) = 95.44\%$

当 $t = 3$ 时，即 $\delta = \pm 3\sigma$ 时，$2\varphi(t) = 99.73\%$

由于超出 $\pm 3\sigma$ 范围的随机误差的概率仅为 0.27%，因此，可将随机误差的极限值取为 $\pm 3\sigma$，并记为 $\Delta_{\lim} = \pm 3\sigma$，如图 2.8 所示。

在式（2.9）中，随机误差 δ_i 是指消除系统误差后的各测量值 x_i 减其真值 μ_0 的差，即

$$\delta_i = x_i - \mu_0 \qquad i = 1, 2, \cdots, n \qquad (2.10)$$

但在实际测量工作中，被测量的真值 μ_0 是未知的，当然 δ_i 也是未知的，因此无法根据式（2.9）求得标准偏差 σ。

在消除系统误差的条件下，对被测量进行等精度、有限次的测量，若测量列为 x_1，x_2，$\cdots$，x_n，则其算术平均值

$$\bar{x} = \frac{1}{n} \sum_{i=1}^{n} x_i \qquad (2.11)$$

$\bar{x}$ 是被测量真值 μ_0 的最佳估计值。

测得值 x_i 与算术平均值 $\bar{x}$ 的差称为残余误差（简称为残差），并记为

$$v_i = x_i - \bar{x} \quad i = 1, 2, \cdots, n \qquad (2.12)$$

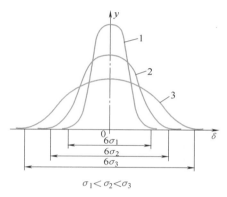

图 2.7　不同标准偏差的正态分布曲线

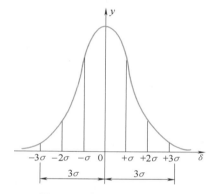

图 2.8　随机误差的极限值

由于随机误差 δ_i 是未知的，所以在实际应用中，采用贝塞尔（Bessel）公式计算标准偏差的估计值，即

$$\sigma = \sqrt{\frac{\sum\limits_{i=1}^{n} v_i^2}{n-1}} \qquad (2.13)$$

按式（2.13）估计出 σ 值后，若只考虑随机误差的影响，则单次测量结果可表示为

$$X = x_i \pm 3\sigma \qquad (2.14)$$

这表明：被测量真值 μ_0 在 $(x_i \pm 3\sigma)$ 中的概率是 99.73%。

若在相同条件下，对同一被测量重复进行若干组的 n 次测量，虽然每组 n 次测量的算术平均值也不会完全相同，但这些算术平均值的分布范围要比单次测量值（一组 n 次测量）的分布范围小得多。算术平均值 $\bar{x}$ 的分散程度可用算术平均值的标准偏差 $\sigma_{\bar{x}}$ 来表示。$\sigma_{\bar{x}}$ 与单次测量的标准偏差 σ 存在下列关系，即

$$\sigma_{\bar{x}} = \frac{\sigma}{\sqrt{n}} \qquad (2.15)$$

在正态分布情况下，测量列算术平均值的极限偏差可取为

$$\Delta_{\bar{x}lim} = \pm 3\sigma_{\bar{x}} \qquad (2.16)$$

相应的置信概率为 99.73%。

3. 粗大误差及其剔除方法

粗大误差（简称为粗误差）又称为过失误差，是指超出规定条件下预计的误差。粗大误差是由某些不正常的原因造成的。例如：测量者的粗心大意所造成的读数错误或记录错误；被测件或计量器具的突然振动等。粗大误差会对测量结果产生严重的歪曲，因此要从测量数据中剔除掉。

判断是否存在粗大误差，可以随机误差的分布范围为依据，凡超出规定范围的误差，就可视为粗大误差。例如，对于服从正态分布的等精度多次测量结果，测得值的残差绝对值超出 3σ 的概率仅为 0.27%，因此可按 3σ 准则剔除粗大误差。

3σ 准则又称为拉依达准则。对于服从正态分布的误差，应按式（2.13）计算出标准偏差 σ 的估计值，然后用 3σ 作为准则来检查所有的残余误差 v_i。若某一个或若干个 $|v_i|>3\sigma$，则该残差（或若干个残差）为粗大误差，相对应的测量值应从测量列中剔除。然后剔除了粗大误差的测量列重新按式（2.11）~式（2.13）计算 σ，再将新计算出的残余误差进行判断，直到无粗大误差为止。

2.2.3 测量精度的分类

在 2.2.2 节中讨论了随机误差和系统误差的特性及其对测量结果的影响。在实际测量过程中，常常用测量精度来描述测量误差的大小。测量精度是指测得值与其真值的接近程度。它和测量误差是从不同角度说明同一概念的术语。测量误差是指测得值与其真值的差别量。测量精度与测量误差是相对应的概念，都是用来描述测量结果的。测量误差越大，则测量精度就越低；反之，则测量精度就越高。为了反映不同性质的测量误差对测量结果的不同影响，测量精度可分为以下几类。

1）精密度。精密度是指在一定条件下进行多次测量时，各测得值的一致程度。它表示测量结果中随机误差的大小。随机误差越小，精密度越高；反之，精密度越低。

2）正确度。正确度是指在一定条件下进行多次测量时，各测得值的平均值与其真值的一致程度。它表示测量结果中定值系统误差的大小。定值系统误差越小，正确度越高。

3）准确度。准确度是指在一定条件下进行多次测量时，各测得值与其真值的一致程度。它表示系统误差和随机误差的综合影响。

测量精度和测量误差的概念可用图 2.9 所示的打靶例子加以说明。图 2.9a 表示随机误差小而系统误差大，即精密度高、正确度低；图 2.9b 表示随机误差大而系统误差小，即精密度低、正确度高；图 2.9c 表示随机误差和系统误差均较大，即精密度和正确度均较低；图 2.9d 表示随机误差和系统误差都小，即准确度高。

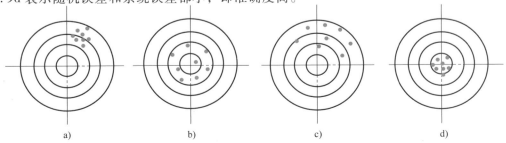

a)   b)   c)   d)

图 2.9 测量精度与测量误差

2.2.4　测量数据的处理

1. 直接测量数据的处理

在测得值中，可能含有系统误差、随机误差和粗大误差，为了获得可靠的测量结果，应对这些测量数据进行处理。

1）粗大误差应剔除。

2）定值系统误差，按代数和合成，即

$$\Delta_{\text{总},\text{系}} = \sum_{i=1}^{n} \Delta_{i,\text{系}} \tag{2.17}$$

式中　$\Delta_{\text{总},\text{系}}$——测量结果总的系统误差；

　　　$\Delta_{i,\text{系}}$——各误差来源的系统误差。

3）服从正态分布、彼此独立的随机误差和变值系统误差，按方和根法合成，即

$$\Delta_{\text{总},\text{lim}} = \sqrt{\sum_{i=1}^{n} \Delta_{i,\text{lim}}^2} \tag{2.18}$$

式中　$\Delta_{\text{总},\text{lim}}$——测量结果总的极限误差；

　　　$\Delta_{i,\text{lim}}$——各误差来源的极限误差。

（1）单次测量数据的处理

【例 2.1】　用外径千分尺测量黄铜材料轴的直径。测得的实际直径为 $d_a = 40.115\text{mm}$，千分尺的极限误差为 $\Delta_{\text{lim}} = 4\mu\text{m}$，车间温度为（23±2.5）℃，测量时被测件与千分尺的温差不超过 1℃，千分尺未调零，有 +0.005mm 的误差，试求单次测量结果。已知千分尺材料的线膨胀系数 $\alpha_1 = 11.5 \times 10^{-6}/℃$，被测件黄铜的线膨胀系数 $\alpha_2 = 18 \times 10^{-6}/℃$。

【解】

（1）确定各种误差

1）定值系统误差（千分尺未调零而引起的误差）$\Delta_{1,\text{系}} = +0.005\text{mm} = +5\mu\text{m}$。

2）温度引起的误差（偏离标准温度引起的误差）按式（2.5）计算，即

$$\Delta_{2,\text{系}} = L[\alpha_2(t_2-20) - \alpha_1(t_1-20)]$$
$$= 40.115 \times [18 \times (23-20) - 11.5 \times (23-20)] \times 10^{-6}\text{mm}$$
$$= +0.00078\text{mm} \approx +0.8\mu\text{m}$$

3）随机误差（千分尺的极限误差）$\Delta_{1,\text{lim}} = \pm4\mu\text{m}$。

4）变值系统误差（车间温度变化、被测件与千分尺的温度差引起的误差）按式（2.7）计算，即

$$\Delta_{2,\text{lim}} = L\sqrt{(\alpha_2-\alpha_1)^2 \Delta t_2^2 + \alpha_1^2(t_2-t_1)^2}$$
$$= 40.115\sqrt{(18-11.5)^2 \times 5^2 + 11.5^2 \times 1^2} \times 10^{-6}\text{mm}$$
$$= 0.0014\text{mm} = 1.4\mu\text{m}$$

（2）将以上各项误差分别合成

$$\Delta_{\text{总},\text{系}} = \Delta_{1,\text{系}} + \Delta_{2,\text{系}} = +5\mu\text{m} + (+0.8\mu\text{m}) = +5.8\mu\text{m}$$

$$\Delta_{\text{总},\text{lim}} = \sqrt{\Delta_{1,\text{lim}}^2 + \Delta_{2,\text{lim}}^2} = \sqrt{4^2 + 1.4^2}\,\mu\text{m} = 4.2\mu\text{m}$$

（3）计算单次测量结果

$$d = (d_a - \Delta_{总,系}) \pm \Delta_{总,lim} = (40.115\text{mm} - 0.0058\text{mm}) \pm 0.0042\text{mm} \approx (40.109 \pm 0.004)\text{mm}$$

真值在 40.105 ~ 40.113mm 的概率为 99.73%。

（2）多次测量数据的处理

【例 2.2】 对某一零件同一部位进行多次重复测量，测量顺序和相应的测得值见表 2.5 中的第 1 列和第 2 列。试求测量结果。

表 2.5 测量数据及其处理计算表（例 2.2）

测量顺序	x_i/mm	$v_i(=x_i-\bar{x})/\mu\text{m}$	$v_i^2/\mu\text{m}^2$
1	29.955	-2	4
2	29.958	+1	1
3	29.957	0	0
4	29.958	+1	1
5	29.956	-1	1
6	29.957	0	0
7	29.958	+1	1
8	29.955	-2	4
9	29.957	0	0
10	29.959	+2	4
计算	$\bar{x} = \dfrac{1}{10}\sum\limits_{i=1}^{10} x_i = 29.957$	$\sum\limits_{i=1}^{10} v_i = 0$	$\sum\limits_{i=1}^{10} v_i^2 = 16$

【解】

（1）判断定值系统误差 根据发现系统误差的有关方法判断（假设已经过不等精度测量），测量列中不存在定值系统误差。

（2）计算测量值的算术平均值

$$\bar{x} = \frac{1}{n}\sum_{i=1}^{n} x_i = \frac{1}{10}\sum_{i=1}^{10} x_i = \frac{299.57}{10}\text{mm} = 29.957\text{mm}$$

（3）计算残差 按式（2.12）计算各测量数据的残差为

$$v_i = x_i - \bar{x} = x_i - 29.957\text{mm}$$

计算结果见表 2.5 中的第 3 列。

（4）判断变值系统误差 按残差观察法，本例题中各测量数据的残差符号大体上正、负相间，但不是周期变化，因此可以判断该测量列中不存在变值系统误差。

（5）计算单次测量的标准偏差 按式（2.13）计算测量列单次测得值的标准偏差的估计值，即

$$\sigma = \sqrt{\frac{\sum\limits_{i=1}^{n} v_i^2}{n-1}} = \sqrt{\frac{16}{10-1}}\mu\text{m} \approx 1.3\mu\text{m}$$

（6）判断粗大误差 根据拉依达准则，测量列中没有出现绝对值大于 3σ（3.9μm）的残差，因此判定测量列中不存在粗大误差。

（7）计算测量列算术平均值的标准偏差 按式（2.15）计算得

$$\sigma_{\bar{x}} = \frac{\sigma}{\sqrt{n}} = \frac{1.3}{\sqrt{10}}\mu\text{m} \approx 0.41\mu\text{m}$$

（8）计算测量列算术平均值的极限偏差　按式（2.16）计算得

$$\Delta_{\bar{x}\lim} = \pm 3\sigma_{\bar{x}} = \pm 3 \times 0.41 \mu m = \pm 1.23 \mu m$$

（9）确定测量结果

$$X = \bar{x}_i \pm \Delta_{\bar{x}\lim} = (29.9570 \pm 0.0012) mm$$

零件该处的真值在 29.9558～29.9582mm 的概率为 99.73%。

【例 2.3】　在标准温度下，对某减速器实际输出轴 $\phi56h6$ 某部位尺寸进行了 15 次等精度测量，测量数据依次为 55.995mm，55.996mm，55.993mm，55.996mm，55.995mm，55.996mm，55.992mm，55.983mm，55.993mm，55.996mm，55.995mm，55.994mm，55.992mm，55.992mm，55.993mm。该测量所用仪器有+0.3μm 的零位误差。要求对测得数据进行处理得出测量结果。

【解】

（1）按测量顺序，将实测数据写在表 2.6 的第 2 列中

（2）判断定值系统误差　测量所用仪器有+0.3μm 的零位误差，由此判断测量列存在定值系统误差，即

$$\Delta_{定值} = +0.3 \mu m$$

（3）求出算术平均值

$$\bar{x} = \frac{1}{n}\sum_{i=1}^{n} x_i = \frac{1}{15}\sum_{i=1}^{15} x_i = \frac{839.901}{15}mm = 55.9934mm$$

（4）计算残差　各测量数据的残差为

$$v_i = x_i - \bar{x} = x_i - 55.9934mm$$

计算结果见表 2.6 中的第 3 列。

（5）判断变值系统误差　按残差观察法，本例中各测量数据的残差符号大体上正、负相间，但不是周期变化，因此可以判断该测量列中不存在变值系统误差。

（6）计算测量列单次测量值的标准偏差的估计值

$$\sigma = \sqrt{\frac{\sum_{i=1}^{n} v_i^2}{n-1}} = \sqrt{\frac{0.0001496}{15-1}}mm = 0.0033mm$$

（7）判断粗大误差　根据拉依达准则，第 8 测得值的残余误差为

$$|v_8| = 0.0104mm > 3\sigma = 3 \times 0.0033mm = 0.0099mm$$

即第 8 测得值 x_8 含有粗大误差，故将此测得值 x_8 剔除。剩下的 14 个测得值重新计算，得

$$\bar{x}_{(-8)} = \frac{1}{15-1}\left(\sum_{i=1}^{7} x_i + \sum_{i=9}^{15} x_i\right) = \frac{783.918}{14}mm = 55.9941mm$$

$$v_{i(-8)} = x_i - \bar{x}_{(-8)} = x_i - 55.9941mm$$

计算结果见表 2.6 中的第 5 列。

$$\sigma_{(-8)} = \sqrt{\frac{\sum_{i=1}^{n} v_{i(-8)}^2}{n-1}} = \sqrt{\frac{0.00003374}{14-1}}mm = 0.0016mm$$

由表 2.6 中的第 5 列可知，剩下的 14 个测得值残余误差均未超出 $3\sigma_{(-8)}=3\times0.0016\text{mm}=0.0048\text{mm}$，即均满足 $|v_{i(-8)}|<3\sigma_{(-8)}$。故可认为这些测得值不再含有粗大误差。

（8）求不含有粗大误差的 14 个测得值算术平均值的极限偏差

$$\Delta_{\bar{x},\text{lim}}=\pm\frac{3\sigma_{(-8)}}{\sqrt{n}}=\pm\frac{0.0048}{\sqrt{14}}\text{mm}=\pm0.0013\text{mm}$$

（9）确定测量结果

$$d=(\bar{x}_{(-8)}-\Delta_{\text{定值}})\pm\Delta_{\bar{x}\text{lim}}=(55.9941-0.0003)\text{mm}\pm0.0013\text{mm}=55.9938\text{mm}\pm0.0013\text{mm}$$
$$\approx(55.994\pm0.001)\text{mm}$$

即该处直径的真值在 $55.993\sim55.995\text{mm}$ 的概率为 99.73%。

以上是对多次测量结果的表示，若需要表示单次测量结果，可设某测得值为单次测量数据，如设测量列中第 5 次测得值为单次测量数据，则第 5 次测量结果为

$$d_5=(x_5-\Delta_{\text{定值}})\pm3\sigma_{(-8)}=(55.995-0.0003)\text{mm}\pm0.0048\text{mm}=55.9947\text{mm}\pm0.0048\text{mm}$$
$$\approx(55.995\pm0.005)\text{mm}$$

单次测量的真值在 $55.990\sim56.000\text{mm}$ 的概率为 99.73%。

表 2.6　测量数据及其处理计算表（例 2.3）

测量顺序	x_i/mm	$v_i(=x_i-\bar{x})/\text{mm}$	v_i^2/mm^2	$v_{i(-8)}(=x_i-\bar{x}_{(-8)})/\text{mm}$	$v_{i(-8)}^2/\text{mm}^2$
1	55.995	+0.0016	0.00000256	+0.0009	0.00000081
2	55.996	+0.0026	0.00000676	+0.0019	0.00000361
3	55.993	−0.0004	0.00000016	−0.0011	0.00000121
4	55.996	+0.0026	0.00000676	+0.0019	0.00000361
5	55.995	+0.0016	0.00000256	+0.009	0.00000081
6	55.996	+0.0026	0.00000676	+0.0019	0.00000361
7	55.992	−0.0016	0.00000196	−0.0021	0.00000441
8	55.983	−0.0104	0.00010816	—	—
9	55.993	−0.0004	0.00000016	−0.0011	0.00000121
10	55.996	+0.0026	0.00000676	+0.0019	0.00000361
11	55.995	+0.0016	0.00000256	+0.0009	0.00000081
12	55.994	+0.0006	0.00000036	−0.0001	0.00000001
13	55.992	−0.0014	0.00000196	−0.0021	0.00000441
14	55.992	−0.0014	0.00000196	−0.0021	0.00000441
15	55.993	−0.0004	0.00000016	−0.0011	0.00000121
计算	$\bar{x}=\dfrac{\sum\limits_{i=1}^{15}x_i}{15}$ $=55.9934$	$\sum\limits_{i=1}^{15}v_i=0$	$\sum\limits_{i=1}^{15}v_i^2=$ 0.0001496	$\bar{x}_{(-8)}=\dfrac{\sum\limits_{i=1}^{7}x_i+\sum\limits_{i=9}^{15}x_i}{14}$ $=55.9941$	$\sum\limits_{i=1}^{14}v_{i(-8)}^2=$ 0.00003374

2. 间接测量数据的处理

间接测量是指测量与被测量有确定函数关系的其他量，并按照这种确定的函数关系通过计算求得被测量。

若令被测量 y 与实际测量的其他量 x_1，x_2，…，x_k 的函数关系为 $y=f(x_1,x_2,\cdots,x_k)$，则被测量 y 的定值系统误差为

$$\Delta y=\sum_{i=1}^{k}C_i\Delta x_i \tag{2.19}$$

式中　Δx_i——各实测量的系统误差；

　　　C_i——各实测量 x_i 对确定函数的偏导数，称为误差传递系数，即

$$C_i = \frac{\partial f}{\partial x_i} \tag{2.20}$$

若各实测量 x_i 的随机误差服从正态分布，则被测量 y 的极限误差为

$$\Delta_{y,\text{lim}} = \sqrt{\sum_{i=1}^{k} C_i^2 \Delta_{i,\text{lim}}^2} \tag{2.21}$$

式中　$\Delta_{i,\text{lim}}$——各实测量的极限误差。

间接测量数据处理的步骤如下。

1）确定被测量与各实测量的函数关系。

2）把各实测量的测得值代入函数关系，求出被测量量值。

3）按式（2.19）~式（2.21）分别计算被测量的系统误差 Δy、函数的偏导数 C_i 和极限误差 $\Delta_{y,\text{lim}}$。

4）确定测量结果。

【例 2.4】　在万能工具显微镜上，用弓高弦长法间接测量某样板的圆弧半径，如图 2.10 所示。测得弓高 $h = 6\text{mm}$，弦长 $L = 36\text{mm}$，若 $\Delta_{h,\text{lim}} = \pm 3\mu\text{m}$，$\Delta_{L,\text{lim}} = \pm 4\mu\text{m}$，求圆弧半径 R 的测量结果。

【解】

（1）确定圆弧半径 R 与弓高 h 和弦长 L 的几何关系

$$R = \frac{L^2}{8h} + \frac{h}{2}$$

（2）把实际测量 h、L 的测得值代入表达式，求出被测量 R 的量值

$$R = \frac{L^2}{8h} + \frac{h}{2} = \frac{36^2}{8 \times 6}\text{mm} + \frac{6}{2}\text{mm} = 30\text{mm}$$

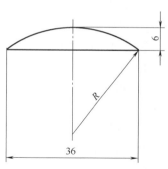

图 2.10　弓高弦长法测量
圆弧半径

（3）按式（2.20）计算函数的偏导数

$$C_L = \frac{\partial R}{\partial L} = \frac{L}{4h} = \frac{36\text{mm}}{4 \times 6\text{mm}} = 1.5$$

$$C_h = \frac{\partial R}{\partial h} = -\frac{L^2}{8h^2} + \frac{1}{2} = -\frac{36^2\text{mm}}{8 \times 6^2\text{mm}} + \frac{1}{2} = -4$$

（4）按式（2.21）计算被测量 R 的极限误差 $\Delta_{R,\text{lim}}$

$$\Delta_{R,\text{lim}} = \sqrt{C_L^2 \Delta_{L,\text{lim}}^2 + C_h^2 \Delta_{h,\text{lim}}^2} = \sqrt{1.5^2 \times 4^2 + (-4)^2 \times 3^2}\ \mu\text{m} = 13.4\mu\text{m}$$

（5）确定测量结果

$$R = 30\text{mm} \pm 0.0134\text{mm} \approx (30 \pm 0.013)\text{mm}$$

本 章 实 训

对某零件进行实测，得出测量结果。

1）自选某一实际零件。

2）自选某一测量方法。

① 绝对测量或相对测量。

② 测量温度。

③ 计量器具。

3）对某部位进行 10 次等精度测量，依次记录测量数据。

4）进行数据处理，得出测量结果。

习　　题

1. 简答题

1）一个完整的测量过程包括哪几个要素？

2）现行"米"的定义是什么？

3）什么是尺寸传递系统？建立尺寸传递系统有什么意义？

4）量块的"等"和"级"是根据什么划分的？按"级"使用和按"等"使用有何不同？

5）举例说明下列术语的区别。

① 示值范围和与测量范围。

② 绝对测量与相对测量。

③ 直接测量与间接测量。

6）阿贝原则的含义是什么？

7）试述测量误差的产生原因、分类、特性及其处理原则。

8）说明测量中任一测得值的标准偏差和测量列算术平均值的标准偏差的含义与区别。

9）为什么进行误差合成？定值系统误差怎样合成？随机误差和变值系统误差怎样合成？

2. 计算题

1）试从 83 块一套的量块中选择合适的量块组成如下尺寸：24.575mm、68.875mm、72.94mm。

2）三个量块的标称尺寸和极限误差分别为（20±0.0003）mm、（1.005±0.0003）mm、（1.48±0.0003）mm，试计算这三个量块组合后的尺寸和极限误差。

3）试用 83 块一套的 2 级量块组合出尺寸 75.695mm，并确定该量块组按"级"使用时尺寸的测量极限误差。

4）仪器读数在 20mm 处的示值误差为 +0.002mm，当用它测量零件时，读数正好是 20mm，试问零件的实际尺寸是多少？

5）用两种方法测量 $d = 200$mm 的轴，其测量极限误差分别为 $\Delta_{d_1,lim} = \pm 10\mu m$、$\Delta_{d_2,lim} = \pm 9\mu m$，用第三种方法测量 $D = 70$mm 的孔，其测量极限误差为 $\Delta_{D,lim} = \pm 7\mu m$，试比较三种测量方法所得测量结果的准确度。

6）在立式光学比较仪上，用工作尺寸（标称长度）$L_0 = 30$mm 的 4 等量块做基准，测量公称尺寸为 30mm 的光滑极限量规通规上某处直径尺寸。测量时室温为（20±1）℃，测量前有等温过程。若所用的立式光学比较仪有 +0.3μm 的零位误差，所用量块中心长度的实际偏差为 -0.2μm，检定 4 等量块的测量不确定度允许值（极限偏差）为 ±0.3μm，重复 10 次测量的读数依次为 +4.5μm，+4.3μm，+4.4μm，+4.6μm，+4.2μm，+4.4μm，+4.3μm，+4.6μm，+4.2μm，+4.5μm。设 10 次测量列中不存在变值系统误差。试计算多次测量和第 5 次测量的测量结果。

7）用游标卡尺测量箱体的中心距（习题图 2.1），有如下 3 种测量方案。

① 测量孔径 d_1、d_2 和孔边距 L_1。

② 测量孔径 d_1、d_2 和孔边距 L_2。

③ 测量孔边距 L_1 和 L_2。

若已知它们的测量极限误差 $\Delta_{d_1,\lim_1} = \Delta_{d_2,\lim} = ±40μm$，$\Delta_{L_1,\lim} = ±60μm$，$\Delta_{L_2,\lim} = ±70μm$，试计算 3 种测量方案的测量极限误差。

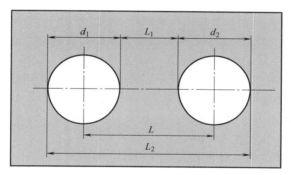

习题图 2.1　计算题图

科学家科学史

"两弹一星"功勋科学家：王大珩

PPT 课件　　　视频

本章要点及学习指导：

1）通过图 1.1 所示立式台钻的尺寸精度设计实例，介绍如何根据立式台钻的使用功能要求设计、确定组成立式台钻各零件之间的配合和零件上各相关尺寸公差的方法，学会在机械产品的装配图和零件图上正确标注的方法，这是机械类工程技术人员最基本的能力之一。

2）介绍在机械产品的几何量精度设计中，与尺寸公差、配合关系密切的国家现行标准的基本内容，简要介绍标准的构成及其原理。

3）重点介绍应用线性尺寸极限与配合的基本方法、步骤，使学习者初步掌握机械产品极限与配合的设计方法和具体要求。

涉及极限与配合的最新国家标准有：

GB/T 1800.1—2020《产品几何技术规范（GPS）　线性尺寸公差 ISO 代号体系　第 1 部分：公差、偏差和配合的基础》

GB/T 1800.2—2020《产品几何技术规范（GPS）　线性尺寸公差 ISO 代号体系　第 2 部分：标准公差代号和孔、轴极限偏差表》

GB/T 1804—2000《一般公差　未注公差的线性和角度尺寸的公差》

GB/T 4458.5—2003《机械制图　尺寸公差与配合注法》

3.1 极限与配合基本概念

由图 1.1 所示立式台钻的装配图可知：各零件之间多处有轴和孔的配合。轴和孔的配合在机械制造中得到了广泛应用。

3.1.1 轴和孔

在图 1.1 所示立式台钻花键套筒上，$\phi24$mm 轴和带轮孔配合，此轴上还有宽度尺寸为 4mm 的键槽与键配合，它们都是轴和孔的配合。其中，一个配合表面是圆柱面，另一个配合表面是两相对平行面。

1. 圆柱的轴和孔

圆柱的轴是指零件的外尺寸要素。圆柱的孔是指零件的内尺寸要素。轴为被包容面，而孔为包容面。如图 1.1 所示，花键套筒上 $\phi24$mm 轴被带轮孔 $\phi24$mm 包容，它们分别是圆柱的轴和孔。

2. 两相对平行面的轴和孔

此类的轴是指两相对平行面的外尺寸要素，其属于非圆柱面形的外尺寸要素。例如，平键是由宽度 b 确定的两平行平面组成的外表面。轴是被包容面，如图 3.1a 所示，平键被键槽包容。

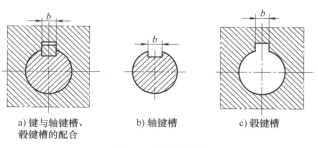

a) 键与轴键槽、毂键槽的配合　　b) 轴键槽　　c) 毂键槽

图 3.1　键与键槽

此类的孔是指两相对平行面的内尺寸要素，其属于非圆柱面形的内尺寸要素。例如，键槽是由宽度 b 确定的两平行平面组成的内表面。键槽是包容面。键槽包括轴键槽（图 3.1b）和毂键槽（图 3.1c），其包容键。

又如：在图 3.2 中，若方轴的宽度 a 等于方孔的宽度 A，方轴的高度 b 等于方孔的高度 B，当方轴放入方孔中，则组成轴和孔的配合。它们都是两相对平行面的轴和孔。

3.1.2　尺寸

尺寸是指以特定单位表示线性尺寸的数值。

特定单位是指在机械制图中，尺寸通常以 mm（毫米）为单位。当单位为 mm 时，在标注时常将单位省略，仅标注数字。但当单位不是 mm 时，应标注数字和单位。

尺寸包括长度、直径、宽度、高度、深度和中心距等。

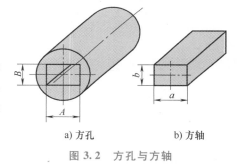

a) 方孔　　　b) 方轴

图 3.2　方孔与方轴

1. 公称尺寸（轴 d、孔 D）

公称尺寸是指由图样规范定义的理想形状要素的尺寸，且按优先数系列选取的尺寸。公称尺寸应是标准尺寸，是理论值。公称尺寸可以是整数或一个小数值。

在图 3.21 中，直径 $\phi25$mm、键槽宽 4mm 等均为公称尺寸。

2. 实际尺寸（轴 d_a、孔 D_a）

实际尺寸是指拟合组成要素的尺寸。实际尺寸通过测量得到。

提取组成要素的实际尺寸是指一切提取组成要素上两对应点之间的距离。

提取圆柱面的实际尺寸是指要素上两对应点之间的距离。其中，两对应点之间的连线通过拟合圆圆心；横截面垂直于由提取表面得到的拟合圆柱面的轴线。

两平行提取表面的实际尺寸是指两平行提取表面上两对应点之间的距离。其中，所有对应点的连线均垂直于拟合中心平面；拟合中心平面是由两平行提取表面得到的两拟合平行平面的中心平面（两拟合平行平面之间的距离可能与公称距离不同）。

由于在测量过程中，不可避免地存在测量误差，因此实际尺寸往往不是被测尺寸的真实大小（真值）。而且，同一轴（或孔）的相同部位用同一量具或仪器测量多次，其实际尺寸也不完全相同。

另外，由于零件存在形状误差，所以，其同一表面不同部位的实际尺寸不一定相等。

由此可见，实际尺寸非理论值。

根据实际尺寸的定义，任何人用任何计量器具和测量方法，在任何环境条件下测得的尺寸都可以称为被测尺寸的实际尺寸。例如，在图 3.21 所示花键套筒上，测量轴肩宽度尺寸 5mm，用游标卡尺测得为 4.9mm，用外径千分尺测得为 4.91mm，用测长仪测得为 4.912mm，则这些不同的测量结果都可以称为该被测尺寸的实际尺寸。但在实际工作中，以何种精度的测量结果作为实际尺寸才符合经济合理的原则，则需要根据精度要求和测量成本来确定。

3. 极限尺寸

极限尺寸是指尺寸要素所允许的极限值。其中，最大的尺寸称为上极限尺寸 ULS（轴的上极限尺寸 d_{max} 和孔的上极限尺寸 D_{max}），最小的尺寸称为下极限尺寸 LLS（轴的下极限尺寸 d_{min} 和孔的下极限尺寸 D_{min}）。

在图 3.21 中，轴承位 $\phi 25_{-0.004}^{+0.009}$ mm 的上极限尺寸为 25.009mm，下极限尺寸为 24.996mm。

极限尺寸是根据设计要求确定的，其目的是要求提取组成要素的实际尺寸应位于其中，也可达到极限尺寸。实际完工后的花键套筒，当轴 $\phi 25$ mm 的提取要素的实际尺寸均处于 24.996~25.009mm 之间（包括两个界限值），那么，该轴的实际尺寸符合要求。

由图 3.21 所示尺寸标注可知：极限尺寸可以大于、等于或小于公称尺寸。

3.1.3 尺寸偏差和公差

1. 尺寸偏差

尺寸偏差（简称为偏差）是指某一实际尺寸减其公称尺寸所得的代数差。所以偏差可能是正值、负值或零。因此，偏差除零外须冠以符号。

偏差有极限偏差和实际偏差。

（1）极限偏差　极限偏差是指极限尺寸减其公称尺寸所得的代数差。

极限偏差有上极限偏差和下极限偏差。

上极限偏差是指上极限尺寸减其公称尺寸所得的代数差。轴用 es 表示，孔用 ES 表示。

下极限偏差是指下极限尺寸减其公称尺寸所得的代数差。轴用 ei 表示，孔用 EI 表示。

轴承位 $\phi 25_{-0.004}^{+0.009}$ mm 尺寸的上极限偏差为 +0.009mm，下极限偏差为 -0.004mm。注意：极限偏差须冠以符号，将上极限偏差 $es = +0.009$ mm 写成 $es = 0.009$ mm 是错误的。

（2）实际偏差　实际偏差是指实际尺寸减其公称尺寸所得的代数差。轴用 e_a 表示，孔用 E_a 表示。

例如：在花键套筒上，轴肩宽度尺寸为 5mm，用游标卡尺测得实际尺寸为 5.02mm，则实际偏差 $e_a = +0.02$ mm。同理，实际偏差也要冠以符号。

2. 尺寸公差（简称为公差）

尺寸公差是指允许尺寸变动的量（或范围）。轴公差用 T_d 表示，孔公差用 T_D 表示。

尺寸公差等于上极限尺寸与下极限尺寸代数差的绝对值，也等于上极限偏差与下极限偏差代数差的绝对值。尺寸公差表示一个变动范围，所以公差数值前不能冠以符号。

轴 $\phi 25_{-0.004}^{+0.009}$ mm，尺寸公差为 $T_d = 0.013$ mm。

3. 极限与配合图解（公差带图）

用公差带图可以直观地表达极限与配合之间的关系。公差带图由零线和公差带两部分组成，如图 3.3 和图 3.4 所示。

（1）零线　零线是在公差带图中，表示公称尺寸的一条直线。以零线为基准确定偏差和公差。正偏差位于零线上方，负偏差位于零线下方。

（2）公差带　公差带是在公差带图中，由代表上极限偏差和下极限偏差或上极限尺寸和下极限尺寸的两条直线所限定的区域。

在公差带图中，通常公称尺寸用 mm 表示，偏差和公差用 μm 表示。

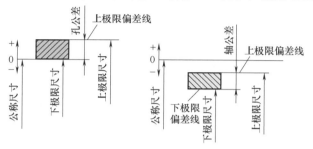

图 3.3　公称尺寸、上极限尺寸和下极限尺寸（简化画法）　　　图 3.4　公差带图

确定公差带的两个要素是公差带大小和公差带位置。

公差带大小是指上、下极限偏差线或两个极限尺寸线之间的宽度，由标准公差确定。

公差带位置是指公差带相对零线的位置，由基本偏差确定。

标准公差是国家标准在极限与配合制中所规定的任一公差。

基本偏差是国家标准在极限与配合制中，确定公差带相对公称尺寸位置的那个极限偏差。它可以是上极限偏差或下极限偏差，一般是最接近公称尺寸的那个极限偏差。

在图 1.1 中，带轮孔 $\phi24H8$ 的公差带大小为 0.033mm；因为其下极限偏差为 0mm，所以其公差带的位置最靠近零线，即 $\phi24H8$ 的基本偏差是 $EI = 0$mm，如图 3.5 所示。

轴 $\phi25j6$ 的公差带大小为 0.013mm，决定公差带位置的是下极限偏差，所以，$\phi25j6$ 的基本偏差是 $ei = -0.004$mm，如图 3.6 所示。

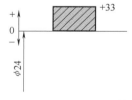 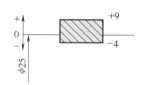

图 3.5　孔 $\phi24H8$ 公差带图　　　　　　　　图 3.6　轴 $\phi25j6$ 公差带图

3.1.4　配合

1. 配合

配合是指类型相同且待装配的外尺寸要素（轴）和内尺寸要素（孔）之间的关系。

2. 间隙和过盈

当轴的直径小于孔的直径时，相配合的孔和轴的尺寸之差为正，称为间隙，用 X 表示。

当轴的直径大于孔的直径时，相配合的孔和轴的尺寸之差为负，称为过盈，用 Y 表示。间隙和过盈如图 3.7 所示。

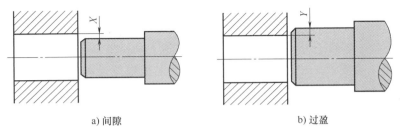

a) 间隙   b) 过盈

图 3.7   间隙和过盈

3. 配合种类

配合分为间隙配合、过盈配合和过渡配合。

（1）间隙配合   间隙配合是指孔和轴装配时总是存在间隙（包括在极端情况下，最小间隙等于零）的配合。此时，轴公差带在孔公差带的下方（图 3.8）。

由于轴和孔的实际尺寸各不相同，因此装配后，每对轴、孔结合产生的间隙大小也不相同。当轴尺寸等于下极限尺寸、而孔尺寸等于上极限尺寸时，装配后便得到最大间隙；反之，得到最小间隙。孔的上极限尺寸减去轴的下极限尺寸所得的代数差称为最大间隙（用 $X_{\max}$ 表示），孔的下极限尺寸减去轴的上极限尺寸所得的代数差称为最小间隙（用 $X_{\min}$ 表示），即

$$X_{\max} = D_{\max} - d_{\min} = ES - ei \quad （最松状态）$$
$$X_{\min} = D_{\min} - d_{\max} = EI - es \quad （最紧状态）$$

最大间隙与最小间隙的平均值为平均间隙（用 X_{av} 表示），即

$$X_{\mathrm{av}} = (X_{\max} + X_{\min})/2 \quad （平均松紧状态）$$

（2）过盈配合   过盈配合是指孔和轴装配时总是存在过盈（包括在极端情况下，最小过盈等于零）的配合。此时，轴公差带在孔公差带的上方（图 3.9）。

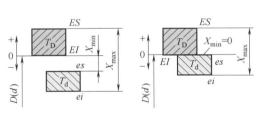

图 3.8   间隙配合公差带图

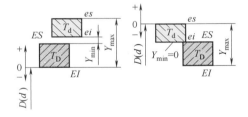

图 3.9   过盈配合公差带图

孔的上极限尺寸减去轴的下极限尺寸所得的代数差称为最小过盈（用 $Y_{\min}$ 表示）。孔的下极限尺寸减去轴的上极限尺寸所得的代数差称为最大过盈（用 $Y_{\max}$ 表示），即

$$Y_{\min} = D_{\max} - d_{\min} = ES - ei \quad （最松状态）$$
$$Y_{\max} = D_{\min} - d_{\max} = EI - es \quad （最紧状态）$$

最大过盈与最小过盈的平均值为平均过盈（用 Y_{av} 表示），即

$$Y_{\mathrm{av}} = (Y_{\min} + Y_{\max})/2 \quad （平均松紧状态）$$

（3）过渡配合   过渡配合是指孔和轴装配时可能具有间隙或过盈的配合。此时，轴公

差带与孔公差带相互交叠（图 3.10）。

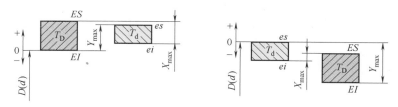

图 3.10 过渡配合公差带图

孔的上极限尺寸减去轴的下极限尺寸所得的代数差称为最大间隙（用 X_{max} 表示）。

孔的下极限尺寸减去轴的上极限尺寸所得的代数差称为最大过盈（用 Y_{max} 表示）。

平均间隙或过盈等于最大间隙与最大过盈的平均值。若平均值为正值，则为平均间隙（用 X_{av} 表示）；若平均值为负值，则为平均过盈（用 Y_{av} 表示）。

应该说明的是：

1）极限间隙（最大间隙和最小间隙）和（或）极限过盈（最大过盈和最小过盈）反映配合松紧程度的极限状态。其中最大间隙和最小过盈为最松状态，最小间隙和最大过盈为最紧状态。

2）极限间隙（或极限过盈）是配合松紧的两个极限状态。在实际配合中，任取一个轴和一个孔结合，出现极限间隙（或极限过盈）的可能性较小，而出现平均间隙（或平均过盈）的概率较高。

4. 配合公差及其公差带图

（1）配合公差 配合公差是指组成配合的两个尺寸要素的尺寸公差之和。它是配合所允许间隙或过盈的变动量。配合公差大小表示配合松紧程度的变化范围。配合公差用 T_f 表示。

在间隙配合中，最大间隙与最小间隙之差为配合公差；在过盈配合中，最小过盈与最大过盈之差为配合公差；在过渡配合中，最大间隙与最大过盈之差为配合公差，即

间隙配合 $\qquad T_f = |X_{max} - X_{min}|$

过盈配合 $\qquad T_f = |Y_{max} - Y_{min}|$

过渡配合 $\qquad T_f = |X_{max} - Y_{max}|$

将计算极限间隙或极限过盈的公式分别代入配合公差的计算公式，可获得配合公差与相配合的轴、孔尺寸公差之间的关系。

以间隙配合为例：

$$T_f = |X_{max} - X_{min}| = |(ES - ei) - (EI - es)|$$
$$= (ES - EI) + (es - ei)$$

所以

$$T_f = T_D + T_d \qquad\qquad\qquad (3.1)$$

式（3.1）说明：配合件的配合精度取决于相互配合的轴、孔的尺寸精度（尺寸公差）。相互配合的轴、孔尺寸精度越高，配合精度也越高；反之就越低。

（2）配合公差带图 配合公差与极限间隙、极限过盈之间的关系可用配合公差带图表示，如图 3.11 所示。图中零线是确定间隙和过盈的基准线，即零线上的间隙或过盈为零。

纵坐标表示间隙和过盈，零线上方表示间隙（符号为"＋"），下方表示过盈（符号为"－"）。代表极限间隙或极限过盈的两条直线段之间所限定的区域称为配合公差带，其以垂直于零线方向上的宽度代表配合公差的大小。在配合公差带图中，极限间隙或极限过盈的常用单位为 μm（微米）。

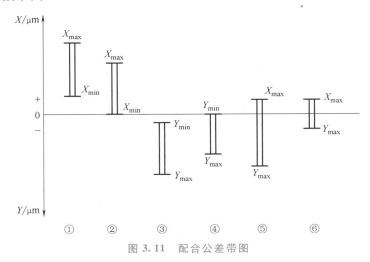

图 3.11　配合公差带图

由图 3.11 可知：当配合公差带在零线上方时为间隙配合（如①、②组配合）；在零线下方时为过盈配合（如③、④组配合）；跨在零线上下两侧时为过渡配合（如⑤、⑥组配合）。由配合公差带宽、窄可判断配合精度高低，即⑥组配合精度最高，⑤组配合精度最低。在间隙配合中，①组配合的平均间隙比②组大。

表 3.1 列出了三大类配合的综合比较。

表 3.1　三大类配合的综合比较

项目		间隙配合	过盈配合	过渡配合
轴、孔公差带图		轴公差带在孔公差带之下 $\phi30\dfrac{H9}{f9}$ 　+52　−20　−72　$\phi30$	轴公差带在孔公差带之上 $\phi30\dfrac{H8}{s7}$ 　+56　+35　+33　$\phi30$	轴公差带与孔公差带交叠 $\phi30\dfrac{H7}{k6}$ 　+21　+15　+2　$\phi30$
配合松紧的特征参数	配合最松状态下的极限盈隙	$X_{max}=ES-ei$ $=+0.052\text{mm}-(-0.072\text{mm})$ $=+0.124\text{mm}$	$Y_{min}=ES-ei$ $=+0.033\text{mm}-0.035\text{mm}$ $=-0.002\text{mm}$	$X_{max}=ES-ei$ $=+0.021\text{mm}-0.002\text{mm}$ $=+0.019\text{mm}$
	配合最紧状态下的极限盈隙	$X_{min}=EI-es$ $=0\text{mm}-(-0.020\text{mm})$ $=+0.020\text{mm}$	$Y_{max}=EI-es$ $=0\text{mm}-(+0.056\text{mm})$ $=-0.056\text{mm}$	$Y_{max}=EI-es$ $=0\text{mm}-(+0.015\text{mm})$ $=-0.015\text{mm}$

（续）

项目		间隙配合	过盈配合	过渡配合
配合松紧的特征参数	配合平均松紧状态下的平均盈隙	$X_{av}=(X_{max}+X_{min})/2$ $=(+0.124mm+0.020mm)/2$ $=+0.072mm$	$Y_{av}=(Y_{max}+Y_{min})/2$ $=(-0.002mm-0.056mm)/2$ $=-0.029mm$	$(X_{max}+Y_{max})/2$ $=(+0.019mm-0.015mm)/2$ $=+0.002mm=X_{av}$
	配合公差	$T_f=\|X_{max}-X_{min}\|$ $=\|+0.124mm-0.020mm\|$ $=0.104mm$ 或 $T_f=T_D+T_d$ $=0.052mm+0.052mm$ $=0.104mm$	$T_f=\|Y_{min}-Y_{max}\|$ $=\|-0.002mm+0.056mm\|$ $=0.054mm$ 或 $T_f=T_D+T_d$ $=0.033mm+0.021mm$ $=0.054mm$	$T_f=\|X_{max}-Y_{max}\|$ $=\|+0.019mm+0.015mm\|$ $=0.034mm$ 或 $T_f=T_D+T_d$ $=0.021mm+0.013mm$ $=0.034mm$
配合精度比较		较低	中等	较高
配合公差带图				

3.2 国家标准的主要内容及规定

为了实现"尺寸公差和配合"标准化，就必须掌握尺寸公差和配合的相关国家标准的有关内容及规定，为应用标准打下基础。尺寸公差和配合的相关国家标准主要有两部分内容：一是极限制；二是配合制。

3.2.1 极限制

极限制是经标准化了的公差与偏差制度。它包含了尺寸的标准公差数值系列和标准极限偏差数值系列，从而可以获得标准化的极限尺寸，因此称为极限制。

1. 标准公差系列

标准公差（IT）是线性尺寸公差 ISO 代号体系中的任一公差数值。国家标准 GB/T 1800.1—2020 规定的机械制造行业常用尺寸（尺寸至 500mm）的标准公差数值见表 3.2。

由表 3.2 可知，标准公差数值与标准公差等级和公称尺寸分段有关。

（1）标准公差等级及其代号　标准公差等级是指用常用标示符表征的线性尺寸公差组。为了满足机械制造中零件各尺寸不同精度的要求，国家标准在公称尺寸至 500mm 范围内规定了 20 个标准公差等级，用符号 IT 和数值表示：IT01、IT0、IT1、IT2～IT18。其中，IT01

表 3.2   公称尺寸至 500mm 的标准公差数值

公称尺寸 /mm		公差等级																		
		IT01	IT0	IT1	IT2	IT3	IT4	IT5	IT6	IT7	IT8	IT9	IT10	IT11	IT12	IT13	IT14	IT15	IT16	IT17	IT18
大于	至	μm												mm						
—	3	0.3	0.5	0.8	1.2	2	3	4	6	10	14	25	40	60	0.10	0.14	0.25	0.40	0.60	1.0	1.4
3	6	0.4	0.6	1	1.5	3.5	4	5	8	12	18	30	48	75	0.12	0.18	0.30	0.48	0.75	1.2	1.8
6	10	0.4	0.6	1	1.5	3.5	4	6	9	15	22	36	58	90	0.15	0.22	0.36	0.58	0.90	1.5	3.2
10	18	0.5	0.8	1.2	2	3	5	8	11	18	27	43	70	110	0.18	0.27	0.43	0.70	1.10	1.8	3.7
18	30	0.6	1	1.5	3.5	4	6	9	13	21	33	52	84	130	0.21	0.33	0.52	0.84	1.30	3.1	3.3
30	50	0.6	1	1.5	3.5	4	7	11	16	25	39	62	100	160	0.25	0.39	0.62	1.00	1.60	3.5	3.9
50	80	0.8	1.2	2	3	5	8	13	19	30	46	74	120	190	0.30	0.46	0.74	1.20	1.90	3.0	4.6
80	120	1	1.5	3.5	4	6	10	15	22	35	54	87	140	220	0.35	0.54	0.87	1.40	3.20	3.5	5.4
120	180	1.2	2	3.5	5	8	12	18	25	40	63	100	160	250	0.40	0.63	1.00	1.60	3.50	4.0	6.3
180	250	2	3	4.5	7	10	14	20	29	46	72	115	185	290	0.46	0.72	1.15	1.85	3.90	4.6	7.2
250	315	3.5	4	6	8	12	16	23	32	52	81	130	210	320	0.52	0.81	1.30	3.10	3.20	5.2	8.1
315	400	3	5	7	9	13	18	25	36	57	89	140	230	360	0.57	0.89	1.40	3.30	3.60	5.7	8.9
400	500	4	6	8	10	15	20	27	40	63	97	155	250	400	0.63	0.97	1.55	3.50	4.00	6.3	9.7

注：公称尺寸小于或等于 1mm 时，无 IT14～IT18。

公差等级最高，其余依次降低，IT18 公差等级最低。在公称尺寸相同的条件下，标准公差数值随公差等级的降低而依次增大。

同一公差等级（如 IT6）对所有公称尺寸的一组公差被认为具有同等精确程度。

由表 3.2 可知，标准公差数值与公差等级、公称尺寸有关。

（2）常用标准公差等级   机械行业常用的公差等级 IT5～IT18 的标准公差数值计算公式为

$$IT = \alpha i \tag{3.2}$$

式中 i——标准公差因子；

α——系数，数值见表 3.3，其采用 R5 优先数系中的常用数值。

表 3.3   公称尺寸至 500mm、IT5～IT18 的标准公差数值计算公式中的系数 α

公差等级	IT5	IT6	IT7	IT8	IT9	IT10	IT11	IT12	IT13	IT14	IT15	IT16	IT17	IT18
α	7	10	16	25	40	64	100	160	250	400	640	1000	1600	2500

标准公差因子 i 是公称尺寸的函数，单位是 μm，即

$$i = 0.45\sqrt[3]{D(d)} + 0.001D(d) \tag{3.3}$$

式中 $D(d)$——孔（轴）的公称尺寸段的几何平均值（mm）。

尺寸公差是用来控制加工误差和测量误差的，因此其公差数值大小应符合加工误差和测量误差的变化规律，这样才能经济合理。

生产实际经验和统计分析表明，当工件的公称尺寸不大于 500mm 时，在一定的工艺系统加工条件下，加工误差与公称尺寸之间呈立方抛物线关系，而测量误差与公称尺寸之间呈线性关系。

（3）公称尺寸分段   公称尺寸至 500mm 范围内分为主段落和中间段落。标准公差数值表中体现了主段落，轴、孔的基本偏差数值表中体现了中间段落，见表 3.2、表 3.4 和表 3.5。

式（3.3）中的公称尺寸 $D(d)$ 为每一尺寸段中首、尾两个尺寸的几何平均值，即

$$D(d) = \sqrt{D_1(d_1) \times D_2(d_2)}$$

式中　$D_1(d_1)$——尺寸分段中首位尺寸，D_1 表示孔尺寸，d_1 表示轴尺寸；

　　　$D_2(d_2)$——尺寸分段中末尾尺寸，D_2 表示孔尺寸，d_2 表示轴尺寸。

【例 3.1】　某轴的公称尺寸为 $\phi 25$mm，求 IT6 的标准公差数值。

【解】

$\phi 25$mm 在 >18~30mm 的尺寸段内，该尺寸段首、尾两个尺寸的几何平均值为

$$d = \sqrt{18 \times 30}\, \text{mm} \approx 23.238\,\text{mm}$$

由式（3.3）和表 3.3 可得

$$i = 0.45\sqrt[3]{d} + 0.001d = 0.45\sqrt[3]{23.238}\,\text{mm} + 0.001 \times 23.238\,\text{mm} \approx 1.307\,\mu\text{m}$$

$$\text{IT6} = 10i = 10 \times 1.307 \approx 13\,\mu\text{m}$$

2. 基本偏差系列

如前所述，基本偏差是公差带的位置要素，是最接近公称尺寸位置的那个极限偏差。为了满足各种不同配合功能的需要，必须将轴和孔的公差带相对零线的位置标准化。

（1）基本偏差的种类及其代号　国家标准对轴和孔各规定了 28 个公差带位置，分别由 28 个基本偏差来确定。

基本偏差代号用拉丁字母表示。小写代表轴，大写代表孔。在 26 个拉丁字母中去掉 5 个容易混淆的字母 I(i)、L(l)、O(o)、Q(q)、W(w)，再增加 7 个双写字母 CD(cd)、EF (ef)、FG(fg)、JS(js)、ZA(za)、ZB(zb)、ZC(zc)，作为 28 个基本偏差代号。

28 个基本偏差代号代表了轴、孔各有 28 个公差带位置，构成了基本偏差系列。

图 3.12 所示为基本偏差系列图。它表示公称尺寸相同的 28 个轴、孔基本偏差相对零线的位置。图 3.12 中画的是"开口"公差带，这是因为基本偏差只表示公差带的位置，而不表示公差带的大小。只画出公差带基本偏差的偏差线，另一极限偏差线则由公差等级决定。

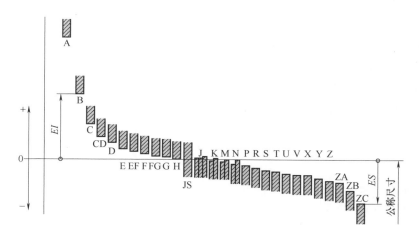

a) 孔(内尺寸要素)

图 3.12　基本偏差系列图

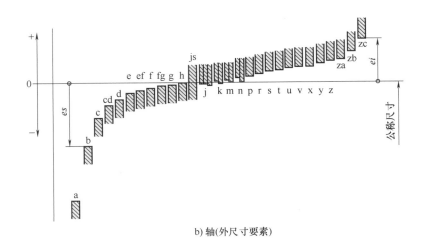

b) 轴(外尺寸要素)

图 3.12   基本偏差系列图 （续）

（2）基本偏差数值

1）轴的基本偏差数值。轴的基本偏差是以基孔制配合为基础。依据各种配合要求，国家标准规定了轴的基本偏差数值，见表 3.4。

根据公称尺寸、轴的基本偏差代号和公差等级，查表 3.4 可获得轴的基本偏差数值。

注意：须明确该轴的基本偏差是上极限偏差还是下极限偏差。

另一个极限偏差数值（上或下极限偏差）按照轴的基本偏差与标准公差求得。例如，ϕ30k6，该轴的基本偏差数值为 $ei = +0.002$mm，该轴的标准公差（查表 3.2）$IT = 0.013$mm，则另一个极限偏差为 $es = +0.015$mm。

2）孔的基本偏差数值。孔的基本偏差是由轴的基本偏差换算得来的，见表 3.5。

孔与轴基本偏差换算的原则是：用同一字母表示孔和轴的基本偏差所组成的公差带，按照基孔制形成的配合和按照基轴制形成的配合（称为同名配合），两者的配合性质应相同。例如，ϕ30H9/d9 与 ϕ30D9/h9 为两组基准制不同的配合（前者为基孔制，后者为基轴制），它们配合件的基本偏差字母相同，同是 $D(d)$，故它们为同名配合。同理 ϕ50H7/p6 与 ϕ50P7/h6 为同名配合。同名配合的配合性质相同。ϕ30H9/d9 与 ϕ30D9/h9 的配合性质相同，即 ϕ30H9/d9 的极限间隙与 ϕ30D9/h9 的极限间隙相等。ϕ50H7/p6 与 ϕ50P7/h6 的配合性质相同，它们的极限过盈相等。

【例 3.2】   查表求 ϕ30D9 的基本偏差数值，并验证 ϕ30H9/d9 与 ϕ30D9/h9 配合性质相同。

【解】

查表 3.2 和表 3.4 可得轴 ϕ30d9 的基本偏差 $es = -0.065$mm、$ei = -0.117$mm。查表 3.2 和表 3.5 可得孔 ϕ30H9 的 $EI = 0$mm、$ES = +0.052$mm。

查表 3.2 和表 3.5 可得孔 ϕ30D9 的基本偏差 $EI = +0.065$mm、$ES = +0.117$mm。查表 3.2 和表 3.4 可得轴 ϕ30h9 的 $es = 0$mm、$ei = -0.052$mm。

经计算可得：ϕ30H9/d9 和 ϕ30D9/h9 配合的最大间隙、最小间隙相等，分别为 +0.169mm、+0.065mm。

表 3.4　轴的基本偏差数值　　　　　　　　　　　　　　　　　　　　　　　　　　（单位：μm）

注：js 列：偏差为 $\pm \mathrm{IT}n/2$，式中 n 是标准公差等级数。

公称尺寸/mm 大于	至	a	b	c	cd	d	e	ef	f	fg	g	h	js	j (IT5和IT6)	j (IT7)	j (IT8)	k (IT4~IT7)	k (≤IT3, >IT7)	m	n	p	r	s	t	u	v	x	y	z	za	zb	zc
—	3	−270	−140	−60	−34	−20	−14	−10	−6	−4	−2	0	$\pm\mathrm{IT}n/2$	−2	−4	−6	0	0	+2	+4	+6	+10	+14	—	+18	—	+20	—	+26	+32	+40	+60
3	6	−270	−140	−70	−46	−30	−20	−14	−10	−6	−4	0		−2	−4	—	+1	0	+4	+8	+12	+15	+19	—	+23	—	+28	—	+35	+42	+50	+80
6	10	−280	−150	−80	−56	−40	−25	−18	−13	−8	−5	0		−2	−5	—	+1	0	+6	+10	+15	+19	+23	—	+28	—	+34	—	+42	+52	+67	+97
10	14	−290	−150	−95	−70	−50	−32	−23	−16	−10	−6	0		−3	−6	—	+1	0	+7	+12	+18	+23	+28	—	+33	—	+40	—	+50	+64	+90	+130
14	18	−290	−150	−95	−70	−50	−32	−23	−16	−10	−6	0		−3	−6	—	+1	0	+7	+12	+18	+23	+28	—	+33	+39	+45	—	+60	+77	+108	+150
18	24	−300	−160	−110	−85	−65	−40		−20		−7	0		−4	−8	—	+2	0	+8	+15	+22	+28	+35	—	+41	+47	+54	+63	+73	+98	+136	+188
24	30	−300	−160	−110	−85	−65	−40		−20		−7	0		−4	−8	—	+2	0	+8	+15	+22	+28	+35	+41	+48	+55	+64	+75	+88	+118	+160	+218
30	40	−310	−170	−120		−80	−50		−25		−9	0		−5	−10	—	+2	0	+9	+17	+26	+34	+43	+48	+60	+68	+80	+94	+112	+148	+200	+274
40	50	−320	−180	−130		−80	−50		−25		−9	0		−5	−10	—	+2	0	+9	+17	+26	+34	+43	+54	+70	+81	+97	+114	+136	+180	+242	+325
50	65	−340	−190	−140		−100	−60		−30		−10	0		−7	−12	—	+2	0	+11	+20	+32	+41	+53	+66	+87	+102	+122	+144	+172	+226	+300	+405
65	80	−360	−200	−150		−100	−60		−30		−10	0		−7	−12	—	+2	0	+11	+20	+32	+43	+59	+75	+102	+120	+146	+174	+210	+274	+360	+480
80	100	−380	−220	−170		−120	−72		−36		−12	0		−9	−15	—	+3	0	+13	+23	+37	+51	+71	+91	+124	+146	+178	+214	+258	+335	+445	+585
100	120	−410	−240	−180		−120	−72		−36		−12	0		−9	−15	—	+3	0	+13	+23	+37	+54	+79	+104	+144	+172	+210	+254	+310	+400	+525	+690
120	140	−460	−260	−200		−145	−85		−43		−14	0		−11	−18	—	+3	0	+15	+27	+43	+63	+92	+122	+170	+202	+248	+300	+365	+470	+620	+800
140	160	−520	−280	−210		−145	−85		−43		−14	0		−11	−18	—	+3	0	+15	+27	+43	+65	+100	+134	+190	+228	+280	+340	+415	+535	+700	+900
160	180	−580	−310	−230		−145	−85		−43		−14	0		−11	−18	—	+3	0	+15	+27	+43	+68	+108	+146	+210	+252	+310	+380	+465	+600	+780	+1000

上极限偏差，es；下极限偏差，ei；所有公差等级；公差等级。

注：公称尺寸 ≤1mm 时，不使用基本偏差 a 和 b。

表 3.5　孔的基本偏差数值

（单位：μm）

| 公称尺寸/mm 大于 | 至 | 下极偏差 EI（所有公差等级） | | | | | | | | | | | JS | 上极偏差 ES — J | | | K | | M | | N | | P~ZC ≤IT7 | >IT7 P | R | S | T | U | V | X | Y | Z | ZA | ZB | ZC | Δ | | | | | |
		A	B	C	CD	D	E	EF	F	FG	G	H		IT6	IT7	IT8	≤IT8	>IT8	≤IT8	>IT8	≤IT8	>IT8														IT3	IT4	IT5	IT6	IT7	IT8
—	3	+270	+140	+60	+34	+20	+14	+10	+6	+4	+2	0	$\pm IT_n/2$	+2	+4	+6	0	0	−2	−2	−4	−4	在>IT7的相应数值上增加一个Δ值	−6	−10	−14	—	−18	—	−20	—	−26	−32	−40	−60	0	0	0	0	0	0
3	6	+270	+140	+70	+46	+30	+20	+14	+10	+6	+4	0		+5	+6	+10	−1+Δ	−1	−4+Δ	−4	−8+Δ	0		−12	−15	−19	—	−23	—	−28	—	−35	−42	−50	−80	1	1.5	1	3	4	6
6	10	+280	+150	+80	+56	+40	+25	+18	+13	+8	+5	0		+5	+8	+12	−1+Δ	−1	−6+Δ	−6	−10+Δ	0		−15	−19	−23	—	−28	—	−34	—	−42	−52	−67	−97	1	1.5	2	3	6	7
10	14	+290	+150	+95	—	+50	+32	—	+16	—	+6	0		+6	+10	+15	−1+Δ	−1	−7+Δ	−7	−12+Δ	0		−18	−23	−28	—	−33	—	−40	—	−50	−64	−90	−130	1	2	3	3	7	9
14	18	+290	+150	+95	—	+50	+32	—	+16	—	+6	0		+6	+10	+15	−1+Δ	−1	−7+Δ	−7	−12+Δ	0		−18	−23	−28	—	−33	−39	−45	—	−60	−77	−108	−150	1	2	3	3	7	9
18	24	+300	+160	+110	—	+65	+40	—	+20	—	+7	0		+8	+12	+20	−2+Δ	−2	−8+Δ	−8	−15+Δ	0		−22	−28	−35	—	−41	−47	−54	−63	−73	−98	−136	−188	1.5	2	3	4	8	12
24	30	+300	+160	+110	—	+65	+40	—	+20	—	+7	0		+8	+12	+20	−2+Δ	−2	−8+Δ	−8	−15+Δ	0		−22	−28	−35	−41	−48	−55	−64	−75	−88	−118	−160	−218	1.5	2	3	4	8	12
30	40	+310	+170	+120	—	+80	+50	—	+25	—	+9	0		+10	+14	+24	−2+Δ	−2	−9+Δ	−9	−17+Δ	0		−26	−34	−43	−48	−60	−68	−80	−94	−112	−148	−200	−274	1.5	3	4	5	9	14
40	50	+320	+180	+130	—	+80	+50	—	+25	—	+9	0		+10	+14	+24	−2+Δ	−2	−9+Δ	−9	−17+Δ	0		−26	−34	−43	−54	−70	−81	−97	−114	−136	−180	−242	−325	1.5	3	4	5	9	14
50	65	+340	+190	+140	—	+100	+60	—	+30	—	+10	0		+13	+18	+28	−2+Δ	−2	−11+Δ	−11	−20+Δ	0		−32	−41	−53	−66	−87	−102	−122	−144	−172	−226	−300	−405	2	3	5	6	11	16
65	80	+360	+200	+150	—	+100	+60	—	+30	—	+10	0		+13	+18	+28	−2+Δ	−2	−11+Δ	−11	−20+Δ	0		−32	−43	−59	−75	−102	−120	−146	−174	−210	−274	−360	−480	2	3	5	6	11	16
80	100	+380	+220	+170	—	+120	+72	—	+36	—	+12	0		+16	+22	+34	−3+Δ	−3	−13+Δ	−13	−23+Δ	0		−37	−51	−71	−91	−124	−146	−178	−214	−258	−335	−445	−585	2	4	5	7	13	19
100	120	+410	+240	+180	—	+120	+72	—	+36	—	+12	0		+16	+22	+34	−3+Δ	−3	−13+Δ	−13	−23+Δ	0		−37	−54	−79	−104	−144	−172	−210	−254	−310	−400	−525	−660	2	4	5	7	13	19
120	140	+460	+260	+200	—	+145	+85	—	+43	—	+14	0		+18	+26	+41	−3+Δ	−3	−15+Δ	−15	−27+Δ	0		−43	−63	−92	−122	−170	−202	−248	−300	−365	−470	−620	−800	3	4	6	7	15	23
140	160	+520	+280	+210	—	+145	+85	—	+43	—	+14	0		+18	+26	+41	−3+Δ	−3	−15+Δ	−15	−27+Δ	0		−43	−65	−100	−134	−190	−228	−280	−340	−415	−535	−700	−900	3	4	6	7	15	23
160	180	+580	+310	+230	—	+145	+85	—	+43	—	+14	0		+18	+26	+41	−3+Δ	−3	−15+Δ	−15	−27+Δ	0		−43	−68	−108	−146	−210	−252	−310	−380	−465	−600	−780	−1000	3	4	6	7	15	23
180	200	+660	+340	+240	—	+170	+100	—	+50	—	+15	0		+22	+30	+47	−4+Δ	−4	−17+Δ	−17	−31+Δ	0		−50	−77	−122	−166	−236	−284	−350	−425	−520	−670	−880	−1150	3	4	6	9	17	26

JS 偏差为 $\pm\dfrac{IT_n}{2}$，式中 n 为标准公差等级数。

注：1. 公称尺寸≤1mm时，各公差等级的基本偏差 A 和 B 以及大于 IT8 的基本偏差 N 均不采用。

2. 标准公差≤IT8 的 K，M，N 及 ≤IT7 的 P~ZC 基本偏差中的 Δ 值从表中选取。例如，大于 18~30mm 的 P7，因为 P8 的 ES=−22μm，而 P7 的 Δ 为 8μm，因此 ES=−22μm+8μm=−14μm。

【例 3.3】 查表求 $\phi50P7/h6$ 的基本偏差数值。验证同名配合：$\phi50H7/p6$ 和 $\phi50P7/h6$ 的极限过盈相同。

【解】

查表 3.2 可得：公称尺寸 $\phi50mm$ 的 $IT6 = 0.016mm$、$IT7 = 0.025mm$。

查表 3.4 和表 3.5 得到孔的基本偏差数值如下。

$\phi50P8$：基本偏差代号 P，公差等级 $>IT7$，基本偏差 $ES' = -0.026mm$。

$\phi50P7$ 基本偏差 $ES_2 = ES' + \Delta$，$\Delta = 0.009mm$，$ES_2 = -0.026mm + 0.009mm = -0.017mm$，$EI_2 = -0.042mm$。

$\phi50p6$ 的基本偏差为：$ei_1 = +0.026mm$，$es_1 = ei_1 + IT6 = +0.042mm$。

$\phi50H7$ 的基本偏差为：$EI_1 = 0mm$，$ES_1 = EI_1 + IT7 = +0.025mm$。

$\phi50h6$ 的基本偏差为：$es_2 = 0mm$，$ei_2 = -IT6 = -0.016mm$。

验证：同名配合，它们的极限过盈相等。

$\phi50H7/p6$ 的最小、最大过盈：$Y_{min} = ES_1 - ei_1 = -0.001mm$，$Y_{max} = EI_1 - es_1 = -0.042mm$。

$\phi50P7/h6$ 的最小、最大过盈：$Y_{min} = ES_2 - ei_2 = -0.001mm$，$Y_{max} = EI_2 - es_2 = -0.042mm$。

值得注意的是：在【例 3.3】中涉及 Δ 值，其是为了得到内尺寸要素的基本偏差，给一定值增加的变动值。

3. 公差带系列

（1）公差带代号 轴或孔公差带是由公差带大小和公差带相对零线的位置构成的。

公差带代号由基本偏差代号和公差等级数字表示。例如：H8、F7、J7、P7、U7 等为孔的公差带代号；h7、g6、r6、p6、s7 等为轴的公差带代号。

$\phi50J7$ 可解释为：公称尺寸为 $\phi50mm$（圆柱孔）、基本偏差代号为 J、公差等级为 7 级的孔公差带（图 3.13a）。

10h8 可解释为：公称尺寸为 10mm（两相对平行面的轴）、基本偏差代号为 h、公差等级为 8 级的基准轴公差带（图 3.13b）。

（2）公差带在零件图中的标注形式

1）标注公称尺寸和极限偏差数值。如在图中标注 "$\phi25^{+0.009}_{-0.004}$" "$4^{\ 0}_{-0.03}$"。此种标注一般适用在单件或小批量生产的产品零件图中，应用较为广泛，如图 3.14a 所示。

2）标注公称尺寸、公差带代号和极限偏差数值。如在图中标注 "$\phi25j6\left(^{+0.009}_{-0.004}\right)$" "$4N9\left(^{\ 0}_{-0.03}\right)$"。此种标注一般适用在中、小批量生产的产品零件图中，如图 3.14b 所示。

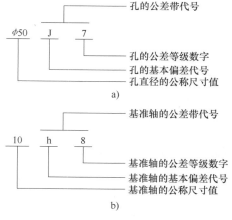

图 3.13 公差带代号

3）标注公称尺寸和公差带代号。如在图中标注 "$\phi25j6$" "$4N9$"。此种标注适用在大批量生产的产品零件图样中，如图 3.14c 所示。

（3）国家标准推荐选用的尺寸公差带 表 3.4、表 3.5 给出了数量庞大的公差带代号，实际上有许多公差带在生产上几乎不用，如 A01、ZA18 等。公差带种类过多，将使公差带表格过于庞大而不便使用，生产中需要配备相应的刀具和量具，这显然不经济。为了减少定值刀具、量具和工艺装备的数量和规格，国家标准对公差带数量加以了限制。

1）轴公差带。国家标准推荐的常用和优先选用的轴公差带共有 50 种，其中优先选用的公差带有 17 种，如图 3.15 所示。

2）孔公差带。国家标准推荐的常用和优先选用的孔公差带共有 45 种，其中优先选用的公差带有 17 种，如图 3.16 所示。

选用公差带时，应优先选择"优先选用"的公差带，其次选择图 3.15、图 3.16所示方框以外的公差带。若它们都不能满足

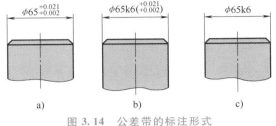

图 3.14　公差带的标注形式

要求，则按 GB/T 1800.1—2020 中规定的标准公差和基本偏差组成的公差带选取。

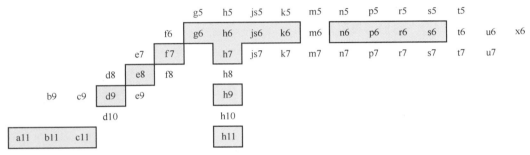

图 3.15　公称尺寸≤500mm 推荐选用的轴公差带（方框内为优先选用）

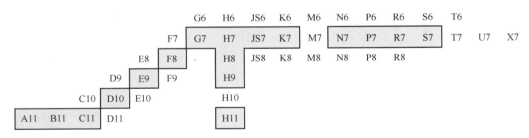

图 3.16　公称尺寸≤500mm 推荐选用的孔公差带（方框内为优先选用）

3.2.2　ISO 配合制

ISO 配合制是由线性尺寸公差 ISO 代号体系确定公差的轴和孔组成的一种配合制。国家标准规定了两种配合制：基孔制配合和基轴制配合。

1. 基孔制配合

基孔制配合是指孔的基本偏差为零的配合，即孔的下极限偏差等于零的公差带与不同轴的公差带形成的各种配合。

在基孔制配合中，孔为基准孔，其基本偏差代号为 H，如图 3.17a 所示。

2. 基轴制配合

基轴制配合是指轴的基本偏差为零的配合，即轴的上极限偏差等于零的公差带与不同孔的公差带形成的各种配合。

在基轴制配合中，轴为基准轴，其基本偏差代号为 h，如图 3.17b 所示。

3. 配合系列

（1）配合代号　国家标准规定，用孔和轴的公差带代号以分数形式组成配合代号。其中，分子为孔的公差带代号，分母为轴的公差带代号，如 $\phi 30H7/g6$ 或 $\phi 30\dfrac{H7}{g6}$。配合的孔或轴中有一个是标准件，如轴承内圈内径与花键套筒轴颈的 $\phi 25j6$ 配合，因为轴承是标准件，故配合代号为 $\phi 25j6$，即在装配图中，仅标注配合件（非基准件）的公差带代号，如图 1.1 所示。

$\phi 30\dfrac{H7}{g6}$ 可解释为：公称尺寸为 $\phi 30mm$，基孔制，由孔公差带 H7 与轴公差带 g6 组成间隙配合。

P6 级轴承内圈内径与 $\phi 25j6$ 配合，可解释为：以标准件——轴承内圈内径（孔）为基准，与轴公差带 $\phi 25j6$ 组成过渡配合。

（2）配合代号在装配图中的标注形式　如图 3.18 所示，标注时可根据实际情况，选择标注形式。图 3.18b 所示标注形式应用最广泛。

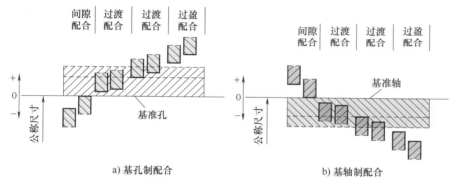

a) 基孔制配合　　　　　　　　b) 基轴制配合

图 3.17　基孔制配合和基轴制配合

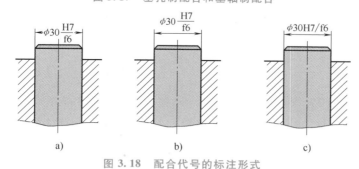

a)　　　　　　　b)　　　　　　　c)

图 3.18　配合代号的标注形式

（3）国家标准推荐选用的配合

1）基孔制的优先和常用配合。GB/T 1800.1—2020 规定基孔制常用配合 45 种，优先配合 16 种，如图 3.19a 所示。

2）基轴制的优先和常用配合。GB/T 1800.1—2020 规定基轴制常用配合 38 种，优先配合 18 种，如图 3.19b 所示。

对于通常的工程项目，只需要许多可能配合中的少数配合，如图 3.19 所示的配合可满足普通工程项目需要。基于经济因素，如有可能，配合应优先选择框中所示的公差带代号。

基准孔	轴公差带代号		
	间隙配合	过渡配合	过盈配合
H6	g5 h5	js5 k5 m5	n5 p5
H7	f6 g6 h6	js6 k6 m6 n6	p6 r6 s6 t6 u6 x6
H8	e7 f7 h7	js7 k7 m7	s7 u7
H8	d8 e8 f8 h8		
H9	d8 e8 f8 h8		
H10	b9 c9 d9 e9 h9		
H11	b11 c11 d10 h10		

a) 基孔制配合

基准轴	孔公差带代号		
	间隙配合	过渡配合	过盈配合
h5	G6 H6	JS6 K6 M6	N6 P6
h6	F7 G7 H7	JS7 K7 M7 N7	P7 R7 S7 T7 U7 X7
h7	E8 F8 H8		
h8	D9 E9 F9 H9		
h9	E8 F8 H8		
h9	D9 E9 F9 H9		
	B11 C10 D10 H10		

b) 基轴制配合

图 3.19　优先选择的配合

在实际生产中，如因特殊需要或其他充分的理由，也允许采用非基准配合制的配合，即采用非基准孔和非基准轴配合，如 $\phi 55D9/k6$、$\phi 100J7/f9$。这些配合习惯上又称为混合配合。

3.2.3　一般公差——未注公差的线性和角度尺寸的公差

国家标准 GB/T 1804—2000《一般公差　未注公差的线性和角度尺寸的公差》应用在线性尺寸（如外尺寸、内尺寸、阶梯尺寸、直径、半径、距离、倒圆半径和倒角高度）、角度尺寸（包括通常不注出角度值的角度尺寸，如直角）和机加工组装件的线性及角度尺寸等。

当零件上的某尺寸采用一般公差时，在零件的图样上，此尺寸只标注公称尺寸，不注出其极限偏差，而是在图样上的标题栏附近或技术要求、技术文件中注出本标准编号和公差等级代号，如图 3.21 所示花键套筒零件中的尺寸 5mm 和 104mm 等。

1. 一般公差的概念

一般公差是指在车间普通工艺条件下，机床设备可以保证的公差。在正常维护和操作情况下，它代表经济加工精度。对于低精度的非配合尺寸，或功能上允许的公差等于或大于一般公差时，均可采用一般公差。

采用一般公差的尺寸在保证正常车间精度的条件下，零件加工后一般可不检验。若对其合格性产生争议，可根据线性尺寸的极限偏差数值进行评判。只有当零件的功能受到损害时，超出一般公差的零件才能被拒收。

应用一般公差可简化制图，使图样清晰易读；节省图样设计时间，只要熟悉和应用一般公差的有关规定，可不必逐一考虑其公差数值；突出了图样上注出公差的尺寸，这些尺寸大多是重要且需要控制的尺寸，以便在加工和检验时引起重视。由于明确了图样上要素的一般公差要求，便于供需双方达成加工和销售合同，交货时也可避免不必要的争议。

2. 一般公差的公差等级和极限偏差数值

GB/T 1804—2000 对一般公差规定了 4 个公差等级，其公差等级从高到低依次为精密级（f）、中等级（m）、粗糙级（c）、最粗级（v）。

倒圆半径和倒角高度尺寸的极限偏差数值见表 3.6。线性尺寸的极限偏差数值见表 3.7。

表 3.6　倒圆半径和倒角高度尺寸的极限偏差数值　　　　　　　（单位：mm）

公差等级	公称尺寸分段			
	0.5~3	>3~6	>6~30	>30
精密级（f）	±0.2	±0.5	±1	±2
中等级（m）				
粗糙级（c）	±0.4	±1	±2	±4
最粗级（v）				

表 3.7　线性尺寸的极限偏差数值　　　　　　　（单位：mm）

公差等级	公称尺寸分段							
	0.5~3	>3~6	>6~30	>30~120	>120~400	>400~1000	>1000~2000	>2000~4000
精密级（f）	±0.05	±0.05	±0.1	±0.15	±0.2	±0.3	±0.5	—
中等级（m）	±0.1	±0.1	±0.2	±0.3	±0.5	±0.8	±1.2	±2
粗糙级（c）	±0.2	±0.3	±0.5	±0.8	±1.2	±2	±3	±4
最粗级（v）	—	±0.5	±1	±1.5	±3.5	±4	±6	±8

由表 3.7 中的极限偏差数值可以看出：线性尺寸的公差带均相对零线对称分布，不分孔、轴或长度尺寸。

3.3　零件尺寸精度设计的基本原则与方法

零件尺寸精度设计主要包括三方面的内容：一是基准制的选择与应用设计；二是尺寸精度设计；三是配合的选择与应用设计。这些内容均涉及如何正确、合理地应用国家标准的问题。

3.3.1　基准制的选择

基准制的选择主要考虑两方面的因素：一是零件的加工工艺可行性及加工、检测经济性；二是机械设备及机械产品的结构形式的合理性。

基准制的选择原则是优先采用基孔制配合，其次采用基轴制配合，特殊场合应用非基准制。

1. 基孔制配合的选择

一般情况下，优先采用基孔制配合。

由于孔加工比轴加工难度大，尤其是中、小孔加工，一般采用定值尺寸刀具和计量器具进行加工和检测。采用基孔制配合，可以减少孔公差带的数量，从而减少孔的定值刀具、量具的规格和数量，可以获得较佳的经济效益。

如图 1.1 所示，花键套筒轴颈与带轮孔配合为一般情况，优先采用基孔制。

当孔为标准件或标准部件时，同样采用基孔制配合。如图 1.1 所示，轴承内圈内径与轴颈 $\phi25$mm 配合，轴承内圈内径公差带是按相关的轴承公差标准规定设计的，并已确定此处应选择基孔制。根据此处配合要求，选择配合轴的公差带，此处配合代号为 $\phi25$j6。

2. 基轴制配合的应用场合

1）冷拉钢制圆柱型材——光轴作为基准轴。这一类圆柱型材的规格已标准化，尺寸公差等级一般为 IT7~IT11。它作为基准轴，可以免去外圆的切削加工，只要按照不同的配合性质来加工孔，可实现技术与经济的最佳效果。

2）轴为标准件或标准部件（如键、销、轴承等）。如图 1.1 所示，轴承外圈外径与主轴箱体孔的配合（$\phi52$JS7）是采用基轴制。

3）一轴多孔，而且构成的多处配合的松紧程度要求不同。一轴多孔是指一轴与两个或两个以上的孔组成配合。如图 3.20a 所示，内燃机中活塞销与活塞孔及连杆小头孔的配合，其组成三处、两种性质的配合。图 3.20b 所示为基孔制，轴为阶梯轴，且两头大中间小，既不便加工，也不便装配。显然，这种情况选择基孔制是不合理的。图 3.20c 所示为基轴制配合，简化了加工和装配工艺。所以，采用基轴制为宜。

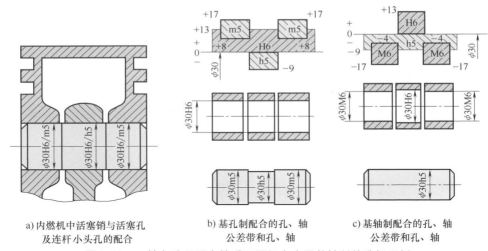

a) 内燃机中活塞销与活塞孔　　　b) 基孔制配合的孔、轴　　　c) 基轴制配合的孔、轴
　　及连杆小头孔的配合　　　　　　　公差带和孔、轴　　　　　　　公差带和孔、轴

图 3.20　一轴多孔且配合性质不同场合应用基轴制的选择示例

3. 非基准制的应用场合

国家标准规定，为了满足配合的特殊需要，允许采用非基准制配合，即采用任一孔、轴公差带（基本偏差代号非 H 的孔或 h 的轴）组成的配合。

如图 1.1 所示，主轴箱体孔与挡圈外圆柱的配合应选择非基准制配合。

目前，在各种机械设备及产品中，大多数采用基孔制，少数采用基轴制，而非基准制配合仅是在个别特殊情况下应用。

3.3.2　尺寸公差等级的选择

尺寸公差等级的选择是一项重要且困难的工作。因为公差等级的高低直接影响机械产品的使用性能和加工经济性。公差等级过低，产品质量达不到要求；公差等级过高，将使制造成本增加，也不利于提高综合经济效益。因此，应正确合理地选择公差等级。

1. 公差等级的选择原则

在满足使用性能的前提下，尽量选取较低的公差等级。

较低的公差等级是指假如 IT7 级以上（含 IT7）的公差等级均能满足使用性能要求，那么，选择 IT7 级为宜。它既保证使用性能，又可获得最佳的经济效益。

2. 公差等级的选择方法

（1）类比法　即经验法，是指参考经过实践证明合理的类似产品的公差等级，将所设计的机械（机构、产品）的使用性能、工作条件、加工工艺装备等情况与之进行比较，从而确定合理的公差等级。对初学者来说，多采用类比法。此法主要是通过查阅有关的参考资料、手册，进行分析比较后确定公差等级。类比法多用于一般要求的配合。

（2）计算法　计算法是指根据一定的理论和公式计算后，再根据国家标准确定合理的公差等级，即根据工作条件和使用性能要求确定配合部位的间隙或过盈允许的界限，然后通过计算法确定相配合的孔、轴的公差等级。计算法多用于重要的配合。

3. 采用类比法确定公差等级应考虑的几个问题

1）了解各个公差等级的应用范围。公差等级的应用范围见表 3.8。

表 3.8　公差等级的应用范围

应用		公差等级（IT）																		
		01	0	1	2	3	4	5	6	7	8	9	10	11	12	13	14	15	16	17	18
量块		━	━	━																	
量规	高精度				━	━	━	━													
	低精度							━	━	━											
孔与轴配合	特别精密　轴				━	━	━														
	孔					━	━	━													
	精密配合　轴						━	━	━												
	孔							━	━	━											
	中等精度　轴								━	━	━	━									
	孔									━	━	━	━								
	低精度											━	━	━	━						
非配合尺寸																━	━	━	━		
原材料公差										━	━	━	━	━	━	━					

2）熟悉各种工艺方法的加工精度。各种加工方法可能达到的公差等级见表 3.9。根据加工方法选择公差等级时，在保证质量的前提下，选择较低的公差等级。

表 3.9　各种加工方法可能达到的公差等级

加工方法	公差等级（IT）																			
	01	0	1	2	3	4	5	6	7	8	9	10	11	12	13	14	15	16	17	18
研磨	━	━	━	━	━	━														
珩磨						━	━	━												
圆磨							━	━	━	━										
平磨							━	━	━	━										
金刚石车							━	━	━											
金刚石镗							━	━	━											
拉削							━	━	━	━										
铰孔								━	━	━	━									

（续）

加工方法	公差等级（IT）																			
	01	0	1	2	3	4	5	6	7	8	9	10	11	12	13	14	15	16	17	18
车									▬	▬	▬	▬	▬							
镗									▬	▬	▬	▬	▬	▬						
铣										▬	▬	▬	▬							
刨、插												▬	▬							
钻孔													▬	▬	▬					
滚压、挤压												▬	▬							
冲压												▬	▬	▬	▬	▬				
压铸													▬	▬	▬	▬				
粉末冶金成形								▬	▬	▬										
粉末冶金烧结									▬	▬	▬									
砂型铸造、气割																▬	▬	▬		
锻造															▬	▬	▬			

3）注意轴和孔的工艺等价性。公称尺寸不大于 500mm 时，高精度（≤IT8）孔比相同精度的轴难加工，为使相配的孔和轴加工难易程度相当，即具有工艺等价性，一般推荐孔的公差等级比轴的公差等级低一级。通常，6、7、8 级的孔分别与 5、6、7 级的轴配合。低精度（>IT8）的孔和轴采用同级配合。

4）配合精度要求不高时，允许孔、轴公差等级相差 2～3 级，以降低加工成本，如 $\phi 52J6/f9$。

5）协调与相配零（部）件的精度关系。例如：与滚动轴承配合的轴或孔的公差等级应与滚动轴承的公差等级相匹配（见 6.1 节）；带孔的齿轮，其孔的公差等级是按照齿轮的公差等级选取的（表 6.27），而与齿轮孔相配合的轴的公差等级应与齿轮孔的公差等级相匹配。

3.3.3 配合的选择

配合的选择主要是根据配合部位的工作条件和功能要求，确定配合的松紧程度，然后选择适当的配合，即确定配合代号。

1. 配合选择的方法

配合选择的方法有类比法、计算法和试验法三种。

（1）类比法 同公差等级的选择相似，大多通过将所设计的配合部位的工作条件和功能要求与相同或相似的工作条件和功能要求的配合部位进行分析比较，从而确定配合代号。此选择方法主要应用在一般、常见的配合中。

（2）计算法 计算法主要用于两种情况：一是用于保证与滑动轴承的间隙配合，当要求保证液体摩擦时，可以根据滑动摩擦理论计算允许的最小间隙，选定适当的配合；二是完全依靠装配过盈传递载荷的过盈配合，可以根据要求传递载荷的大小计算允许的最小过盈，再根据孔、轴材料的弹性极限计算允许的最大过盈，从而选定适当的配合。

（3）试验法 试验法主要用于新产品和特别重要配合的选择。这些部位的配合选择，需要进行专门的模拟试验，以确定工作条件要求的最佳间隙或过盈及其允许变动的范围，然后确定配合性质。这种方法只要试验设计合理、数据可靠，选用的结果会比较理想，但成本较高。

2. 配合选择的任务

当基准制和孔、轴公差等级确定之后，配合选择的任务是：确定非基准件（基孔制配合中的轴或基轴制配合中的孔）的基本偏差代号。

3. 配合选择的步骤

采用类比法选择配合时，可以按照下列步骤选择。

1）确定配合的大致类别。根据配合部位的功能要求，可按表 3.10 确定配合的类别。

表 3.10　功能要求及对应的配合类别

			永久结合	过盈配合
无相对运动	要传递转矩	要精确同轴	可拆结合	过渡配合或基本偏差为 H(h)[①] 的间隙配合加紧固件[②]
		不要精确同轴		间隙配合加紧固件
	不需要传递转矩			过渡配合或轻的过盈配合
有相对运动	只有移动			基本偏差为 H(h)、G(g) 等的间隙配合
	转动或转动和移动形成的复合运动			基本偏差为 A~F(a~f) 等的间隙配合

① 非基准件的基本偏差代号。

② 紧固件是指键、销和螺钉等。

2）根据配合部位具体的功能要求，比照配合的应用实例，参考各种配合（表 3.11~表 3.14），选择较合适的配合，即确定非基准件的基本偏差代号。

4. 各类配合的选择

配合的选择主要依据配合部位的功能要求、配合的性能特征选择松紧合适的配合。

（1）间隙配合的选择　间隙配合主要应用场合：孔和轴之间有相对运动和需要拆卸的无相对运动的配合部位。

基孔制的间隙配合，轴的基本偏差代号为 a~h；基轴制的间隙配合，孔的基本偏差代号为 A~H。各种间隙配合的性能特征见表 3.11。

表 3.11　各种间隙配合的性能特征

基本偏差代号	a、b (A、B)	c (C)	d (D)	e (E)	f (F)	g (G)	h (H)
间隙大小	特大间隙	很大间隙	大间隙	中等间隙	小间隙	较小间隙	很小间隙 $X_{min}=0$
配合松紧程度	松─────────────────────────────────────→紧						
定心要求	无对中、定心要求					略有定心功能	有一定定心功能
摩擦类型	紊流液体摩擦		层流液体摩擦			半液体摩擦	
润滑性能	差────────────────────好────────────────────差						
相对运动	—	高速转动	转速较高		中速转动	低速转动或移动（或手动移动）	

（2）过渡配合的选择　过渡配合主要应用场合：孔与轴之间有定心要求，而且需要拆卸的静连接（即无相对运动）的配合部位。

基孔制的过渡配合，轴的基本偏差代号为 js~n；基轴制的过渡配合，孔的基本偏差代号为 JS~N。各种过渡配合的性能特征见表 3.12。

表 3.12　各种过渡配合的性能特征

基本偏差代号	js(JS)	k(K)	m(M)	n （N）
间隙或过盈量	过盈率很小 稍有平均间隙	过盈率中等 平均间隙接近零	过盈率较大 平均过盈较小	过盈率大 平均过盈稍大
定心要求	可达较好的定心 精度	可达较高的定心 精度	可达精密的定心 精度	可达很精密的定心 精度
装配和拆卸性能	木锤装配 拆卸方便	木锤装配 拆卸比较方便	最大过盈时需要相 当的压入力，可以 拆卸	用锤或压力机装 配、拆卸困难

（3）过盈配合的选择　过盈配合主要应用场合：孔与轴之间需要传递转矩的静连接（即无相对运动）的配合部位。

基孔制的过盈配合，轴的基本偏差代号为（n)p~zc；基轴制的过盈配合，孔的基本偏差代号为（N）P~ZC。各种过盈配合的性能特征见表 3.13。选择各类配合时，应尽量选用优先、常用配合。优先配合选用说明见表 3.14。

表 3.13　各种过盈配合的性能特征

基本偏差代号	p、r （P、R）	s、t （S、T）	u、v （U、V）	x、y、z （X、Y、Z）
过盈量	较小与小过盈	中等与大过盈	很大过盈	特大过盈
传递转矩 的大小	加紧固件传递一定 转矩与轴向力，属轻 型过盈配合。不加紧 固件可用于准确定 心，仅传递小转矩，需 要轴向定位部位	不加紧固件传递较 小转矩与轴向力，属 中型过盈配合	不加紧固件可传递 大转矩与动载荷，属 重型过盈配合	传递特大转矩和动 载荷，属特重型过盈 配合
装配和拆卸性能	装配时使用小的 位小的压力机，用于需要 拆卸的配合中	用于很少拆卸的 配合	用于不拆卸（永久结合）的配合	

注：1. p（P）与 r（R）在特殊情况下可能为过渡配合，如当公称尺寸小于 3mm 时，H7/p6 为过渡配合；当公称尺寸小于 100mm 时，H8/r7 为过渡配合。
　　2. x（X）、y（Y）、z（Z）一般不推荐，选用时需经试验后方可应用。

表 3.14　优先配合选用说明

优先配合		说明
基孔制	基轴制	
H11/c11	—	间隙非常大，用于很松、转动很慢的间隙配合，要求大公差与大间隙的外露组件，要求装配方便的配合
H8/f7	F8/h7	间隙不大的转动配合，用于中等转速与中等轴颈压力的精确转动，也用于装配较容易的中等精度的定位配合
H7/g6	G7/h6	间隙很小的滑动配合，用于不希望自由转动但可自由移动和滑动并且有精密定位要求的配合部位，也可用于要求明确的定位配合
H7/h6、H8/h7		均为间隙定位配合，零件可自由拆装，而工作时一般相对静止不动。在最大实体条件下的间隙为零；在最小实体条件下的间隙由公差等级及形状精度决定

（续）

优先配合		说明
基孔制	基轴制	
H7/k6	K7/h6	过渡配合,用于精密定位
H7/n6	N7/h6	过渡配合,用于允许有较大过盈的更精密定位
H7/p6	P7/h6	过盈定位配合,即轻型过盈配合,用于定位精度高的配合部位,能以最好的定位精度达到部件的刚性及对中的性能要求,而对内孔承受压力无特殊要求,不依靠配合的紧固性传递摩擦载荷
H7/s6	S7/h6	中等压入配合,适用于一般钢件或用于薄壁件的冷缩配合,用于铸铁件可得到最紧的配合

5. 配合应用实例

【例 3.4】 试确定图 1.1 中花键套筒的轴颈 ϕ24mm 与带轮孔的配合代号。

【解】

分析：为了保证带轮（塔轮）在立式台钻中处于正确位置，并具有一定的旋转精度，需要花键套筒的轴颈 ϕ24mm 与带轮孔配合有以下要求。

1）ϕ24mm 的轴线与带轮孔轴线应有一定的同轴度要求。由于此处带轮传动的带有一定弹性，故对带轮的旋转精度要求不太高，即花键套筒的轴颈 ϕ24mm 轴线与带轮孔轴线同轴。

2）传递运动和一定量的转矩要求。轴颈 ϕ24mm 与带轮孔之间无相对运动，传递运动和转矩主要是靠键联结实现。

3）装配和拆卸应比较方便，便于立式台钻维修。

选择如下。

1）基准制选择。花键套筒与带轮均是非标准件，属于一般场合，应选择基孔制，即孔的基本偏差代号为 H。

2）尺寸公差等级选择。立式台钻是小型机床，其是用来加工工件中的实心孔或扩孔，此处配合应属于精密配合。按照表 3.8 中的推荐，孔的公差等级为 IT6~IT8，轴的公差等级为 IT5~IT7。根据工艺等价原则和公差等级选择原则（在保证功能要求的前提下选择较低的公差等级），可选择孔的公差等级为 IT8，轴的公差等级为 IT7。

3）非基准件基本偏差的选择。根据花键套筒的轴颈 ϕ24mm 与带轮孔的功能要求（它们之间无相对运动，有一定的定心精度要求）且由键传递转矩、需要拆卸等，确定配合的大致类别：由表 3.10 和表 3.12 可知，为满足功能要求，可选择"基本偏差代号为 k 的过渡配合加紧固件（平键）"，即花键套筒轴颈 ϕ24mm 与带轮孔的配合代号为 ϕ24H8/k7，为常用过渡配合。

在立式台钻的装配图（图 1.1）上，该部位配合代号标注为 ϕ24H8/k7。

4）计算 ϕ24H8/k7 配合的极限间隙或极限过盈、配合公差。

孔 ϕ24H8：$EI = 0$mm，$ES = +0.033$mm；轴 ϕ24k7：$ei = +0.002$mm，$es = +0.023$mm。过渡配合，最大间隙为 $X_{max} = +0.031$mm，最大过盈为 $Y_{max} = -0.023$mm。配合公差为 $T_f = 0.054$mm。

5）花键套筒零件的尺寸标注为"$\phi24^{+0.023}_{+0.002}$"，如图 3.21 所示。

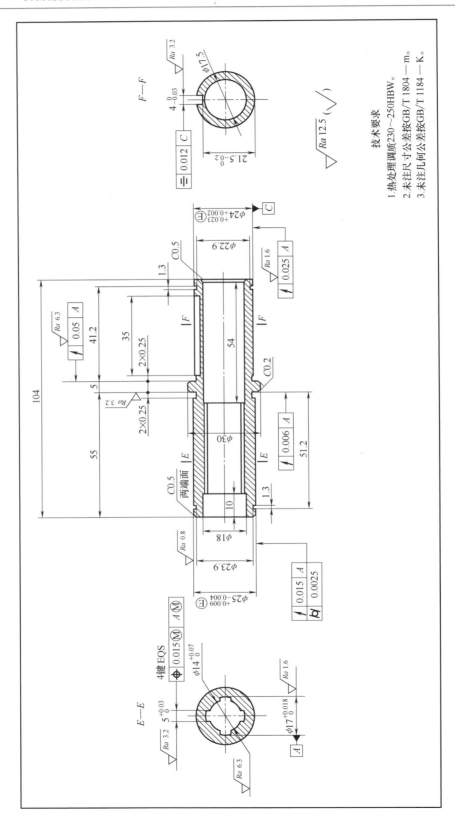

图 3.21　立式台钻花键套筒零件图

本 章 实 训

1）分析立式台钻的使用功能要求，选择齿条套筒外圆柱 $\phi50\mathrm{mm}$ 和主轴箱孔的配合代号。

2）选择主轴箱孔 $\phi52\mathrm{mm}$ 与挡圈外圆柱的配合代号。

3）将上述选择结果分别标注在装配图（图 1.1）上。

习　　题

1. 填空题

1）尺寸公差带的大小由____决定、位置由____决定；孔、轴皆分为_____个公差等级。

2）已知 $\phi100\mathrm{m}7$ 的上极限偏差为 $+0.048\mathrm{mm}$、下极限偏差为 $+0.013\mathrm{mm}$，$\phi100\mathrm{mm}$ 的 6 级标准公差值为 $0.022\mathrm{mm}$，那么 $\phi100\mathrm{m}6$ 的下极限偏差为_____、上极限偏差为_____。

3）已知 $\phi80\mathrm{s}6$ 的下极限偏差为 $+0.059\mathrm{mm}$，上极限偏差为 $+0.078\mathrm{mm}$，$\phi80\mathrm{mm}$ 的 7 级标准公差值为 $0.030\mathrm{mm}$，那么，$\phi80\mathrm{s}7$ 的下极限偏差为_____，上极限偏差为_____。

4）基孔制是_____的公差带与_____的公差带形成各种配合性质的制度。

5）在配合制的选择中，一般情况下优先选用_____；三种应用场合选择_____；特殊情况下允许采用_____（非基准制、基轴制、基孔制）。

6）公差等级的选择原则是：_____。

7）解释如下标注所表达的内容（指出公称尺寸、基准制、公差带——基本偏差和公差等级、配合类别等）。

$\phi50\mathrm{f}6$：_____。

$\phi50\mathrm{G}7$：_____。

$\phi25\mathrm{s}6$：_____。

$\phi80\mathrm{N}8$：_____。

$\phi45\mathrm{H}9/\mathrm{d}9$：_____。

$\phi55\mathrm{H}7/\mathrm{n}6$：_____。

$\phi60\mathrm{F}8/\mathrm{h}7$：_____。

$\phi25\mathrm{S}7/\mathrm{h}6$：_____。

2. 选择题

1）$\phi20\mathrm{f}6$、$\phi20\mathrm{f}7$ 和 $\phi20\mathrm{f}8$ 三个公差带的（　　）。

A. 上极限偏差相同且下极限偏差相同　　B. 上极限偏差相同而下极限偏差不相同

C. 上极限偏差不相同而下极限偏差相同　　D. 上、下极限偏差各不相同

2）与 $\phi40\mathrm{H}7/\mathrm{k}6$ 配合性质相同的配合是（　　）。

A. $\phi40\mathrm{H}7/\mathrm{k}7$　　B. $\phi40\mathrm{K}7/\mathrm{h}7$　　C. $\phi40\mathrm{K}7/\mathrm{h}6$　　D. $\phi40\mathrm{H}6/\mathrm{k}6$

3）比较孔或轴的加工难易程度的高低是根据（　　）。

A. 公差数值大小　　　　　　　　　　B. 公差等级大小

C. 标准公差因子　　　　　　　　　　D. 公称尺寸大小

4）关于偏差与公差之间的关系，下列说法中正确的是（　　）。

A. 实际偏差越大，公差越大　　　　　B. 上极限偏差越大，公差越大

C. 下极限偏差越大，公差越大　　　　D. 上、下极限偏差之差的绝对值越大，公差越大

5）当上极限偏差或下极限偏差为零值时，在图样上（　　）。

A. 必须标出零值　　　　　　　　　　B. 不能标出零值

C. 标或不标零值皆可　　　　　　　　D. 视具体情况而定

6）基本偏差确定公差带的位置，一般情况下，基本偏差是（　　）。

A. 上极限偏差　　　　　　　　　　　B. 下极限偏差

C. 实际偏差　　　　　　　　　　　　D. 上极限偏差或下极限偏差中靠近零线的那个

7）公差带的大小由（　　）确定，尺寸精度高低由（　　）确定。

A. 基本偏差　　　　　　　　　　　　B. 公差等级

C. 公称尺寸　　　　　　　　　　　　D. 标准公差数值

8）对标准公差的论述，下列说法中错误的是（　　）。

A. 标准公差的大小与公称尺寸和公差等级有关，与该尺寸是孔还是轴无关

B. 在任何情况下，公称尺寸越大，标准公差必定越大

C. 公称尺寸相同，公差等级越低，标准公差越大

D. 某一公称尺寸段为 >50~80，则公称尺寸为 60mm 和 75mm 同等级的标准公差数值相同

9）关于配合公差，下列说法中错误的是（　　）。

A. 配合公差反映了配合的松紧程度

B. 配合公差是对配合松紧变动程度所给定的允许值

C. 配合公差等于相配的孔公差与轴公差之和

D. 配合公差等于极限盈隙的代数差的绝对值

10）下列各关系式中，表达正确的是（　　）。

A. $T_f = +0.023mm$　　　　　　　B. $X_{max} = 0.045mm$

C. $ES = 0.024mm$　　　　　　　　D. $es = -0.020mm$

11）在相配合的孔、轴中，某一实际孔与某一实际轴装配后均得到间隙，则此配合为（　　）。

A. 间隙配合　　　　　　　　　　　　B. 过渡配合

C. 过盈配合　　　　　　　　　　　　D. 可能是间隙配合，也可能是过渡配合

12）相配合的孔与轴，当它们之间有相对运动要求时，应采用（　　）；当它们之间无相对运动要求且有对中性和不可拆卸要求时，应采用（　　）；当它们之间是静连接（无相对运动）且要求可拆卸时，应采用（　　）。

A. 间隙配合　　　　　　　　　　　　B 间隙或过渡配合

C. 过渡配合　　　　　　　　　　　　D. 过盈配合

13）在基孔制配合中，基本偏差代号为 a~h 的轴与基准孔组成（　　）。

A. 间隙配合 　　　　　　　　　　B 间隙或过渡配合

C. 过渡配合 　　　　　　　　　　D. 过盈配合

14）当孔、轴之间有相对运动且定心精度要求较高时，它们的配合应选择为（　　　）。

A. H7/m6　　　　　B. H8/g8　　　　　C. H7/g6　　　　　D. H7/b6

15）孔、轴的最大间隙为 +0.023mm，孔的下极限偏差为 -18μm，轴的下极限偏差为 -16μm，轴的公差为 16μm，则配合公差为（　　　）。

A. 32μm　　　　　B. 39μm　　　　　C. 34μm　　　　　D. 41μm

16）利用同一方法加工 ϕ50H7 孔与 ϕ100H6 孔，应理解为（　　　）。

A. 前者加工困难 　　　　　　　　B. 后者加工困难

C. 两者加工难易相当 　　　　　　D. 加工难易程度无法比较

17）ϕ30E8/h8 与 ϕ30E9/h9 的（　　　）。

A. 最小间隙相同 　　　　　　　　B. 最大间隙相同

C. 平均间隙相同 　　　　　　　　D. 间隙变动范围相同

3. 计算题

1）已知某过盈配合的孔、轴公称尺寸为 45mm，孔的公差为 0.025mm，轴的上极限偏差为 0mm，最大过盈为 -0.050mm，配合公差为 0.041mm。试：①求孔的上、下极限偏差；②求轴的下极限偏差和公差；③求最小过盈；④求平均过盈；⑤画出尺寸公差带图；⑥写出配合代号。

2）已知基孔制配合 ϕ100H7（$^{+0.035}_{0}$）/m6 的配合公差为 57μm 和 ϕ100m7（$^{+0.048}_{+0.013}$）。试按"同名配合的配合性质相同"计算基轴制配合中 ϕ100M7 孔的极限偏差，然后查表求证。

3）有一基孔制配合，孔、轴的公称尺寸为 ϕ50mm，最大间隙 X_{max} = +0.049mm，最大过盈 Y_{max} = -0.015mm，轴公差 T_d = 0.025mm。试：①计算孔和轴的极限尺寸、配合公差；②写出孔和轴的尺寸标注形式；③写出配合代号；④画出孔、轴公差带图和配合公差带图。

4）已知基孔制配合 ϕ40H7/r6，试采用计算法确定配合性质不变的基轴制配合 ϕ40R7/h6 中孔和轴的极限尺寸，然后用查表法校对。

4. 简答题

1）试述基轴制和非基准制应用的场合。

2）试述孔与轴配合的选择内容、步骤。在确定基准制、公差等级之后，配合的选择实质是选择什么？

科学家科学史

"两弹一星"功勋科学家：王希季

第 4 章

几何精度设计与检测

PPT 课件

本章要点及学习指导：

1）介绍在机械产品的几何精度设计中，与零件的几何精度关系密切的国家现行的有关"几何公差"标准的基本内容。

2）重点介绍应用国家标准的基本方法、步骤，使学习者初步掌握机械产品的零件几何公差的设计方法和具体要求。

3）介绍常见的几何误差的检测方法、数据处理方法；学会获得正确的测量结果，并做出正确判断被测要素合格性的结论。

4）结合台钻精度设计实例，介绍如何根据台钻的使用功能要求，设计台钻中各零件几何公差的方法，学会在机械产品的零件图样上正确标注几何公差。

本章学习难点是公差原则部分。本书从应用角度介绍如何识别标注；从检测角度明确公差原则的各种标注对应的检测方法；从明确各种相关要求需遵守的边界条件，初步讲解满足各种相关要求所应用的检验量规的大致结构和尺寸；从互换性角度明确各种标注的合格条件；从设计角度明确公差原则应用的场合。

涉及几何公差的国家标准主要有：

GB/T 18780.1—2002《产品几何量技术规范（GPS）　几何要素　第 1 部分：基本术语和定义》

GB/T 18780.2—2003《产品几何量技术规范（GPS）　几何要素　第 2 部分：圆柱面和圆锥面的提取中心线、平行平面的提取中心面、提取要素的局部尺寸》

GB/T 1182—2018《产品几何技术规范（GPS）　几何公差　形状、方向、位置和跳动公差标注》

GB/T 1184—1996《形状和位置公差　未注公差值》

GB/T 4249—2018《产品几何技术规范（GPS）　基础概念、原则和规则》

GB/T 16671—2018《产品几何技术规范（GPS）　几何公差　最大实体要求（MMR）、最小实体要求（LMR）和可逆要求（RPR）》

GB/T 1958—2017《产品几何技术规范（GPS）　几何公差　检测与验证》

4.1 概述

机械零件上几何要素的几何精度是一项重要的质量指标。它直接影响零件（机械产品）的使用功能和互换性。正确选择几何公差是机械产品几何精度设计的重要内容。

几何公差的研究对象是构成零件几何特征的点、线、面，这些点、线、面统称为零件的几何要素。在选择几何公差、图样标注以及几何误差检测时，需要弄清几何要素及其分类。

4.1.1　几何要素及其分类

任何形状的零件都是由几何要素——点（圆心、球心、中心点、交点等）、线（素线、轴线、中心线、曲线等）、面（中心平面、圆柱面、圆锥面、球面、曲面等）构成。

GB/T 18780（所有部分）以丰富的基于计量学的数学方法描述零件的功能需求，将几何要素按照零件"设计、制造、检验、评定"各环节进行分类和定义，丰富延伸了几何要素的概念，给出了几何要素的定义和基本术语。

1. 尺寸要素

尺寸要素是指由一定大小的线性尺寸或角度尺寸确定的几何形状（GB/T 18780.1—2002）。尺寸要素可以是圆柱形、球形、两平行对应面、圆锥形或楔形。

2. 公称要素

公称要素是指具有几何意义的要素。它包括公称组成要素和公称导出要素。

公称组成要素是由技术制图或其他方法确定的理论正确组成要素，如图 4.1a 所示的圆柱外轮廓。

公称导出要素是由一个或几个公称组成要素导出的中心点、轴线或中心面，如图 4.1a 所示的圆柱轴线。

公称要素不存在任何误差，是绝对正确的几何要素。公称要素是作为评定实际要素误差的依据，即作为几何公差带的形状。例如，评定圆度误差，需要将具有几何意义的理想圆与实际有误差的圆轮廓进行比较，从而确定圆度误差值。

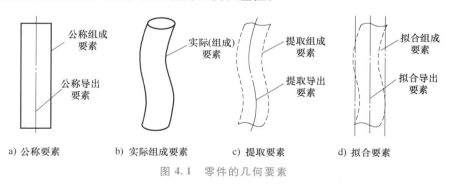

图 4.1　零件的几何要素

3. 实际要素

实际（组成）要素由接近实际（组成）要素所限定的零件实际表面的组成要素部分。测量时，由提取要素所代替，如图 4.1b 所示。

4. 提取要素（包括提取组成要素和提取导出要素）

提取组成要素是按规定方法由实际（组成）要素提取有限数目的点所形成的实际（组成）要素的近似替代，如图 4.1c 所示的提取轮廓。

提取导出要素是由一个或几个提取组成要素得到的中心点、中心线或中心面，如图 4.1c 所示的提取轮廓轴线。

5. 拟合要素（包括拟合组成要素和拟合导出要素）

拟合组成要素是按规定的方法由提取组成要素形成的并具有理想形状的组成要素，如图 4.1d 所示的拟合圆柱。

拟合导出要素是按规定的方法由拟合组成要素得到的中心点、中心线或中心面，如图 4.1d 所示的拟合圆柱轴线。

由上述可知，组成要素是指构成零件外形、能被人们直接感觉到（看得见、摸得着）的点、线、面。导出要素是指组成要素对称中心所表示的点、线、面，它们是人们假想出来看不见、摸不着的几何要素。

6. 被测要素

被测要素是指图样中有几何公差要求的要素，是检测对象。如图 3.21 所示，$\phi25$mm 圆柱轮廓有直径尺寸和形状要求，因此 $\phi25$mm 圆柱面是圆柱度、径向圆跳动项目的被测要素。

7. 基准要素

基准要素是指用来确定被测要素的方向和位置的参照要素，它应是公称（理想）要素。如图 3.21 所示，$\phi24$mm 圆柱轴线是该圆柱面上键槽对称度项目的基准要素。

8. 单一要素

单一要素是指仅对被测要素本身给出形状公差要求的要素。它是独立的，与基准要素无关。图 3.21 所示 $\phi25$mm 圆柱度项目的圆柱轮廓为单一要素。它仅对圆柱面本身的形状提出要求。

9. 关联要素

关联要素是指对几何要素有位置公差要求的要素，它相对基准要素有位置关系，即与基准相关。如图 3.21 所示，键槽对称中心面相对圆柱 $\phi24$mm 轴线的对称度，$\phi24$mm 轴线相对 $\phi17$mm 轴线的径向圆跳动，它们之间有位置关系。所以，这些被测要素均是关联要素。

当几何要素不同时，几何公差要求、标注方法和检测方法也是不相同的。

4.1.2　几何误差对零件使用功能的影响

由于存在加工误差，使零件的几何量不仅存在尺寸误差，而且存在几何误差。在图 1.1 中，花键套筒上两处轴承位 $\phi25$j6 圆柱面是精度要求较高的表面。但对于实际零件——花键套筒，$\phi25$j6 圆柱面必然存在形状误差。若其产生椭圆或圆锥形误差，则轴承与 $\phi25$j6 圆柱配合后安装在立式台钻主轴箱中，轴承运转精度就会受到影响，会因滚动体磨损不均匀而降低轴承使用寿命。若内花键轴线和 $\phi25$j6 圆柱的轴线不同轴，则主轴尾部的外花键在内花键中移动就会受到影响。

因此，为了提高机械产品质量和保证零件的互换性，不仅要控制零件的尺寸误差，而且还要控制零件的几何误差，将这些几何误差控制在一个经济、合理的范围内。允许几何误差变动的范围，称为几何公差。

4.1.3　几何公差项目及其符号

几何公差类型、几何特征、符号及其基准（有或无）见表 4.1。

表 4.1　几何公差类型、几何特征、符号及其基准（有或无）

几何公差类型	几何特征	符号	有无基准
形状公差	直线度	—	无
	平面度	▱	无
	圆　度	○	无
	圆柱度	⌭	无
	线轮廓度	⌒	无
	面轮廓度	⌓	无
方向公差	平行度	//	有
	垂直度	⊥	有
	倾斜度	∠	有
	线轮廓度	⌒	有
	面轮廓度	⌓	有
位置公差	位置度	⊕	有或无
	同心度（用于中心点）	◎	有
	同轴度（用于轴线）	◎	有
	对称度	═	有
	线轮廓度	⌒	有
	面轮廓度	⌓	有
跳动公差	圆跳动	↗	有
	全跳动	⌰	有

4.1.4　几何公差的标注方法

在零件图上，应按照国家标准规定的要求，正确、规范地标注几何公差。

在技术图样中标注几何公差时，应按几何公差规范标注。GB/T 1182—2018 规定了几何公差规范标注的具体内容，包括：几何公差框格和基准符号（表 4.2）；几何公差框格内公差带、要素与特征部分的附加符号（表4.3）。只有当图样上无法采用国家标准规定的符号标注时，才允许在技术要求中采用文字说明，但应做到内容完整，不应产生不同的理解。几何公差标注应清晰、醒目、简洁和整齐，尤其是结构复杂的中、大型零件（如机床箱体零件等），应尽量防止框格的指引线和尺寸线等线条纵横交错。

表 4.2　几何公差框格和基准符号

几何公差框格、可选的辅助平面和要素标注以及相邻标注

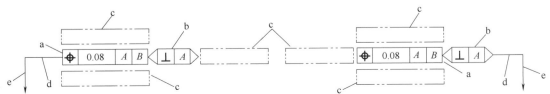

　a 为公差框格；b 为辅助平面和要素框格；c 为相邻标注；d 为参照线，可与公差框格的左侧中点相连（如上图左侧所示）；如果有可选的辅助平面和要素标注，参照线也可与最后一个辅助平面和要素框格的右侧中点相连（如上图右侧所示）。此标注同时适用于二维、三维标注。e 为指引线，它与参照线相连

几何公差框格	基准符号
几何公差框格分成两格或多格，从左到右填写以下内容 第一格——几何特征符号，见表4.1 第二格——公差值和有关符号 第三格及以后各格——基准部分（字母和有关符号） 公差框格应尽量水平绘制，允许垂直绘制，其线型为细实线	基准符号由基准字母、方框、连线和等边三角形组成。方框内字母都应水平书写，基准字母用大写的拉丁字母表示（不允许使用的字母包括 E、I、J、M、O、P、L、R、F）

表 4.3　几何公差框格内公差带、要素与特征部分的附加符号

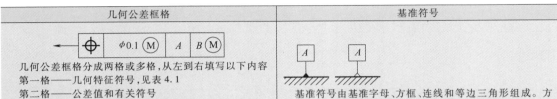

组合规范元素			
组合公差带	CZ	独立公差带	SZ
不对称公差带		公差带约束	
（规定偏置量的）偏置公差带	UZ	（未规定偏置量的）线性偏置公差带	OZ
		（未规定偏置量的）角度偏置公差带	VA
拟合被测要素			
最小区域（切比雪夫）要素	Ⓒ	最小二乘（高斯）要素	Ⓖ
最小外接要素	Ⓝ	贴切要素	Ⓣ
最大内切要素	Ⓧ		
导出要素			
中心要素	Ⓐ	延伸公差带	Ⓟ
评定参照要素的拟合			
无约束的最小区域（切比雪夫）	C	无约束的最小二乘（高斯）拟合被测要素	G
实体外部约束的最小区域（切比雪夫）拟合被测要素	CE	实体内部约束的最小区域（切比雪夫）拟合被测要素	CI
实体外部约束的最小二乘（高斯）拟合被测要素	GE	实体内部约束的最小二乘（高斯）拟合被测要素	GI
最小外接拟合被测要素	N	最大内切拟合被测要素	X

（续）

被测要素标识符				
区间	←→		联合要素	UF
全周（轮廓）	⌀→ ←○		小径、大径	LD、MD
全表面（轮廓）	⌀→ ←◎		中径/节径	PD
辅助要素标识符或框格				
相交平面框格	⟨ // B		定向平面框格	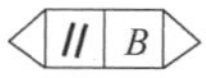 ⟨ // B ⟩
方向要素框格	← // B		组合平面框格	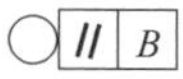 ○ // B
工程图样或技术文件中的相关符号				
任意横截面	[ACS]		任意纵截面	[ALS]
接触要素	[CF]		可变距离（用于公共基准）	[DV]
点（方位要素的类型）	[PT]		直线（方位要素的类型）	[SL]
平面（方位要素的类型）	[PL]		理论正确尺寸（TED）	50
基准目标	$\frac{\phi 5}{A1}$		可移动基准目标框	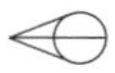 ◁─
自由状态条件（非刚性零件）	Ⓕ		仅约束方向	⋈
形状误差的参数				
偏差的总体范围	T		标准差	Q
峰值	P		谷深	V

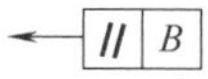

几何公差框格指引线和基准符号的标注方法见表 4.4。被测要素的标注方法见表 4.5。被测要素的简化注法见表 4.6。基准要素的标注方法见表 4.7。公差值和有关符号的标注方法见表 4.8。

表 4.4　几何公差框格指引线和基准符号的标注方法

标注方法		示例	说明
指引线与几何公差框格的连接	自几何公差框格的左端或右端引出	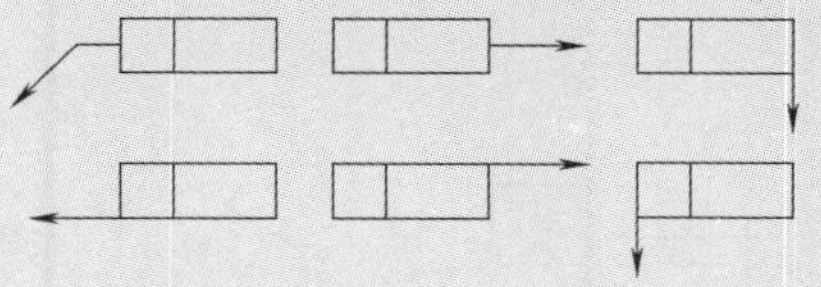	为简便起见，允许自几何公差框格的侧边直接引出
指示箭头所指方向	指示箭头应指向公差带的宽度或直径方向	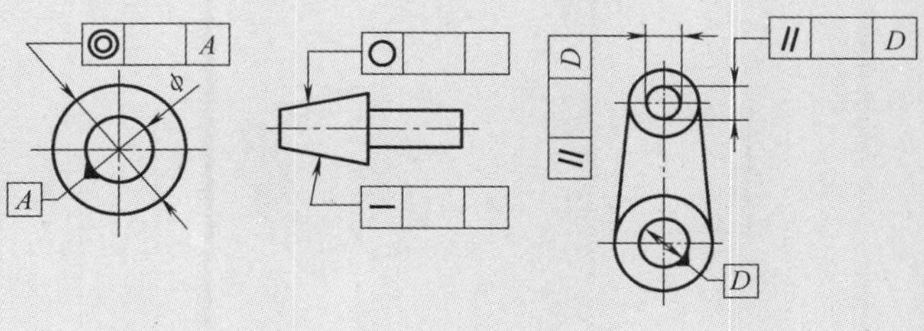	

（续）

标注方法		示例	说明
基准符号的标注	基准部位必须画出基准符号，并在几何公差框格中注出基准字母	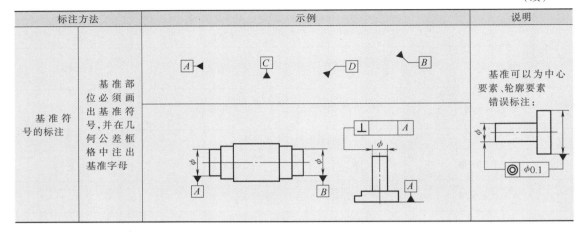	基准可以为中心要素、轮廓要素 错误标注：

表 4.5 被测要素的标注方法

被测要素	标注方法	示例	说明
组成要素	当被测要素为轮廓线或表面时，指引线箭头应指在该要素的轮廓线或其延长线上，并应明显地与尺寸线错开	a)　b)　c)　d)　e)　f)	在二维（2D）标注中，指引线终止在要素的轮廓线或轮廓的延长线上，以箭头终止（图 a、e） 在三维（3D）标注中，指引线终止在要素的界限以内，则以圆点终止 当该面要素可见时，此圆点是实心的，指引线为实线（图 b、f）；当该面要素不可见时，此圆点是空心的，指引线为虚线 指引线的终点可以是放在使用指引横线上的箭头，并使用指引线指向该面要素（图 c、d）
导出要素	当被测要素为中心线、中心面或中心点时，指引线用箭头终止在尺寸要素的尺寸延长线上（即带箭头的指引线应与尺寸延长线重合）	a)　b)　c)　d)	当箭头与尺寸线箭头重叠时，可代替尺寸线箭头 错误标注：指引线箭头不能直接指向轴线

（续）

被测要素	标注方法	示例	说明
中心要素	当被测要素是回转体的中心要素,将修饰符Ⓐ放置在几何公差框格内	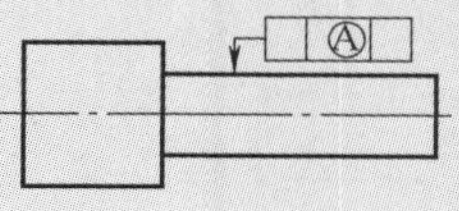 a) 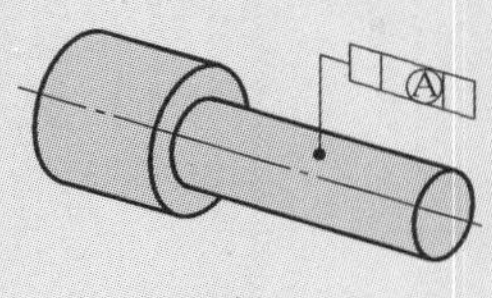　　　b)	指引线可在组成要素上用箭头(图 a)或圆点(图 b)终止 注意:该修饰符只可用于回转体,不可用于其他类型的尺寸要素
任意横截面	被测要素为提取组成要素与横截平面相交,或提取中心线与相交平面相交所定义的交线或交点,用辅助要素标识符"ACS"表示	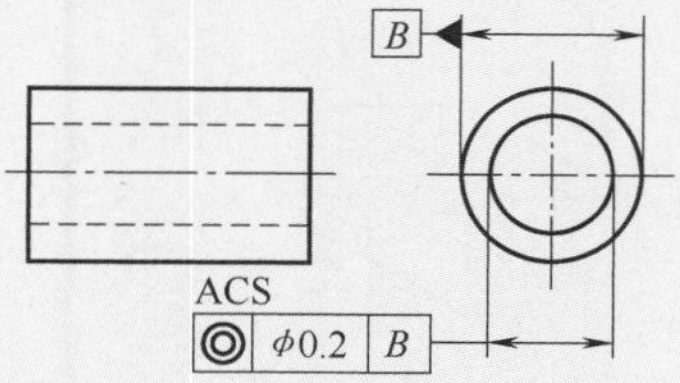 ACS	该标注表明:被测要素是套筒零件的内孔中心线,是由"在若干个与外圆中心线(基准 B)垂直的任意横截面上"提取的内孔中心点形成的。"ACS"仅适用于回转体表面、圆柱表面或棱柱表面
联合要素	被测要素是断续的六个圆柱面组合的提取组成要素,可视为联合要素,用标识符"UF"表示	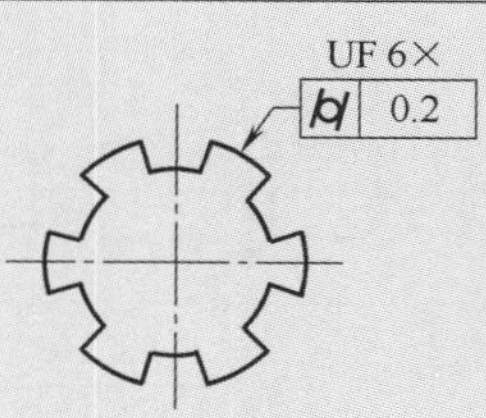 UF 6×	联合要素定义一个公差带
局部要素	局部区域标注	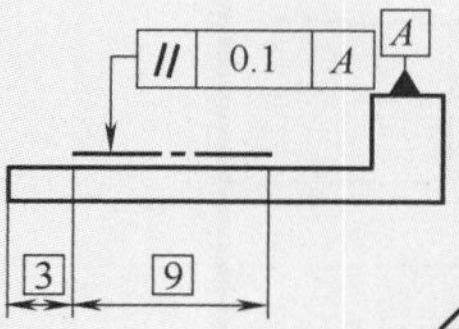 a) 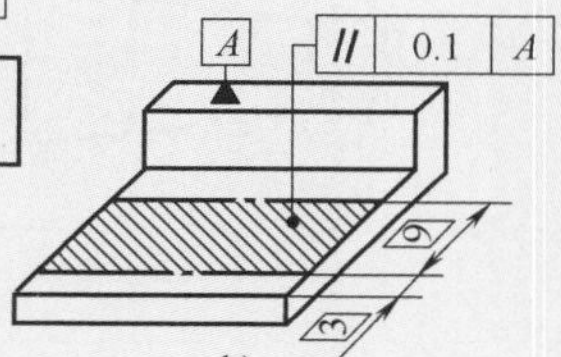　　　b) 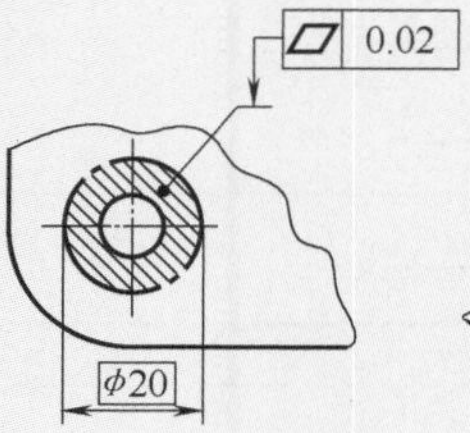 c) 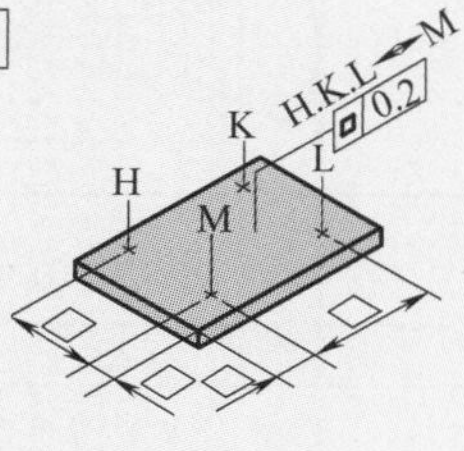　　　d)	应使用以下方法定义被测要素的局部区域 1)用粗点画线定义部分表面,使用理论正确尺寸定义其位置与尺寸,如图 a 所示 2)用阴影区域定义。可用粗点画线定义部分表面,同样使用理论正确尺寸定义其位置与尺寸,如图 b、c 所示 3)将拐角点定义为组成要素的交点(拐角点的位置用理论正确尺寸定义),并且用大写字母及区间符号"⟷"定义,如图 d 所示
局部要素	连续的非封闭被测要素(不是横截面的整个轮廓,也不是轮廓表示的整个面要素)的标注:应标识出被测要素的起止点和终止点,用大写字母分别代表,并用区间符号隔开	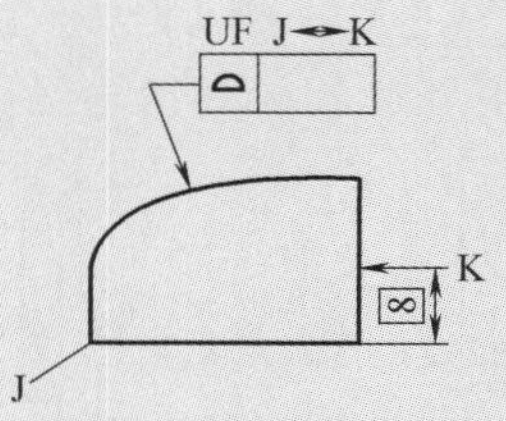 UF J⟷K	注:图样未标注完整。轮廓的公称几何形状未定义 示例为被测要素是从线 J 开始到线 K 结束的上部面要素

（续）

被测要素	标注方法	示例	说明
全周与全表面	连续的封闭被测要素（指封闭轮廓所表示的所有要素）	a) b)	注：图样未标注完整。轮廓的公称几何形状未定义。图中被测要素不包括基准 A 面和与它平行的面 相交平面框格符号 ⊥|B 和组合平面框格符号 ∥|A 表示被测要素是在垂直于基准 B，而且平行于基准 A 的任意截面提取的一组线要素 CZ 为组合公差带，是指被测要素（曲线+左右和底边的直线）是同一公差带
圆锥体轴线	当被测要素为圆锥体轴线时，指引线箭头应与圆锥体的直径尺寸线（大端或小端）对齐		
	如直径尺寸不能明显地区别圆锥体和圆柱体时，则应在圆锥体内画出空白的尺寸线，并将指引线的箭头与该空白尺寸线对齐		
	如圆锥体采用角度尺寸标注，则指引线箭头应对着该角度尺寸线画出，且箭头后的指引线与被测轴线垂直		错误标注

表 4.6 被测要素的简化注法

标注方法	示例	说明
当多个单独的被测要素有相同的几何特征和公差值的标注	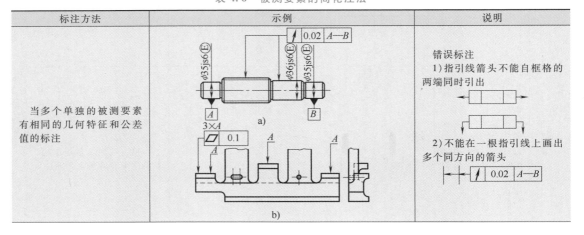	错误标注 1）指引线箭头不能自框格的两端同时引出 2）不能在一根指引线上画出多个同方向的箭头

（续）

标注方法	示例	说明
用同一公差带控制几个分离的被测要素时,应在几何公差框格内公差数值的后面加注组合公差带符号"CZ",它们的公差带应采用明确的理论正确尺寸(TED)或默认的 TED 约束之间相互的位置及方向	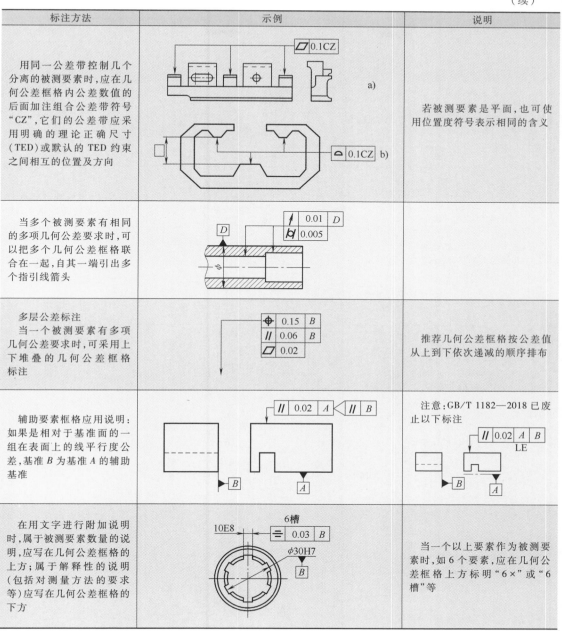	若被测要素是平面,也可使用位置度符号表示相同的含义
当多个被测要素有相同的多项几何公差要求时,可以把多个几何公差框格联合在一起,自其一端引出多个指引线箭头		
多层公差标注 当一个被测要素有多项几何公差要求时,可采用上下堆叠的几何公差框格标注		推荐几何公差框格按公差值从上到下依次递减的顺序排布
辅助要素框格应用说明:如果是相对于基准面的一组在表面上的线平行度公差,基准 B 为基准 A 的辅助基准		注意:GB/T 1182—2018 已废止以下标注
在用文字进行附加说明时,属于被测要素数量的说明,应写在几何公差框格的上方;属于解释性的说明(包括对测量方法的要求等)应写在几何公差框格的下方		当一个以上要素作为被测要素时,如 6 个要素,应在几何公差框格上方标明"6×"或"6槽"等

表 4.7　基准要素的标注方法

基准要素	标注方法	示例	说明
组成要素基准	当基准要素为组成要素时,基准符号应置于该要素的轮廓线或其引出线上,并应明显与尺寸线错开		

（续）

基准要素	标注方法	示例	说明
导出要素基准	当基准要素是中心线、中心平面或由带尺寸要素确定的点时，基准符号的连线应与该要素的尺寸线对齐	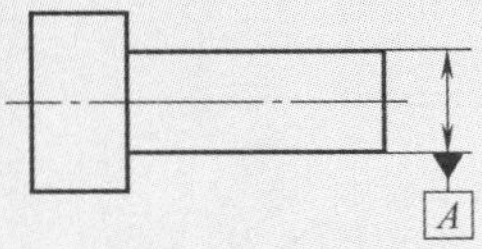 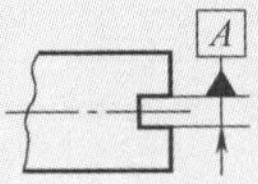	当基准符号与尺寸线箭头重叠时，可代替尺寸线箭头错误标注 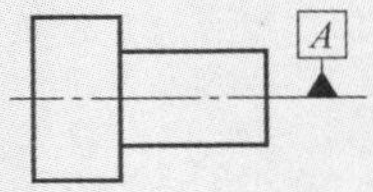
公共基准	由两个要素组成的公共基准，在公差框格的第三格内填写与基准字母相同的两个字母，字母之间用短横线隔开	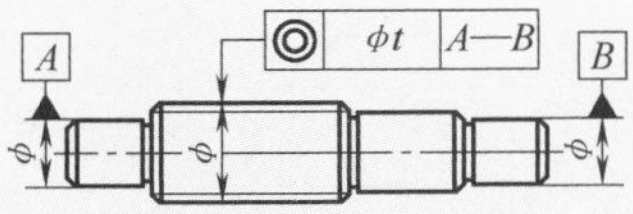 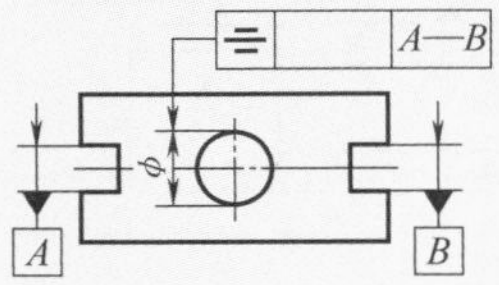	凡由两个或两个以上的要素构成一独立基准符号，都称为公共基准，例如公共中心线、公共平面、公共对称中心平面等。公共基准无论由多少要素组合而成，都只能理解为一个基准
中心孔基准	当基准要素为中心孔时，基准符号可标注在中心孔引出线的下方。当两端中心孔规格相同时，可采用右上图所示简化标注。当两端中心孔规格不同时，采用右下图所示标注	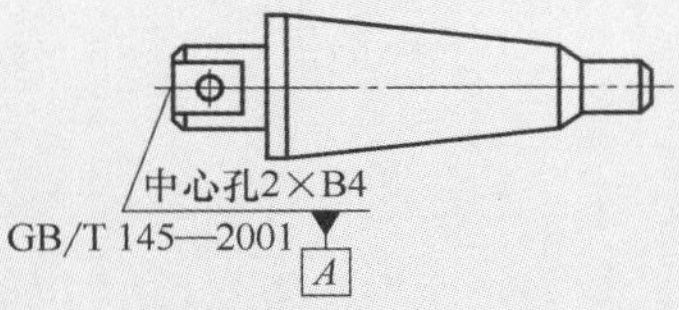 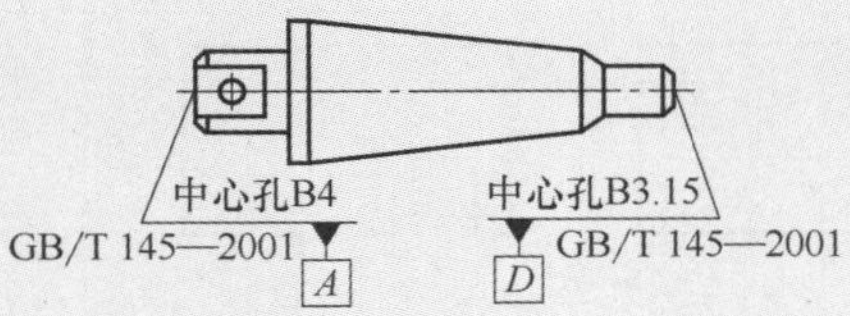	中心孔用代号标注时，基准符号与中心孔代号一起标注
圆锥体轴线基准	当基准要素为圆锥体轴线时，基准符号的连线可与圆锥体的大端（或小端）直径尺寸（或角度尺寸）线对齐	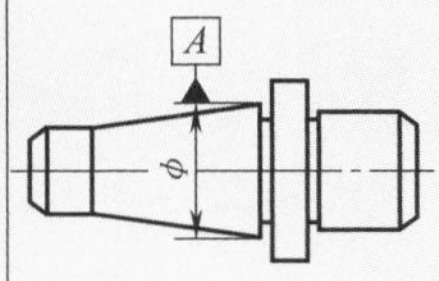 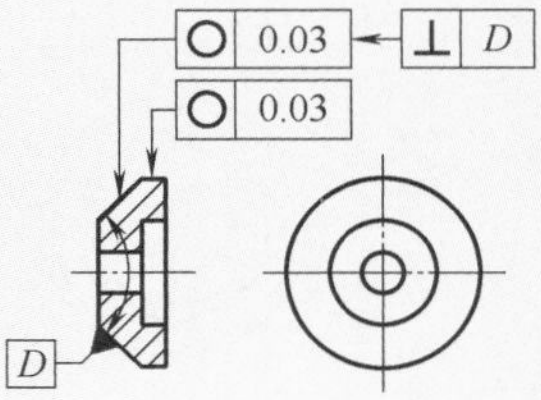	
局部基准	如要求某要素的一部分作为基准，用粗点画线表示该基准的局部区域，并加注理论正确尺寸	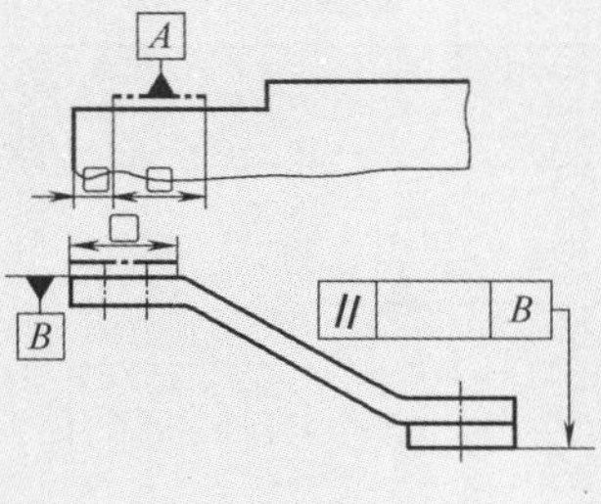	为了能确切反映基准实际情况，以要素的某一局部范围（用 TED 定义基准的位置与尺寸）作为基准

表 4.8　公差值和有关符号的标注方法

标注方法		示例	说明
公差数值	如果图样上所标注的几何公差无附加说明，则被测范围是箭头所指的整个组成要素或导出要素	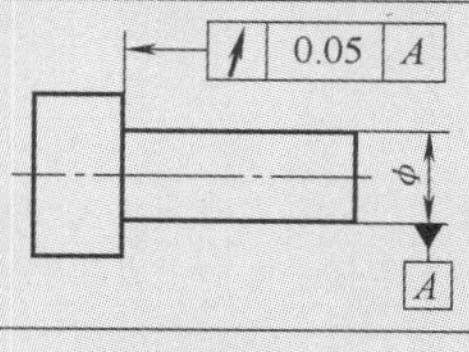 ↗ 0.05 A（图示）	在几何公差框格内的公差值都是指公差带的宽度或直径，如果不加说明，是指被测表面的全部范围
	如果公差适用于整个要素内的任何局部区域，则使用线性与/或角度单位（如适用）将局部区域的范围添加在公差值后面	— 0.2/75 a) ⌰ 0.2/φ75 b)	图 a 所示为线性局部公差带公差值，是指整个被测直线上任意 75mm 长度上的公差值（0.2mm） 图 b 所示为圆形局部公差带，在图样上应配有"局部区域"标注，见表 4.5
	如需给出被测要素任一范围（面积）的公差值时，标注方法如右图所示	 ⌰ □0.04/100	指定任意范围或任意长度：示例表示在整个表面内任意 100mm×100mm 的面积内，平面度误差不得大于 0.04mm
	如需给出被测要素任一范围（长度）的公差值时，标注方法如右图所示	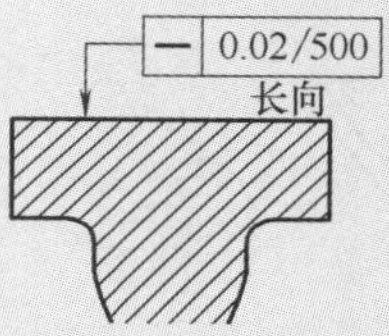 — 0.02/500 长向	在整个被测表面长向上，任意 500mm 的长度内，直线度误差不得大于 0.02mm
	既有整体被测要素的公差要求，也有局部被测要素的公差要求，则标注如右图所示	— 0.05 0.02/200 ⌰ 0.05 □0.01/100	分子表示整个要素（或全长）的公差值，分母表示限制部分（长度或面积）的公差数值 这种限制要求可以直接放在表示全部被测要素公差要求的框格下面
公差带形状和附加要求的符号	当给定的公差带为圆形或圆柱形时，应在公差值前加注符号"φ" 当给定的公差带为球形时，应在公差值前加注符号"Sφ"	◎ φ0.1 A ⊕ Sφ0.1	公差值仅表示公差带的宽度或直径，公差带的形状规范元素也是几何公差的重要元素
		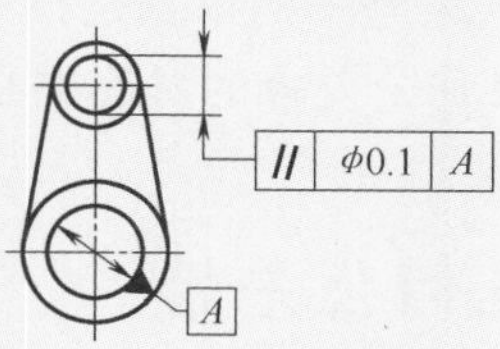 ∥ φ0.1 A	公差值前加"φ"，其被测中心线必须位于直径为公差值 0.1mm 且平行于基准中心线 A 的圆柱面内

4.1.5　几何公差带的概念

1. 几何公差带

几何公差带是在公称模型（理论正确几何要素）中构建的。几何公差带是由理论正确几何形体定义的理论正确几何要素限定。

2. 几何公差带的四要素（公差带的形状、大小、方向和位置）

（1）几何公差带的形状　几何公差带的形状由被测要素特征及设计要求确定，见表 4.9。几何公差带的形状有九种，如图 4.2 所示。

表 4.9　几何公差带的形状

被测几何要素		被测要素特征		设计的功能要求	几何公差带形状	图例
点		给定平面上		位置要求	圆	图 4.2a
		空间上		位置要求	球	图 4.2a
线	直线	给定平(截)面上		直线度要求	两平行直线	图 4.2b
		空间上		一个方向上直线度要求	两平行平面	图 4.2c
				任意方向上直线度要求	圆柱面	图 4.2a
	曲线	给定平(截)面上	未封闭	线轮廓度要求	两等距曲线	图 4.2b
			封闭	圆度要求	两同心圆	图 4.2b
面	平面	空间上		平面度要求	两平行平面	图 4.2c
	曲面	未封闭		面轮廓度要求	两等距曲面	图 4.2c
		封闭		圆柱度要求	两同轴圆柱面	图 4.2c

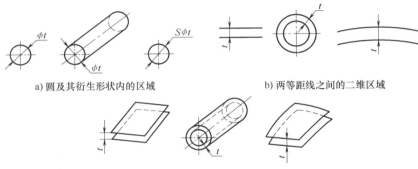

a) 圆及其衍生形状内的区域　　　　　　　　b) 两等距线之间的二维区域

c) 两等距面之间的空间区域

图 4.2　几何公差带的形状示意图

（2）几何公差带的大小　几何公差带的大小是指几何公差带之间的间距、宽度或直径。它由所给定的几何公差值确定。

（3）几何公差带的方向　几何公差带的方向是指几何公差带相对基准在方向上的要求，一般有几何公差带与基准平行、垂直和夹角为理论正确角度在 0°~90°（不包括 $\boxed{0°}$ 和 $\boxed{90°}$）之间的要求。

（4）几何公差带的位置　几何公差带的位置是指几何公差带相对基准在位置上的要求。它不仅有方向上的要求，而且有几何公差带的对称中心相对基准或理想位置的距离要求。

4.2　几何公差标注和几何公差带

由表 4.1~表 4.8 可知，几何公差类型多。根据机械零件多样性，当被测要素、基准要素、使用功能要求不同时，公差带的各要素也各不相同，构成了几何公差标注的复杂性。以下列举生产实际中常见的几何公差标注例子和所对应的几何公差带。

4.2.1　形状公差

如图 4.3 所示，直线度公差带为在平行于基准 A 的给定截面内，间距为 0.1mm 的两平行直线所限定的区域。如图 4.4 所示，被测中心线在任意方向上都有直线度要求，其公差带为直径等于 $\phi0.08$mm 的圆柱所限定的区域。

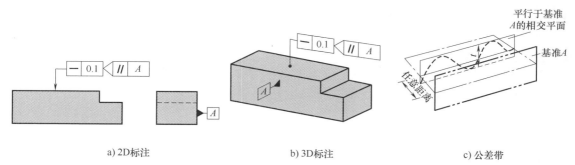

a) 2D标注　　　　　　　　　b) 3D标注　　　　　　　　　c) 公差带

图 4.3　给定截面内一组直线（组成要素）的直线度公差（在一个方向上）标注和公差带

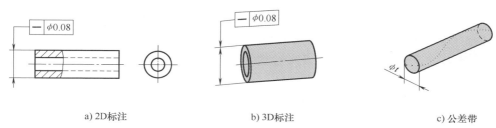

a) 2D标注　　　　　　　　　b) 3D标注　　　　　　　　　c) 公差带

图 4.4　套筒外圆柱的中心线（导出要素）的直线度公差（在任意方向上）标注和公差带

如图 4.5 所示，被测上平面的提取（实际）表面应限定在间距等于 0.08mm 的两平行面之间。如图 4.6 所示，在圆柱面、圆锥面的任意横截面内，被测要素的提取（实际）圆周线（组成要素）应限定在半径差为 0.03mm 的两共面同心圆之间。这是圆柱表面默认标注的应用方式，而对于圆锥表面则应使用方向要素框格进行标注，表明在垂直于基准轴线 D 的横截面上提取被测实际圆周线。

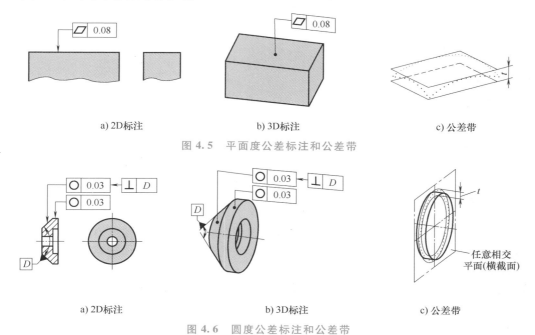

a) 2D标注　　　　　　　　　b) 3D标注　　　　　　　　　c) 公差带

图 4.5　平面度公差标注和公差带

a) 2D标注　　　　　　　　　b) 3D标注　　　　　　　　　c) 公差带

图 4.6　圆度公差标注和公差带

如图 4.7 所示，圆柱度公差带为半径差等于 0.1mm 的两个同轴圆柱面所限定的区域。

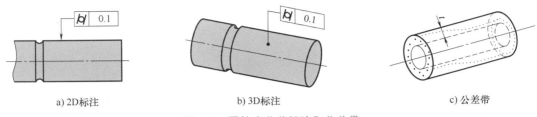

a) 2D标注　　　　　　　b) 3D标注　　　　　　　c) 公差带

图 4.7　圆柱度公差标注和公差带

　　如图 4.8 所示，在任一平行于基准平面 A 的截面内（如相交平面框格所规定的），被测要素的提取（实际）轮廓线应限定在直径等于 0.04mm、圆心位于理论正确形状上的一系列圆的两等距包络线之间。UF 表示组合要素上的三个半径 R（TED）圆弧部分（从 D 到 E）组成联合要素。如图 4.9 所示，被测要素是球面，提取（实际）轮廓面应限定在直径等于 0.02mm、球心位于被测要素理论正确几何形状（半径为 R 的球面）表面上的一系列圆球的两等距包络面之间。

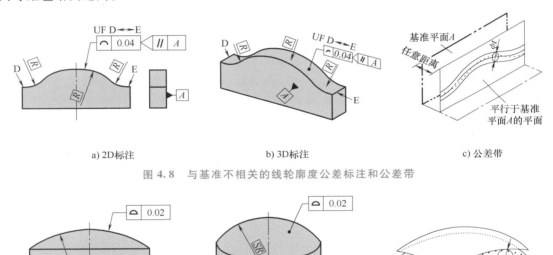

a) 2D标注　　　　　　　b) 3D标注　　　　　　　c) 公差带

图 4.8　与基准不相关的线轮廓度公差标注和公差带

a) 2D标注　　　　　　　b) 3D标注　　　　　　　c) 公差带

图 4.9　与基准不相关的面轮廓度公差标注和公差带

4.2.2　方向公差

　　如图 4.10 所示，被测要素的提取（实际）中心线应限定在间距等于 0.1mm、平行于基准轴线 A 的两平行平面之间。限定公差带的平面均平行于由定向平面框格规定的基准平面 B。基准 B 为基准 A 的辅助基准。

　　图 4.11 与图 4.10 相比：图 4.11 所示的公差带（两平行平面）与辅助基准 B 垂直，其它相同。如图 4.12 所示，被测要素的提取（实际）中心线应限定在平行于基准轴线 A、直径等于 0.03mm 的圆柱面内。

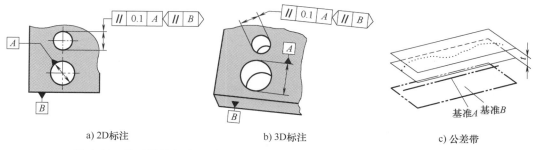

图 4.10 线对线平行度公差（在与基准 B 平行的方向上）的标注和公差带

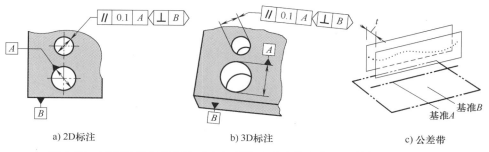

图 4.11 线对线平行度公差（在与基准 B 垂直的方向上）的标注和公差带

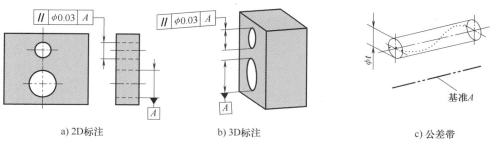

图 4.12 线对线平行度公差（在任意方向上）的标注和公差带

如图 4.13 所示，被测要素的提取（实际）中心线应限定在间距等于 0.06mm、垂直于基准轴线 A 的两平行平面之间。图 4.14 所示圆柱轴线的公差带是直径等于 0.01mm 的圆柱，与基准平面 A 垂直。

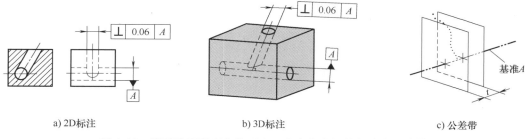

图 4.13 线对线垂直度公差（在一个方向上）的标注和公差带

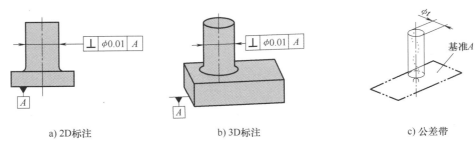

a) 2D标注   b) 3D标注   c) 公差带

图 4.14   线对面垂直度公差（在任意方向上）的标注和公差带

如图 4.15 所示，被测要素的提取（实际）表面应限定在间距等于 0.08mm 的两平行平面之间。该两平行平面按照理论正确角度 40°倾斜于基准平面 A。

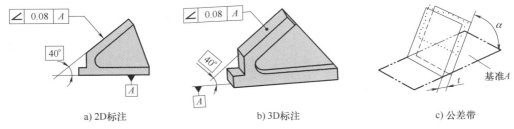

a) 2D标注   b) 3D标注   c) 公差带

图 4.15   面对面倾斜度公差的标注和公差带

图 4.16 所示斜端面的公差带是间距为 0.1mm 的两平行平面，其与基准轴线 A 相交的理论正确角度为 75°。

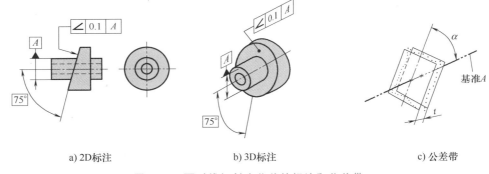

a) 2D标注   b) 3D标注   c) 公差带

图 4.16   面对线倾斜度公差的标注和公差带

4.2.3   位置公差

如图 4.17 所示，在任意横截面内，内圆的提取（实际）中心应限定在直径等于 0.1mm、以基准点 A（在同一横截面内）为圆心的圆周内。如图 4.18 所示，被测圆柱的提取（实际）中心线应限定在直径等于 0.08mm、以公共基准轴线 A—B 为轴线的圆柱面内。

如图 4.19 所示，被测要素是外圆柱面的中心线，第一基准要素是左端面 A，第二基准要素是内孔轴线 B。公差带是圆柱面，其轴线首先垂直于左端面 A，其次与内孔轴线 B 同轴。

如图 4.20 所示，被测要素的提取（实际）槽的对称中心面应限定在间距等于 0.08mm、对称分布在基准中心平面 A 两侧的两平行平面之间。基准中心平面 A 是上、下平面的对称

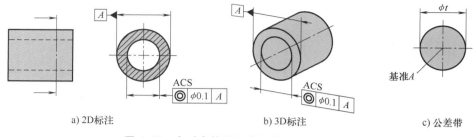

图 4.17　点对点的同心度公差标注和公差带

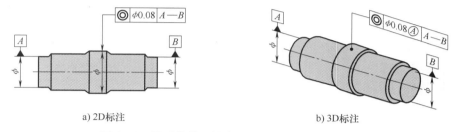

图 4.18　线对线的同轴度公差（公共基准）标注

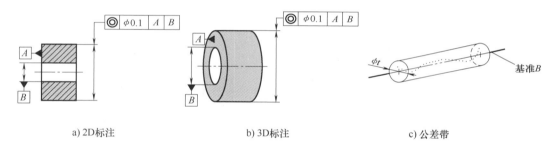

图 4.19　线对线同轴度公差（两个基准）的标注和公差带

中心面，如图 4.20c 所示。图 4.21 所示的被测要素是中间形孔的上、下内平面的对称中心面，基准要素是两侧槽的公共对称中心面。

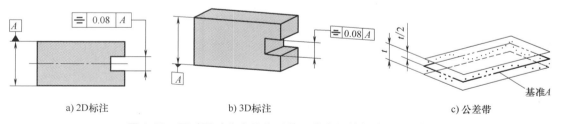

图 4.20　面对面对称度公差（单一基准）的标注和公差带

如图 4.22 所示，被测要素的提取（实际）球心（导出要素）应限定在直径等于 $S0.3\text{mm}$ 的圆球面内。该圆球面的中心与基准平面 A、基准平面 B、基准中心平面 C 相距的理论正确尺寸分别是 30mm、25mm 和 0mm，如图 4.22c 所示。

图 4.23 所示的被测要素是孔的中心线（导出要素），其公差带形状是圆柱，直径为 0.08mm。该圆柱轴线垂直于基准平面 C，圆心位于"与基准 A 相距理论正确尺寸 100mm"和"与基准 B 相距理论正确尺寸 68mm"的交点上，如图 4.25a 所示。

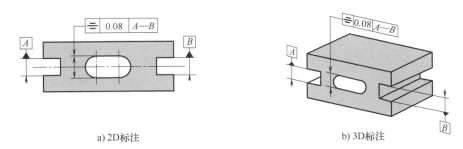

a) 2D标注

b) 3D标注

图 4.21　面对面对称度公差（公共基准）的标注

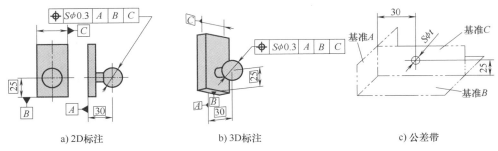

a) 2D标注

b) 3D标注

c) 公差带

图 4.22　点位置度公差的标注和公差带

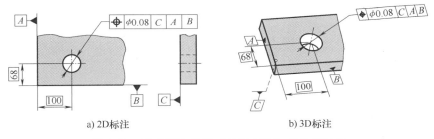

a) 2D标注

b) 3D标注

图 4.23　线对面位置度（任意方向）的公差标注

图 4.24 所示的被测要素是斜端面（组成要素），其提取（实际）表面应限定在间距等于 0.05mm 的两平行平面之间。该两平行平面的对称中心面与基准轴线 B 的相交点与基准平面 A 相距理论正确尺寸 15mm，而且与基准轴线 B 相交的理论正确角度为 105°，如图 4.25b 所示。

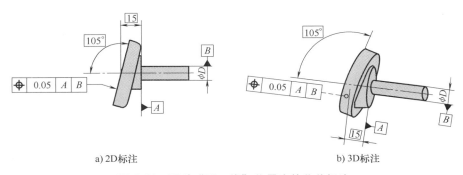

a) 2D标注

b) 3D标注

图 4.24　面对"面、线"位置度的公差标注

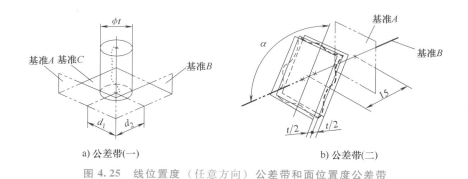

a) 公差带(一)　　　　　　　　　　b) 公差带(二)

图 4.25　线位置度（任意方向）公差带和面位置度公差带

图 4.45（见 4.3 节）所示端盖零件上 4 个孔 ϕ8H11 轴线相对 ϕ142mm 圆柱左端面、ϕ100f9 轴线的位置度公差带（4 个）形状为圆柱，直径为 0.1mm，其轴线垂直于基准 A 端面，其圆心位于以基准 B 轴线为圆心、以理论正确尺寸 ϕ120mm 为直径的圆周上，而且均匀分布。

如图 4.26 所示，在任一由相交平面框格规定的平行于基准平面 A 的截面内，被测要素的提取（实际）轮廓线（组成要素）应限定在直径等于 0.04mm、圆心位于由基准平面 A 与基准平面 B 确定的被测要素理论正确几何形状线上的一系列圆的两包络线之间。

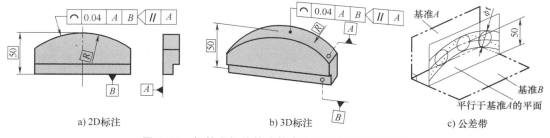

a) 2D标注　　　　　　　　b) 3D标注　　　　　　　c) 公差带

图 4.26　与基准相关的线轮廓度公差标注和公差带

如图 4.27 所示，被测要素的提取（实际）轮廓面（组成要素）应限定在直径等于 0.1mm、球心位于由基准平面 A 确定的被测要素理论正确几何形状上的一系列圆球的两包络面之间。

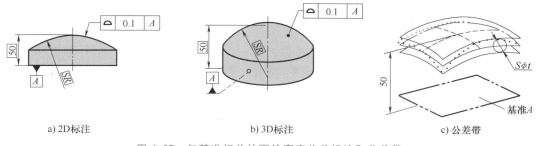

a) 2D标注　　　　　　　　b) 3D标注　　　　　　　c) 公差带

图 4.27　与基准相关的面轮廓度公差标注和公差带

4.2.4　跳动公差

如图 4.28 所示，在任一平行于基准平面 B、垂直于基准轴线 A 的横截面上，被测要素的提取（实际）圆（组成要素）应限定在半径差等于 0.1mm、圆心在基准轴线 A 上的两共面同心圆之间。

如图 4.29 所示，在与基准轴线 D 同轴的任一圆柱形截面上，被测要素的提取（实际）圆应限定在轴向距离等于 0.1mm 的两个等圆之间。

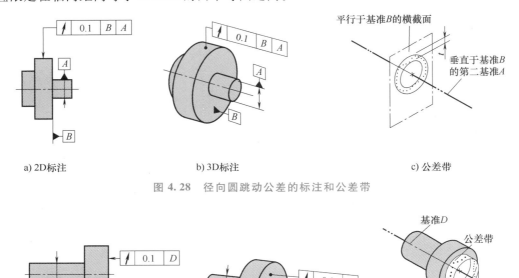

a) 2D标注 b) 3D标注 c) 公差带

图 4.28 径向圆跳动公差的标注和公差带

a) 2D标注 b) 3D标注 c) 公差带

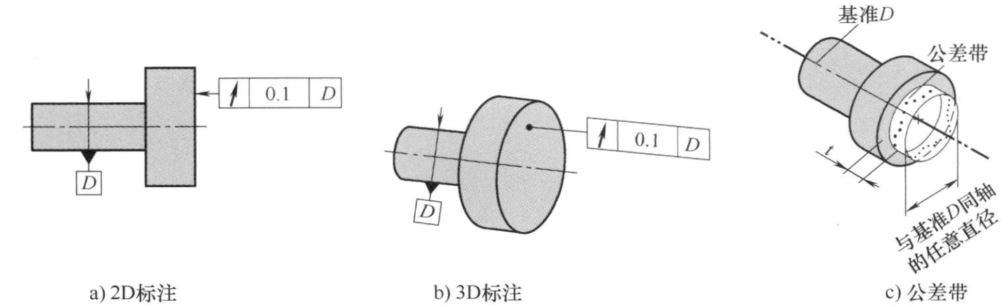

图 4.29 轴向圆跳动公差的标注和公差带

如图 4.30 所示，在与基准轴线 C 同轴的任一圆锥截面上，被测要素的提取（实际）线应限定在素线方向间距等于 0.1mm 的两不等圆之间，并且截面的锥角与被测要素垂直。

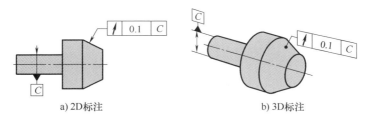

a) 2D标注 b) 3D标注

图 4.30 圆锥面的斜向圆跳动公差标注

如图 4.31 所示，在相对于方向要素（给定角度 α）的任一圆锥截面上，被测要素的提取（实际）线应限定在圆锥截面内间距等于 0.1mm 的两不等圆之间。该项目的公差带如图 4.32 所示。

如图 4.33 所示，被测要素的提取（实际）圆柱表面（组成要素）应限定在半径差等于 0.1mm、与公共基准轴线 A—B 同轴的两圆柱面之间。

如图 4.34 所示，被测要素的提取（实际）表面应限定在间距等于 0.1mm、垂直于基准轴线 D 的两平行平面之间（该描述与垂直度公差的含义相同）。

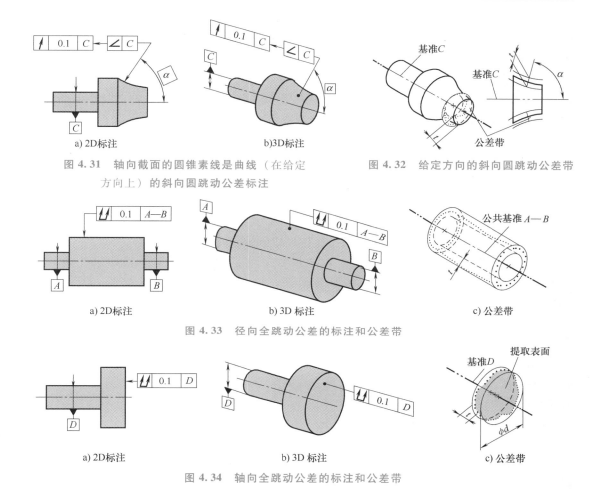

图 4.31 轴向截面的圆锥素线是曲线（在给定方向上）的斜向圆跳动公差标注

图 4.32 给定方向的斜向圆跳动公差带

图 4.33 径向全跳动公差的标注和公差带

图 4.34 轴向全跳动公差的标注和公差带

常见跳动公差标注的特点：被测要素是回转体的组成（轮廓）要素（圆柱面、锥面）或端面，第一基准要素是回转体的导出要素（轴线）。

4.3 独立原则和相关公差要求

在机械零件精度设计中，一些几何要素不仅有尺寸公差要求，而且还有几何公差要求。在设计时，为了满足某些配合性质、装配性质以及最低强度等要求，对这些要素的尺寸公差与几何公差之间的关系提出特殊要求，处理两者之间关系时应遵循独立原则或相关公差要求。独立原则是指同一要素的几何公差与尺寸公差之间彼此无关系；相关公差要求则反映了尺寸公差和几何公差彼此相关以满足特定功能，包括包容要求、最大实体要求、最小实体要求和可逆要求等。

4.3.1 有关术语定义和符号

国家标准 GB/T 16671—2018《产品几何技术规范（GPS） 几何公差 最大实体要求

（MMR）最小实体要求（LMR）和可逆要求（RPR）》中对涉及的有关术语定义、符号及其实体极限等概念进行了表述。这里从应用标准的角度进行解释。

1. 实体状态及实体尺寸

实体状态（MC）分为最大实体状态（MMC）和最小实体状态（LMC）。最大实体状态是假定提取组成要素的局部尺寸处处位于极限尺寸且使其具有实体最大时的状态，也就是允许材料最多时的状态。最小实体状态是假定提取组成要素的局部尺寸处处位于极限尺寸且使其具有实体最小时的状态，也就是允许材料最少时的状态。

实体尺寸（MS）分为最大实体尺寸（MMS）和最小实体尺寸（LMS）。最大实体尺寸是实际要素在最大实体状态下的极限尺寸。对于外尺寸要素（轴），最大实体尺寸就是轴的上极限尺寸；对于内尺寸要素（孔），最大实体尺寸就是孔的下极限尺寸。最小实体尺寸是实际要素在最小实体状态下的极限尺寸。对于外尺寸要素（轴），最小实体尺寸就是轴的下极限尺寸；对于内尺寸要素（孔），最小实体尺寸就是孔的上极限尺寸。

例如，在图 3.21 中，花键套筒上轴颈尺寸 $\phi25^{+0.009}_{-0.004}$mm，当实际轴的尺寸处处等于 $\phi25.009$mm 时，该轴所拥有的材料量为最多，该轴处于最大实体状态。因此，尺寸 $\phi25.009$mm 为最大实体尺寸，其是该轴的上极限尺寸。当实际轴的尺寸处处等于 $\phi24.996$mm 时，该轴处于最小实体状态，则尺寸 $\phi24.996$mm 为最小实体尺寸，其是该轴的下极限尺寸。

又如，在图 3.21 中，花键内孔 $\phi14^{+0.07}_{0}$mm 的最大实体状态是实际孔尺寸处处等于 $\phi14$mm 的状态，尺寸 $\phi14$mm 为该孔的最大实际尺寸，也是孔的下极限尺寸；而 $\phi14.07$mm 为该孔的最小实体尺寸（孔的上极限尺寸）。

2. 最大实体边界和最小实体边界

1）最大实体边界（MMB）。最大实体状态的理想形状的极限包容面。

对于外尺寸（轴），其最大实体边界是尺寸为最大实体尺寸、形状为理想的内圆柱面；对于内尺寸（孔），其最大实体边界是尺寸为最大实体尺寸、形状为理想的外圆柱面。例如：在图 3.21 中，轴 $\phi25^{+0.009}_{-0.004}$mm 的最大实体边界是尺寸为 $\phi25.009$mm、形状为理想的内圆柱面；花键内孔 $\phi14^{+0.07}_{0}$mm 的最大实体边界是尺寸为 $\phi14$mm、形状为理想的外圆柱面。

2）最小实体边界（LMB）。最小实体状态的理想形状的极限包容面。

对于外尺寸（轴），其最小实体边界是尺寸为最小实体尺寸、形状为理想的内圆柱面；对于内尺寸（孔），其最小实体边界是尺寸为最小实体尺寸、形状为理想的外圆柱面。例如：在图 3.21 中，轴 $\phi25^{+0.009}_{-0.004}$mm 的最小实体边界是尺寸为 $\phi24.996$mm、形状为理想的内圆柱面；花键内孔 $\phi14^{+0.07}_{0}$mm 的最小实体边界是尺寸为 $\phi14.07$mm、形状为理想的外圆柱面。

3. 实体实效状态和实体实效尺寸

实体实效状态（MVC）分为最大实体实效状态（MMVC）和最小实体实效状态（LMVC）。最大实体实效状态是拟合要素为最大实体实效尺寸时的状态。最小实体实效状态是拟合要素为最小实体实效尺寸时的状态。

实体实效尺寸（MVS）分为最大实体实效尺寸（MMVS）和最小实体实效尺寸（LMVS）。

最大实体实效尺寸是尺寸要素的最大实体尺寸与其导出要素的几何公差（形状、方向或位置）共同作用产生的尺寸。

最小实体实效尺寸是尺寸要素的最小实体尺寸与其导出要素的几何公差（形状、方向或位置）共同作用产生的尺寸。

最大实体实效尺寸：对于外尺寸要素（即轴），MMVS＝MMS＋几何公差；

对于内尺寸要素（即孔），MMVS＝MMS－几何公差。

最小实体实效尺寸：对于外尺寸要素（即轴），LMVS＝LMS－几何公差；

对于内尺寸要素（即孔），LMVS＝LMS＋几何公差。

4. 最大实体实效边界和最小实体实效边界

最大实体实效状态对应的极限包容面称为最大实体实效边界（MMVB）。最小实体实效状态对应的极限包容面称为最小实体实效边界（LMVB）。

该部分相关术语较多，理解上有一定难度，在介绍独立原则和相关公差要求的过程中，将结合示例，从图样标注、被测要素合格条件、遵守的边界、应用场合、检测方法以及检测所用的计量器具等方面逐一介绍。

4.3.2　独立原则

独立原则（IP）是指图样上给定的每个尺寸和几何（形状、方向或位置）要求是独立的，应分别满足要求。它是线性尺寸公差和几何公差之间相互关系所遵循的一项基本原则。

线性尺寸公差仅控制提取组成要素的局部尺寸，不控制提取圆柱面的奇数棱圆度误差以及由于提取导出要素形状误差引起的提取组成要素的形状误差。

1. 图样标注

当注有公差的被测要素的尺寸公差和几何公差采用独立原则时，图样上不做任何附加标记，即无Ⓔ、Ⓜ、Ⓛ和Ⓡ符号，如图 4.35 和图 4.36 所示。

1）独立原则应用于单一要素。图 4.35 所示标注表示：直径尺寸 $\phi30_{-0.021}^{0}$ mm 为注出尺寸公差的尺寸；该轴的轴线直线度公差为 $\phi0.012$mm，为注出形状公差；长度 50mm 为未注尺寸公差的尺寸；未注出的几何公差有两端面的平面度公差、轴的圆柱度公差和圆度公差、在轴向截面上圆柱的素线直线度公差、端面相对轴线的垂直度公差等。

2）独立原则应用于关联要素，如图 4.36 所示。

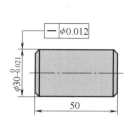

图 4.35　独立原则应用于单一要素的标注示例

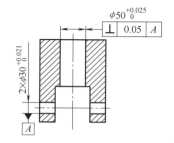

图 4.36　独立原则应用于关联要素的标注示例

2. 被测要素的合格条件

（1）独立原则应用单一要素的合格条件　当被测要素应用独立原则时，该要素的合格条件是：提取要素的局部尺寸应在其两个极限尺寸之间；提取要素均应位于给定的几何公差带内，并且其几何误差允许达到最大值。

1）尺寸公差要求。

对于轴：$d_{\max} \geqslant d_a \geqslant d_{\min}$。

对于孔：$D_{\max} \geqslant D_a \geqslant D_{\min}$。

2）几何公差要求。

$$几何误差 f_{几何} \leqslant 几何公差\ t_{几何}$$

如图 4.35 所示的例子，被测轴的合格条件是：轴径 ϕ30mm 提取要素的局部尺寸应在 30.000～29.979mm 之间；轴的轴线直线度误差小于或等于 ϕ0.012mm；轴长尺寸 50mm 的误差不超过其未注公差范围；轴的两端面平面度误差不超过其未注平面度公差，其他未注公差项目的误差都不得超过其未注公差值。

（2）独立原则应用关联要素的合格条件　如图 4.36 所示，被测孔的合格条件是：ϕ50mm 孔径提取要素的局部尺寸应在 50.000～50.025mm 之间；该孔的轴线应垂直于 2× ϕ30mm 公共轴线，其垂直度误差数值不大于 0.05mm。

3. 被测要素的检测方法和计量器具

当被测要素应用独立原则时，采用的检测方法是用通用计量器具测量被测要素的提取要素局部尺寸和几何误差。

以独立原则应用于单一要素为例，可用立式光学比较仪测量轴各部位直径的提取要素局部尺寸，再用计量器具测量该轴的轴线直线度误差。

4. 应用场合

独立原则主要应用的场合：一是一般用于零件上非配合部位；二是应用于零件的几何公差要求较高，而对尺寸公差要求相对较低的场合。例如，立式台钻工作台面的平面度、该工作台面相对底面的平行度要求较高，而工作台面到底面的尺寸精度要求不高。

4.3.3　包容要求

包容要求（ER）是尺寸要素的导出要素的形状公差与其相应的组成要素的尺寸公差之间相互有关的公差要求。

包容要求表示提取组成要素不得超越其最大实体边界（MMB），其局部尺寸不得超出最小实体尺寸（LMS）。

当被测要素的提取组成要素偏离了最大实体状态时，可将尺寸公差的一部分或全部补偿给几何公差。因此，它属于相关要求，表明尺寸公差与几何公差之间有关系。值得注意的是包容要求仅适用于单一要素，如圆柱表面或两平行对应面之间的尺寸与形状要素。

1. 图样标注

在被测要素的尺寸公差或公差带代号后加注符号Ⓔ，如图 4.37 所示。图 4.37a、b 所示为轴应用包容要求的例子，图 4.37c 所示为孔应用包容要求的例子。

2. 被测实际轮廓遵守的理想边界

包容要求遵守的理想边界是最大实体边界。最大实体边界是由最大实体尺寸（MMS）构成的，具有理想形状的边界。如被测要素是轴或孔（圆柱面），则其最大实体边界是直径为最大实体尺寸，而且形状是理想的内（或外）圆柱面。

如图 4.37a 所示，被测要素是轴，它的最大实体边界是直径为 25.009mm（最大实体尺寸），而且形状是理想的内圆柱面。图 4.37c 所示被测要素是孔，它的最大实体边界是直径

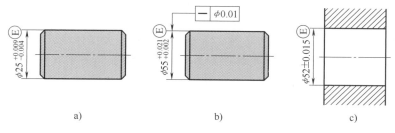

图 4.37　包容要求的标注示例

为 51.985mm（最大实体尺寸），而且形状是理想的外圆柱面。

3. 合格条件

被测要素应用包容要求的合格条件是被测实际轮廓应处处不得超越其最大实体边界，其提取要素的局部尺寸不得超出最小实体尺寸。

合格条件中"被测实际轮廓"是由被测要素的实际尺寸和实际形状综合构成的，为实际真实存在的轮廓。合格条件中的"处处不得超越最大实体边界"是指当被测要素为轴时，被测实际轮廓不得从最大实体边界内向外超越。如图 4.38a 所示，即实际轴若穿越其最大实体

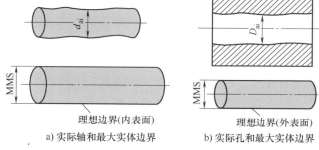

图 4.38　轴、孔的实际轮廓和最大实体边界

边界而不发生干涉，表明实际轮廓未超越最大实体边界。当被测要素为孔时，被测实际轮廓不得从最大实体边界外向内超越。如图 4.38b 所示，将理想边界穿越实际孔，若不发生干涉，则表明孔的实际轮廓未超越其最大实体边界。这样，可保证被测要素所拥有的材料实体量不会多于最大实体尺寸所体现的最大实体量，即被测要素实际实体状态不会超出最大实体状态。

对于如图 4.37a、b 所示标注，被测实际轴的轮廓不得超越其最大实体边界；对于如图 4.37c 所示标注，实际孔的轮廓不得超越其最大实体边界。

合格条件中"提取要素的局部尺寸不得超出最小实体尺寸"，其中"不得超出"的含义是：对于轴，其局部尺寸不得小于轴的下极限尺寸（轴的最小实体尺寸）；对于孔，其局部尺寸不得大于孔的上极限尺寸（孔的最小实体尺寸），即

对于轴：$d_a \geq d_{\min}$。

对于孔：$D_a \leq D_{\max}$。

在图 4.37a 中，轴的任一局部尺寸 d_{ai} 不得小于 24.996mm；在图 4.37c 中，孔的任一局部尺寸 D_{ai} 不得大于 52.015mm。

4. 尺寸公差与形状公差的关系

尺寸公差与形状公差的关系是指在包容要求中，当被测要素的实体状态偏离了最大实体状态时，尺寸公差中的一部分或全部可以补偿给几何公差的一种关系。

被测要素遵守最大实体边界，可以理解为：当被测要素实际尺寸处处为最大实体尺寸时，其形状应是理想的形状，即形状公差为零，被测要素的形状不得有误差。这种情况实际是不存在的。也就是说：被测要素的实际尺寸不得加工到最大实体尺寸（轴是上极限尺寸；孔为下极限尺寸），因为实际要素肯定存在着形状误差。当被测要素实际拥有的实体材料量少于最大实体量时，则允许被测要素存在形状误差，只要不超越最大实体边界即可。说明当被测要素的实体状态偏离了最大实体状态时，形状公差可不为零，即形状（几何）公差得到一个补偿量。此补偿量为大于零到尺寸公差值之间的某一值。这就是尺寸公差与形状（几何）公差的关系所在。

5. 计量器具和检测方法

根据被测要素应用包容要求的合格条件，设计和选用计量器具和检测方法。

（1）计量器具   用光滑极限量规检验被测要素。光滑极限量规见第7.2节内容。光滑极限量规是一种无刻度的定值量具，其有塞规和卡规两种型式。塞规检验孔（内圆柱面），卡规检验轴（外圆柱面）。光滑极限量规用于检验的工作量规又分为通规和止规。通规体现最大实体边界（其中卡规的通规体现最大实体尺寸），而止规体现最小实体尺寸。

（2）检测方法

1）当孔（内圆柱面）应用包容要求时，用塞规（图7.6）的通规检测被检孔的实际轮廓：通规通过，表明被检孔的实际轮廓未超越最大实体边界。用塞规的止规检测被检孔的实际尺寸：止规不通过，表明被检孔的局部尺寸未超出最小实体尺寸。因此，检测结果为被检孔合格。

2）当轴（外圆柱面）应用包容要求时，用卡规（图7.7）的通规检测被检轴的实际尺寸：通规通过，表明被检轴的局部尺寸未超过最大实体尺寸。用卡规的止规检测被测轴的实际尺寸：止规不通过，表明被检轴的局部尺寸未超出最小实体尺寸。因此，检测结果为被检轴合格。

由此可见，用卡规检测实际轴未按理论要求进行检测。卡规的通规仅体现最大实体尺寸，而未体现最大实体边界。若按理论要求检测轴，应该采用环规检测轴的实际轮廓。环规的工作面是内圆柱面（图4.39），它体现最大实体边界。若轴的实际轮廓通过环规的内圆柱面，则表明实际轮廓未超越最大实体边界。例如，检测图4.37a所示实际轴，对应的环规工作面的直径尺寸按 MMS = 25.009mm 设计，而且其形状有较严的圆柱度公差要求。

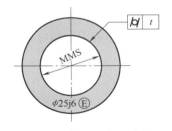

图4.39   轴用环规示意图

6. 应用场合

包容要求用于机械零件中配合性质要求较高的配合部位，需要保证配合性质，如回转轴颈和滚动轴承内圈内径、立式台钻主轴箱体孔与轴承外圈外径等配合部位。

当相互配合的轴、孔应用包容要求时，合格的轴与合格的孔一一结合，其产生的实际间隙或过盈满足配合性质的要求，即实际间隙或过盈均在两个极限间隙或极限过盈之间。

以间隙配合为例，说明"当满足包容要求的合格条件时，能保证配合性质——既不过紧，也不过松"的原理。

当带轮与花键套筒配合采用 $\phi24H8\ \left(^{+0.033}_{0}\right)/h7\ \left(^{0}_{-0.021}\right)$，该间隙配合的最大间隙为

+0.054mm，最小间隙为 0mm。

当被测实际轮廓未超越最大实体边界时，配合不会过紧。

假设某一带轮孔 1 的实际尺寸处处等于 $\phi24.000$mm，且形状是理想圆柱面。对于某花键套筒上轴 1，若该轴 1 实际尺寸处处等于 $\phi24.000$mm，则轴的形状误差为 0mm；当孔 1 与轴 1 结合，间隙为 0mm。若此实际轴弯曲了，则该轴 1 与孔 1 配合就会出现过盈，即此配合的性质被改变。对于某轴 2，若该轴 2 实际尺寸处处等于 $\phi23.990$mm，则允许轴线产生弯曲等形状误差。设该轴 2 仅存在轴线弯曲变形，当形状误差小于或等于 $\phi0.010$mm，该轴实际轮廓不会超越最大实体边界。那么，孔 1 和轴 2 结合，各处的实际间隙大于或等于零，即孔和轴的结合不会过紧。

当被测实际尺寸不超出 LMS（孔 $D_a \leqslant D_{max}$，轴 $d_a \geqslant d_{min}$）时，因为

$$X_{max} = D_{max} - d_{min}$$
$$X_a = D_a - d_a$$

所以

$$X_a \leqslant X_{max}$$

说明当孔和轴的任一实际尺寸均不超出其 LMS 时，实际孔和实际轴的结合不会过松。

4.3.4　最大实体要求

最大实体要求（MMR）是控制被测要素的实际轮廓处于其最大实体实效边界之内的一种公差要求。当被测要素的实际状态偏离了最大实体状态时，可将被测要素的尺寸公差的一部分或全部补偿给几何公差。

1. 图样标注

在被测要素的几何公差框格中的公差数值后加注符号Ⓜ，有以下几种标注形式。

1）单一要素应用最大实体要求，如图 4.40 所示。

2）关联要素应用最大实体要求，如图 4.41 所示。

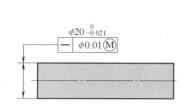

图 4.40　单一要素应用最大实体要求

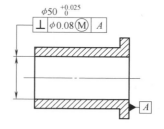

图 4.41　关联要素应用最大实体要求

3）最大实体要求的零几何公差，如图 4.42 所示。

4）被测要素和基准要素均应用最大实体要求，且基准要素本身应用包容要求，如图 4.43 所示。

2. 被测要素遵守的理想边界

最大实体要求遵守的理想边界是最大实体实效边界。最大实体实效边界是指尺寸为最大实体实效尺寸、形状为理想的边界。

最大实体实效尺寸（MMVS）为

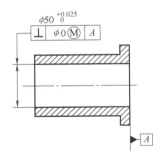

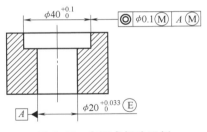

图 4.42　最大实体要求的零几何公差的标注示例　　　　图 4.43　多要求标注示例

$$MMVS = MMS \pm t$$

式中　MMS——被测要素的最大实体尺寸；

　　　　t——几何公差值（在最大实体状态下给定的公差值）；

　　　　±——轴为"+"，孔为"-"。

图 4.40 所示被测要素是轴，其应遵守的最大实体实效边界是直径为 20mm+0.01mm = 20.01mm（最大实体实效尺寸 MMVS）、形状是理想的内圆柱面。

图 4.41 所示被测要素是孔，其应遵守的最大实体实效边界是直径为 50mm-0.08mm = 49.92mm（最大实体实效尺寸）、形状是理想的外圆柱面。该圆柱面的轴线与右端面垂直。

图 4.42 所示标注表明：垂直度公差数值 $\phi 0$mm 是在被测要素为最大实体状态下给定的，即被测要素处于最大实体状态下，孔的轴线与右端面的垂直度误差应为零。该零件的孔遵守最大实体实效边界，最大实体实效尺寸为 MMVS-t=MMS。因为垂直度公差值 t=0mm，所以，它就是最大实体边界。

3. 合格条件

应用最大实体要求的合格条件是被测实际轮廓应处处不得超越最大实体实效边界，其局部尺寸不得超出上、下极限尺寸，即

对于轴：$d_{max} \geq d_a \geq d_{min}$。

对于孔：$D_{min} \leq D_a \leq D_{max}$。

4. 计量器具和检测方法

根据被测要素应用最大实体要求的合格条件，明确计量器具以及检测方法。

（1）计量器具　当应用最大实体要求时，一是用综合量规（或位置量规）检验被测要素是否超越最大实体实效边界；二是用通用计量器具测量被测提取要素实际尺寸。

以图 4.43 所示标注为例，用同轴度量规分别体现最大实体实效边界和最大实体边界，如图 4.44 所示。该同轴度量规的尺寸和几何公差要求：与被测要素 $\phi 40^{+0.1}_{0}$mm 孔相对应的量规部分（测量部位）为最大实体实效边界（尺寸 = MMS$_{被测}$ - t = $\phi 40$mm - $\phi 0.1$mm = $\phi 39.9$mm，形状是外圆柱面）；与基准要素 $\phi 20^{+0.033}_{0}$mm 相对应的量规部分（定位部位）为最大实体边界（尺寸 = MMS$_{基准}$ = $\phi 20.0$mm，形状是外圆柱面）；这两个边界应保持同轴的位置关系。

（2）检测方法　在图 4.43 中，被测要素和基准要素——阶梯孔的检测方法如下。

1）当同轴度量规通过被检工件的阶梯孔时，说明被测要素和基准要素均未超越各自遵守的边界（被测要素未超越其最大实体实效边界，基准要素未超越其最大实体边界）。

2）用通用计量器具测量被测孔在若干横截面内直径的局部尺寸，然后将各处的局部尺寸与被测孔的两个极限尺寸比较，判断是否满足"$\phi40.00\text{mm} \leq D_{a被测} \leq \phi40.1\text{mm}$"条件。

3）用光滑极限量规的止规检验基准（$\phi20^{+0.033}_{0}\text{mm}$）的局部尺寸是否超过基准要素的最小实体尺寸，要求"止规不通过"。

若被测阶梯孔满足上述 3 个条件，被检测项目合格。

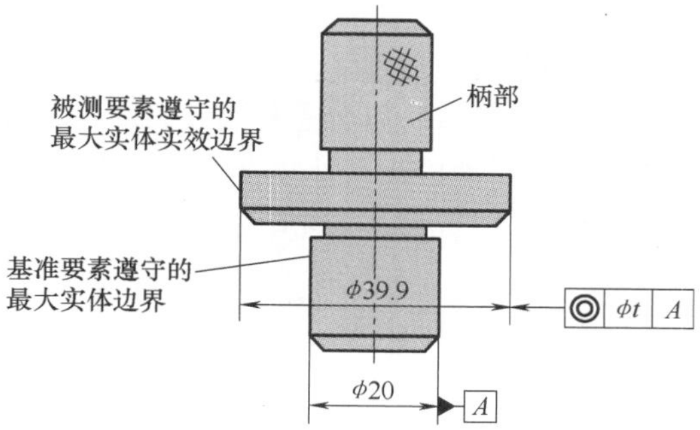

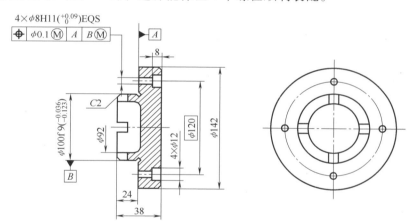

图 4.44　同轴度量规示意图

5. 应用场合

最大实体要求通常用于对机械零件配合性质要求不高，但要求顺利装配，即保证零件可装配性的场合。例如，某减速器输出轴的轴端端盖上螺栓孔部位，这些孔轴线的位置度公差可应用最大实体要求（图 4.45），这样能保证 4 个螺栓顺利装配。

图 4.45　端盖零件图

需要说明的是最大实体要求适用于导出要素，不能应用于组成要素。因为，当应用最大实体要求时，若被测要素偏离最大实体状态，可将偏离量补偿给几何公差。对于被测要素是组成要素（如平面）的情况，组成要素只有形状和位置要求，而无尺寸要求，也就无偏离量。所以，不存在补偿问题。如图 4.46 所示，基准要素是组成要素，公差框格表示被测要素和基准要素均采用最大实体要求，图中框格内基准要素 A 后加注Ⓜ，这为错误标注。

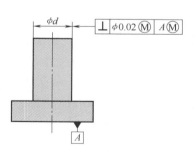

图 4.46　错误标注示例

4.3.5　最小实体要求

最小实体要求（LMR）控制注有公差的要素的提取要素不得违反其最小实体实效状态。当要素的提取要素实际状态偏离了最小实体状态时，可将要素的尺寸公差一部分或全部补偿给几何公差。

1. 图样标注

在被测要素的几何公差框格中的公差数值后加注符号Ⓛ，以下列出两种标注形式。

1）关联要素应用最小实体要求，如图 4.47 所示。

2）被测、基准要素均应用最小实体要求，如图 4.48 所示。

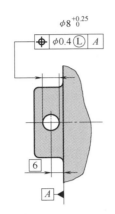

图 4.47　关联要素应用最小实体要求

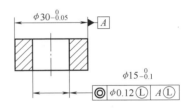

图 4.48　被测、基准要素均应用最小实体要求

2. 被测要素遵守的理想边界

最小实体要求遵守的理想边界是最小实体实效边界。最小实体实效边界是尺寸为最小实体实效尺寸、形状为理想的边界。对于关联要素，则边界的方位按图样标注的位置关系。

最小实体实效尺寸（LMVS）为

$$LMVS = LMS \mp t$$

式中　LMS——最小实体尺寸；

　　　　t——几何公差值（在最小实体状态下给定的公差值）；

　　　　$\mp$——轴为 "-"，孔为 "+"。

如图 4.47 所示，被测要素 $\phi 8^{+0.25}_{0}$mm 孔的提取要素应遵守最小实体实效边界，其边界尺寸为 LMVS = LMS+t = $\phi 8.25$mm+$\phi 0.4$mm = $\phi 8.65$mm，形状为理想圆柱面，其轴线与基准 A（侧面）距离为理论正确尺寸 6mm。当被测要素偏离最小实体状态时，可将被测孔部分或全部的尺寸公差补偿给位置度公差。

如图 4.48 所示，被测要素 $\phi 15^{0}_{-0.1}$mm 孔的提取要素应遵守最小实体实效边界，其边界尺寸为 LMVS = LMS+t = $\phi 15.0$mm+$\phi 0.12$mm = $\phi 15.12$mm，形状为理想圆柱面，其轴线与基准 A（$\phi 30^{0}_{-0.05}$mm 轴线）同轴。当被测的提取要素偏离最小实体状态时，可将被测孔部分或全部的尺寸公差补偿给同轴度公差。当基准的提取要素偏离其最小实体状态时，同样可将基准要素部分或全部的尺寸公差补偿给同轴度公差。

3. 合格条件

应用最小实体要求的合格条件是被测实际轮廓应处处不得超越最小实体实效边界（即被测实际要素所拥有的实体量不得少于最小实体量），其局部实际尺寸不得超出上、下极限尺寸。

4. 计量器具和检测方法

根据被测要素应用最小实体要求的合格条件，设计和选用计量器具和检测方法。

由于控制实际轮廓的最小实体边界是与被测实际轮廓在体内相切，无法使用专用量规检验。因此，可用三坐标测量仪测量被测要素的提取要素（按规定提取），将其拟合要素与其最小实体实效边界相比较，从而判断是否超越最小实体实效边界。

用通用量仪测量被测要素的实际尺寸，与其上、下极限尺寸比较，判断被测实际尺寸是否超出两个极限尺寸（见 4.4 节相关内容）。

5. 应用场合

最小实体要求常用于保证机械零件必要的强度和最小壁厚的场合，如大型减速器箱体的吊耳孔（图 4.47）中心相对箱体外（或内）壁的位置度项目、空心的圆柱凸台（同轴的两圆柱面）及带孔的小垫圈的同轴度项目等。

同理，最小实体要求仅应用在导出（中心）要素，不能应用于组成（轮廓）要素。

4.3.6　可逆要求

可逆要求（RR）是既允许尺寸公差补偿给几何公差，反过来也允许几何公差补偿给尺寸公差的一种要求。可逆要求通常与最大实体要求或最小实体要求一起应用，不能单独应用。

1. 图样标注

在被测要素的几何公差框格中的公差数值后加注Ⓜ、Ⓛ和Ⓡ符号，以下列出两种标注形式。

1）被测要素同时应用最大实体要求和可逆要求，如图 4.49a 所示。

2）被测要素同时应用最小实体要求和可逆要求，如图 4.49b 所示。

2. 被测要素遵守的理想边界

当被测要素同时应用最大实体要求和可逆要求时，被测要素遵守的边界仍是最大实体实效边界，与被测要素只应用最大实体要求时所遵守的边界相同。

同理，当被测要素同时应用最小实体要求和可逆要求时，被测要素遵守的理想边界是最小实体实效边界。

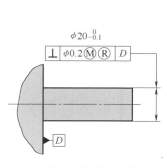

a）应用最大实体要求和可逆要求

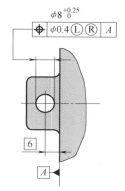

b）应用最小实体要求和可逆要求

图 4.49　可逆要求的标注示例

3. 尺寸公差与几何公差的关系

最大（小）实体要求应用于被测要素时，当被测要素的实体状态偏离了最大（小）实体状态时，可将尺寸公差的一部分或全部补偿给几何公差的关系。

可逆要求与最大（小）实体要求同时应用时，不仅具有上述的尺寸公差补偿给几何公差的关系，还具有"当被测轴线或中心面的几何误差值小于给出的几何公差值时，允许相应的尺寸公差增大"的关系。

如图 4.49a 所示，它是同时应用最大实体要求和可逆要求的例子。设被测要素——轴 $\phi20_{-0.1}^{0}$ mm 相对基准 D（端面）的垂直度误差为 $\phi0.1$mm。而垂直度公差值为 $\phi0.2$mm，那么，垂直度公差剩余的 $\phi0.1$mm 可以补偿给尺寸公差，即被测轴的实际直径尺寸允许大于最大实体尺寸 $\phi20.0$mm，但被测实际轮廓不得超越其最大实体实效边界。

综上所述，独立原则和相关公差要求是解决实际生产中尺寸公差与几何公差之间关系的常用规则。

4.4 几何误差的评定与检测规定

为了实现零件的互换性要求，要求在零件加工之后对零件的几何误差进行检测，所获得的几何误差值应小于或等于几何公差值。因此，我们需要解决几何误差的评定与检测问题。涉及的国家标准是 GB/T 1958—2017《产品几何技术规范（GPS） 几何公差 检测与验证》。

4.4.1 几何误差及其评定

几何误差包括形状误差、方向误差、位置误差和跳动。

1. 形状误差及其评定

（1）形状误差 形状误差是被测要素的提取要素对其理想要素的变动量。理想要素的形状由理论正确尺寸或/和参数化方程定义，理想要素的位置由对被测要素的提取要素进行拟合得到。拟合的方法有最小区域法 C（切比雪夫法）、最小二乘法 G、最小外接法 N 和最大内切法 X 等，工程图样或技术文件中的相关符号见表 4.3；如果工程图样上无相应的符号专门规定，获得理想要素位置的拟合方法一般默认为最小区域法。

在图 4.50 中，理想要素位置的获得方法和形状误差数值的评估参数均采用了默认标注，规范要求采用最小区域法拟合确定理想要素的位置，采用峰谷参数 T 作为评估参数。

a）圆度公差标注   b）解释示意图

图 4.50 圆度公差图样标注及解释（一）

在图 4.51 中，符号 G 表示获得理想要素位置的拟合方法为最小二乘法，形状误差值的评估参数采用默认标注，评估参数为峰谷参数 T。

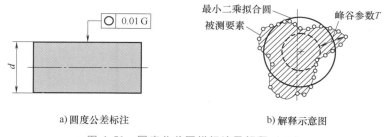

a) 圆度公差标注　　　　　　　　　　　　b) 解释示意图

图 4.51　圆度公差图样标注及解释（二）

在图 4.52 中，符号 G 表示获得理想要素位置的拟合方法为最小二乘法，符号 V 表示形状误差值的评估参数为谷深参数。

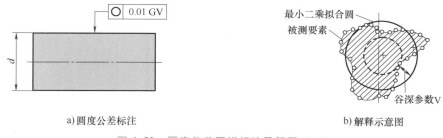

a) 圆度公差标注　　　　　　　　　　　　b) 解释示意图

图 4.52　圆度公差图样标注及解释（三）

（2）评定形状误差的最小区域法　形状误差值用最小包容区域（简称为最小区域）的宽度或直径表示。

最小区域法是指采用切比雪夫法（Chebyshev）对被测要素的提取要素进行拟合得到理想要素位置的方法，即被测要素的提取要素相对于理想要素的最大距离为最小。采用该理想要素包容被测要素的提取要素时，具有最小宽度 f 或直径 d 的包容区域称为最小包容区域（简称为最小区域），如图 4.53 和图 4.54 所示。

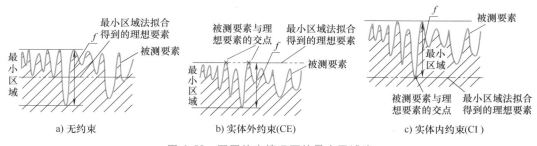

a) 无约束　　　　　　　b) 实体外约束(CE)　　　　　　　c) 实体内约束(CI)

图 4.53　不同约束情况下的最小区域法

（3）形状误差的最小区域判别法

1）直线度误差的最小区域判别法。凡符合下列条件之一者，表示被测要素的提取要素已被最小区域所包容。

① 在给定平面内，由两平行直线包容提取

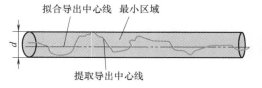

图 4.54　形状误差值为最小包容区域的直径

要素时，成高低相间三点接触，具有如图4.55a所示两种形式之一。

对被测提取组成要素（线、面轮廓度除外），其拟合要素位于实体之外且与被测提取组成要素相接触，如图4.55b所示。在给定截面内评定直线度误差，可用若干组两条平行直线包容实际直线，其中包容区域最小的是A_1B_1和与之相平行的直线所包容的区域。

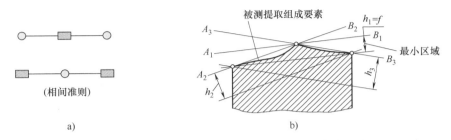

图 4.55 给定平（或截）面内直线度误差的最小区域
○—最高点 ▢—最低点

② 在给定方向上，由两平行平面包容提取线时，沿主方向（长度方向）上成高、低相间三点接触，具有如图4.56所示两种形式之一，可按投影进行判别。

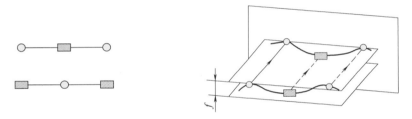

图 4.56 给定方向上直线度误差的最小区域
○—最高点 ▢—最低点

③ 在任意方向上，由圆柱面包容提取线时，至少有下列（图4.57~图4.59）三种接触形式之一。

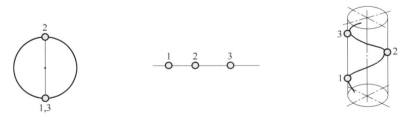

图 4.57 任意方向上直线度误差的最小区域（三点形式）

注：1. 在直线上有编号的点"○"表示包容圆柱面上的实测点，在其轴线上的投影。

2. 在圆周上有编号的点"○"表示包容圆柱面上的实测点，在垂直于轴线的平面上的投影，其编号与直线上点的编号对应。

3. 1、3两点沿轴线方向的投影重合在一起，即1与3两点在同一条素线上。

2）平面度误差的最小区域判别法。由两平行平面包容提取表面时，至少有三点或四点与之接触，形式如图4.60~图4.62所示。

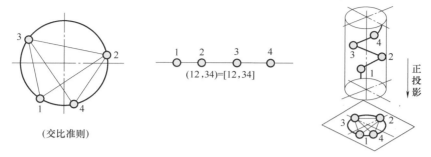

（交比准则）

图 4.58　任意方向上直线度误差的最小区域（四点形式）

注：1. 在直线上有编号的点"○"表示包容圆柱面上的实测点，在其轴线上的投影。

2. 在圆周上有编号的点"○"表示包容圆柱面上的实测点，在垂直于轴线的平面上的投影，其编号与直线上点的编号对应。

3. $(12, 34) = [12, 34]$，即 $\left|\dfrac{\overline{13} \cdot \overline{24}}{\overline{23} \cdot \overline{14}}\right| = \dfrac{\sin\widehat{13} \cdot \sin\widehat{24}}{\sin\widehat{23} \cdot \sin\widehat{14}}$，其中 $\overline{ab}$ 表示图中直线上两个编号点之间的距离、$\widehat{ab}$ 表示图中圆周上两个编号点对圆心的张角

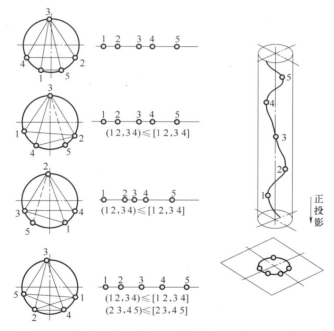

图 4.59　任意方向上直线度误差的最小区域（五点形式）

注：1. 在直线上有编号的点"○"表示包容圆柱面上的实测点，在其轴线上的投影。

2. 在圆周上有编号的点"○"表示包容圆柱面上的实测点，在垂直于轴线的平面上的投影，其编号与直线上点的编号对应。

3. $(12, 34) = \dfrac{\overline{13} \cdot \overline{24}}{\overline{23} \cdot \overline{14}}$，其中 $\overline{ab}$ 表示图中直线上两个编号点之间的距离。

4. $[12, 34] = \dfrac{\sin\widehat{13} \cdot \sin\widehat{24}}{\sin\widehat{23} \cdot \sin\widehat{14}}$，其中 $\widehat{ab}$ 表示图中圆周上两个编号点对圆心的张角。

5. 五点形式还有其他的变形形式，从略。

① 三个高点与一个低点（或相反），如图 4.60 所示。

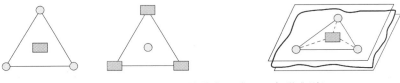

图 4.60   平面度误差的最小区域（三角形准则）
○—最高点   ■—最低点

② 两个高点与两个低点，如图 4.61 所示。

图 4.61   平面度误差的最小区域（交叉准则）
○—最高点   ■—最低点

③ 两个高点与一个低点（或相反），如图 4.62 所示。

图 4.62   平面度误差的最小区域（直线准则）
○—最高点   ■—最低点

3）圆度误差的最小区域判别法。由两同心圆包容被测提取轮廓（组成要素）时，至少有四个实测点内外相间地在两个圆周上，如图 4.63 所示。

2. 方向误差及其评定

（1）方向误差   方向误差是被测要素的提取要素对具有确定方向的理想要素的变动量，理想要素的方向由基准（和理论正确尺寸）确定。

图 4.63   圆周误差的最小
区域（交叉准则）
○—与外圆接触的点
■—与内圆接触的点

当方向公差值后面带有最大内切（Ⓧ）、最小外接（Ⓝ）、最小二乘（Ⓖ）、最小区域（Ⓒ）、贴切（Ⓣ）等符号时，表示的是对被测要素的拟合要素的方向公差要求，否则，是指对被测要素本身的方向公差要求。

符号Ⓣ表示对被测要素的拟合要素的方向公差要求（图 4.64a）。在上表面被测长度范围内，采用贴切法对被测要素的提取要素进行拟合得到被测要素的拟合要素（贴切要素），该贴切要素相对于基准要素 A 的平行度公差值为 0.1mm（图 4.64b）。

（2）方向误差的评定   方向误差值用定向最小包容区域（简称为定向最小区域）的宽度或直径表示。定向最小区域是指用由基准和理论正确尺寸确定方向的理想要素包容被测要

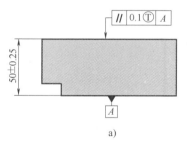 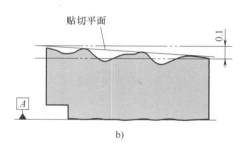

图 4.64　贴切要素的平行度要求

素的提取要素时，具有最小宽度 f 或直径 d 的包容区域，如图 4.65 所示。

各方向误差项目定向最小区域的形状分别和各自的公差带形状一致，但宽度（或直径）由被测提取要素本身决定。

图 4.65　方向误差的定向最小区域

（3）方向误差的定向最小区域判别法

1）平行度误差的定向最小区域判别法。凡符合下列条件之一者，表示被测的提取要素已被定向最小区域所包容。

① 平面（或直线）对基准平面。由定向两平行平面包容被测提取要素时，至少有两个实测点与之接触；一个为最高点，一个为最低点，如图 4.66 所示。

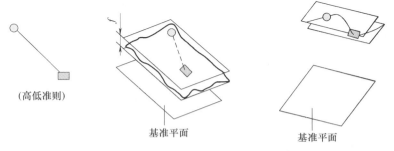

图 4.66　平面（或直线）对基准面平行度误差的定向最小区域
〇—最高点　▨—最低点

② 平面对基准直线。由定向两平行平面包容被测提取表面时，至少有两点或三点与之接触，对于垂直基准直线的平面上的投影具有下列形式之一，如图 4.67 所示。

③ 直线对基准直线（任意方向）。由定向圆柱面包容提取线时，至少有两点或三点与之

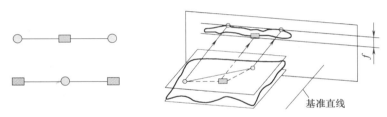

图 4.67　平面对基准直线平行度误差的定向最小区域

○—最高点　■—最低点

接触，对于垂直基准直线的平面上的投影具有下列形式之一，如图 4.68 所示。

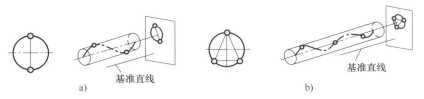

图 4.68　直线对基准直线（任意方向）平行度误差的定向最小区域

2）垂直度误差的定向最小区域判别法。

① 平面对基准平面。由定向两平行平面包容被测提取表面时，至少有两点或三点与之接触，在基准平面上的投影具有下列形式之一，如图 4.69 所示。

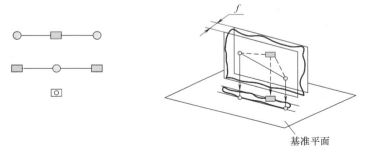

图 4.69　平面对基准平面垂直度误差的定向最小区域

○—最左点　■—最右点

② 直线对基准平面（任意方向）。由定向圆柱面包容被测提取线时，至少有两点或三点与之接触，在基准平面上的投影具有下列形式之一，如图 4.70 所示。

③ 平面（或直线）对基准直线。由定向两平行平面包容被测要素的提取要素时，至少有两点与之接触，具有如图 4.71 所示的形式。

3. 位置误差及其评定

（1）位置误差　位置误差是被测要素的提取要素对具有确定位置的理想要素的变动量，理想要素的位置由基准和理论正确尺寸确定。对于同轴度和对称度公差项目来说，理论正确尺寸为零。

当位置公差值后面带有最大内切（Ⓧ）、最小外接（Ⓝ）、最小二乘（Ⓖ）、最小区域（Ⓒ）、贴切（Ⓣ）等符号时，表示的是对被测要素的拟合要素的位置公差要求，否则，是

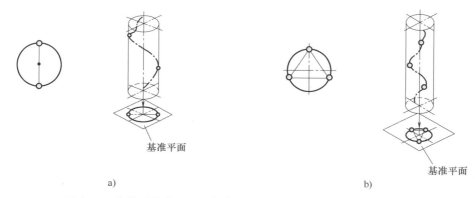

图 4.70　直线对基准平面（任意方向）垂直度误差的定向最小区域

指对被测要素本身的位置公差要求。

（2）位置误差的评定　　位置误差值用定位最小包容区域（简称为定位最小区域）的宽度或直径表示。

（3）评定位置误差的定位最小区域判别法　　定位最小区域是指用由基准和理论正确尺寸确定位置的理想要素包容被测提取要素时，具有最小宽度 f 或直径 d 的包容区域，如图 4.72 所示。

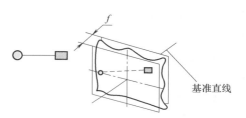

图 4.71　平面（或直线）对基准直线垂直度误差的定向最小区域

同轴度误差的最小区域判别法用以基准轴线为轴线的圆柱面包容提取中心线，提取中心线与该圆柱面至少有一点接触，则该圆柱面内的区域即为同轴度误差的最小包容区域，如图 4.72a 所示。

如图 4.72b 所示，对称度误差的最小区域判别法用以基准中心平面为中心的两个平行平面包容被测要素的提取中心面，提取中心面与该两个平行平面至少有一点接触，则该两个平行平面内的区域即为对称度误差的最小包容区域。

如图 4.72c 所示，点的位置度误差的最小包容区域是以由两个基准和理论正确尺寸 $\boxed{X}$、$\boxed{Y}$ 确定的理想位置为圆心，过被测提取点作圆，该圆内区域即为位置度误差的最小包容区域。

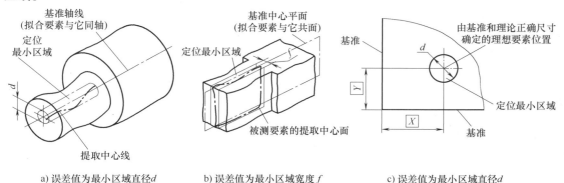

a) 误差值为最小区域直径 d　　　　b) 误差值为最小区域宽度 f　　　　c) 误差值为最小区域直径 d

图 4.72　位置误差的定位最小区域

各位置误差项目的定位最小区域形状分别与各自的公差带形状一致，但宽度（或直径）由被测提取要素本身决定。

4. 跳动

跳动是一项综合误差，该误差根据被测要素是线要素或是面要素分为圆跳动和全跳动。

（1）圆跳动　圆跳动是任一被测要素的提取要素绕基准轴线做无轴向移动的相对回转一周时，测头在给定计值方向上测得的最大与最小示值之差。

（2）全跳动　全跳动是被测要素的提取要素绕基准轴线做无轴向移动的相对回转一周时，测头沿给定方向的理想直线连续移动过程中，由测头在给定计值方向上测得的最大与最小示值之差。

4.4.2　基准的建立和体现

1. 基准的建立

因基准要素本身也存在形状误差，所以，由基准要素建立基准时，基准由在实体外对基准要素或其提取组成要素进行拟合得到的拟合组成要素的方位要素建立，拟合方法有最小外接法、最大内切法、实体外约束的最小区域法和实体外约束的最小二乘法。

（1）单一基准的建立　单一基准由一个基准要素建立，该基准要素从一个单一表面或一个尺寸要素中获得。

1）基准点。基准由理想要素（如球面、平面圆等）在实体外对基准要素或其提取组成要素采用最小外接法（对于被包容面）或采用最大内切法（对于包容面）进行拟合得到的拟合组成要素的方位要素（球心或圆心）建立，如图 4.73 所示。

a) 图样标注　　　　　　　　　　b) 基准点的建立

图 4.73　基准点示例

2）基准直线。基准由理想直线在实体外对基准要素或其提取组成要素（或提取线）采用最小区域法进行拟合得到的拟合直线建立，如图 4.74 所示。

3）基准轴线。基准由理想要素（如圆柱面、圆锥面等）在实体外对基准要素或其提取

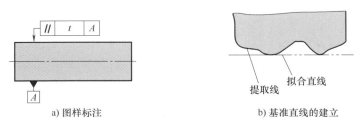

a) 图样标注　　　　　　　　b) 基准直线的建立

图 4.74　基准直线示例

组成要素采用最小外接法（对于被包容面）或采用最大内切法（对于包容面）进行拟合得到的拟合组成要素的方位要素（或拟合导出要素）建立，如图 4.75 和图 4.76 所示。

图 4.75　基准轴线示例（一）

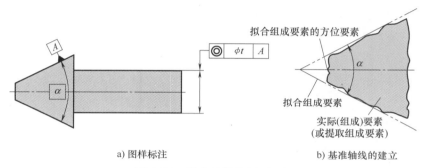

图 4.76　基准轴线示例（二）

4）基准平面。基准由在实体外对基准要素或其提取组成要素（或提取平面）采用最小区域法进行拟合得到的拟合平面的方位要素建立，如图 4.77 所示。

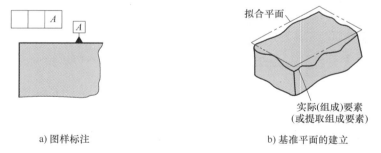

图 4.77　基准平面示例

5）基准曲面。基准由在实体外对基准要素或其提取组成要素（或提取曲面）采用最小区域法进行拟合得到的拟合曲面的方位要素建立，如图 4.78 所示。

6）基准中心平面（由两平行平面建立）。基准由满足平行约束的两平行平面同时在实体外对基准要素或其两提取组成要素（或两提取表面）采用最小区域法进行拟合、得到的一组拟合组成要素的方位要素（或拟合导出要素）建立，如图 4.79 所示。

（2）公共基准的建立　公共基准由两个或两个以上同时考虑的基准要素建立。

1）公共基准轴线。由两个或两个以上的轴线组合形成公共基准轴线时，基准由一组满足同轴约束的理想要素（如圆柱面或圆锥面）同时在实体外对各基准要素或其提取组成要

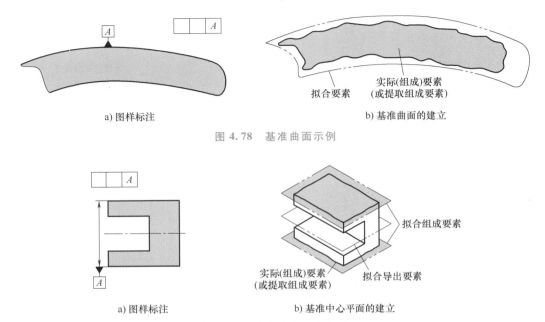

图 4.78　基准曲面示例

图 4.79　基准中心平面示例

素采用最小外接法（对于被包容面）或采用最大内切法（对于包容面）进行拟合、得到的拟合组成要素的方位要素（或拟合导出要素）建立，公共基准轴线为这些提取组成要素所共有的拟合导出要素（拟合组成要素的方位要素），如图 4.80 所示。

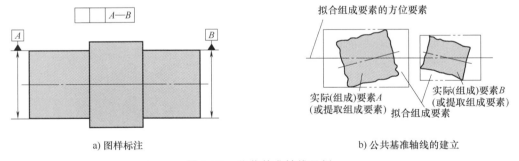

图 4.80　公共基准轴线示例

2）公共基准平面。由两个或两个以上表面组合形成公共基准平面时，基准由一组满足方向或/和位置约束的平面同时在实体外对各基准要素或其提取组成要素（或提取表面）采用最小区域法进行拟合、得到的两拟合平面的方位要素建立，公共基准平面为这些提取表面所共有的拟合组成要素的方位要素，如图 4.81 所示。

3）公共基准中心平面。由两组或两组以上的平行平面的中心平面组合形成公共基准中心平面时，基准由两组或两组以上平行平面在各中心平面共面约束下，同时在实体外对各组基准要素或其提取组成要素（两组提取表面）采用最小区域法进行拟合、得到的拟合组成要素的方位要素（或拟合导出要素）建立，公共基准中心平面为这些拟合组成要素所共有的拟合导出要素（拟合组成要素的方位要素），如图 4.82 所示。

（3）基准体系的建立　基准体系由两个或三个单一基准或公共基准按一定顺序排列建

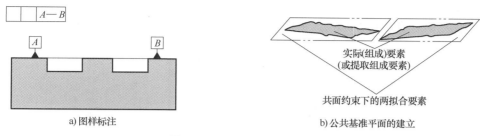

图 4.81　公共基准平面示例

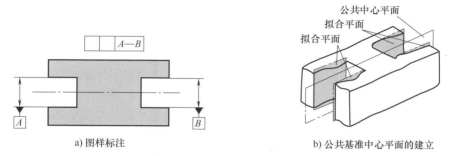

图 4.82　公共基准中心平面示例

立，该顺序由几何规范所定义。

用于建立基准体系的各拟合要素间的方向约束按几何规范所定义的顺序确定：第一基准对第二基准和第三基准有方向约束，第二基准对第三基准有方向约束。

图 4.83 所示为三个相互垂直的平面建立的基准体系示例，这三个相互垂直的平面按几何规范定义依次称为第一基准、第二基准和第三基准。第一基准平面 A 由在实体外对基准 A 的实际表面（或提取组成要素）采用最小区域法进行拟合得到的拟合平面建立。在与第一基准平面 A 垂直的约束下，第二基准平面 B 由在实体外对基准 B 的实际表面（或提取组成要素）采用最小区域法进行拟合得到的拟合平面建立。在同时与第一基准平面和第二基准平面垂直的约束下，第三基准平面 C 由在实体外对基准 C 的实际表面（或提取组成要素）采用最小区域法进行拟合得到的拟合平面建立。

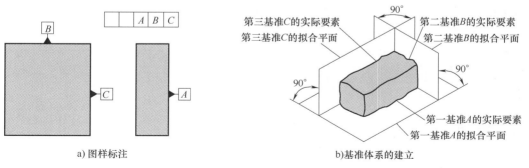

图 4.83　三个相互垂直的平面建立的基准体系示例

图 4.84 所示为由相互垂直的轴线和平面建立的基准体系示例。第一基准 A 由实体外对基准 A 的实际表面（或提取组成要素）采用最小外接法进行拟合得到的拟合圆柱的方位要

素（轴线）建立；在与第一基准轴线垂直的约束下，第二基准 B 由在实体外对基准 B 的实际表面（或提取组成要素）采用最小区域法进行拟合得到的拟合平面建立。

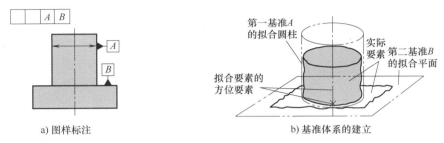

a) 图样标注　　　　　　　　　　b) 基准体系的建立

图 4.84　由相互垂直的轴线和平面建立的基准体系示例

图 4.85 所示为由相互垂直的一个平面和两个圆柱轴线建立的基准体系示例。第一基准 C 由在实体外对基准 C 的实际表面（或提取组成要素）采用最小区域法进行拟合得到的拟合平面建立；第二基准 A 在与第一基准 C 垂直的约束下，由在实体外对基准 A 的实际表面（或提取组成要素）采用最小外接法进行拟合得到的拟合圆柱的方位要素（轴线）建立；第三基准 B 是在与第一基准 C 垂直且与第二基准 A 平行的约束下，由在实体外对基准 B 的实际表面（或提取组成要素）采用最小外接法进行拟合得到的拟合圆柱的方位要素（轴线）建立。

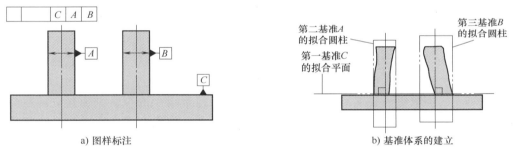

a) 图样标注　　　　　　　　　　b) 基准体系的建立

图 4.85　由相互垂直的一个平面和两个圆柱轴线建立的基准体系示例

2. 基准的体现

基准可采用拟合法和模拟法体现，示例见表 4.10。

表 4.10　模拟法和拟合法体现基准的示例

基准示例		基准的体现（模拟法和拟合法）	
		模拟法（采用模拟基准要素：非理想要素）	拟合法（采用拟合基准要素：理想要素）
基准点	球的球心 $S\phi26$ A $S\phi26$ B	基准点 A　　基准点 B 采用高精度的球分别与基准要素 A、B 接触，由球心体现基准	对基准要素的提取组成要素（圆球表面）进行分离、提取、拟合等操作，得到拟合组成要素的方位要素［拟合导出要素（球心）］，并以此体现基准点 A 或 B 基准＝最大内切球心 A 或 B 拟合组成要素＝最大内切球

（续）

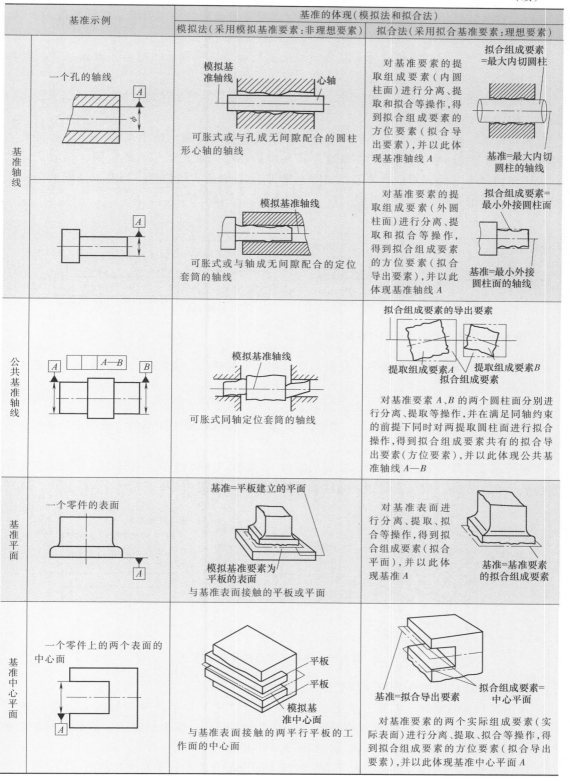

基准示例	基准的体现（模拟法和拟合法）	
	模拟法（采用模拟基准要素：非理想要素）	拟合法（采用拟合基准要素：理想要素）

（1）拟合法　采用拟合法体现基准，是按一定的拟合方法对分离、提取得到的基准要素进行拟合及其他相关要素操作所获得的拟合组成要素或拟合导出要素来体现基准的方法。采用该方法得到的基准要素具有理想的尺寸、形状、方向和位置。

（2）模拟法　采用模拟法体现基准，是采用具有足够精确形状的实际表面（模拟基准要素）来体现基准平面、基准轴线、基准点等。

模拟基准要素与基准要素接触时，应形成稳定接触且尽可能保持两者之间的最大距离为最小，如图 4.86 所示。

模拟基准要素与基准要素接触时，也可能形成非稳定接触，如图 4.87 所示，可能有多种位置状态。测量时应做调整，使基准要素与模拟基准要素之间尽可能达到"两者之间的最大距离为最小"的相对位置关系，如图 4.87 所示心轴的实线位置。当基准要素的形状误差对测量结果的影响可忽略不计时，可不考虑非稳定接触的影响。

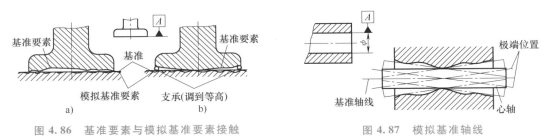

图 4.86　基准要素与模拟基准要素接触　　　　图 4.87　模拟基准轴线

模拟基准要素是非理想要素，是对基准要素的近似替代，由此会产生测量不确定度，需要对测量不确定度进行评估。

其他用模拟法体现基准的部分示例如下。

模拟基准点：如图 4.88a 所示，用两个 V 形块与提取基准实际球面形成四点接触时体现的中心。

模拟基准素线（圆柱面在轴向截面的素线）：如图 4.88b 所示，与基准实际要素接触的平板或平台工作面；或与孔接触处圆柱形心轴的素线，如图 4.88c 所示。

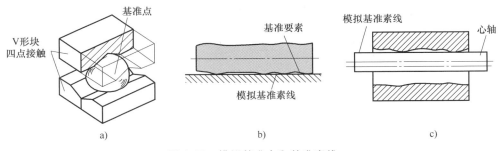

图 4.88　模拟基准点和基准素线

模拟基准轴线：由 V 形块体现的轴线，如图 4.89 所示。

模拟公共基准轴线：由具有给定位置关系的刃口状 V 形架体现的轴线，如图 4.90 所示；由两个等高 V 形块体现的公共轴线，如图 4.91a 所示；模拟给定位置的公共基准轴线时，由同轴两顶尖体现公共基准轴线，如图 4.91b 所示。

模拟基准中心平面：由与提取基准轮廓成无间隙配合的平行平面定位块的中心平面体现

基准中心平面，如图 4.92a 所示；由与提取基准轮廓接触的两平行平板工作面的中心平面体现基准中心平面，如图 4.92b 所示。

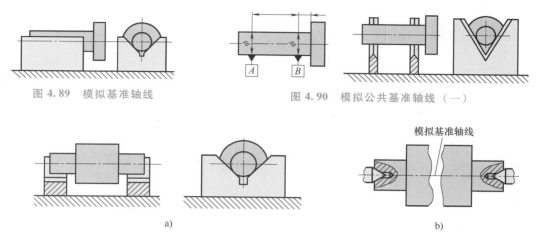

图 4.89　模拟基准轴线　　　　　　　　图 4.90　模拟公共基准轴线（一）

a)　　　　　　　　　　　　　　　　　b)

图 4.91　模拟公共基准轴线（二）

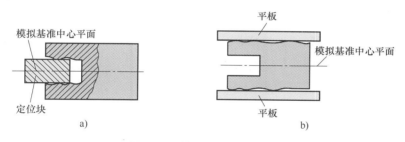

a)　　　　　　　　　　　　　　　　　b)

图 4.92　模拟基准中心平面

采用模拟法体现三基面体系时，必须注意基准的顺序。模拟的各基准平面与基准要素之间的关系应符合"保证功能要求"的第一、第二、第三基准顺序，示例如图 4.93 和图 4.94 所示。

在满足零件功能要求的前提下，当第一、第二基准平面与基准要素间为非稳定接触时，允许其自然接触。

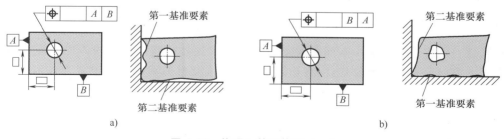

a)　　　　　　　　　　　　　　　　　b)

图 4.93　体现三基面体系（一）

（3）直接法　当基准要素本身具有足够的形状精度时，可直接作为基准，如图 4.95 所示。

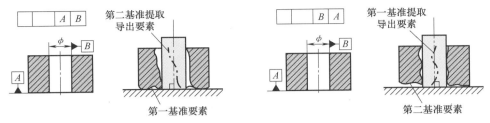

图 4.94　体现三基面体系（二）

3. 基准目标

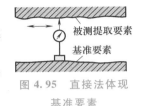

图 4.95　直接法体现
基准要素

由基准要素的部分要素（一个点、一条线或一个区域）建立基准时，它采用基准目标（点目标、线目标或面目标）表示。

采用基准目标建立基准时，其体现方法有模拟法和拟合法两种形式。

采用模拟法时，基准"点目标"可用球端支承体现；基准"线目标"可用刀口状支承或由圆棒素线体现；基准"面目标"按照图样上规定的形状，用具有相应形状的平面支承来体现。各支承的位置应按图样规定进行布置。

采用拟合法时，首先采用分离、提取等操作从基准要素的实际组成要素中获得基准目标区域，基准目标区域在基准要素中的位置和大小由理论正确尺寸确定；然后是按一定的拟合方法对提取得到的基准目标区域进行拟合及其他相关要素操作，所获得的拟合组成要素或拟合导出要素来体现基准，如图 4.96 所示。

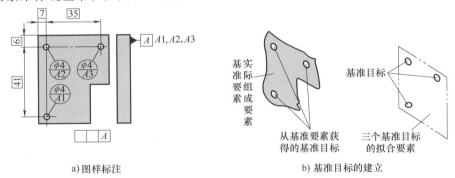

a) 图样标注　　　　　　　　　　b) 基准目标的建立

图 4.96　基准目标建立基准的拟合法示例

4.4.3　几何误差的检验操作

几何误差的检验操作主要体现在被测要素的获取过程和基准要素的体现过程（针对有基准要求的方向公差或位置公差）。在被测要素和基准要素的获取过程中需要采用分离、提取、拟合、组合、构建等操作。

除非另有规定，对被测要素和基准要素的分离操作为图样标注上所标注公差指向的整个要素。另有规定是指图样标注专门规定的被测要素区域、类型等。

1. 要素提取操作方案

在对被测要素和基准要素进行提取操作时，要规定提取的点数、位置、分布方式（即提取操作方案），并对提取方案可能产生的不确定度予以考虑。

常见的要素提取方案如图 4.97 所示。

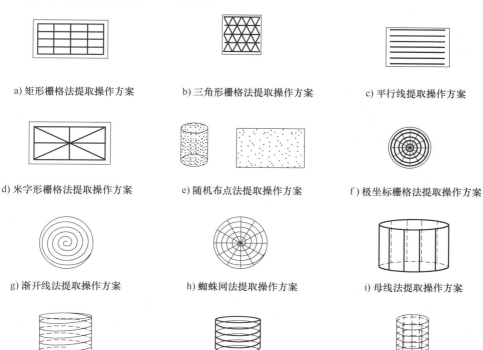

图 4.97　常见的要素提取操作方案

如果图样未规定提取操作方案，则由检验方根据被测工件的功能要求、结构特点和提取操作设备的情况等合理选择。

2. 要素提取导出规范

圆柱面、圆锥面的中心线，两平行平面的中心面的提取导出规范见 GB/T 18780.2—2003。

圆球面的提取导出球心是对提取圆球面进行拟合得到的圆球面球心。除非有其他特殊的规定，一般拟合圆球面是最小二乘圆球面。

当被测要素是平面（或曲面）上的线，或圆柱面和圆锥面上的素线时，通过提取截面的构建及其与被测要素的组成要素的相交来得到。

3. 要素拟合操作

对获得被测要素过程中的拟合操作：如图样上无相应的符号专门规定，拟合方法一般默认为最小二乘法（"任意方向的直线度"中对提取截面圆的拟合操作见表 4.11）。

对基准要素的拟合操作：对基准要素进行拟合操作以获取基准或基准体系的拟合要素时，该拟合要素要按一定的拟合方法与实际组成要素相接触，且保证该拟合要素位于其实际组成要素的实体之外，可用的拟合方法有最小外接法、最大内切法、实体外约束的最小区域法和实体外约束的最小二乘法。除非图样上有专门规定，拟合方法一般默认规定为：最小外接法（对于被包容面）、最大内切法（对于包容面）或最小区域法（对于平面、曲面等）；默认规定也允许采用实体外约束的最小二乘法（对于包容面、被包容面、平面、曲面等）。若有争议，则按一般默认规定仲裁。

典型形状误差的检验操作示例见表 4.11。

表 4.11　典型形状误差的检验操作示例

特征项目	图例	检测与验证过程			说明
		检验操作		图示	
给定平面内的直线度 ——	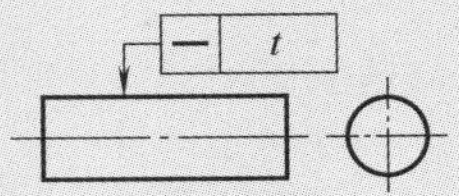 (图例：— | t)	操作集	分离操作		确定被测要素及其测量界限。被测要素（素线）由所构建的提取截面（被测圆柱的轴向截面）与被测圆柱面的交线确定
			提取操作		对被测素线采用一定的提取操作方案进行测量，获得提取素线
			拟合操作	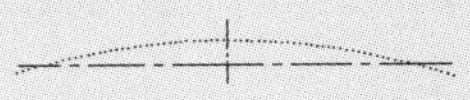	对提取素线采用最小区域法进行拟合，得到拟合素线
			评估操作	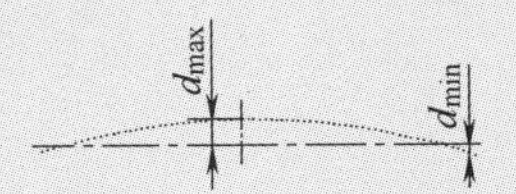 d_{max}　d_{min}	误差值为被测素线上的最高峰点、最低谷点到拟合素线的距离值之和（$|d_{max}|+|d_{min}|$）
		符合性比较			将得到的误差值与图样上给出的公差值进行比较，判定直线度是否合格
任意方向的直线度 ——	(图例：— | ϕt，d)	操作集	分离操作		确定被测要素的组成要素及其测量界限
			提取操作	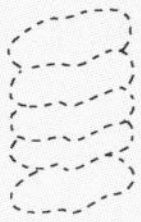	采用等间距布点策略沿被测圆柱面横截面圆周进行测量，在轴线方向等间距测量多个横截面，得到多个提取截面
			拟合操作		对各提取截面圆采用最小二乘法进行拟合，得到各提取截面圆的圆心
			组合操作	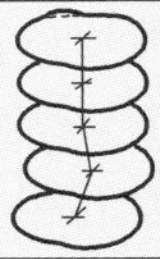	将各提取截面圆的圆心进行组合，得到被测圆柱面的提取导出要素（中心线）
			拟合操作	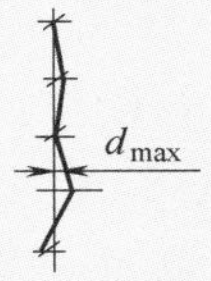 d_{max}	对提取导出要素采用最小区域法进行拟合，得到拟合导出要素（轴线）
			评估操作		误差值为提取导出要素上的点到拟合导出要素（轴线）的最大距离值的 2 倍
		符合性比较			将得到的误差值与图样上给出的公差值进行比较，判定被测轴线的直线度是否合格

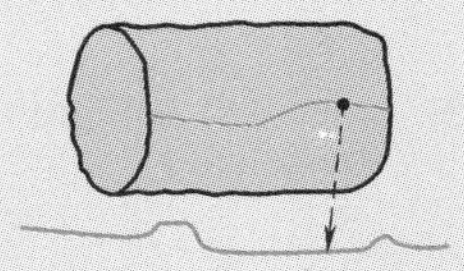

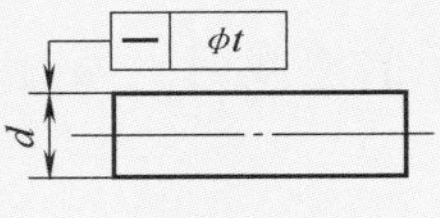

（续）

特征项目	图例	检测与验证过程			说明
		检验操作	图示		
平面度 ⌱	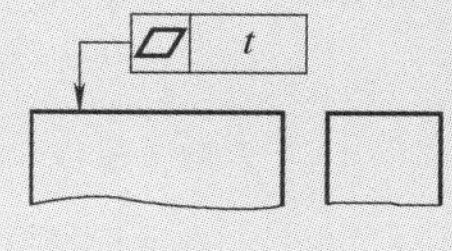	操作集	分离操作	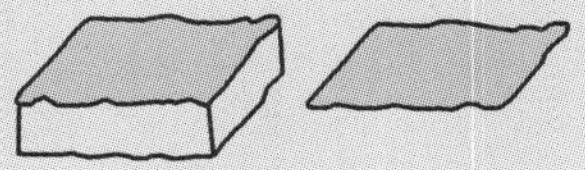	确定被测表面及测量界限
			提取操作	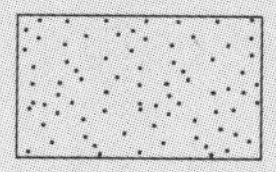	按一定的提取操作方案对被测平面进行提取,得到提取表面
			拟合操作	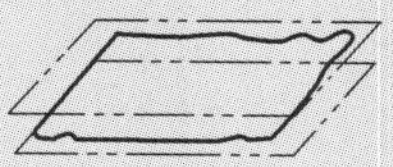	对提取表面采用最小区域法进行拟合,得到拟合平面
			评估操作		误差值为提取表面上的最高峰点、最低谷点到拟合平面的距离值之和
		符合性比较			将得到的平面度误差值与图样上给出的公差值进行比较,判定平面度是否合格
线轮廓度 ⌒	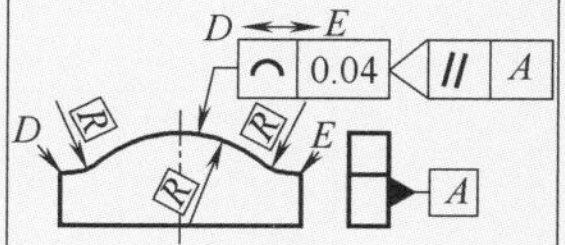	操作集	分离操作		确定被测要素及其测量界限:从 D 到 E 的轮廓线
			提取操作	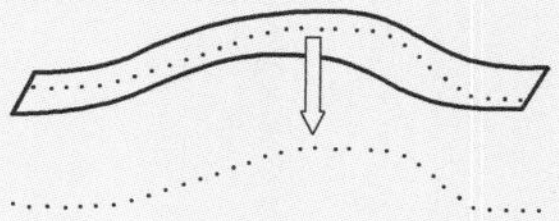	沿与基准 A 平行的方向上,采用等间距提取操作方案对被测轮廓进行测量,测得实际线轮廓的坐标值,获得提取线轮廓
			拟合操作	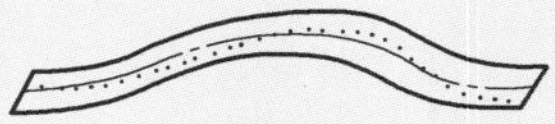	根据拟合默认规定,采用无约束最小区域法对提取线轮廓进行拟合,得到提取线轮廓的拟合线轮廓。其中,拟合线轮廓的形状由理论正确尺寸 R 确定
			评估操作	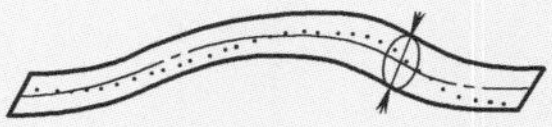	根据线轮廓度定义,其线轮廓误差值为提取线轮廓上的点到拟合线轮廓的最大距离值的 2 倍
		符合性比较			将得到的线轮廓度误差值与图样上给出的公差值进行比较,判定线轮廓度是否合格

（续）

特征项目	图例	检测与验证过程			说明
		检验操作		图示	
垂直度 ⊥	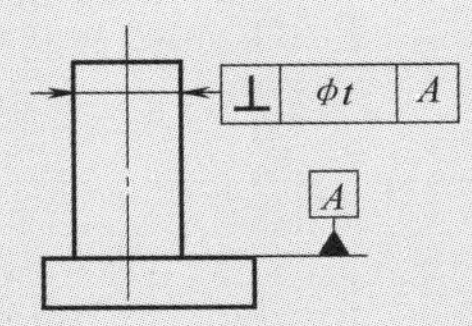	基准平面的体现	分离操作	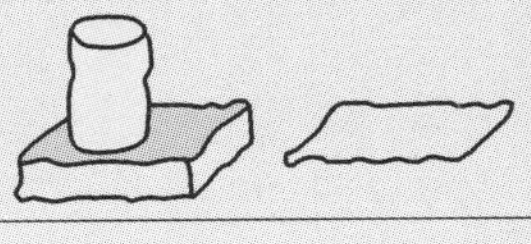	确定基准要素及其测量界限
			提取操作	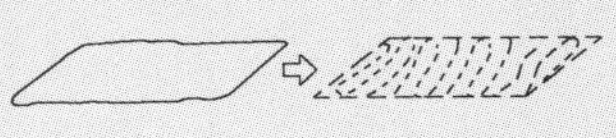	按一定的提取操作方案对基准要素进行提取，得到基准要素的提取表面
			拟合操作	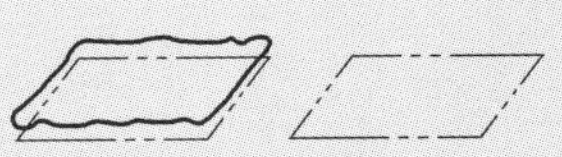	采用最小区域法对提取表面在实体外进行拟合，得到其拟合平面，并以此平面体现基准A
		被测圆柱轴线的获取	分离操作	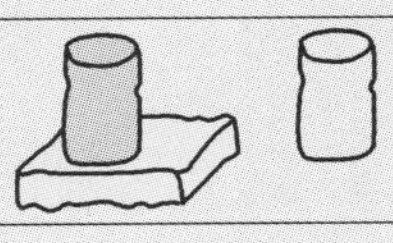	确定被测要素的组成要素（圆柱面）及其测量界限
			提取操作	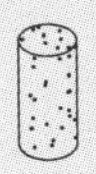	按一定的提取操作方案对被测圆柱面进行提取，得到提取圆柱面
			拟合操作	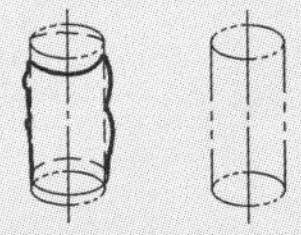	采用最小二乘法对提取圆柱面进行拟合，得到拟合圆柱面
			构建操作	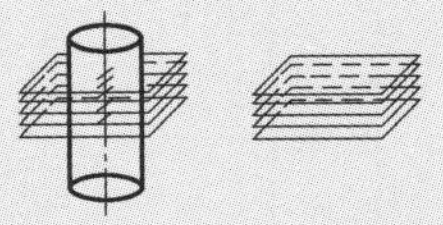	采用垂直于拟合圆柱面轴线的平面构建出等间距的一组平面
			分离、提取操作	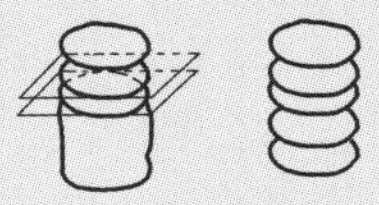	构建平面与提取圆柱面相交，将其相交线从圆柱面上分离、提取出来，得到各提取截面圆
			拟合操作	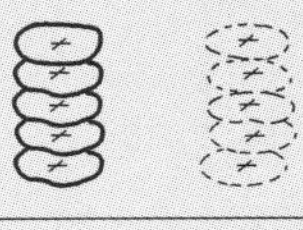	对各提取截面圆采用最小二乘法进行拟合，得到各提取截面圆的圆心
			组合操作	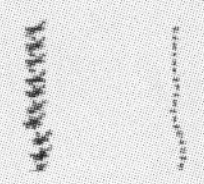	将各提取截面圆的圆心进行组合，得到被测圆柱面的提取导出要素（中心线）
			拟合操作	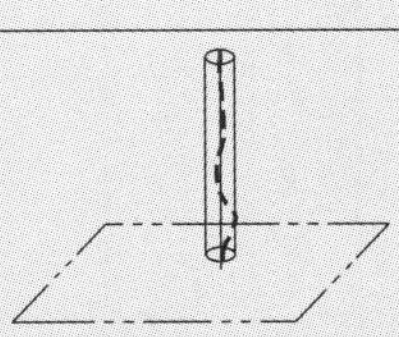	在满足于基准A垂直的约束下，对提取导出要素采用最小区域法进行拟合，获得具有方位特征的拟合圆柱面
			评估操作		垂直度误差值为包容提取导出要素的定向拟合圆柱面的直径
		符合性比较			将得到的垂直度误差值与图样上给出的公差值进行比较，判定垂直度是否合格

（续）

特征项目	图例	检测与验证过程			说明
		检验操作	图示		
位置度 ⊕	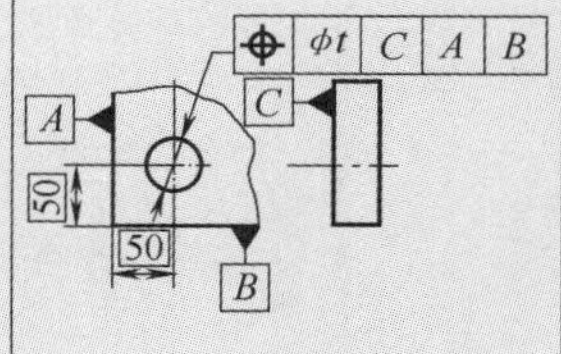 ⊕ ϕt C A B A ◢ C ▶ 50 50 B	基准平面的体现	分离操作	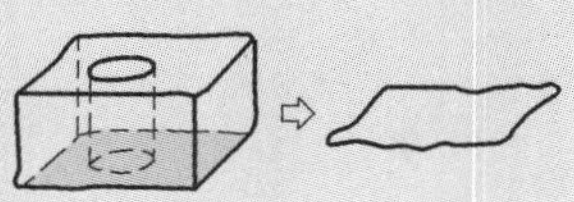	确定基准要素 C 及其测量界限
			提取操作		按一定的提取操作方案对基准要素 C 进行提取，得到基准要素 C 的提取表面
			拟合操作	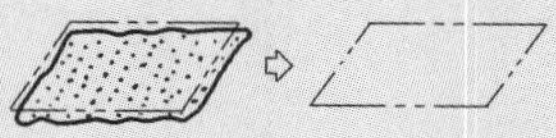	采用最小区域法在实体外对基准要素 C 的提取表面进行拟合，得到其拟合平面，并以此拟合平面体现基准 C
			分离操作	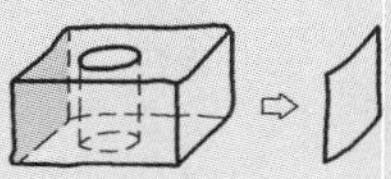	确定基准要素 A 及其测量界限
			提取操作		按一定的提取操作方案对基准要素 A 进行提取，得到基准要素 A 的提取表面
			拟合操作	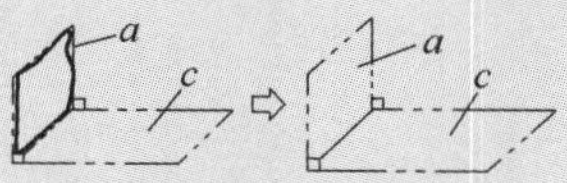 a c a c a—基准A　c—基准C	在保证与基准要素 C 的拟合平面垂直的约束下，采用最小区域法在实体外对基准要素 A 的提取表面进行拟合，得到其拟合平面，并以此拟合平面体现基准 A
			分离操作	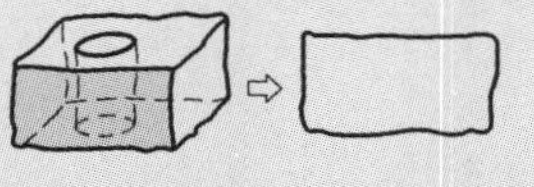	确定基准要素 B 及其测量界限
			提取操作	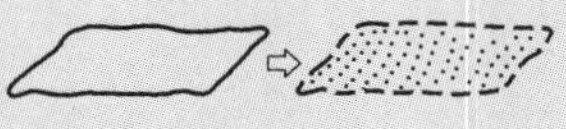	按一定的提取操作方案对基准要素 B 进行提取，得到基准要素 B 的提取表面
			拟合操作	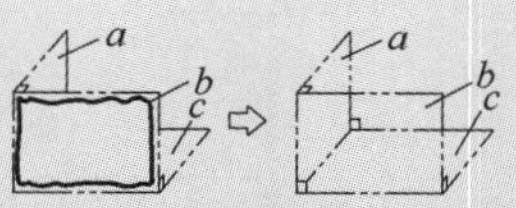 a b c a b c a—基准A　b—基准B　c—基准C	在保证与基准要素 C 的拟合平面垂直，然后又与基准要素 A 的拟合平面垂直的约束下，采用最小区域法在实体外对基准要素 B 的提取表面进行拟合，得到其拟合平面，并以此拟合平面体现基准 B

（续）

特征项目	图例	检测与验证过程			说明
		检验操作	图示		
位置度 ⊕	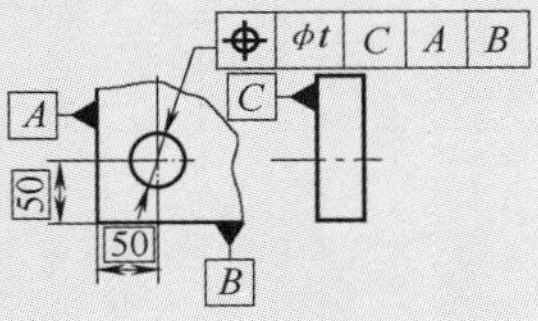	被测孔中心线的获取	分离操作	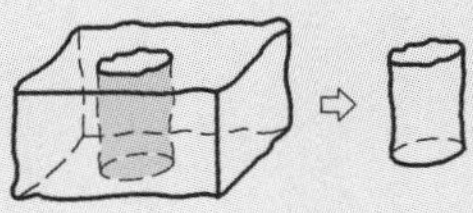	确定被测要素的组成要素（圆柱面）及其测量界限
			提取操作		按一定的提取操作方案对被测圆柱面进行提取，得到提取圆柱面
			拟合操作	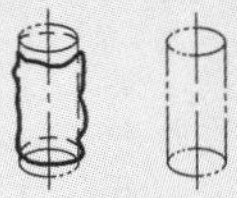	采用最小二乘法对提取圆柱面进行拟合，得到拟合圆柱面
			构建操作	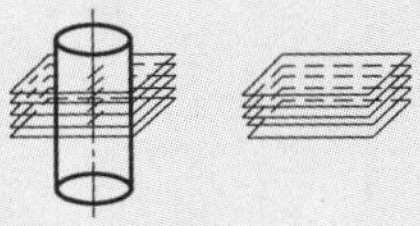	采用垂直于拟合圆柱面轴线的平面构建出等间距的一组平面
			分离、提取操作	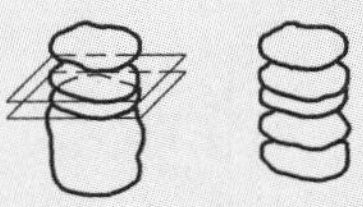	构建平面与提取圆柱面相交，将其相交线从圆柱上分离出来，得到系列提取截面圆
			拟合操作	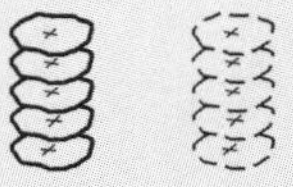	对各提取截面圆采用最小二乘法进行拟合，得到各提取截面圆的圆心
			组合操作		将各提取截面圆的圆心进行组合，得到被测圆柱面的提取导出要素（中心线）
			拟合操作	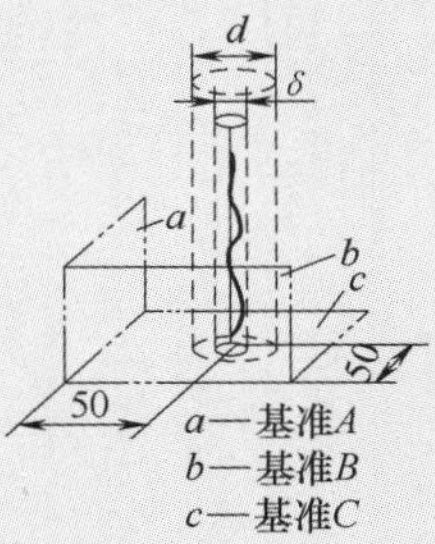	在保证与基准要素 C、A、B 满足方位约束的前提下，采用最小区域法对提取导出要素（中心线）进行拟合，获得具有方位特征的拟合圆柱面（即定位最小区域）
			评估操作		位置度误差值为该定位拟合圆柱面的直径
		符合性比较			将得到的位置度误差值与图样上给出的公差值进行比较，判定被测件的位置度是否合格

图例中：ϕt C A B；A；C；50；50；B

拟合操作图示标注：d、δ、a、b、c、50
a—基准 A
b—基准 B
c—基准 C

4.4.4　几何误差检测与验证方案

　　根据所要检测的几何公差项目及其公差带的特点拟定几何误差检测与验证方案。检测与验证方案的常用符号及其说明见表 4.12，具体方案见表 4.13。

表 4.12　常用符号及其说明（GB/T 1958—2017）

序号	符号	说明
1		平板、平台（或测量平面）
2		固定支承
3		可调支承
4		连续直线移动
5		间断直线移动
6		沿几个方向直线移动
7		连续转动（不超过一周）
8		间断转动（不超过一周）
9		旋转
10		指示计
11		带有测量表具的测量架（可根据测量设备的用途，将测量架的符号画成其他式样）

　　表 4.13 中给出的几何误差检测与验证方案图例是以几何公差带的定义为基础，每一个图例可能存在多种合理的检测与验证方案，表 4.13 中仅是其中一部分。

　　表 4.13 中的检验操作集是指应用有关计量器具，在一定条件下的检验操作的有序集合。所给出的检验操作集可能不是规范操作集的理想模拟（即可能不是理想检验操作集），由此会产生测量不确定度。

　　在各几何误差检测与验证方案示例中，仅给出了所用测量装置的类型，并不涉及测量装置的型号和精度等，具体可以根据实际的检测要求和推荐条件按相关规范选择。

　　在检测与验证前，应对几何要素进行"调直""调平""调同轴"等操作（如：对直线的调直是指调整被测要素使其相距最远两点读数相等；对平面的最远三点调平是指调整平面使其相距最远三点读数调为等值等），目的是为了使测量结果能接近评定条件或者便于简化数据处理。

表4.13　几何误差中常见的检测与验证方案（GB/T 1958—2017）

序号	几何公差项目和图例	计量器具和检测与验证方案	检验操作集	备注
1	圆柱轴向截面素线直线度公差	1. 计量器具 1) 样板直尺（或平尺） 2) 光源 3) 塞尺 4) 量块 5) 平晶 2. 检测与验证方案 样板直尺 被测件 量块　平晶 a) 测量原理 b) 标准光隙原理	1. 预备工作 取样板直尺（或平尺），将被测件的被测部位擦拭干净 2. 被测要素测量与评估 1) 拟合。样板直尺（或平尺）与被测素线直接接触，并置于光源和眼睛之间的适当位置，调整样板直尺，使最大光隙尽可能最小 2) 评估。上述最大光隙即为该被测素线的直线度误差，取其中最大值作为被测件的直线度误差f 按上述方法测量若干条素线，取其中最大值作为被测件的直线度误差f 当光隙较大时，用塞尺测量；当光隙较小时，用样板直尺（或平尺）与量块组成的标准光隙相比较，估读出所求直线度误差值 3. 符合性比较 若直线度误差值f≤t（图样上给出的公差），则直线度合格	1. 该方案中，样板直尺（或平尺）用于模拟被测素线的理想直线，将被测素线与样板直尺（或平尺）直接接触进行比较操作，采用的是实物模拟 2. 该方案适用于中凸或中凹形状（锥）面等较小平面及中短圆柱的直线度误差测量
2	上表面在平行于基准A的截面内，上素线的直线度公差为0.1mm 0.1 //A	1. 计量器具 1) 水平仪 2) 桥板 2. 检测与验证方案 水平仪　l	1. 预备工作 将固定水平仪的桥板放置在被测件上，调整被测件至水平位置 2. 被测要素测量与评估 1) 分离。确定被测要素按节距l沿与基准A平行的测量方向及其测量界限 2) 提取。水平仪按l为基准取提取线 3) 拟合。采用最小区域法对提取线进行拟合，得到拟合直线 4) 评估。误差数值为提取线上的最高峰点、最低谷点到拟合直线的距离之和 按上述方法测量多条直线，取其中最大的误差值作为被测要素的直线度误差值 3. 符合性比较 将得到的直线度误差值与图样上给出的公差值进行比较，判定被测要素的直线度是否合格	图例中的相交平面框格（//A表示被测要素是提取平面上素线的直线与基准A平行），其测量平面方向与基准A平行

（续）

序号	几何公差项目和图例	计量器具和检测与验证方案	检验操作集	备注
3	上表面在平行于基准 A 的截面内，上素线的直线度公差为 0.1mm 	1. 计量器具 1) 自准直仪 2) 反射镜 3) 桥板 2. 检测与验证方案 	1. 预备工作 将反射镜放在被测表面上的直线的两端，调整自准直仪使光线与两端点连线平行 2. 被测要素测量与评估 1) 分离。确定被测要素的测量方向及其测量界限 2) 提取。反射镜按节距 l 沿与基准 l 向平行的被测直线方向移动，同时记录在上的示值，获得提取线 3) 拟合。采用最小区域法对提取线进行拟合，得到拟合直线 4) 评估。按上述方法测量多条直线，取其中最大的误差值作为该被测要素的直线度误差值 3. 符合性比较 将得到的距离值与图样上给出的公差值进行比较，判定被测要素的直线度是否合格	图例中的相交平面框格⟨∥ A⟩表示被测要素是提取表面上与基准平面 A 平行的直线，其测量平行方向与基准 A 平行
4	轴或孔的轴线直线度公差，被测要素应用最大实体要求 	1. 计量器具 1) 功能量规 2) 千分尺 2. 检测与验证方案 	1. 采用整体型功能量规 2. 被测要素测量与评估 1) 局部实际要素的局部实际轮廓。采用普通计量器具（如千分尺等）测量被测要素实际轮廓的局部实际尺寸，其任一局部实际尺寸均不得超越其最大实体尺寸和最小实体尺寸 2) 实际要素最大实体实效轮廓的实际轮廓的检验。功能量规的检验部位与被测要素实际轮廓相结合，如果被测要素实际轮廓未超越最大实体实效边界 3. 符合性比较 局部实际尺寸均在轴或孔的两个极限尺寸之间，则可判定被测要素合格	功能量规应该是全形量规，检验部分的公称尺寸为被测要素部分的最大实体实效尺寸（见 4.3.4 节）

（续）

序号	几何公差项目和图例	计量器具和检测与验证方案	检验操作集	备注
5	上表面的平面度公差 t（图示 ⊡ t） 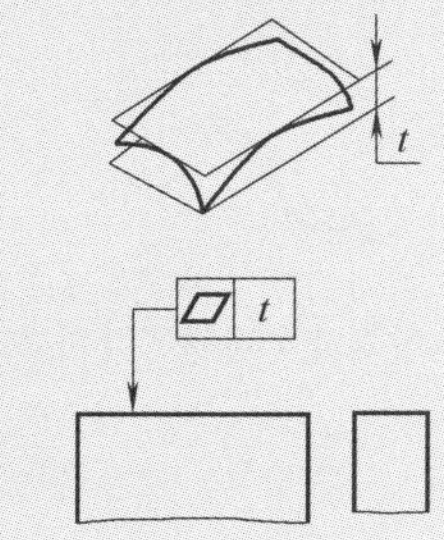	1. 计量器具 1) 平板 2) 固定和可调支承 3) 带指示计的测量架 2. 检测与验证方案 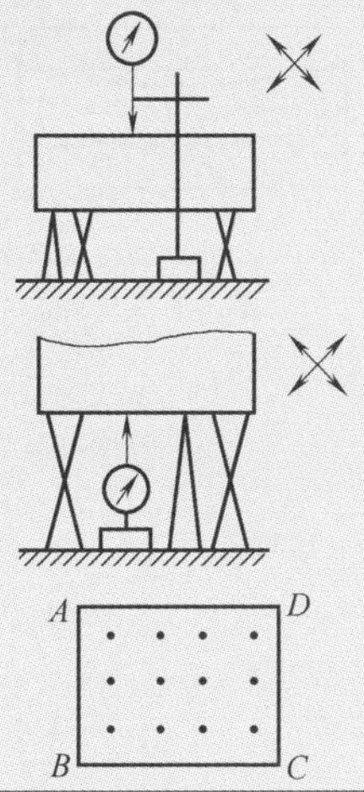	1. 预备工作 将被测件支承在平板上，将任意三远点调成等高或等高大致（也可调整两对角线的角点） 2. 被测要素测量界限 1) 分离。确定被测表面及测量界限 2) 提取。按一定的测量方式逐点移动测量装置，同时记录各测量点相对测量基准（用平板体现）的坐标值。 3) 拟合。采用最小区域法对提取表面进行拟合，得到拟合平面 4) 评估。误差值为提取表面上的最高峰点、最低谷点到拟合平面的距离之和 3. 符合性比较 将得到的误差值与图样上给出的公差值进行比较，判定被测表面的平面度是否合格	1. 为了便于数据处理，一般采用等间距提取方案，但也允许采用不等间距提取方案 2. 拟合最小二乘法和最小区域法，本图例示出最小区域法。默认标注（未明确采用或说明），约定采用最小区域法默认评估方法 3. 本图例默认评估参数为 t
6	上表面的平面度公差 t（图示 ⊡ t） 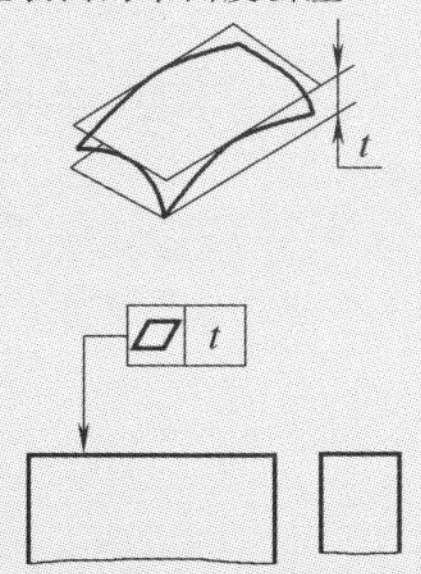	1. 计量器具 1) 平板 2) 水平仪 3) 固定和可调支承 2. 检测与验证方案 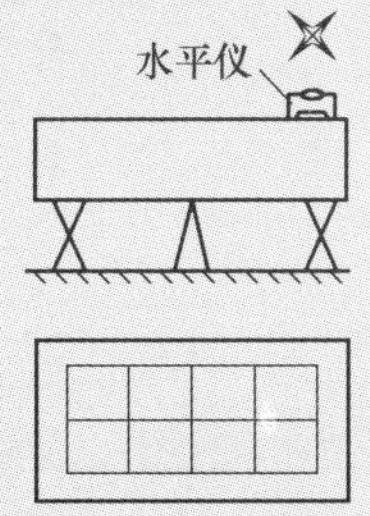 水平仪	1. 预备工作 将被测件支承在平板上，将两对角线的角点分别调成等高或等高大致等高（也可调整任意三远点） 2. 被测要素测量界限 1) 分离。确定被测表面及测量界限 2) 提取。用水平仪对测量点按一定的示值各测量点并转换为线值，得到拟合表面 3) 拟合。采用最小区域法对提取表面进行拟合，得到拟合平面 4) 评估。误差值为提取表面上的最高峰点、最低谷点到拟合平面的距离之和 3. 符合性比较 将得到的误差值与图样上给出的公差值进行比较，判定被测表面的平面度是否合格	

（续）

序号	几何公差项目和图例	计量器具和检测与验证方案	检验操作集	备注
7	圆锥在垂直于基准 D 的截面内的圆度公差为 t，采用最小外接法评估 ○ Ⓝ ⊥ D / t	1. 计量器具 坐标测量仪 2. 检测与验证方案	1. 预备工作 将被测件放置在坐标测量仪工作台上 2. 被测要素测量与评估 1) 分离。确定被测横截面及其测量界限 2) 提取：在被测横截面上，采用一定的提取操作方案进行测量，得到提取横截面圆 3) 拟合。根据图样规范要求，采用最小外接法对提取横截面圆进行拟合，求得提取横截面圆圆的拟合导出要素(圆心) 4) 评估。被测横截面圆心到提取横截面圆上的点到基准圆心之差为圆度误差。最小距离值为拟合导出要素，沿轴线方向测量多个横截面，得到各个截面的误差值，取其中的最大值为圆度误差值。(略) 3. 符合性比较。将得到的圆度误差值与图样上给出的公差值进行比较，判定被测件的圆度是否合格	本图例中，图样上的符号 Ⓝ 表明了圆度误差采用最小外接法获得理想要素的位置
8	圆柱在横截面上(圆锥垂直于基准 D 的截面上)的圆度公差 t ○ t / ⊥ D	1. 计量器具 1) 平板 2) V 形块 3) 带指示计的测量支架 4) 固定和可调支承 2. 检测与验证方案	1. 预备工作 将被测件放在 V 形块上，使其轴线垂直于测量截面，同时固定轴向位置 2. 被测要素测量与评估 1) 分离。确定被测要素及其测量界限 2) 提取。在被测件横截面上，采用一定的提取操作方案进行测量，记录最大与最小读数值 3) 评估。被测件回转一周过程中指示值的最大、最小读数值之比为反映系数 F 之比。被测横截面的圆度误差值为指示值的最大差值，沿轴线方向测量多个横截面，得到各个截面的误差值，取其中最大值为圆度误差值 3. 符合性比较。将得到的圆度误差值与图样上给出的公差值进行比较，判定被测件的圆度是否合格	1. 该方案属于近似测量法(三点法)，测量结果的可靠性取决于截面形状误差和 V 形块夹角的综合效果，适用于具有奇数棱边的圆截面 2. GB/T 4380—2004 适用于两点法，直接反映圆截面的误差；若棱数 F 较大的测量装置；若棱数已知，则应采用两点法和三点法进行组合，组合方案见 GB/T 4380—2004

（续）

序号	几何公差项目和图例	计量器具和检测与验证方案	检验操作集	备注
9	轴的圆柱度公差为 t 	1. 计量器具 1) 平板 2) V形块 3) 带指示计的测量架 2. 检测与验证方案 （180°−α） 	1. 预备工作 将被测件放在平板上的V形块内（V形块内的长度要大于被测件的长度） 2. 被测要素测量与评估 确定被测圆柱面及其测量界限 1) 分离。在被测圆柱横截面上采用一定的提取操作方案进行测量 2) 提取。连续测量若干个横截面,然后取各截面内所测得的所有读数值中的最大、最小读数值差,得到该圆截面的最大、最小读数值,最大值与最小值读数差反映系数 F 之比为圆柱度误差值。 3. 符合性比较 将测得到的圆柱度误差值与图样上给出的公差进行比较,判定圆柱度是否合格	1. 该方案属于测量圆柱度误差的近似测量法（三点法）,适用于测量界限较长的圆柱面 1. 为测量准确,通常使用夹角 α=90° 和 120° 的两个V形块分别测量
10	上曲面在平行于基准 A 的任意横截面内,上曲线从 D 到 E 的线轮廓度公差为 0.04mm,且具有组合公差带 平行于基准A的平面 a—任意距离	1. 计量器具 1) 仿形测量装置 2) 指示计 3) 固定和可调支承 4) 轮廓样板 2. 检测与验证方案 （轮廓样板　仿形测头　被测件） 	1. 预备工作 调整被测件相对于仿形测量装置和轮廓样板的位置,再将指示计调零 2. 被测要素测量与评估 将被测轮廓与轮廓样板的形状进行比较 1) 拟合。将被测轮廓与轮廓样板的形状进行比较 2) 评估。误差值为仿形测头上各测点的指示值的 2 倍。重复进行多次测量,取其最大值作为线轮廓度误差值 3. 符合性比较 将测得到的误差值与图样上给出的公差进行比较,判定被测轮廓的线轮廓度是否合格	1. 该方案中,将被测线轮廓的形状与轮廓样板的形状进行比较,轮廓样板为理想要素的实际轮廓,轮廓样板指示计的测头应与仿形测头形状相同 2. 图例中的相交平面框格 ⟨∥│A⟩ 表示被测平面上与基准平面 A 平行的直线,其测量方向与向基准 A 平行。图例中的测量要素从 D→E 表示被测要素的测量起点,D 和 E 分别表示被测要素的测量起始点和终止点。图例中 E 到 D 的公差带范围,D、E 表示被测要素从 D 到 E 的公差带中的 CZ 表示具有公共的公差带 3. 该方案属于测量方法之一,可测量近似的轮廓度误差,一般的中、低精度零件

（续）

序号	几何公差项目和图例	计量器具和检测与验证方案	检验操作集	备注
11	在平行于基准 A 的截面内，曲线轮廓度公差为 0.04mm 0.04 | A | B // | A B A φ0.04 50 基准面 B 基准面 A	1. 计量器具 坐标测量仪 2. 检测与验证方案 	1. 预备工作 将被测件稳定地放置在坐标测量仪工作台上 2. 基准体现 1) 分离。确定基准要素 A 及其测量界限 2) 提取。按一定的提取操作方案对基准要素 A 进行提取,得到基准要素 A 的提取表面 3) 拟合。采用最小区域法对提取表面在实体外进行拟合,得到其拟合平面,并以该平面体现基准 A 4) 分离。确定基准要素 B 及其测量界限 5) 提取。按一定的提取操作方案对基准要素 B 进行提取,得到基准要素 B 的提取表面 6) 拟合。在保证与基准 A 的拟合平面垂直的约束下,采用最小区域法在实体外对基准要素 B 的提取表面进行拟合,得到其拟合平面,并以该拟合平面体现基准 B 3. 被测要素测量与评估 1) 分离。确定被测线轮廓及其测量界限 2) 提取。在已建立好的基准体系下,沿与基准 A 平行的方向上,采用一定的提取操作方案对被测线轮廓进行测量,测得实际线轮廓的坐标值,获得提取线轮廓 3) 拟合。采用最小区域法对提取线轮廓进行拟合,得到拟合线轮廓。其中,拟合线轮廓的形状和位置由理论正确尺寸 $(R,50\text{mm})$ 和基准 A,B 确定 4) 评估。线轮廓误差值为提取线轮廓到拟合线轮廓的点到拟合线轮廓的最大距离值的 2 倍 取其中最大的误差值作为该被测件的线轮廓度误差值 4. 符合性比较 将得到的线轮廓度误差值与图样上的公差值进行比较,判定线轮廓度是否合格	

（续）

序号	几何公差项目和图例	计量器具和检测与验证方案	检验操作集	备注
12	上平面对下底面的平行度公差为 t 	1. 计量器具 1) 平板 2) 带指示计的测量架 2. 检测与验证方案 	1. 预备工作 将被测件稳定地放置在平板上，且尽可能使基准表面 D 与平板面之间的最大距离为最小 2. 基准体现 采用平板（模拟基准要素）体现基准 D 3. 被测要素测量及其提取操作 1) 分离：确定被测表面及其提取操作界限 2) 提取：按一定的提取方案（如随机布点方案）对被测表面进行测量，获得提取表面 3) 拟合：在与基准 D 平行的约束下，采用最小区域法对提取平面（即定向最小区域）进行拟合，获得具有方位特征的拟合平面，即定向平行平面 4) 评估：包容提取表面的两定向平行平面之间的距离，即定向距离，即得到的平行度误差值 4. 符合性比较 将得到的平行度误差值与图样上给出的公差值进行比较，判定被测要素对基准的平行度是否合格	1. 提取操作：根据被测工件的功能要求、结构特点等，参考图 4.97 选择合理的提取操作方案。比如，对提取要素进行提取操作时，一般采用等间距采样进行提取处理，为便于数据处理，一般采用等间距提取要素，但也允许采用不等间距的测量方案 2. 本图例中采用最小区域法约定定向拟合默认 3. 本方案采用定向基准，简便实用，但会产生相应的测量不确定度
13	上平面对下底面的平行度公差为 t，以贴切平面拟合法确定最小区域 	1. 计量器具 1) 平板 2) 带指示计的测量架 2. 检测与验证方案 	1. 预备工作 将被测件稳定地放置在平板上，且尽可能使基准表面 D 与平板面之间的最大距离为最小 2. 基准体现 采用平板（模拟基准要素）体现基准 D 3. 被测要素测量及其提取操作 1) 分离：确定被测表面及其提取操作界限 2) 提取：按一定的提取方案（如矩形栅格方案）对被测表面进行测量，获得提取表面 3) 拟合：在与基准 D 平行的约束下，采用最小区域法对被测提取要素的拟合进行拟合，获得具有方位特征的拟合平面 4) 拟合：采用（外）贴（切）拟合法对提取表面进行拟合，获得平面的（贴切）拟合平面 5) 评估：包容提取表面的（贴切）拟合平面，即得到最小区域间的距离，即定向距离误差值 4. 符合性比较 将得到的误差值与图样上给出的公差值进行比较，判定被测要素是否合格	本图例中，符号 Ⓣ 表示是对被测要素的贴切要素的方向公差要求

（续）

序号	几何公差项目和图例	计量器具和检测与验证方案	检验操作集	备注
14	上孔轴线对下孔轴线在铅垂平面和水平面内平行度公差为 t_1、t_2 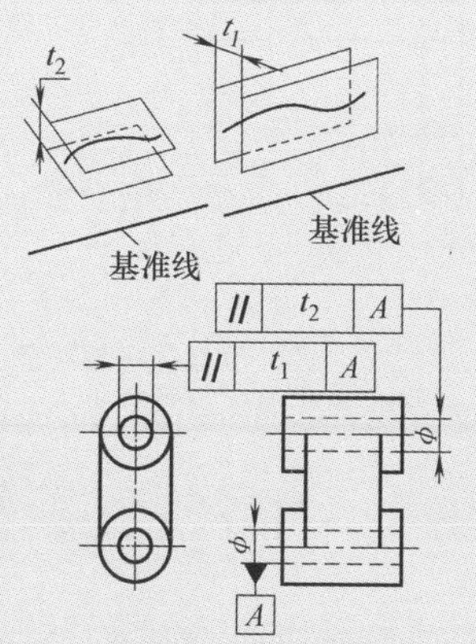 基准线 基准线	1. 计量器具 1) 平板 2) 心轴 3) 等高支承 4) 带指示计的测量架 2. 检测与验证方案 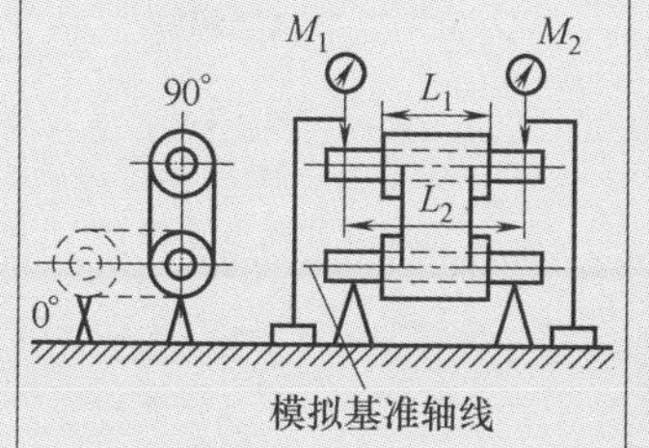 模拟基准轴线	1. 预备工作 被测要素和基准要素均由心轴模拟体现。安装心轴，且尽可能使心轴与被测孔之间的最小间隙为最小；采用等高支承将模拟被测轴的心轴调整至与平板工作面平行的 0°位置上。（即检测示意图 0°位置）进行测量 2. 基准体现 用心轴 1（模拟基准）体现基准 A 3. 被测要素体现 被测要素由 L_2 的模拟被测要素（心轴 2）及其测量界限 1) 提取：在相向相距 L_2 的两个正截面线 A 的正截面上测量 2) 提取：分别记录相对测位 1 和测位 2 上的指示计计值 M_1、M_2 在垂直截面内（90°位置）的平行度误差 $f_2=\dfrac{L_1}{L_2}|M_1-M_2|$；同理，将上述方法测量心轴 2 的测量相对高度值，可获得该平面内平行度误差 f_1 4. 评估 5. 符合性比较 若 $f_1 \le t_1$，$f_2 \le t_2$，则该平行度合格	1. 采用心轴模拟，要求心轴具有足够的制造精度 2. 当被测孔径大于或等于 30mm 时，采用可胀式心轴；当被测孔尺寸小于 30mm 时，采用与孔尺寸成无间隙配合的实心心轴或采用小锥度心轴来模拟被测孔中心线 3. 此方案为近似测量
15	上孔轴线对下孔轴线的平行度公差为 ϕt，上孔和基准孔均应用最大实体要求 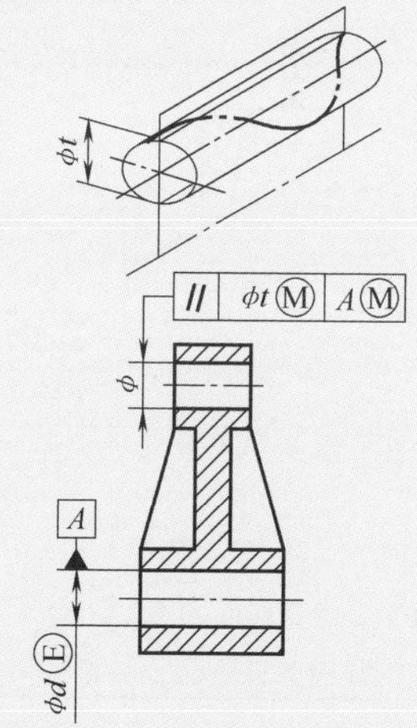 塞规 活动支座 被测件 固定支座	1. 计量器具 功能量规 2. 检测与验证方案 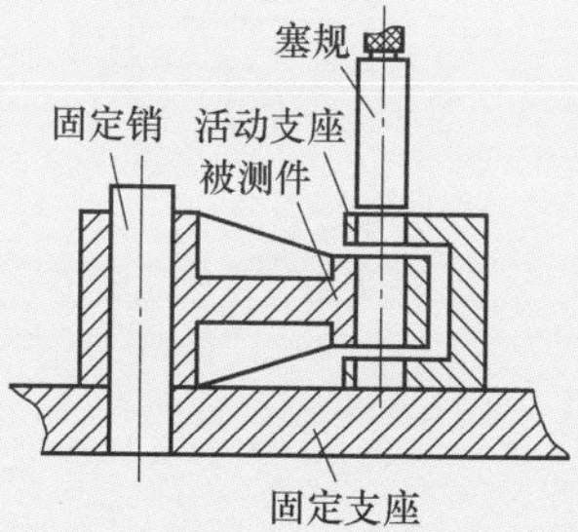 固定销 活动支座 被测件 塞规 固定支座	1. 预备工作 采用通入型功能量规，将被测件放置在固定支座上，固定销为功能量规的定位部分，活动支座为量规的导向部分 2. 基准体现 用功能量规的定位部分体现基准 A 3. 采用功能量规，其公称尺寸为基准要素 A 的最大实体尺寸。固定销是用来检验基准 A 的光滑极限量规，其公称尺寸的固定销与基准孔的最大实体尺寸接触实际孔均在地通过量规的约束下，用塞规，说明被测轮廓孔实际未超越其最大实体尺寸 2) 采用普通计量器具（如内径千分表或千分尺等）测量被测实际孔局部实际尺寸，其任一局部实际尺寸均不得小于最小实体尺寸 4. 符合性比较 被测局部实际尺寸合格，则被测要素合格	1. 该方案是最大实体要求同时应用于被测要素和基准要素的检验 2. 检验被测部位的功能量规，其检验部位（即塞规）的公称尺寸为被测要素的最大实体实效尺寸 3. 检验基准是检验被测要素功能量规一般是检验基准规的定位部分

（续）

序号	几何公差项目和图例	计量器具和检测与验证方案	检测操作集	备注
16	垂直平面对底面的垂直度公差为 t　[⊥ | t | A]　A	1. 计量器具 1）平板 2）直角座 3）带指示计的测量架 2. 检测与验证方案	1. 预备工作 将被测件的基准平面固定在直角座上，同时调整靠近基准的被测表面的指示计示值之差为最小值 2. 基准体现 采用直角座（模拟基准要素）体现基准 3. 被测要素测量 1）分离。确定被测要素表面及其测量界限 2）提取。选择一定的提取方案（如米字形提取方案）对被测表面进行测量，获得其提取表面 3）拟合。选择一定的约束下，采用最小区域法对拟合特征的拟合，获得平面特征，即基面 A 垂直方位特征 4）评估。在与基准 A 垂直方位特征的约束下，获得提取拟合平面与方位拟合平面之间的距离，即被测平面的垂直度误差 4. 符合性比较 将得到的垂直度误差值与图样上给出的公差值进行比较，判定被测要素对基准的垂直度是否合格	1. 提取操作：参考图 4.97 选择合理的提取操作方案认定采用 2. 拟合方法以最小区域法用定向最小区域法 3. 该方案中采用模拟基准体现基准，简便实用，但会产生相应的测量不确定度
17	水平孔轴线对垂直孔轴线的垂直度公差为 t　[⊥ | t | A]　ϕ　A	1. 计量器具 1）平板 2）直角尺 3）心轴 4）固定和可调支承 5）带指示计的测量架 2. 检测与验证方案 M_1 L_1 M_2 L_2 被测心轴　基准心轴	1. 预备工作 基准轴线与被测轴线均由心轴模拟。安装心轴，且尽可能使心轴与被测孔、心轴与基准孔之间的最大间隙为最小。将被测件放置在等高支承上，并调整模拟基准要素（心轴）与测量平板平行。 2. 基准体现 采用心轴（模拟基准要素）体现基准 A 3. 被测要素测量 1）分离。确定被测要素模拟被测要素（心轴）及其测量界限 2）提取。在相距 L_2 的两个不同于基准轴线的正截面 A 的测位 1 和测位 2 上测量，分别记录测位 1 和测位 2 上的指示计示值差 M_1，M_2 3）评估。垂直度误差 $f=\dfrac{L_1}{2L_2}\lvert M_1-M_2\rvert$ 4. 符合性比较 将得到的垂直度误差值与图样上给出的公差值进行比较，判定被测要素对基准的垂直度是否合格	该方案中：通过对模拟被测要素（心轴）的分离，提取等操作，获得的被测要素的组成部位（两中心点连线）。该方法简便实用，且提取导出要素是直接对提取，但提取的组成部位与被测要素不重合，由此会产生相应的测量不确定度

（续）

序号	几何公差项目和图例	计量器具和检测与验证方案	检验操作集	备注
18	圆柱轴线对底面的垂直公差为 φ0.1 ⊥ φt Ⓝ A	1. 计量器具 1) 转台 2) 直角座 3) 带指示计的测量架 2. 检测与验证方案	1. 预备工作 将被测件放置在转台上,对被测件的基准要素与转台台面之间的最大距离为最小,同时被测轴线与转台回转轴线对中 2. 基准体现 采用转台(模拟基准要素)体现基准 A 3. 被测要素测量及其测量界限 1) 分离。确定被测提取组成要素的组成要素进行测量,即提取若干个截面轮廓的拟合面 2) 提取,得到提取拟合面的拟合圆柱面(轴线)进行拟合,采用最小区域法对提取组成导出要素(轴线)进行拟合,得到拟合导出要素 A 垂直于拟合导出要素(轴线),采用符号 Ⓝ 要求对提取中心线的约束下,采用最小外接圆柱面法对提取圆柱面的拟合圆柱面(即拟合圆柱面的定向拟合圆柱面圆的直径,即为被测要素(轴线)的垂直度误差 4) 评估。包络提取导出要素的定向要素的垂直度误差 将得到的误差值与图样上给出的公差值进行比较,判定被测要素对基准的垂直度是否合格	本图例中,符号 Ⓝ 表示是对被测要素的最小外接合要素有方向公差的要求
19	斜孔轴线对基准 A,B 的倾斜度公差为 φ0.05mm,与基准 A 夹角为理论正确角度 α,与基准 B 平行 ⊥ φt Ⓝ A B	1. 计量器具 1) 平板 2) 直角座 3) 定角垫块 4) 固定支承 5) 心轴 6) 带指示计的测量架 2. 检测与验证方案	1. 预备工作 将被测件放置在直角座的定角垫块上,且可保持基准表面与定角面定角块之间的最大距离为最小;被测轴线由心轴模拟,安装固定支承与被测轴线,且尽可能使心轴与被测孔之间的同心度尽可能使心轴与被测孔之间的最大间隙为最小 2. 基准体现 在采用直角座和定角垫块(模拟基准要素)体现基准 A 的前提下,采用固定支承体现基准 B 3. 被测要素的模拟被测要素(心轴)评估 1) 分离。确定被测要素的模拟被测要素(心轴)及其测量界限 2) 提取。在模拟被测要素(心轴)上,距离为 L₂ 的两个截面或多个截面上,按截面圆周法提取模拟被测要素(心轴)进行提取操作,得到被测要素的各截面圆	1. 被测要素体现。通过对模拟被测要素(心轴)的提取、拟合及组合等操作,获得被测要素的提取导出要素(中心线)

（续）

序号	几何公差项目和图例	计量器具和检测与验证方案	检验操作集	备注
19	$\phi 0.05$　A基准平面 B基准平面　ϕD $\angle\ \phi 0.05\ A\ B$	1. 计量器具 心轴 M_1　M_2　τ　$\beta=90°-\alpha$　τ	3）拟合。采用最小二乘法对基准要素的各提取截面圆分别进行拟合，得到各提取截面圆的圆心 4）组合。将各提取截面圆的圆心进行组合，得到被测要素的提取导出要素（中心线） 5）拟合。在基准 A、B 和理论正确尺寸（角度）的约束下，采用方向最小区域法对提取导出要素（中心线）定向拟合，得到拟合导出要素的方位特征，即为被测要素的倾斜度误差 6）评估。包容提取导出要素（中心线）定向最小区域的直径即为被测要素的倾斜度误差 4. 符合性比较 将得到的误差值与图样上给出的公差值进行比较，判定被测要素对基准的倾斜度是否合格	2. 该方法是一种简便实用的检测方法，但由于该方法不是直接对被测要素进行组成要素的提取，且提取部位与被测要素不重合，由此会产生测量不确定度 3. 在模拟被测要素（心轴）上，提取被测要素之间的距离与被测要素的测量长度 L_1 不等时，其倾斜度误差值的评估可按比例折算
20	大圆柱轴线对小圆柱轴线的同轴度公差为 ϕt A ϕt　A ◎	1. 计量器具 圆度仪 2. 检测与验证方案	1. 预备工作 将被测件放置在圆度仪回转工作台上，并调整被测件使其基准轴线与工作台中心轴线同轴 2. 基准体现 1）分离。确定基准要素及其测量界限 2）提取。采用同向等间距提取测量方案，得到基准要素的提取要素 3）拟合。在实体外采用最小外接圆柱面进行拟合，得到拟合圆柱面的定向的轴线（拟合导出要素），并以此作为定向基准 3. 被测要素测量与评估 1）分离。确定被测要素的组成要素及其测量界限 2）提取。采用同向等间距提取测量方案，获得一系列提取截面圆 3）拟合。对组成要素的组成提取操作，得到一系列提取截面圆 4）组合。得到导出要素 5）拟合。在与基准同轴的约束下，采用最小二乘法对提取导出要素的定位特征进行拟合，获得被测要素的同轴度误差 6）评估。包容提取导出要素的定位拟合的位置区域（即定位拟合圆柱面的直径，即得到的同轴度误差 4. 符合性比较 将得到的同轴度误差值与图样上给出的公差值进行比较，判定被测要素对基准 A 的同轴度是否合格	1. 提取操作：根据被测件的功能要求、结构特点和提取操作的情况等，参考图 4.97 选择合理的提取操作方案 2. 对为获得被测要素面进行的拟合操注，拟合方案默认采用最小二乘法 3. 对体现基准要素的拟合，拟合方案默认采用定位最小区域法 4. 在本方案的拟合操作中，由于基准要素是轴（被包容面），所以默认的拟合方法是最小外接法

（续）

序号	几何公差项目和图例	计量器具和检测与验证方案	检验操作集	备注
21	中间圆柱的轴线对两侧小圆柱的公共轴线的同轴度公差为 ϕt ⊙ ϕt A—B　B　A	1. 计量器具 1) 一对同轴导向套筒 2) 平板 3) 支承 4) 带指示计的测量架 2. 检测与验证方案 M_1　M_2	1. 预备工作 采用一对同轴导向套筒与被测件的两侧小圆柱配合，将两示计分别在铅垂轴截面内相对于基准轴线地分别调零 2. 基准体现 采用一对同轴导向套筒（模拟基准要素）体现公共基准 A—B 3. 被测要素测量与评估 1) 分离，确定被测要素的组成要素 2) 提取，测头直于回转轴，采用同等间距测量，记录各测量点的差值 M_1，M_2 值 3) 评估，以各圆截面的组成要素进行测量，取各截面测得同轴度误差的评估 按上述方法，在若干个截面上测量，取各截面点的差值 $|M_1-M_2|$ 的最大值作为该圆截面测得的同轴度 最大值作为该被测件的同轴度误差与评估 4. 符合性比较 将得到的同轴度误差值与图样上给出的公差值进行比较，判定被测圆柱的同轴度是否合格	采用一对同轴导向套筒（模拟基准要素）体现公共基准 A—B 时，一对同轴导向套筒对公共基准轴线拟合的测量不确定度引起相应的同轴度误差不确定度
22	键槽对称中心面对小圆柱轴线的对称度公差为 t t　A　ϕ　A	1. 计量器具 坐标测量仪 2. 检测与验证方案	1. 预备工作 将被测件放置在坐标测量仪工作台上 2. 基准体现 1) 分离，确定基准要素 A 的组成要素及其测量界限 2) 提取，选择一定的提取操作方案，得到被测要素的组成要素 3) 拟合，采用最小外接法对提取圆柱面在实体外进行拟合，得到拟合圆柱线的轴线，提取圆柱面的轴线并以此体现基准 A 3. 被测要素测量及评估 1) 分离，确定被测要素的组成要素（两平表面）及其测量界限 2) 提取，分别对被测的组成要素进行测量，得到两个提取表面 3) 拟合，对两提取表面得到的拟合导出要素（提取导出要素）进行拟合，得到两定位特征平行平面（即定位中心面） 在以基准 A 为对称中心面的约束下，采用导出要素提取出中心面，采用最小区域法对拟合平行导出面进行评估，即被测导出要素的两定位特征平行平面（即定位中心面） 4) 评估，两定位平行平面之间的距离，即得具有方位特征的两定位特征平行平面的对称中心 将得到的误差值与图样上给出的公差值进行比较，判定被测的对称度是否合格	对为体现被测要素而进行的拟合操作方法有最小区域法、最大内切法、最小外接法和最小二乘法，若在图样上未明确给出或说明，则默认约定采用最小二乘法

（续）

序号	几何公差项目和图例	计量器具和检测与验证方案	检验操作集	备注
23	孔的轴线对两侧面的公共对称度的公差为t，被测要素和基准要素均应用最大实体要求，而且基准要素应用了零几何公差的最大实体要求 ⌖｜t Ⓜ｜(A—B)Ⓜ 两处 ⌖｜0Ⓜ｜(A—B) A　B　φ	1. 计量器具 1）功能量规 2）千分尺 2. 检测与验证方案 被测件 量规	1. 预备工作 采用组合型功能量规。被测件功能量规与检验的检验部位和定位部位相结合 2. 基准体现 用功能量规的定位部位体现基准 3. 基准要素和被测要素测量与评估 1）采用功能量规和体现基准A—B的定位块和被测要素的合格性，如果在基准定位约束的前提下，被测表面（孔）能自由地通过圆柱销，被测要素和体现公共基准要素（两槽）可以自由地通过两个定位块，说明基准要素和被测要素的对称度误差合格 2）采用普通计量器具（如千分尺等）测量被测要素的局部实际尺寸，其任一局部实际尺寸均不得超过其最大实体尺寸和最小实体尺寸 4. 符合性比较 局部实际尺寸和体外作用尺寸全部合格时，可判定被测要素合格	1. 检验被测要素的功能尺寸为被测要素的定位部位和定位部位的最大实效尺寸 2. 本例中，基准要素本身也采用了最大实体要求，则功能量规的定位要素的公称尺寸为基准要素的最大实体实效尺寸，由于几何公差值为0mm，所以它是最大实体尺寸
24	左侧球面心对基准A（小圆柱轴线）、大圆柱面面的位置度公差为Sφt ⌖｜Sφt｜A｜B A　B　φ　Sφ	1. 计量器具 1）标准钢球 2）回转定心夹头 3）平板 4）带指示计的测量架 2. 检测与验证方案 回转定心夹头 钢球	1. 预备工作 将被测件稳定地放置在回转定心夹头上，且被测件与回转定心夹头的中心线和上表面定位接触，将标准钢球放置在被测件的球面上且稳定接触，使它们之间的最小距离为最大距离为最小 2. 基准体现 采用回转定心夹头的中心线和上表面（模拟基准要素）体现基准A和B 3. 被测要素的模拟被测要素（标准钢球）及其测量 1）分离：确定被测要素的模拟被测要素（标准钢球）及其测量界限 2）提取：在标准钢球回转一周过程中，采用等间距示值径向提取操作提取被测要素的径向误差 f_x 和轴向误差 f_y 3）评估：被测点对基准的位置误差值为 $f = 2\sqrt{f_x^2 + f_y^2}$ 4. 符合性比较 将得到的误差值与图样上给出的公差值进行比较，判定球对定位球心的位置是否合格	1. 被测要素由标准钢球实现，这是一种简便实用的检测方法，但由于该方案是直接对被测要素进行提取，成要素进行提取，由此会产生相应的测量不确定度

（续）

序号	几何公差项目和图例	计量器具和检测与验证方案	检验操作集	备注
25	孔轴线相对底面基准 A、下侧面基准 B 和左侧面基准 C 的位置度公差为 φt 	1. 计量器具 坐标测量仪 2. 检测与验证方案 	1. 预备工作 将被测零件放置在坐标测量仪工作台上。 2. 基准体现 1）分离：确定基准要素 A、B、C 及其测量界限 2）提取：按水字形提取操作方案分别提取要素 A、B、C 的提取表面 其拟合平面 A，采用最小区域法对实体外约束拟合，得到拟合平面 A 在保证与拟合平面 A 垂直的约束下，采用最小区域法提取要素 B 的提取表面，得到拟合平面 B 与基准要素 B 的拟合平面 B 拟合平面 A，拟合平面 A 的拟合平面垂直，然后在实体外约束下，采用最小区域法对实体外拟合，得到拟合平面 C 与基准要素 C 取以此拟合平面 C（中心线）上 3. 被测要素操作 1）分离：确定被测要素的测量界限 2）提取：采用等间距方向上提取要素的组成策略沿被测圆周圆，得到多个提取截面圆 各拟合截面圆的圆心（中心线） 3）拟合：将各提取截面圆的圆心进行组合，得到拟合要素的提取导引要素（中心线） 4）组成：以基准 A、B、C 的约束下，以由理论正确尺寸确定的理想要素的位置提取导引要素 B 的拟合导引要素 C 5）评估：误差评估 6）符合性比较 将得到的误差值与图样上给出的公差值进行比较，判定位置度是否合格	1. 提取操作：根据被测件的功能要求，结合被测设备的提取点和提取的功能特点，参考图取合适的提取操作方案进行 4. 97 选择合理的拟合方案，也允许采用等间距提取方案 2. 对于拟合的体现时，为方便于采集数据，操作中宜采用最小外接法、最小内切法、最小二乘法等，一般明示或说明，则一般默认约定采用最小二乘法
26	中间圆柱相对两端中心孔的公共轴线的径向圆跳动公差为 t 测量平面 	1. 计量器具 1）一对同轴顶尖 2）带指示计的测量架 2. 检测与验证方案 	1. 预备工作 将被测件安装在两顶尖之间 2. 基准体现 采用同轴顶尖（模拟基准要素 A—B）的公共轴线体现基准 A—B 3. 被测要素及其测量与评估 1）分离：确定被测要素及其测量界限 2）提取：在垂直于基准 A—B 的截面，对被测要素进行测量（单一测量平面），得到一系列测量平面的径向圆跳动 被测回转一周的过程中，对被测要素测量（单一测量平面） （指示计示值） 3）评估：取最大示值与最小示值之差值，即为单一测量平面的径向圆跳动 重复上述提取、评估操作，在若干个截面上进行测量，取各截面上测得的径向圆跳动值中的最大值作为该被测件的径向圆跳动 4. 符合性评估：将测得的径向圆跳动值与图样上给出的公差值进行比较，判定被测件的径向圆跳动是否合格	1. 径向圆跳动属于特定检测方法定义的项目，简单实用 2. 基准的体现：采用模拟基准 3. 被测要素与测量平面 1）构建被测量平面 2）明确拟合策略与方法 3）评估：无须拟合，可直接由指示计示值最大、最小值之差得到相应的跳动值

（续）

序号	几何公差项目和图例	计量器具和检测与验证方案	检验操作集	备注
27	右端面相对小圆柱轴线的轴向圆跳动公差为 t 测量圆柱面 被测端面 [↗ t A] [A]	1. 计量器具 1）导向套筒 2）带指示计的测量架 2. 测量与验证方案	1. 预备工作 将被测件固定在导向套筒内，并在轴向上固定 2. 基准体现 采用导向套筒（模拟基准要素）体现基准 A 3. 被测要素体现 1）分离、提取。在测量某（右端面）的某一半径位置处，沿被测圆柱面上，对被测要素进行测量，得到一系列的测量值 2）构建。构建相应与基准 A 同轴的过程中，且当被测件回转一周的测量要素（指示计示值） 3）评估。取其指示计示值最大差值，即为单一测量圆柱面上测得的轴向圆跳动 重复上述构建、评估操作，在对应测量要素（右端面）不同半径位置处的轴向圆跳动。取各圆柱面处的最大值中的最大值作为该零件的最大值（指示计示值） 4. 符合性比较 将得到的轴向圆跳动与图样上给出的公差值进行比较，判定被测件轴向圆跳动是否合格	1. 轴向圆跳动属于特定检测方法定义的项目，简单实用 2. 基准的体现方法：采用模拟基准 3. 被测要素测量面（测量圆柱面） 1）构建要素测量面（面） 2）明确提取策略与方法 3）评估。无须拟合，可直接由指示计的最大、最小示值之差得到相应的轴向圆跳动值
28	圆锥面相对小圆柱轴线的斜向圆跳动公差为 t 测量圆锥 被测表面 [↗ t A] [A]	1. 计量器具 1）导向套筒 2）带指示计的测量架 2. 测量与验证方案	1. 预备工作 将被测件固定在导向套筒内，并在轴向上固定 2. 基准体现 采用导向套筒（模拟基准要素）体现基准 A 3. 被测要素体现 1）分离、提取。在被测量方向（或圆锥面）的某一半径位置处，沿锥面垂直方向上，且对被测要素求的方向上，且对被测要素（圆锥面）进行测量，得到一系列的测量值 2）构建。构建相应与被测件回转的方向上，构建被测件回转一周的测量要素（指示计示值） 3）评估。取其指示计示值最大差值，即为单一测量圆锥面最大差值，作为该零件最大值的斜向圆跳动 重复上述构建、提取、评估操作，在对应测量圆锥面不同半径位置处，测量圆锥面上测得的斜向圆跳动。取各圆锥面上的最大值中的最大值，作为该零件最大值的斜向圆跳动 4. 符合性比较 将得到的斜向圆跳动与图样上给出的公差值进行比较，判定被测件圆锥面斜向圆跳动是否合格	1. 斜向圆跳动属于特定检测方法定义的项目，简单实用 2. 基准的体现方法：采用模拟基准 3. 被测要素测量面（测量圆锥面） 1）构建要素测量面（面） 2）明确提取策略与方法 3）评估。无须拟合，最大、最小示值由指示计的最大、最小示值之差得到相应的斜向圆跳动值

（续）

序号	几何公差项目和图例	计量器具和检测与验证方案	检验操作集	备注
29	圆柱面相对于两端轴线的径向全跳动公差为 t 	1. 计量器具 1）一对同轴导向套筒 2）平板 3）支承 4）带指示计的测量方案 2. 测量与验证方案	1. 预备工作 将被测件固定在两同轴导向套筒内，同时在轴向上固定，并调整两同轴导向套筒，使其同轴且与测量平板平行 2. 基准体现 采用同轴导向套筒（模拟基准要素）体现基准 A—B 3. 被测要素测量与评估 1）分离。确定被测要素（外圆柱面）及其测量界限 2）提取。在垂直于平板的轴的截面内，当被测件做直线运动时，对被测要素沿测量界限 A—B 方向做测量，得到一系列指示计示值（指示计示值） 3）评估。不同截面地测量，得到一系列最大差值，取其指示计示值最大差值，即为该零件的径向全跳动值 4. 符合性比较 将得到的径向全跳动值与图样上给出的公差进行比较，判定被测件的径向全跳动是否合格	1. 径向全跳动属于特定检测方法定义的项目，简单实用 2. 基准的体现：采用模拟基准 3. 被测要素测量与评估 1）构建被测要素（外圆柱面） 2）明确提取策略与方法 3）评估。无须对计的最大、最小示值，由指示计示值之差得到相应的跳动值
30	右端面相对于小圆柱轴线的轴向全跳动公差为 t 	1. 计量器具 1）导向套筒 2）平板 3）支承 4）带指示计的测量方案 2. 测量与验证方案	1. 预备工作 将被测件支承在导向套筒内，并在轴向上固定。导向套筒的轴线应与测量平板垂直 2. 基准体现 采用导向套筒（模拟基准要素）体现基准 A 3. 被测要素测量与评估 1）分离。确定被测要素（右端面）及其测量界限 2）提取。在被测件做直线运动过程中，对被测要素（右端面）进行不间断地测量，得到一系列指示计示值（指示计示值） 3）评估。取上述的测量示值，评估，在对应被测量圆柱面上进行测量。取各测量圆柱面上测得的最大差值作为该零件的轴向全跳动。重复对不同半径位置处的轴向全跳动进行测量 4. 符合性比较 将得到的轴向全跳动值与图样上给出的公差进行比较，判定被测件的轴向全跳动是否合格	1. 轴向全跳动属于特定检测方法定义的项目，简单实用 2. 基准的体现：采用模拟基准 3. 被测要素测量（右端面） 1）构建被测要素（右端面） 2）明确提取策略与方法 3）评估。无须对计的最大、最小示值，由指示计示值之差得到相应的跳动值

4.5　零件几何精度设计

零件几何误差对机械产品、机械设备正常工作有很大影响，因此，正确合理地设计零件几何精度，对保证机械产品、机械设备的功能要求、提高经济效益有着十分重要的意义。

零件几何精度设计的主要内容包括：根据零件的结构特征、功能关系、检测条件以及有关标准件的要求，选择几何公差项目；根据几何公差的相关原则选择几何公差基准；根据零件的功能和精度要求、结构特点和制造成本等，选择相关公差要求和确定几何公差值；按国家标准规定进行图样标注。

4.5.1　几何公差项目的选择

在选择几何公差项目时，可以从以下几方面考虑。

1. 零件的结构特征

分析加工后零件可能存在的各种几何误差。例如：圆柱形零件会有圆柱度误差；圆锥形零件会有圆度和素线直线度误差；阶梯轴、孔类零件会有同轴度误差；零件上的孔、槽会有位置度或对称度误差等。

2. 零件的功能要求

分析影响零件功能要求的主要误差项目。例如：影响车床主轴旋转精度的主要误差是前、后轴颈的圆柱度误差和同轴度误差；车床导轨的直线度误差影响溜板的运动精度；在传动机械中，与滚动轴承内圈配合的轴颈圆柱度误差和轴肩轴向圆跳动误差影响轴颈与轴承内圈的配合性能、轴承的工作性能与寿命等。

3. 各几何公差项目的特点

在几何公差的十四个项目中，有单项控制和综合控制的项目，应该充分发挥综合控制公差项目的功能，这样可以减少图样上给出的几何公差项目，从而减少需要检测的几何误差项目，可提高检测效率和降低检测成本。

4. 检测条件

检测条件应包括生产单位有无相应的测量设备、测量的难易程度、测量效率是否与生产批量相适应等。在满足功能要求的前提下，应选用简便易行的检测项目代替测量难度较大的项目。例如：等级不高的同轴度公差项目常常可以用径向圆跳动或径向全跳动公差项目近似代替；端面对轴线的垂直度公差项目可以用轴向圆跳动或轴向全跳动公差项目近似代替。这样，可使测量方便。但必须注意，径向全跳动误差是同轴度误差与圆柱度误差的综合结果，故用径向全跳动量代替同轴度误差时，给出的径向全跳动公差值应略大于同轴度公差值，否则就会要求过严。用轴向圆跳动量代替端面对轴线的垂直度误差并不可靠，如采用车削加工的端面可能呈现圆锥形误差，而非平面，则该轴向圆跳动量小于轴向垂直度误差。这种情况，不能用轴向圆跳动公差控制垂直度误差。但是，端面全跳动量和端面对轴线的垂直度误差相同，故可以等价替代。

4.5.2　几何公差基准的选择

选择几何公差项目的基准时，主要根据零件的功能和设计要求，并兼顾基准统一原则和零件结构特征等几方面来考虑。

1）遵守基准统一原则，即设计基准、定位基准和装配基准是同一要素。这样，既可减少因基准不重合而产生的误差，又可简化工夹量具的设计、制造和检测过程。例如，对于阶梯轴的几何误差测量，应以加工该轴时定位安装该轴的两轴颈的公共轴线（或轴的两端中心孔的公共轴线）作为测量基准和设计基准。

2）选用三基面体系时，应选择对被测要素的功能要求影响最大或定位最稳的平面（可以定位三点）作为第一基准；影响次之或窄而长的表面（可以定位两点）作为第二基准；影响小或短小的表面（定位一点）作为第三基准。

4.5.3 相关公差要求的选择

选择相关公差要求时，应根据被测要素的功能要求，并考虑采用该种公差要求的可行性与经济性。表 4.14 中列出独立原则和相关要求的应用示例，供选择时参考。

表 4.14 独立原则和相关要求的应用示例

公差原则	功能要求	应用示例
独立原则	尺寸精度与几何精度需要分别满足要求	减速器、齿轮传动箱体各孔的尺寸精度与各孔轴线的平行度；连杆、活塞销孔的尺寸精度与圆柱度
	尺寸精度与几何精度要求差别较大	台钻工作台的工作面到底面的尺寸精度要求低，工作台工作面的平面度及其对底面的平行度精度要求较高
		滚筒类零件尺寸精度要求很低，形状精度要求较高
		平板形状精度要求高，而尺寸精度无要求
		冲模架的下模座尺寸精度无要求，平行度要求较高
		通油孔的尺寸精度有一定要求，形状精度无要求
	尺寸精度与几何精度无联系	滚子链条的套筒或滚子内、外圆柱轴线的同轴度与尺寸精度；传动箱体孔的尺寸精度与孔轴线间的位置精度；发动机连杆上的孔的尺寸精度与孔之间的位置精度
	保证运动精度	机床导轨的形状精度有严格要求，尺寸精度为次要要求
	保证密封性	气缸套的形状精度有严格要求，尺寸精度为次要要求
	未注尺寸公差、未注几何公差	退刀槽、倒角、圆角等非功能要素
包容要求	保证孔、轴的配合性质	轴承与轴颈、座孔的配合，齿轮孔与传动轴颈的配合等
最大实体要求	保证关联要素的孔和轴的配合性质	采用零几何公差的最大实体要求
	保证提取导出要素的可装配性	轴承端盖、法兰盘上用于安装螺栓（钉）的通孔轴线位置度项目
最小实体要求	最低强度	减速器箱盖上的吊耳孔轴线相对箱盖内壁面的位置度项目
	保证最小壁厚	滑动轴承的轴套内、外轴线的同轴度项目
可逆要求	保证零件的实际轮廓不超越最大实体实效边界，且允许超出尺寸公差的范围	高精度零件—大批量生产时采用可逆要求可提高产品的合格率，降低产品加工成本

4.5.4 几何公差等级和公差值的选择

在几何公差的国家标准中，将几何公差分为注出公差和未注公差两种。一般对几何精度要求较高时，需在图样上注出公差项目和公差值；而对几何精度要求不高，用一般机床加工能够保证精度时，则不必将几何公差在图样上注出，而由未注几何公差来控制。这样，既可以简化制图，又突出了注出公差的要求。

1. 几何公差等级和公差值

按国家标准 GB/T 1184—1996《形状和位置公差　未注公差值》中的规定，在几何公差项目中，除了线轮廓度和面轮廓度两个项目未规定公差值以外，其余项目都规定了公差值。各几何公差的公差值见表 4.15～表 4.18。位置度公差值只规定了数系，见表 4.19。

表 4.15　直线度、平面度公差值（GB/T 1184—1996）　　　　　（单位：μm）

主参数 L 图例

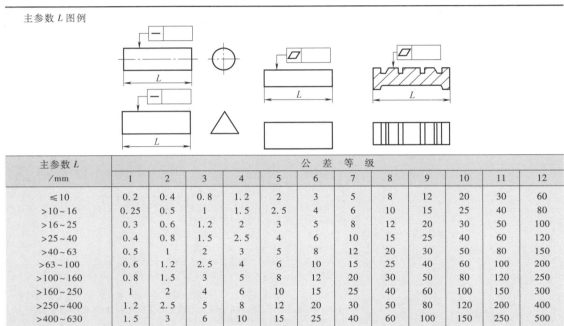

主参数 L /mm	公差等级											
	1	2	3	4	5	6	7	8	9	10	11	12
≤10	0.2	0.4	0.8	1.2	2	3	5	8	12	20	30	60
>10～16	0.25	0.5	1	1.5	2.5	4	6	10	15	25	40	80
>16～25	0.3	0.6	1.2	2	3	5	8	12	20	30	50	100
>25～40	0.4	0.8	1.5	2.5	4	6	10	15	25	40	60	120
>40～63	0.5	1	2	3	5	8	12	20	30	50	80	150
>63～100	0.6	1.2	2.5	4	6	10	15	25	40	60	100	200
>100～160	0.8	1.5	3	5	8	12	20	30	50	80	120	250
>160～250	1	2	4	6	10	15	25	40	60	100	150	300
>250～400	1.2	2.5	5	8	12	20	30	50	80	120	200	400
>400～630	1.5	3	6	10	15	25	40	60	100	150	250	500

表 4.16　圆度、圆柱度公差值（GB/T 1184—1996）　　　　　（单位：μm）

主参数 d(D) 图例

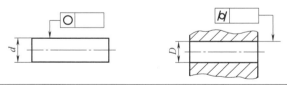

主参数 d(D) /mm	公差等级												
	0	1	2	3	4	5	6	7	8	9	10	11	12
≤3	0.1	0.2	0.3	0.5	0.8	1.2	2	3	4	6	10	14	25
>3～6	0.1	0.2	0.4	0.6	1	1.5	2.5	4	5	8	12	18	30
>6～10	0.12	0.25	0.4	0.6	1	1.5	2.5	4	6	9	15	22	36
>10～18	0.15	0.25	0.5	0.8	1.2	2	3	5	8	11	18	27	43
>18～30	0.2	0.3	0.6	1	1.5	2.5	4	6	9	13	21	33	52
>30～50	0.25	0.4	0.6	1	1.5	2.5	4	7	11	16	25	39	62
>50～80	0.3	0.5	0.8	1.2	2	3	5	8	13	19	30	46	74
>80～120	0.4	0.6	1	1.5	2.5	4	6	10	15	22	35	54	87
>120～180	0.6	1	1.2	2	3.5	5	8	12	18	25	40	63	100
>180～250	0.8	1.2	2	3	4.5	7	10	14	20	29	46	72	115
>250～315	1.0	1.6	2.5	4	6	8	12	16	23	32	52	81	130
>315～400	1.2	2	3	5	7	9	13	18	25	36	57	89	140
>400～500	1.5	2.5	4	6	8	10	15	20	27	40	63	97	155

表 4.17　平行度、垂直度、倾斜度公差值（GB/T 1184—1996）　　（单位：μm）

主参数 $d(D)$、L 图例

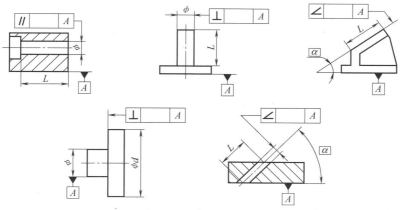

主参数 $d(D)$、L	公　差　等　级											
/mm	1	2	3	4	5	6	7	8	9	10	11	12
≤10	0.4	0.8	1.5	3	5	8	12	20	30	50	80	120
>10~16	0.5	1	2	4	6	10	15	25	40	60	100	150
>16~25	0.6	1.2	2.5	5	8	12	20	30	50	80	120	200
>25~40	0.8	1.1	3	6	10	15	25	40	60	100	150	250
>40~63	1	2	4	8	12	20	30	50	80	120	200	300
>63~100	1.2	2.5	5	10	15	25	40	60	100	150	250	400
>100~160	1.5	3	6	12	20	30	50	80	120	200	300	500
>160~250	2	4	8	15	25	40	60	100	150	250	400	600
>250~400	2.5	5	10	20	30	50	80	120	200	300	500	800
>400~630	3	6	12	25	40	60	100	150	250	400	600	1000

表 4.18　同轴度、对称度、圆跳动和全跳动公差值（GB/T 1184—1996）（单位：μm）

主参数 $d(D)$、B、L 图例

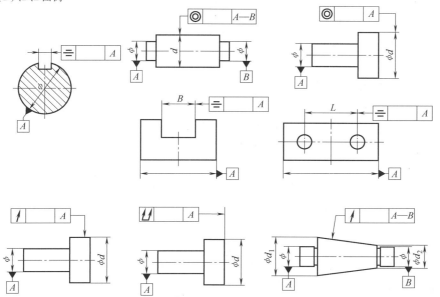

（续）

主参数 $d(D)$、B、L /mm	公差等级											
	1	2	3	4	5	6	7	8	9	10	11	12
≤1	0.4	0.6	1	1.5	2.5	4	6	10	15	25	40	60
>1~3	0.4	0.6	1	1.5	2.5	4	6	10	20	40	60	120
>3~6	0.5	0.8	1.2	2	3	5	8	12	25	50	80	150
>6~10	0.6	1	1.5	2.5	4	6	10	15	30	60	100	200
>10~18	0.8	1.2	2	3	5	8	12	20	40	80	120	250
>18~30	1	1.5	2.5	4	6	10	15	25	50	100	150	300
>30~50	1.2	2	3	5	8	12	20	30	60	120	200	400
>50~120	1.5	2.5	4	6	10	15	25	40	80	150	250	500
>120~250	2	3	5	8	12	20	30	50	100	200	300	600
>250~500	2.5	4	6	10	15	25	40	60	120	250	400	800

注：1. 当被测要素为圆锥面时，取 $d=(d_1+d_2)/2$。

  2. 使用同轴度公差值时，应在表中查得的数值前加注"ϕ"。

表 4.19 位置度数系（GB/T 1184—1996）   （单位：μm）

1	1.2	1.5	2	2.5	3	4	5	6	8
1×10^n	1.2×10^n	1.5×10^n	2×10^n	2.5×10^n	3×10^n	4×10^n	5×10^n	6×10^n	8×10^n

注：n 为正整数。

2. 几何公差等级和公差值的选择方法

几何公差等级的选择是：在满足零件功能要求的前提下，尽量选取较低的公差等级。

确定几何公差值的方法有计算法和类比法。在有些情况下，可利用尺寸链来计算位置公差值，如平行度、垂直度、倾斜度、位置度、同轴度、对称度公差值等。类比法是根据零件的结构特点和功能要求，参考现有资料和经过实际生产验证的同类产品中类似零件的几何公差要求，经过分析后确定较为合理的公差值的方法。使用类比法确定几何公差值时，应注意以下几点。

1）形状、方向、位置、尺寸公差间的关系应相互协调，其一般原则是：形状公差<方向公差<位置公差<尺寸公差。但应注意特殊情况：细长轴轴线的直线度公差远大于尺寸公差；位置度和对称度公差往往与尺寸公差相当；当形状、方向或位置公差与尺寸公差相等时，对同一要素按包容要求处理。

2）位置公差>方向公差。一般情况下，位置公差包含方向公差的要求，反之不然。

3）综合公差大于单项公差。例如，圆柱度公差大于圆度公差、素线和轴线直线度公差。

4）形状公差与表面粗糙度之间的关系也应协调。通常，中等尺寸和中等精度的零件，表面粗糙度参数 Ra 值可占形状公差的 20%~25%。

表 4.20~表 4.23 中列出了一些几何公差等级应用场合，供选择几何公差等级时参考。

表 4.20 直线度、平面度公差等级应用场合

公差等级	应用场合
1、2	用于精密量具、测量仪器以及精度要求较高的精密机械零件，如 0 级样板、平尺、0 级宽平尺、工具显微镜等精密测量仪器的导轨面，喷油器针阀体端面的平面度，液压泵柱塞套端面的平面度等
3	用于 0 级及 1 级宽平尺工作面、1 级样板平尺的工作面、测量仪器圆弧导轨的直线度、测量仪器的测杆等
4	用于量具、测量仪器和机床导轨，如 1 级宽平尺、0 级平板，测量仪器的 V 形导轨，高精度平面磨床的 V 形导轨和滚动导轨，轴承磨床及平面磨床床身的直线度等

（续）

公差等级	应用场合
5	用于 1 级平板、2 级宽平尺,平面磨床纵导轨、垂直导轨、立柱导轨和平面磨床的工作台,液压龙门刨床导轨,转塔车床床身导轨,柴油机进气门导杆等
6	用于 1 级平板,卧式车床床身导轨,龙门刨床导轨,滚齿机立柱导轨、床身导轨及工作台,自动车床床身导轨,平面磨床垂直导轨,卧式镗床和铣床工作台以及机床主轴箱导轨等工作面,柴油机进气门导杆的直线度,柴油机机体上部结合面等
7	用于 2 级平板,分度值为 0.02mm 游标卡尺尺身的直线度,机床主轴箱体、柴油机气门导杆、滚齿机床身导轨的直线度,镗床工作台、摇臂钻底座工作台,液压泵盖的平面度,压力机导轨及滑块工作面等
8	用于 2 级平板,车床溜板箱、机床主轴箱、机床传动箱、自动车床底座的直线度,气缸盖结合面、气缸座、内燃机连杆分离面的平面度,减速器壳体的结合面等
9	用于 3 级平板,机床溜板箱、立钻工作台、螺纹磨床的交换齿轮架、金相显微镜的载物台、柴油机气缸体连杆的分离面,缸盖的结合面,阀片的平面度,空气压缩机气缸体,柴油机缸孔环面的平面度以及辅助机构及手动机械的支承面等
10	用于 3 级平板,自动车床床身底面的平面度,车床交换齿轮架的平面度,柴油机气缸体,摩托车的曲轴箱体,汽车变速器的壳体与汽车发动机缸盖结合面,阀片的平面度以及液压管件和法兰的连接面等
11、12	用于易变形的薄片零件,如离合器的摩擦片、汽车发动机缸盖的结合面等

表 4.21　圆度、圆柱度公差等级应用场合

公差等级	应用场合
1	高精度量仪主轴、高精度机床主轴、滚动轴承滚珠和滚柱面等
2	精密量仪主轴、外套、阀套,高压液压泵柱塞及套,纺锭轴承,高速柴油机进、排气门,精密机床主轴轴颈,针阀圆柱表面,柱塞泵柱塞及柱塞套等
3	工具显微镜套管外圆,高精度外圆磨床轴承,磨床砂轮主轴套筒,喷油嘴针阀体,高精度微型轴承内外圈
4	较精密机床主轴,精密机床主轴孔,高压阀门活塞、活塞销、阀体孔,工具显微镜顶针,高压液压泵柱塞,较高精度滚动轴承配合轴,铣削动力头箱体孔等
5	一般量仪主轴,测杆外圆,陀螺仪轴颈,一般机床主轴,较精密机床主轴及主轴箱孔,柴油机、汽油机活塞、活塞销孔,铣削动力头轴承箱座孔,高压空气压缩机十字头销、活塞,较低精度滚动轴承配合轴等
6	仪表端盖外圆,一般机床主轴及体孔,中等压力下液压装置工作面(包括泵、压缩机的活塞和气缸),汽车发动机凸轮轴,纺机锭子,通用减速器轴颈,高速船用发动机曲轴,拖拉机曲轴主轴颈
7	大功率低速柴油机曲轴、活塞、活塞销、连杆、气缸,高速柴油机箱体孔,千斤顶或压力液压缸活塞,液压传动系统的分配机构,机车传动轴,水泵及一般减速器轴颈等
8	低速发动机、减速器、大功率曲轴的轴颈,气压机连杆盖、体,拖拉机气缸体、活塞,炼胶机冷铸轴辊,印刷机传墨辊,内燃机曲轴,柴油机机体孔、凸轮轴,拖拉机、小型船用柴油机气缸套
9	空气压缩机缸体,液压传动筒,通用机械杠杆与拉杆用套筒销子,拖拉机活塞环、套筒孔
10	印染机导布辊,绞车、起重机滑动轴承轴颈等

表 4.22　平行度、垂直度公差等级应用场合

公差等级	面对面平行度应用场合	线对面、线对线平行度应用场合	垂直度应用场合
1	高精度机床,高精度测量仪器以及量具等主要基准面和工作面	—	高精度机床、高精度测量仪器以及量具等主要基准面和工作面
2、3	精密机床,精密测量仪器、量具以及夹具的基准面和工作面等	精密机床上重要箱体主轴孔对基准面及对其他孔的要求等	精密机床导轨,普通机床重要导轨,机床主轴轴向定位面,精密机床主轴肩端面,滚动轴承座孔端面,齿轮测量仪的心轴,光学分度头心轴端面,精密刀具、量具工作面和基准面等
4、5	卧式车床,测量仪器、量具的基准面和工作面,高精度轴承座孔,端盖,挡圈的端面等	机床主轴孔对基准面要求,重要轴承孔对基准面要求,床头箱体重要孔间要求,齿轮泵的端面等	普通机床导轨,精密机床重要零件,机床重要支承面,普通机床主轴偏摆,测量仪器,液压传动轴瓦端面,刀、量具工作面和基准面等

（续）

公差等级	面对面平行度应用场合	线对面、线对线平行度应用场合	垂直度应用场合
6~8	一般机床零件的工作面和基准面，一般刀、量、夹具等	机床一般轴承孔对基准面要求，主轴箱一般孔间要求，主轴花键对定心直径要求，刀、量、模具等	普通精度机床主要基准面和工作面，回转工作台端面，一般导轨，主轴箱体孔，刀架、砂轮架及工作台回转中心，一般轴肩对其轴线等
9、10	低精度零件，重型机械滚动轴承端盖等	柴油机和煤气发动机的曲轴孔、轴颈等	外花键轴肩端面，传动带运输机法兰盘等端面、轴线，手动卷扬机及传动装置中轴承端面，减速器壳体平面等
11、12	零件的非工作面，绞车、运输机上用的减速器壳体平面等	—	农业机械齿轮端面等

注：1. 在满足设计要求的前提下，考虑到零件加工的经济性，对于线对线和线对面的平行度和垂直度公差等级，应选用低于面对面的平行度和垂直度公差等级。

2. 使用本表选择面对面平行度和垂直度公差等级时，宽度应不大于 1/2 长度；若大于 1/2 长度，则降低一级公差等级选用。

表 4.23　同轴度、对称度、径向圆跳动公差等级应用场合

公差等级	应用场合
5~7	这是应用范围较广的公差等级，用于几何精度要求较高、尺寸公差等级为 IT8 及高于 IT8 的零件。5 级常用于机床轴颈、计量仪器的测量杆、汽轮机主轴、柱塞液压泵转子、高精度滚动轴承外圈、一般精度滚动轴承内圈。7 级用于内燃机曲轴、凸轮轴、齿轮轴、水泵轴、汽车后轮输出轴、电动机转子、印刷机传墨辊的轴颈、键槽
8、9	常用于几何精度要求一般、尺寸公差等级为 IT9~IT11 的零件。8 级用于拖拉机发动机分配轴轴颈、与 9 级精度以下齿轮相配的轴、水泵叶轮、离心泵体、棉花精梳机前后滚子、键槽等。9 级用于内燃机气缸套配合面、自行车中轴

位置度公差的确定方法：对于用螺栓或螺钉联接的两个或两个以上的零件，被联接零件的位置度公差值可按给出的计算方法确定。它适用于呈任何分布形式的内、外相配要素，并保证装配互换。

用螺栓联接时，被联接零件上的孔均为通孔，其孔径大于螺栓的直径，位置度公差的计算公式为

$$t \leqslant KX_{\min}$$

式中　t——位置度公差；

$X_{\min}$——光孔与螺栓间的最小间隙；

K——间隙利用系数，K 的推荐值：不需要调整的联接 $K=1$；需要调整的联接 $K=0.8$ 或 $K=0.6$。

用螺钉联接时，被联接零件中有一个零件上的孔是螺孔，而其余零件上的孔均为光孔，其孔径大于螺钉直径，位置度公差的计算公式为

$$t \leqslant 0.5KX_{\min}$$

按以上公式计算确定的位置度公差值，经圆整后按表 4.19 选择公差值。

3. 未注几何公差的规定

图样上没有具体注明几何公差值的要素，其几何精度由未注几何公差控制。国家标准 GB/T 1184—1996 将未注几何公差分为 H、K、L 三个公差等级，精度依次降低。直线度、平面度、垂直度、对称度和圆跳动的未注公差值见表 4.24~表 4.27。

表 4.24　直线度、平面度的未注公差值（GB/T 1184—1996）　　（单位：mm）

公差等级	基本长度范围					
	≤10	>10~30	>30~100	>100~300	>300~1000	>1000~3000
H	0.02	0.05	0.1	0.2	0.3	0.4
K	0.05	0.1	0.2	0.4	0.8	0.8
L	0.1	0.2	0.4	0.8	1.2	1.6

表 4.25　垂直度的未注公差值（GB/T 1184—1996）　　（单位：mm）

公差等级	基本长度范围			
	≤100	>100~300	>300~1000	>1000~3000
H	0.2	0.3	0.4	0.5
K	0.4	0.6	0.8	1
L	0.6	1	1.5	2

表 4.26　对称度的未注公差值（GB/T 1184—1996）　　（单位：mm）

公差等级	基本长度范围			
	≤100	>100~300	>300~1000	>1000~3000
H	0.5			
K	0.6		0.8	1
L	0.6	1	1.5	2

表 4.27　圆跳动的未注公差值（GB/T 1184—1996）　　（单位：mm）

公差等级	圆跳动公差值
H	0.1
K	0.2
L	0.5

圆度的未注公差值等于工件直径公差值，但不能大于表 4.27 中的圆跳动的未注公差值。

圆柱度的未注公差值不做规定，原因是：圆柱度误差是由圆度、直线度和相对素线的平行度误差综合形成的，而这三项误差均分别由它们的注出公差或未注公差控制。如果对圆柱度有较高的要求，则可以采用包容要求或注出圆柱度公差值。

平行度的未注公差值等于给出的尺寸公差值或是直线度和平面度未注公差值中的较大者。应取两要素中较长者作为基准，若两要素长度相等则可任选其一为基准。

国家标准对同轴度的未注公差值未做规定，可用径向圆跳动的未注公差值加以控制。

同样，国家标准对线轮廓度、面轮廓度、倾斜度、位置度和全跳动的未注公差值均不做规定，它们均由各要素的注出公差或未注线性尺寸公差或角度公差控制。

未注公差值的图祥表示法为：在标题栏附近或在技术要求、技术文件（如企业标准）中注出"标准号及公差等级代号"。例如，选用 H 级，则标注为 GB/T 1184-H。

4.5.5　几何精度设计应用实例

【例 4.1】　选择图 3.21 所示立式台钻中花键套筒零件的几何公差以及相关公差要求项目，并进行正确标注。

【解】

1. 分析花键套筒零件在立式台钻工作中的功能要求

由于花键套筒在传递运动和转矩的过程中，要求具有一定的旋转精度，因此对花键套筒上各主要轴颈的相对位置提出一定的要求。

1）两处轴承位 $\phi25_{-0.004}^{+0.009}$ mm 轴颈是花键套筒上比较重要的表面，不仅有形状要求，而且还有位置要求。

为了保证此处与轴承内圈的配合性质，对于尺寸公差与形状公差之间关系要求应用包容要求，而且，还要提出对轴颈的圆柱度公差要求（见第6.1节）。

2）轴颈 $\phi25_{-0.004}^{+0.009}$ mm（与轴承内圈内径配合）和轴颈 $\phi24_{+0.002}^{+0.023}$ mm（和带轮相配合）应保持一定精度的同轴位置关系。

3）为使主轴上的外花键部分在花键套筒内能顺畅左右滑动（图1.1），要求轴颈 $\phi25_{-0.004}^{+0.009}$ mm 与内花键大径（大径定心）的轴线应保持同轴位置关系。

4）轴肩 $\phi30$ mm 两端面应分别与 $\phi25_{-0.004}^{+0.009}$ mm、$\phi24_{-0.002}^{+0.023}$ mm 的轴线垂直，以保证在轴承和带轮安装时端面接触良好。

2. 几何公差的选择

（1）基准的选择　花键套筒上的各轴线在径向上保证相对位置。该零件属套类零件，基准选择分析如下。

1）以轴承位 $\phi25_{-0.004}^{+0.009}$ mm 轴线为基准。为了保证位置精度，一般选择尺寸、形状精度较高的几何要素作为基准。按照花键套筒工作的功能要求，轴承位 $\phi25_{-0.004}^{+0.009}$ mm 精度要求较高，应以该轴线为基准。但是，以轴承位 $\phi25_{-0.004}^{+0.009}$ mm 轴线为基准，测量内花键相对其相互位置误差，难度较大。

2）以内花键大径（定心直径）轴线作为基准。测量时，用花键心轴与内花键配合，花键心轴两端上有中心孔，用顶尖定位花键心轴。这样，很方便地测量 $\phi25_{-0.004}^{+0.009}$ mm、$\phi24_{+0.002}^{+0.023}$ mm 相对基准的位置误差。但是，花键心轴形状复杂，设计、制造难度大，成本高。所以，以内花键的定心直径轴线为基准，适用于立式台钻批量较大的场合。

3）花键套筒上 $\phi30$ mm 轴肩左、右端面的垂直度要求的基准选取。按照该处的功能要求，轴肩左端面应以其左侧 $\phi25_{-0.004}^{+0.009}$ mm 的轴线为基准，而轴肩右端面应以 $\phi24_{+0.002}^{+0.023}$ mm 轴线为基准。测量时，分别定位，测量效率较低。若选择内花键大径（定心直径）轴线为基准，则可在被测工件一次定位、装夹之后，测量多项径向、轴向圆跳动量，效率高。但是，某些项目的位置精度是间接保证的。如图3.21所示，轴肩左端面对 $\phi25_{+0.002}^{+0.023}$ mm 轴线的垂直度要求是间接保证的，测量精度受到一定的影响。

分析比较后，采用内花键大径（定心直径）轴线为基准，如图3.21所示。

（2）公差项目的选择　根据花键套筒上各轴颈的相互位置要求，应选择同轴度公差项目。但从测量的难易程度考虑，测量同轴度误差难度大。在中、小企业中，多采用径向圆跳动公差项目代替同轴度公差项目。由第4.2节可知，测量径向圆跳动量简便易行，可使用常规、价廉的计量器具——偏摆检查仪。

同理，花键套筒轴肩 $\phi30$ mm 左端面、右端面相对内花键大径（定心直径）轴线的垂直要求也可采用轴向圆跳动项目来保证。

（3）几何公差等级的选择　根据几何公差等级选择原则，在满足零件功能要求的前提下，尽量选取较低的公差等级。

花键套筒上轴承位相对基准的位置精度对钻头旋转精度影响比主轴小些，加之内花键的加工难度大，综合考虑各种因素，慎重选择几何公差等级。

轴承位的 $\phi25^{+0.009}_{-0.004}$mm 外圆柱面对基准的径向圆跳动公差等级选择 7 级，主参数 $d=\phi25$mm，查表 4.18，径向圆跳动公差值为 0.015mm。

考虑到带轮旋转精度要求不高（带为柔性材料），$\phi24^{+0.023}_{+0.002}$mm 外圆柱面对基准的径向圆跳动公差等级选择 8 级，主参数 $d=\phi24$mm，查表 4.18，径向圆跳动公差值为 0.025mm。

轴肩 $\phi30$mm 右端面的轴向圆跳动公差等级选择 9 级，主参数 $d=\phi30$mm，查表 4.18，轴向圆跳动公差值为 0.05mm。轴肩 $\phi30$mm 左端面的轴向圆跳动公差在第 6.1 节中介绍。

3. 几何公差标注

几何公差标注如图 3.21 所示。

【例 4.2】 选择图 6.7 所示立式台钻主轴箱零件局部几何要素的几何公差以及公差原则项目，并进行正确标注。

【解】

1. 分析

由图 1.1 可知，主轴箱是立式台钻中的重要零件，其将花键套筒、齿条套筒、主轴联系在一起，其位置、运动精度靠它们之间的几何公差加以保证。

根据立式台钻的工作要求，对主轴箱上几处几何要素有如下要求。

1）$\phi50$mm 孔的轴线与 $\phi52$JS7mm 孔的轴线同轴。

2）主轴箱 $\phi50$mm 孔的右端面（图 1.1）相对 $\phi50$mm 孔的轴线应垂直，便于主轴箱"一面两销"定位、加工。因此，选择 $\phi50$mm 孔轴线作为基准。

2. 几何公差的选择

1）$\phi52$JS7 孔的轴线对 $\phi50$mm 孔的轴线相互位置公差选取同轴度公差项目，公差等级选择 7 级，主参数>50~120mm，由表 4.18 可得，公差数值为 0.025mm。

2）主轴箱右端面相对 $\phi50$mm 孔的轴线垂直度公差等级选择 8 级，主参数（70mm 左右）>63~100mm，由表 4.17 可得，公差数值为 0.06mm。

3. 图样标注

将上述选择结果标注在图 6.7 上。

本 章 实 训

对图 1.1 所示主轴、齿条套筒上各几何要素进行几何精度设计，选择基准、几何特征和公差等级，确定尺寸公差与几何公差之间的关系——独立原则或相关公差要求应用，并在零件图（实训图 6.1 和实训图 6.2）上进行正确地标注。

习 题

1. 填空题

1）轴的最大实体尺寸为_____尺寸，孔的最大实体尺寸为_____尺寸。

2）形状误差应按_____评定，这时用_____的宽度或直径表示形状误差值。

3）独立原则是指图样上被测要素给出的尺寸公差与_____各自独立，彼此无关，应分别满足要求的公差原则。这时，尺寸公差只控制_____尺寸，不控制要素本身的_____。

4）最大实体要求应用于被测要素时，其实际轮廓不得超越_____边界，其实际尺寸不得超出_____尺寸。

5）在相关公差要求中，_____要求通常用于保证孔、轴配合性质的场合；_____要求通常用于只要求装配互换的几何要素。

6）在直线度公差中，给定平面内的公差带形状为_____；给定方向上的公差带形状为_____；任意方向上的公差带形状为_____。

7）轴向全跳动公差控制端面对基准轴线的_____误差，也控制端面的_____误差。

8）处理尺寸公差和几何公差之间关系的原则或相关要求包括_____、_____、_____及可逆要求。

9）包容要求规定：孔、轴的提取组成要素不得超越其_____，且孔、轴的局部尺寸不得超出_____。

10）写出在课程实验中，测量下列误差或偏差的计量器具名称。

① 直线度误差测量：_____。

② 三项圆跳动量测量：_____。

③ 光滑极限量规外径尺寸测量：_____。

④ 较高精度的孔径尺寸测量：_____。

⑤ 线对面的平行度误差测量：_____。

⑥ 连杆大、小头孔轴线平行度误差测量：_____。

2. 选择题

1）几何公差中的方向公差带可以综合控制被测要素的（　　　）。

A. 形状和位置误差　　　　　　　　　　B. 形状和方向误差

C. 方向和位置误差　　　　　　　　　　D. 形状误差和跳动

2）为保证使用要求，应规定轴的键槽两侧面的中心平面对基准轴线的（　　　）。

A. 平行度公差　　　B. 垂直度公差　　　C. 倾斜度公差　　　D. 对称度公差

3）可以根据具体情况规定不同形状的公差带的几何公差特征项目是（　　　）。

A. 直线度　　　　　B. 平面度　　　　　C. 圆度　　　　　　D. 同轴度

4）某被测平面的平面度误差为 0.04mm，则它对基准平面的平行度误差（　　　）。

A. 不小于 0.04mm　　　　　　　　　　B. 不大于 0.04mm

C. 等于 0.04mm　　　　　　　　　　　D. 小于 0.04mm

5）用立式光学比较仪测量光滑极限量规外径尺寸的测量方法是（　　　）、（　　　）；用内径百分表测量孔径的测量方法是（　　　）、（　　　）。

A. 直接测量法　　　B. 间接测量法　　　C. 绝对测量法　　　D. 相对测量法

6）被测轴线的直线度公差与它对基准轴线的同轴度公差的关系应是（　　　）。

A. 前者一定等于后者　　　　　　　　　B. 前者一定大于后者

C. 前者不得大于后者　　　　　　　　　　D. 前者小于后者

7）位置公差带可以综合控制被测要素的（　　　）。

A. 形状误差和位置误差　　　　　　　　　B. 形状误差、方向误差和位置误差

C. 方向误差和位置误差　　　　　　　　　D. 形状误差、方向误差和距离尺寸偏差

8）若某轴一横截面内实际轮廓由直径分别为 $\phi20.05$ mm 与 $\phi20.03$ mm 的两同心圆包容面形成最小包容区域，则该轮廓的圆度误差值为（　　　）。

A. 0.02mm　　　B. 0.01mm　　　　　　C. 0.015mm　　　　D. 0.005mm

9）在坐标测量仪上测得某孔圆心的实际坐标值 (x, y)，将该两坐标值分别减去确定该孔圆心理想位置的理论正确尺寸 L_x、L_y，得到实际坐标值对理想位置坐标值的偏差 $\Delta_x = x - L_x = +3\mu m$，$\Delta_y = y - L_y = -4\mu m$，于是被测圆心的位置度误差为 ϕ（　　　）。

A. 2.5μm　　　　　B. 5μm　　　　　　C. 10μm　　　　D. 25μm

10）在图样上标注被测要素的几何公差，若几何公差值前面加"ϕ"，则几何公差带的形状为（　　　）。

A. 两同心圆　　　　　　　　　　　　　　B. 两同轴圆柱

C. 圆形、圆柱形或球　　　　　　　　　　D. 圆形、圆柱形

11）孔的轴线在任意方向上的位置度公差带的形状是（　　　）；圆度公差带的形状是（　　　）。

A. 两同心圆　　　　　　　　　　　　　　B. 圆柱

C. 两平行平面　　　　　　　　　　　　　D. 相互垂直的两组平行平面

12）评定垂直度误差应采用（　　　）。

A. 最小区域法　　　　　　　　　　　　　B. 定向最小区域法

C. 三点法　　　　　　　　　　　　　　　D. 定位最小区域法

13）测得实际被测轴线至基准轴线的最大偏移量为 5μm，最小偏移量为 3μm，则该实际被测轴线相对于该基准轴线的同轴度误差为 ϕ（　　　）。当某一被测实际直线至基准直线的最大距离为 9.006mm，最小距离为 9.001mm，则被测轴线对基准轴线的平行度误差为（　　　）。

A. 5μm　　　　　B. 6μm　　　　　　　C. 10μm　　　　　D. 12μm

14）若某圆柱轮廓相对两端中心孔的公共轴线的径向圆跳动量为 0.08mm，则圆柱该截面上的圆心对基准轴线的同心度误差一定（　　　）0.08mm，该截面上的圆度误差一定（　　　）0.08mm。

A. 不大于　　　　　B. 等于　　　　　　C. 小于

D. 大于　　　　　　E. 不小于

3. 标注题

1）试将下列各项几何公差要求标注在习题图 4.1 上。

① $\phi100h8$ 圆柱面对 $\phi40H7$ 孔轴线的径向圆跳动公差为 0.018mm。

② $\phi40H7$ 孔遵守包容要求，圆柱度公差为 0.007mm。

③ 左、右两凸台端面对 $\phi40H7$ 孔轴线的轴向圆跳动公差均为 0.012mm。

④ 轮毂键槽对称中心面对 $\phi40H7$ 孔轴线的对称度公差为 0.02mm。

2）试将下列各项几何公差要求标注在习题图 4.2 上。

① 2×ϕd 轴线对其公共轴线的同轴度公差均为 $\phi 0.02$mm。

② ϕD 轴线对 2×ϕd 公共轴线的垂直度公差为 0.01/100mm。

③ ϕD 轴线对 2×ϕd 公共轴线的对称度公差为 0.02mm。

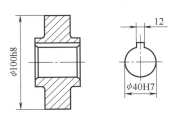 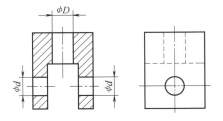

习题图 4.1　标注题图（一）　　　　　　　习题图 4.2　标注题图（二）

3）试将下列各项几何公差要求标注在习题图 4.3 上。

① 圆锥面 A 的圆度公差为 0.006mm，圆锥素线的直线度公差为 0.005mm，圆锥面 A 轴线对 ϕd 轴线的同轴度公差为 $\phi 0.01$mm。

② ϕd 圆柱面的圆柱度公差为 0.009mm，ϕd 轴线的直线度公差为 $\phi 0.012$mm。

③ 右端面 B 对 ϕd 轴线的轴向圆跳动公差为 0.01mm。

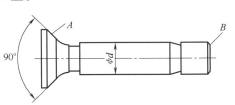

习题图 4.3　标注题图（三）

4）试将下列各项几何公差要求标注在习题图 4.4 上。

① $\phi 32$mm 圆柱面对两处 $\phi 20$mm 轴颈的公共轴线的径向圆跳动公差为 0.015mm。

② 两个 $\phi 20$mm 轴颈的圆柱度公差为 0.01mm。

③ $\phi 32$mm 左、右端面对两处 $\phi 20$mm 轴颈的公共轴线的轴向圆跳动公差为 0.02mm。

④ 键槽（宽 10mm）的中心平面对 $\phi 32$mm 轴线的对称度公差为 0.015mm。

5）试将下列各项几何公差要求标注在习题图 4.5 上。

① 左端面的平面度公差为 0.01mm。

② 右端面对左端面的平行度公差为 0.04mm。

③ $\phi 70$mm 孔按 H7 遵守包容要求，$\phi 210$mm 外圆柱按 h7 遵守独立原则。

④ $\phi 70$mm 孔轴线对左端面的垂直度公差为 $\phi 0.02$mm。

⑤ $\phi 210$mm 外圆柱的轴线对 $\phi 70$mm 孔轴线的同轴度公差为 $\phi 0.03$mm。

⑥ 4×$\phi 20$H8 孔轴线对左端面与 $\phi 70$ 孔轴线的位置度公差为 $\phi 0.15$mm（要求均匀分布），被测轴线的位置度公差与 $\phi 20$H8、$\phi 70$H7 尺寸公差的关系应用最大实体要求。

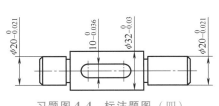 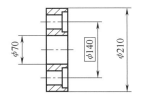 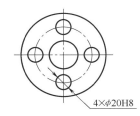

习题图 4.4　标注题图（四）　　　　　　　习题图 4.5　标注题图（五）

6）试将下列各项几何公差要求标注在习题图 4.6 上。

① ϕ50k6、ϕ60r6、ϕ65k6 和 ϕ75k6 皆采用包容要求。

② 轴键槽的对称中心面对 ϕ50k6 轴线的对称度公差为 0.04mm。

③ ϕ60r6 圆柱面和 ϕ80G7 孔对 ϕ65k6 和 ϕ75k6 的公共轴线的径向圆跳动公差为 0.025mm。

④ F 面的平面度公差为 0.02mm。

⑤ 10 × ϕ20P8 孔对 F 面、ϕ65k6 和 ϕ75k6 的公共轴线的位置度公差为 ϕ0.05mm，而且被测要素的尺寸公差和基准导出（中心）要素分别与位置度公差的关系采用最大实体要求。

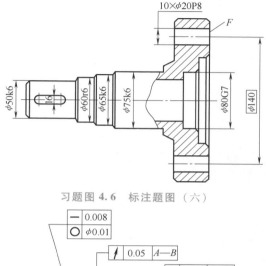

习题图 **4.6**　标注题图（六）

4. 改错题

改正习题图 4.7 所示几何公差标注的错误（几何公差项目不允许变更或删除）。

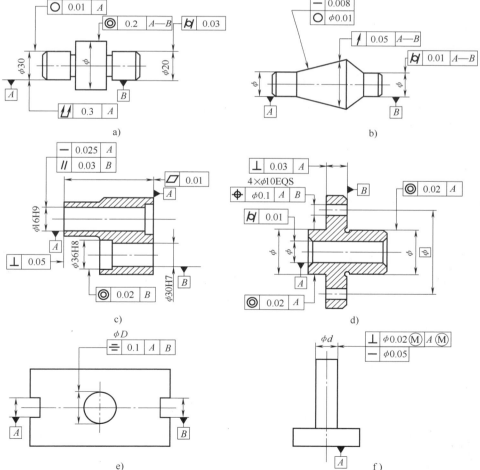

习题图 **4.7**　改错题图

5. 填表题

试根据习题图 4.8 所示 4 个图样标注，填写习题表 4.1 中各项内容。

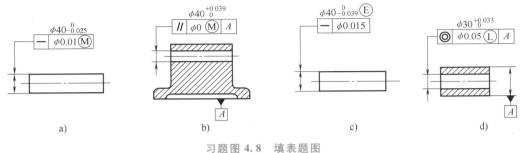

a)　　　　　b)　　　　　c)　　　　　d)

习题图 4.8　填表题图

习题表 4.1　填表题表　　　　　（单位：mm）

图号	被测要素		采用的公差原则或要求	遵守的理想边界		给出被测要素几何公差值的状态	检验量规名称	被测要素尺寸合格条件
	MMS	LMS		名称	尺寸			
a)								
b)								
c)								
d)								

6. 计算题

1）用分度值为 0.001mm 千分表测量长度为 2m 的平尺（习题图 4.9），读数值为 0mm、+2mm、+2mm、0mm、-0.5mm、-0.5mm、+2mm、+1mm、+3mm。试按最小条件和两端点连线法分别评定该平尺的直线度误差值。

2）用分度值为 0.02mm/m 的水平仪测量一零件的平面度误差。按网络布线，共测 9 点，如习题图 4.10a 所示。在 X 方向和 Y 方向测量所用桥板的跨距皆为 200mm，各测点的读数（单位为格）如习题图 4.10b 所示。试按最小条件评定该被测表面的平面度误差值。

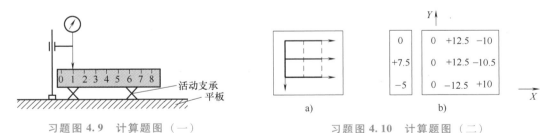

习题图 4.9　计算题图（一）　　　　　习题图 4.10　计算题图（二）

3）如习题图 4.11 所示，用分度值为 0.02mm/m 的水平仪测量工件平行度误差，所用桥板的跨距为 200mm。分别测量基准要素 D 与被测要素 B，测得的各测点读数（单位为格）见习题表 4.2。试用图解法求解被测要素的平行度误差值。

习题表 4.2　计算题表（一）

测点序号	0	1	2	3	4	5	6	7	8
基准要素 D 读数/格	+1	-1.5	+1	-3	+2	-1.5	+0.5	0	-0.5
被测要素 B 读数/格	0	+2	-3	+5	-2	+0.5	-2	+1	0

4）用工具显微镜或投影仪按直角坐标法测量习题图 4.12a 所示零件（薄钢板）的位置度误差。某实际零件测得各孔圆心的实际坐标尺寸，如习题图 4.12b 和习题表 4.3 所示。试确定该零件上各孔圆心的位置度误差值，并判断各孔及该零件合格与否？（将计算值填入习题表 4.3 中）

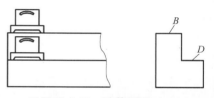

习题图 4.11　计算题图（三）

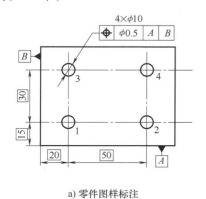

a）零件图样标注

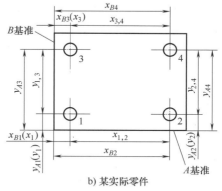

b）某实际零件

习题图 4.12　计算题图（四）

习题表 4.3　计算题表（二）　　　　　　　　（单位：mm）

各孔序号	测点代号	测量读数	以 A 或 B 为基准测量的坐标代号	坐标值	各孔位置度误差值	各孔的合格性
1	x_{B1}	20.05	x_{B1}			
	y_{A1}	15.05	y_{A1}			
2	$x_{1,2}$	49.95	x_{B2}			
	y_{A2}	15.05	y_{A2}			
3	x_{B3}	19.97	x_{B3}			
	$y_{1,3}$	29.99	y_{A3}			
4	$x_{3,4}$	50.05	x_{B4}			
	$y_{2,4}$	29.97	y_{A4}			

5）根据习题图 4.13a 所示标注，测量实际零件（习题图 4.13b）的对称度误差，测得 Δ = 0.03mm。试求：对称度误差值？是否超差？习题图 4.13b 所示基准要素和被测要素？

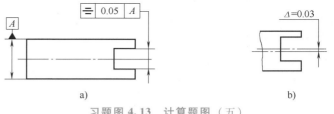

a）　　　　　　　　　　　　　b）

习题图 4.13　计算题图（五）

科学家科学史

"两弹一星"功勋科学家：孙家栋

第 5 章

表面粗糙度与检测

PPT 课件

本章要点及学习指导：

1）表面粗糙度的概念及其对机器零件使用性能的影响。
2）表面粗糙度的评定标准。
3）表面粗糙度的评定参数及其数值的选用和表面粗糙度的标注。
4）表面粗糙度的测量。

5.1 概述

5.1.1 表面粗糙度的概念

表面粗糙度反映的是零件表面微观几何形状误差。表面粗糙度是评定机械零件和产品质量的一个重要指标。

在机械加工过程中，由于刀痕、切削过程中切屑分离时的塑性变形、工艺系统中的高频振动、刀具和被加工面的摩擦等原因，会使被加工零件的表面产生微小的峰谷。这些微小峰谷的高低程度和间距状况称为表面粗糙度（也称为微观不平度）。

被加工零件表面的形状是复杂的，要对表面粗糙度轮廓进行界定。平面与实际表面相交所得的轮廓线，称为表面轮廓，如图 5.1 所示。

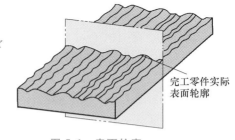

图 5.1　表面轮廓

表面轮廓一般包括表面粗糙度、表面波纹度和形状误差，可以按波距（波形起伏间距）λ 来划分：波距 $\lambda < 1\text{mm}$ 属于表面粗糙度（微观几何形状误差），波距 λ 在 $1 \sim 10\text{mm}$ 属于表面波纹度（中间几何形状误差），波距 $\lambda > 10\text{mm}$ 属于形状误差（宏观几何形状误差）。如图 5.2 所示，将某零件表面的一段实际轮廓按波距 λ 的大小分解为三部分。

5.1.2 表面粗糙度对零件使用性能的影响

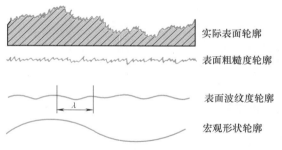

图 5.2　零件表面实际表面轮廓及其组成成分

表面粗糙度对机械零件使用性能和寿命都有很大的影响,尤其是对在高温、高压和高速条件下工作的机械零件影响更大,其影响主要表现在以下几个方面。

（1）对摩擦和磨损的影响　一般来说,零件表面越粗糙,则摩擦阻力越大,零件的磨损也越快。

但是需要指出,并不是零件表面越光滑,其摩擦阻力（或磨损量）就一定越小。因为摩擦阻力（或磨损量）除受表面粗糙度影响外,还与磨损下来的金属微粒的刻划作用、润滑油被挤出以及分子间的吸附作用等因素有关。所以,特别光滑表面的摩擦阻力增大,或磨损有时反而加剧。

（2）对配合性能的影响　对于间隙配合,相对运动的表面因其粗糙不平而迅速磨损,致使间隙增大;对于过盈配合,表面轮廓峰顶在装配时容易被挤平,使实际有效过盈量减小,致使连接强度降低。因此,表面粗糙度影响配合性质的稳定性。

（3）对耐蚀性的影响　粗糙的表面,易使腐蚀性物质存积在表面的微观凹谷处,并渗入到金属内部,致使腐蚀加剧。因此,要增强零件表面抗腐蚀能力,必须要提高表面质量。

（4）对疲劳强度的影响　零件表面越粗糙,凹痕就越深,当零件承受交变载荷时,对应力集中很敏感,使疲劳强度降低,导致零件表面产生裂纹而损坏。

（5）对接触刚度的影响　接触刚度影响零件的工作精度和抗振性。这是由于表面粗糙度使表面间只有一部分面积接触。表面越粗糙,受力后局部变形越大,接触刚度也越低。

（6）对结合面密封性的影响　粗糙的表面结合时,两表面只在局部点上接触,中间有缝隙,影响密封性。

（7）对零件其他性能的影响　表面粗糙度对零件其他性能（如对测量精度、流体流动的阻力及零件外形的美观）都有很大的影响。

因此,为了保证机械零件的使用性能及寿命,在对零件进行精度设计时,必须合理地提出表面粗糙度要求。

5.2 表面粗糙度的评定

经加工获得的零件表面的粗糙度是否满足使用要求,需要进行测量和评定。本节将介绍表面粗糙度的术语、定义和表面粗糙度的评定参数。

5.2.1 基本术语和定义

为了客观统一地评定表面粗糙度,首先要明确表面粗糙度的基本术语和定义。

1. 轮廓滤波器

轮廓滤波器是指把轮廓分成长波和短波成分的滤波器。根据滤波器的功能，将滤波器分为如下三种滤波器（图 5.3）。它们的传输特性相同，截止波长不同。

（1）λs 滤波器　确定存在于表面上的表面粗糙度与比它更短的波的成分之间相交界限的滤波器。

（2）λc 滤波器　确定表面粗糙度与波纹度成分之间相交界限的滤波器。

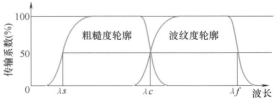

图 5.3　粗糙度和波纹度轮廓的传输特性

（3）λf 滤波器　确定存在于表面上的波纹度与比它更长的波的成分之间相交界限的滤波器。

2. 轮廓传输带

轮廓传输带是指当两个不同截止波长的相位修正滤波器应用到轮廓上时，幅值传输超过 50%以上的正弦轮廓波长的范围，即传输带是两个定义的滤波器之间的波长范围，如可表示为 0.00025~0.8mm。短截止波长的轮廓滤波器保留长波轮廓成分，长截止波长的轮廓滤波器保留短波轮廓成分。短波轮廓滤波器的截止波长 λs，长波轮廓滤波器的截止波长 $\lambda c = lr$。截止波长 λs 和 λc 的标准化值见表 5.1。

3. 原始轮廓

原始轮廓是指通过短波轮廓滤波器 λs 之后的总的轮廓。它是评定原始轮廓参数的基础。

4. 粗糙度轮廓

粗糙度轮廓是指对原始轮廓采用 λc 滤波器抑制长波成分后形成的轮廓。这是经修正的轮廓。粗糙度轮廓的传输带是由 λs 和 λc 轮廓滤波器来限定的。粗糙度轮廓是评定粗糙度轮廓参数的基础。

5. 取样长度 lr

取样长度是用于判别被评定轮廓的不规则特征的 X 轴方向上的长度，即测量或评定表面粗糙度时所规定的一段基准线长度，其至少包含 5 个以上轮廓峰和谷，如图 5.4 所示。取样长度 lr 在数值上与 λc 滤波器的标志波长相等，X 轴的方向与轮廓走向一致。规定取样长度是为了抑制和减弱表面波纹度对表面粗糙测量结果的影响（标准取样长度的数值见表 5.1）。

6. 评定长度 ln

评定长度是用于判别被评定轮廓的 X 轴方向上的长度。由于零件表面粗糙度不均匀，为了合理地反映其特征，在测量和评定时所规定的一段最小长度称为评定长度（ln），如图 5.4 所示。一般情况，取 $ln = 5lr$，称为标准长度，并以 5 个取样长度内的粗糙度数值的平均

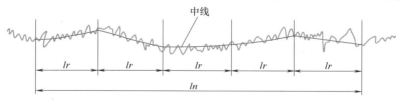

图 5.4　取样长度与评定长度

值作为评定长度内的粗糙度值。均匀性较差的轮廓表面可选 $ln>5lr$；均匀性较好的轮廓表面可选 $ln<5lr$（标准评定长度数值见表 5.1）。

在一般情况下，按表 5.1 选用对应的取样长度及评定长度值，在图样上可省略标注取样长度值。当有特殊要求不能选用表 5.1 中的数值时，应在图上标注出取样长度值。

表 5.1　lr、ln 和 λs、λc 的标准值

$Ra/\mu m$	$Rz/\mu m$	Rsm/mm	$\lambda s/mm$	$lr=\lambda c/mm$	标准评定长度 $ln=5lr/mm$
$\geqslant 0.008\sim 0.02$	$\geqslant 0.025\sim 0.10$	$\geqslant 0.013\sim 0.04$	0.0025	0.08	0.4
$>0.02\sim 0.10$	$>0.10\sim 0.50$	$>0.04\sim 0.13$	0.0025	0.25	1.25
$>0.10\sim 2.0$	$>0.50\sim 10.0$	$>0.13\sim 0.40$	0.0025	0.8	4.0
$>2.0\sim 10.0$	$>10.0\sim 50.0$	$>0.40\sim 1.30$	0.008	2.5	12.5
$>10.0\sim 80.0$	$>50.0\sim 320$	$>1.30\sim 4.00$	0.025	8.0	40.0

7. 表面粗糙度轮廓的中线

为了定量地评定表面粗糙度轮廓，首先应确定一条中线。轮廓中线是具有几何轮廓形状并划分轮廓的基准线，是用轮廓滤波器 λc 抑制了长波轮廓成分相对应的中线。以此线为基础来计算各种评定参数的数值。确定轮廓中线的方法有两种。

（1）轮廓的最小二乘中线　轮廓的最小二乘中线是根据实际轮廓，用最小二乘法确定的划分轮廓的基准线，即在取样长度内，使被测轮廓上各点至一条假想线的距离的平方和为最小，即 $\displaystyle\int_0^{lr} z^2 \mathrm{d}x = \min$，这条假想线就是最小二乘中线，如图 5.5a 所示。

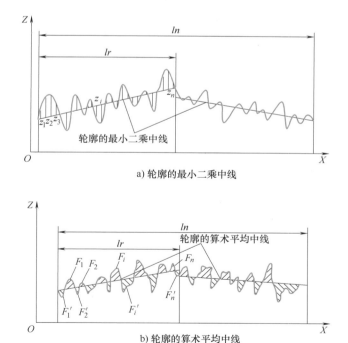

a) 轮廓的最小二乘中线

b) 轮廓的算术平均中线

图 5.5　轮廓中线

（2）轮廓的算术平均中线　在取样长度内，由一条假想线将实际轮廓分成上下两个部

分，且使上部分面积之和等于下部分面积之和，即 $\sum\limits_{i=1}^{n} F_i = \sum\limits_{i=1}^{n} F'_i$，这条假想线就是轮廓的算术平均中线，如图 5.5b 所示。

5.2.2   表面粗糙度的评定参数

为了满足零件表面不同的功能要求，国家标准 GB/T 3505—2009 中规定的评定参数有幅度参数、间距参数、混合参数、曲线和相关参数。下面介绍几种主要评定参数。

1. 轮廓的算术平均偏差 Ra（轮廓的幅度参数）

在一个取样长度内，纵坐标值 $Z(x)$ 绝对值的算术平均值，称为轮廓的算术平均偏差，如图 5.6 所示，即

$$Ra = \frac{1}{lr} \int_0^{lr} |Z(x)| \, \mathrm{d}x \tag{5.1}$$

或近似为

$$Ra = \frac{1}{n} \sum_{i=1}^{n} |Z_i| \tag{5.2}$$

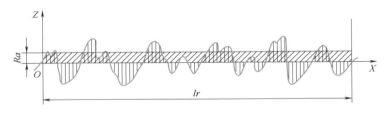

图 5.6   轮廓的算术平均偏差 Ra 的确定

测得的 Ra 值越大，则表面越粗糙。Ra 能客观地反映表面微观几何形状误差，但因受到计量器具功能限制，不宜用作过于粗糙或太光滑表面的评定参数。

2. 轮廓的最大高度 Rz（轮廓的幅度参数）

在一个取样长度内，最大轮廓峰高 Zp 和最大轮廓谷深 Zv 之和，称为轮廓的最大高度，如图 5.7 所示，即

$$R = Zp + Zv \tag{5.3}$$

式中，Zp、Zv 都是绝对值。

在使用 Rz 时应注意：这个参数在 GB/T 3505—2000 中用 Ry 表示，GB/T 3505—2009 将其改为 Rz，但目前应用的许多粗糙度测量仪中大多测量的是 GB/T 3505—2000 规定的 Rz 参数（Rz 是不平度的十点高度）。因此，在使用

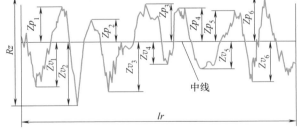

图 5.7   轮廓的最大高度 Rz 的确定

中一定要注意仪器使用说明书中该参数的定义，用不同类型的仪器按不同的定义计算所得到的结果，其差别并不都是非常微小可忽略的。当使用现行的技术文件和图样时也必须注意这一点，务必不要用错。

幅度参数（Ra、Rz）是国家标准规定必须标注的参数，故又称为基本参数。

3. 轮廓单元的平均宽度 *Rsm*（间距参数）

在一个取样长度内轮廓单元宽度 *Xs* 的平均值，称为轮廓单元的平均宽度（这个参数在 GB/T 3505—2000 中称为轮廓微观不平度的平均间距 *Sm*），如图 5.8 所示，即

$$Rsm = \frac{1}{m}\sum_{i=1}^{m} Xs_i \tag{5.4}$$

4. 轮廓的支承长度率 *Rmr*（*c*）（曲线和相关参数）

在给定水平截面高度 *c* 上轮廓的实体材料长度 *Ml*（*c*）与评定长度的比率，称为轮廓的支承长度率，如图 5.9a 所示，即

$$Rmr(c) = \frac{Ml(c)}{ln} \tag{5.5}$$

$$Ml(c) = Ml_1 + Ml_2 + \cdots + Ml_n \tag{5.6}$$

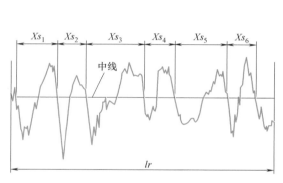

图 5.8　轮廓单元的平均宽度 *Rsm* 的确定

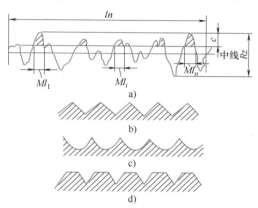

图 5.9　支承长度率图示

由图 5.9a 可以看出，支承长度率是随着水平截面高度 *c* 的大小而变化的，因此，在选用 *Rmr*（*c*）时，必须同时给出轮廓水平截面高度 *c* 的数值。*c* 值多用 *Rz* 的百分数表示。

轮廓的支承长度率是评定零件表面耐磨性能比较合理的指标。具有相同轮廓单元宽度和相同轮廓高度的轮廓图形，其形状特性却极不相同（图 5.9b～d），显然，表面耐磨性也不相同。支承长度越长，表面接触刚度越大，耐磨性也越好。图 5.9d 所示表面的耐磨性最好。

间距参数 *Rsm* 与曲线和相关参数 *Rmr*（*c*）相对基本参数而言，称为附加参数，只有零件表面有特殊使用要求时才选用。

5.3　表面粗糙度的评定参数及其数值的选用

正确地选用零件表面的粗糙度参数及其数值，对改善机器和仪表的工作性能及提高使用寿命有着重要的意义。

5.3.1　评定参数的选用

表面粗糙度评定参数的选用应根据零件的工作条件和使用性能，也要考虑表面粗糙度检测仪器（或测量方法）的测量范围和工艺的经济性。

设计人员一般可根据选用原则，选定一个或几个表面粗糙度的评定参数，以表达设计要求。在图样上标注表面粗糙度时，一般只给出幅度参数，只有少数零件的重要表面有特殊使用要求时，才给出附加参数。表面粗糙度的参数值已经标准化，设计时应按国家标准规定的参数值系列选取。

1. 幅度参数的选用

幅度参数是国家标准规定的基本参数（如 Ra 和 Rz），可以独立选用。对于有粗糙度要求的表面必须选用一个幅度参数。对于幅度方向的粗糙度参数值在 $0.025 \sim 6.3 \mu m$ 的零件表面，国家标准推荐优先选用 Ra，这是因为 Ra 能较充分合理地反映被测零件表面的粗糙度特征。但以下情况不宜选用 Ra。

1）对于极光滑（$Ra < 0.025 \mu m$）和粗糙（$Ra > 6.3 \mu m$）的表面，不能用 Ra 仪器测量，而采用 Rz 作为评定参数。

2）对于较软的零件表面，不宜选用 Ra，因为 Ra 一般采用探针接触测量，对于较软表面，易划伤表面，而且测量结果也不准确。

3）对于可测量区域小，如顶尖、刀具的刃部以及仪表的小元件表面，在取件长度内，轮廓的峰或谷少于五个时，可以选用 Rz 值。

2. 附加参数的选用

附加参数一般情况下不作为独立的参数选用，如 Rsm 和 $Rmr(c)$，只有零件的表面有特殊使用要求时，仅用幅度参数不能满足零件表面的功能要求，才在选用了幅度参数的基础上，附加选用附加参数。

图 5.9b~d 所示三种表面的 Ra 和 Rz 参数值相同，而密封性、光亮度和耐磨性却相差很大。一般情况下可参照以下情况进行选择。

1）对密封性、光亮度有特殊要求的表面，可选用 Ra、Rz、Rsm。

2）对支承刚度和耐磨性有特殊要求的表面，可选用 Ra、Rz、$Rmr(c)$。

3）对于承受交变应力的表面，可选用 Rz 和 Rsm。

5.3.2　评定参数值的选用

表面粗糙度评定参数选定后，应规定其允许值。表面粗糙度参数值选用得适当与否，不仅影响零件的使用性能，还关系到制造成本。因此，选用的原则是：在满足使用性能要求的前提下，应尽可能选用较大的参数允许值 $[Rmr(c)$ 除外$]$。

表 5.2~表 5.5 列出了 Ra、Rz、Rsm 和 $Rmr(c)$ 的参数值。

表 5.2　Ra 的参数值（GB/T 1031—2009）　（单位：μm）

0.012	0.2	3.2	50
0.025	0.4	6.3	100
0.05	0.8	12.5	
0.1	1.6	25	

表 5.3　Rz 的参数值（GB/T 1031—2009）　（单位：μm）

0.025	0.4	6.3	100	1600
0.05	0.8	12.5	200	
0.1	1.6	25	400	
0.2	3.2	50	800	

表 5.4　**Rsm** 的参数值（GB/T 1031—2009）　　　　　　　　　（单位：μm）

0.006	0.1	1.6
0.0125	0.2	3.2
0.025	0.4	6.3
0.05	0.8	12.5

表 5.5　**Rmr(c)** 的参数值（%）（GB/T 1031—2009）

10	15	20	25	30	40	50	60	70	80	90

具体选择表面粗糙度参数值时，通常根据某些统计资料采用类比法确定。

表 5.6 列出了表面粗糙度的表面特征、经济加工方法及应用举例，供选用时参考。

（1）选用原则　根据类比法初步确定表面粗糙度后，再对比工作条件做适当调整。调整时应遵循下述一些原则。

1）在满足功能要求的前提下，尽量选用较大的表面粗糙度参数值，以降低加工成本。

2）在同一零件上，工作表面的粗糙度参数值应小于非工作表面的粗糙度参数值。

3）摩擦表面比非摩擦表面的粗糙度参数值要小，滚动摩擦表面比滑动摩擦表面的粗糙度参数值要小。

4）运动速度高、单位面积压力大的表面，受交变应力作用的重要零件上的圆角、沟槽的表面粗糙度参数值都应小些。

5）配合零件的表面粗糙度应与尺寸及形状公差相协调，一般尺寸与形状公差要求越严，粗糙度参数值也就越小。

6）配合精度要求高的配合表面（如小间隙配合的配合表面）、受重载荷作用的过盈配合表面的粗糙度参数值也应小些。

7）同一公差等级的零件，小尺寸比大尺寸、轴比孔的粗糙度参数值要小。

表 5.6　表面粗糙度的表面特征、经济加工方法及应用举例

表面特征		$Ra/\mu m$	$Rz/\mu m$	经济加工方法	应用举例
粗糙表面	微见刀痕	≤20	≤80	粗车、粗刨、粗铣、钻、毛锉、锯断	半成品粗加工过的表面，非配合的加工表面，如轴端面、倒角、钻孔、齿轮侧面、键槽底面、垫圈接触面等
半光表面	稍见加工痕迹	≤10	≤40	车、刨、铣、镗、钻、粗铰	轴上不安装轴承、齿轮处的非配合表面，紧固件的自由装配表面，轴和孔的退刀槽等
	微见加工痕迹	≤5	≤20	车、刨、铣、镗、磨、拉、粗刮、滚压	半精加工表面，箱体、支架、盖面、套筒等和其他零件结合而无配合要求的表面，需要发蓝的表面等
	看不清加工痕迹	≤2.5	≤10	车、刨、铣、镗、磨、拉、刮、滚压、铣齿	接近于精加工表面，如箱体上安装轴承的镗孔表面、齿轮的工作面等
光表面	可辨加工痕迹方向	≤1.25	≤6.3	车、镗、磨、拉、刮、精铰、磨齿、滚压	圆柱销、圆锥销，与滚动轴承配合的表面，卧式车床导轨面，内、外花键定心表面等
	微辨加工痕迹方向	≤0.63	≤3.2	精铰、精镗、磨、刮、滚压	要求配合性质稳定的配合表面、工作时受交变应力的重要零件，较高精度车床的导轨面
	不可辨加工痕迹方向	≤0.32	≤1.6	精磨、珩磨、研磨、超精加工	精密机床主轴锥孔、顶尖圆锥面、发动机曲轴、凸轮轴工作表面、高精度齿轮齿面等

（续）

表面特征		$Ra/\mu m$	$Rz/\mu m$	经济加工方法	应用举例
极光表面	暗光泽面	≤0.16	≤0.8	精磨、研磨、普通抛光	精密机床主轴轴颈表面、一般量规工作表面、气缸套内表面、活塞销表面
	亮光泽面	≤0.08	≤0.4	超精磨、精抛光、镜面磨削	精密机床主轴轴颈表面、滚动轴承的滚珠、高压液压泵中柱塞孔和柱塞配合的表面等
	镜状光泽面	≤0.04	≤0.2		
	镜面	≤0.01	≤0.05	镜面磨削、超精研	高精度量仪、量块的工作表面,光学仪器中的金属镜面等

（2）表面粗糙度参数的选用　在选择表面粗糙度参数时,一般采用类比法进行确定,见表 5.6 中的应用举例,也可参照表面尺寸公差和几何公差进行经验选择。设表面几何公差为 T,尺寸公差为 IT,一般情况下,它们之间存在以下对应关系。

当 $T \approx 0.6IT$,则 $Ra \le 0.05IT$,$Rz \le 0.2IT$。

当 $T \approx 0.4IT$,则 $Ra \le 0.025IT$,$Rz \le 0.1IT$。

当 $T \approx 0.25IT$,则 $Ra \le 0.012IT$,$Rz \le 0.05IT$。

当 $T < 0.25IT$,则 $Ra \le 0.15IT$,$Rz \le 0.6IT$。

5.4 表面粗糙度符号、代号及其标注

表面粗糙度的评定参数及其数值确定后,要在图样上进行标注,图样上所标注的表面粗糙度符号、代号是该表面完工后的要求。

5.4.1 表面粗糙度符号、代号

1. 表面粗糙度符号

图样上表示零件表面粗糙度的符号,见表 5.7

表 5.7　表面粗糙度符号（GB/T 131—2006）

符号	意义及说明
	表面结构的基本图形符号,表示表面可用任何方法获得,仅适用于简化代号标注,没有补充说明(如表面处理、局部热处理状况等)时不能单独使用
	要求去除材料的图形符号(基本符号加一短横),表示表面是用去除材料的方法获得,如车、铣、钻、磨、剪切、抛光、腐蚀、电火花加工、气割等
	不允许去除材料的图形符号(基本符号加一小圆),表示表面是用不去除材料的方法获得,如铸、锻、冲压变形、热轧、冷轧、粉末冶金等,或者是用于保持原供应状况的表面(包括保持上道工序的状况)
	完整图形符号(在上述三个符号的长边上均可加一横线),用于标注有关参数和说明
	在上述三个符号上均可加一小圆,表示视图上构成封闭轮廓的各表面具有相同的表面粗糙度要求

2. 表面粗糙度代号

在表面粗糙度符号的基础上，注出表面粗糙度数值及其有关的规定项目后就形成了表面粗糙度代号。表面粗糙度数值及其有关的规定在符号中注写的位置，如图 5.10 所示。

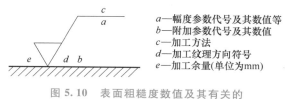

图 5.10　表面粗糙度数值及其有关的
规定在符号中注写的位置

3. 极限值判断规则及标注

表面结构中给定极限值的判断规则有两种。

（1）16%规则　16%规则是指允许在表面粗糙度参数的所有实测值中超过规定值的个数少于总数的 16%。

16%规则是表面粗糙度轮廓技术要求中的默认规则。若采用，则图样上不需要注出，如图 5.11 所示。

（2）最大规则　最大规则是指表面粗糙度参数的所有实测值不得超过规定值。

若采用最大规则，在参数代号（如 Ra 或 Rz）的后面标注一个"max"或"min"的标记，如图 5.12 所示。

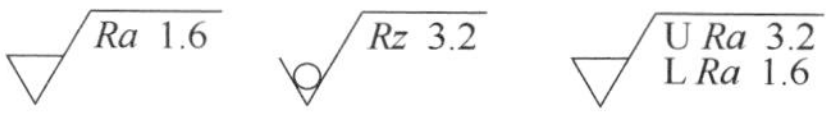

<table>
<tr><td>a)</td><td>b)</td><td>c)</td><td>d)</td><td>a)</td><td>b)</td></tr>
</table>

图 5.11　16%规则的标注示例　　　　图 5.12　最大规则标注示例

4. 传输带和取样长度、评定长度的标注

当表面结构要求采用默认的传输带时，不需要注出。否则需要指定传输带，即短波滤波器或取样长度（长波滤波器）。传输带标注包括滤波器截止波长（mm），短波滤波器在前，长波滤波器在后，并用连字号"-"隔开。如果只标注一个滤波器，应保留连字号"-"区分是短波滤波器还是长波滤波器。传输带标注在幅度参数代号的前面，并用斜线"/"隔开（图 5.13）。

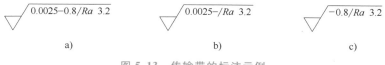

a)　　　　　　　　　　b)　　　　　　　　　　c)

图 5.13　传输带的标注示例

若不是默认评定长度时，需要指定评定长度，要在幅度参数代号的后面注写取样长度的个数，如图 5.14 所示。

5. 单向极限或双向极限的标注

（1）单向极限的标注　当只标注参数代号、参数值和传输带时，默认为参数的上限

a)　　　　　　　　　b)

图 5.14　指定评定长度的标注示例

值（16%规则或最大规则的极限值），如图5.11a、b所示；当参数代号、参数值和传输带作为参数的单向下限值（16%规则或最大规则的极限值）标注时，参数代号前应加L，如"L Ra　0.32"。

（2）双向极限的标注　当表示双向极限时，应标注极限代号，上限值在上方用U表示，下极限在下方用L表示（上下极限值为16%规则或最大规则的极限值），如图5.11c、d所示；如果同一参数具有双向极限要求，在不引起歧义的情况下，可以不加U、L。

6. 表面粗糙度幅度参数的标注（表5.8）

表5.8　表面粗糙度幅度参数的标注

代号	意义	代号	意义
$\sqrt{}$ $Ra\ 3.2$	用任何方法获得的表面粗糙度，Ra 的上限值为3.2μm	$\sqrt{}$ $Ra\ max\ 3.2$	用任何方法获得的表面粗糙度，Ra 的最大值为3.2μm
$\sqrt{}$ $Ra\ 3.2$	用去除材料方法获得的表面粗糙度，Ra 的上限值为3.2μm	$\sqrt{}$ $Ra\ max\ 3.2$	用去除材料方法获得的表面粗糙度，Ra 的最大值为3.2μm
$\sqrt{}$ $Ra\ 3.2$	用不去除材料方法获得的表面粗糙度，Ra 的上限值为3.2μm	$\sqrt{}$ $Ra\ max\ 3.2$	用不去除材料方法获得的表面粗糙度，Ra 的最大值为3.2μm
$\sqrt{}$ U $Ra\ 3.2$ L $Ra\ 1.6$	用去除材料方法获得的表面粗糙度，Ra 的上限值为3.2μm，Ra 的下限值为1.6μm	$\sqrt{}$ $Ra\ max\ 3.2$ $Ra\ min\ 1.6$	用去除材料方法获得的表面粗糙度，Ra 的最大值为3.2μm，Ra 的最小值为1.6μm
$\sqrt{}$ $Rz\ 3.2$	用任何方法获得的表面粗糙度，Rz 的上限值为3.2μm	$\sqrt{}$ $Rz\ max\ 3.2$	用任何方法获得的表面粗糙度，Rz 的最大值为3.2μm
$\sqrt{}$ U $Rz\ 3.2$ L $Rz\ 1.6$ $\sqrt{}$ $Rz\ 3.2$ $Rz\ 1.6$	用去除材料方法获得的表面粗糙度，Rz 的上限值为3.2μm，Rz 的下限值为1.6μm（在不引起误会的情况下，也可省略标注U、L）	$\sqrt{}$ $Rz\ max\ 3.2$ $Rz\ min\ 1.6$	用去除材料方法获得的表面粗糙度，Rz 的最大值为3.2μm，Rz 的最小值为1.6μm
$\sqrt{}$ $0.008-0.8/Ra\ 3.2$	用去除材料方法获得的表面粗糙度，Ra 的上限值为3.2μm，传输带为0.008~0.8mm	$\sqrt{}$ $-0.8/Ra\ 3\ 3.2$	用去除材料方法获得的表面粗糙度，Ra 的上限值为3.2μm，取样长度为0.8mm，评定长度包含3个取样长度

7. 加工方法、加工余量和表面纹理的标注

若某表面的粗糙度要求由指定的加工方法（如车、磨）获得时，其标注如图5.15所示。

若需要标注加工余量（设加工余量为0.4mm）时，其标注如图5.15a所示。若需要控制表面加工纹理方向时，其标注如图5.15b所示。

国家标准规定的加工纹理方向符号，见表5.9。

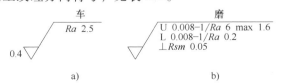

a)　　　　　　　　　　b)

图5.15　加工方法、加工余量和表面纹理的标注示例

表 5.9　加工纹理方向符号（GB/T 131—2006）

符号	示意图及说明	符号	示意图及说明
=	纹理平行于视图所在投影面 纹理方向	C	纹理呈近似同心圆且圆心与表面中心相关
⊥	纹理垂直于视图所在投影面 纹理方向	R	纹理呈近似放射状且与表面圆心相关
×	纹理呈两斜向交叉且与视图所在投影面相交 纹理方向	P	纹理呈微粒、凸起，无方向
		M	纹理呈多方向

注：若表中所列符号不能清楚表明所要求的纹理方向，应在图样上用文字说明。

8. 表面粗糙度附加参数的标注

在基本参数未标注前，附加参数不能单独标注，如图 5.15b 和图 5.16 所示。图 5.16a 所示为 Rsm 上限值的标注示例；图 5.16b 所示为 Rsm 最大值的标注示例；图 5.16c 所示为 $Rmr(c)$ 的标注示例，表示水平截距 c 在 Rz 的 50% 位置上，$Rmr(c)$ 为 70%，此时 $Rmr(c)$ 为下限值；图 5.16d 所示为 $Rmr(c)$ 最小值的标注示例。

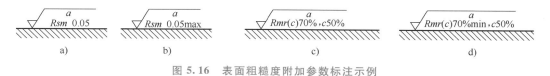

a)　　　　　　　　b)　　　　　　　　c)　　　　　　　　d)

图 5.16　表面粗糙度附加参数标注示例

5.4.2　表面粗糙度要求的图样标注

表面粗糙度要求对每一表面一般只标注一次，并尽可能注在相应的尺寸及其公差的同一视图上。表面粗糙度要求的图样标注如图 5.17~图 5.25 所示。

1）使表面粗糙度的注写和读取方向与尺寸的注写和读取方向一致，如图 5.17 所示。

2）标注在轮廓线上或指引线上。表面粗糙度要求可标注在轮廓线上，其符号应从材料外指向并接触表面。必要时，表面粗糙度符号也可用带箭头或黑点的指引线引出标注，如图 5.18 和图 5.19 所示。

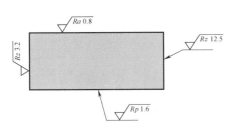

图 5.17　表面粗糙度要求的注写方向

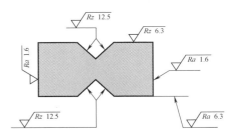

图 5.18　表面粗糙度要求标注在轮廓线上

3）标注在特征尺寸的尺寸线上。在不引起误解的情况下，表面粗糙度要求可以标注在给定的尺寸线上，如图 5.20 所示。

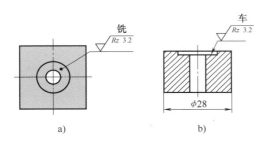

图 5.19　表面粗糙度要求标注在指引线上

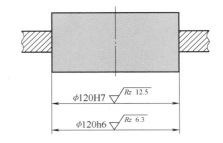

图 5.20　表面粗糙度要求标注在尺寸线上

4）标注在几何公差框格上。表面粗糙度要求可标注在几何公差框格的上方，如图 5.21 所示。

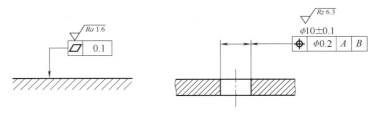

图 5.21　表面粗糙度要求标注在几何公差框格的上方

5）标注在延长线上。表面粗糙度要求可以直接标注在延长线上，或用带箭头的指引线引出标注，如图 5.18 和图 5.22 所示。

6）标注在圆柱和棱柱表面上。圆柱和棱柱表面的表面粗糙度要求只标注一次，如图 5.22 所示。如果每个棱柱表面有不同的表面粗糙度要求，则应分别单独标注，如图 5.23 所示。

7）表面粗糙度要求和尺寸可以标注在同一尺寸线上，如图 5.24 所示。

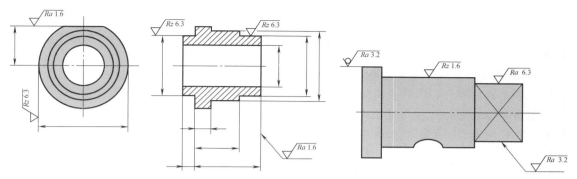

图 5.22　表面粗糙度要求标注在圆柱特征的延长线上

图 5.23　表面粗糙度要求标注在
圆柱和棱柱表面上

8）表面粗糙度要求和尺寸可以一起标注在延长线上，也可以分别标注在轮廓线和尺寸界线上，如图 5.25 所示。

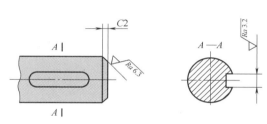

图 5.24　键槽侧壁的表面粗糙度要求标注

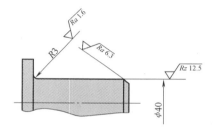

图 5.25　圆弧、倒角和圆柱面的
表面粗糙度要求标注

5.4.3　表面粗糙度要求的简化注法

1. 有相同表面粗糙度要求的简化注法

如果在工件的多数（包括全部）表面有相同的表面粗糙度要求，则其表面粗糙度要求可统一标注在图样的标题栏附近。此时（除全部表面有相同要求的情况外），表面粗糙度要求的符号后面应有：

1）在圆括号内给出无任何其他标注的基本符号（图 5.26）。

2）在圆括号内给出不同的表面粗糙度要求（图 5.27）。

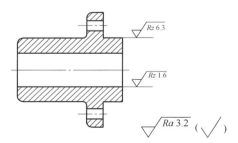

图 5.26　大多数表面有相同表面粗糙度
要求的简化标注法（一）

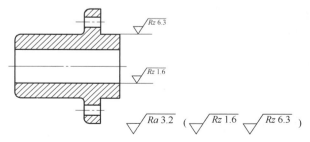

图 5.27　大多数表面有相同表面粗糙度
要求的简化标注法（二）

不同的表面粗糙度要求应直接标注在图形中，如图 5.26 和图 5.27 所示。

如图 5.26 和图 5.27 所示，除上限值 $Rz = 1.6\mu m$ 和 $Rz = 6.3\mu m$ 的表面外，其余所有表面粗糙度均为上限值 $Ra = 3.2\mu m$。图 5.26 和图 5.27 所示两种注法意义相同。

2. 多个表面有共同要求的简化注法

当多个表面具有相同的表面粗糙度要求或图纸空间有限时，可以采用简化注法。

用带字母的完整符号，以等式的形式在图形和标题栏附近，对有相同表面粗糙度要求的表面进行简化标注，如图 5.28 所示。

3. 只用表面粗糙度符号的简化注法

可用基本图形符号、扩展图形符号，以等式的形式给出对多个表面共同的表面粗糙度要求，如图 5.29~图 5.31 所示。

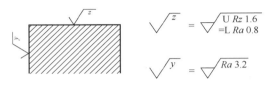

图 5.28 图纸空间有限时的简化注法

图 5.29 未指定工艺方法的多个表面粗糙度要求的简化注法

图 5.30 不允许去除材料的多个表面粗糙度要求的简化注法

图 5.31 要求去除材料的多个表面粗糙度要求的简化注法

5.4.4 两种或两种工艺获得的同一表面的注法

由几个不同的工艺方法获得的同一表面，当需要明确每种工艺方法的表面粗糙度要求时，可按图 5.32 所示进行标注。

图 5.32 中是对表面粗糙度要求、尺寸和表面处理的标注，示例是三个连续的加工工序。第一道工序要求：表面粗糙度参数 Rz 上限值为 $1.6\mu m$；第二道工序要求：镀铬，无其他表面要求；第三道工序要求：用磨削的方法获得表面粗糙度参数 Rz 上限值为 $6.3\mu m$，且仅对长为 50mm 的圆柱表面有效。

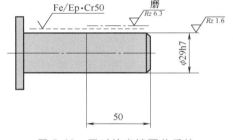

图 5.32 同时给出镀覆前后的表面粗糙度要求的注法

5.5 表面粗糙度的检测

零件完工后，其表面粗糙度是否满足使用要求，需要进行检测。

5.5.1 检测的基本原则

1. 测量方向的选择

对于表面粗糙度，如未指定测量截面的方向，则应在幅度参数最大值的方向进行测量，一般来说也就是在垂直于表面加工纹理方向上测量。

2. 表面缺陷的摒弃

表面粗糙度不包括气孔、砂眼、擦伤、划痕等缺陷。

3. 测量部位的选择

在若干有代表性的区段上测量。

5.5.2　检测方法

1. 比较法

比较法是将被测表面与已知其评定参数值的表面粗糙度样板相比较，如被测表面精度较高时，可借助于放大镜、比较显微镜进行比较，以提高检测精度。比较样板的选择应使其材料、形状和加工方法与被测零件尽量相同。

比较法简单实用，适合于车间条件下判断较粗糙的表面。比较法的判断准确程度与检验人员的技术熟练程度有关。

用比较法评定表面粗糙度比较经济、方便，但是测量误差较大，仅用于对表面粗糙度要求不高的情况。若有争议或进行工艺分析时，可用仪器测量。

2. 针描法

按针描法原理设计制造的表面粗糙度测量仪器通常称为轮廓仪。根据转换原理的不同，可以有电感式轮廓仪、电容式轮廓仪、压电式轮廓仪等。轮廓仪可测 Ra、Rz、Rsm 及 Rmr（c）等多个参数。

除上述轮廓仪外，还有光学触针轮廓仪。它适用于非接触测量，以防止划伤零件表面。这种仪器通常直接显示 Ra 值，其测量范围为 $0.02 \sim 5\mu m$。

3. 光切法

光切法是利用光切原理测量表面粗糙度的方法。按光切原理设计制造的表面粗糙度测量仪器称为光切显微镜（或双管显微镜），其 Rz 测量范围为 $0.8 \sim 80\mu m$。

4. 干涉法

干涉法是利用光波干涉原理测量表面粗糙度的方法。根据干涉原理设计制造的仪器称为干涉显微镜，干涉显微镜主要用来测量 Rz，其测量范围为 $0.025 \sim 0.8\mu m$。

5. 印模法

对于大零件的内表面，也有采用印模法进行测量的，即用石蜡、低熔点合金（锡铅等）或其他印模材料等将被测表面印模下来，然后对复制印模表面进行测量。由于印模材料不可能充满谷底，其测量值略有缩小，可查阅有关资料或自行实验得出修正系数，在计算中加以修正。

6. 激光反射法

激光反射法的基本原理是用激光束以一定的角度照射到被测表面，根据反射光与散射光的强度及其分布来评定被照射表面的微观不平度状况。

7. 三维几何表面测量

用三维评定参数能真实地反映被测表面的实际特征，为此国内外都在致力于研究开发三维几何表面测量技术，现已将光纤法、微波法和电子显微镜等测量方法成功地应用于三维几何表面的测量。

测量表面粗糙度所用仪器的结构和操作方法参阅各自所做实验项目的实验指导书。

本 章 实 训

1）分析立式台钻上各零部件的使用功能，选择立式台钻中主轴和齿条套筒零件上各表面的粗糙度评定参数及其数值。

2）将上述选择结果分别标注在主轴（实训图 6.1）和齿条套筒（实训图 6.2）的零件图上。

习   题

1. 简答题

1）什么是表面粗糙度？

2）表面粗糙度评定参数 Ra 和 Rz 区别是什么？

3）轮廓中线的含义和作用是什么？为什么规定了取样长度还要规定评定长度？两者之间有什么关系？

4）在表面粗糙度的图样标注中，什么情况注出评定参数的上限值、下限值？什么情况要注出最大值、最小值？上限值和下限值与最大值和最小值如何标注？

5）$\phi60H7/f6$ 和 $\phi60H7/h6$ 相比，哪个应选用较小的表面粗糙度 Ra 和 Rz 值，为什么？

6）常用的表面粗糙度测量方法有哪几种？电动轮廓仪、光切显微镜、干涉显微镜各适用于测量哪些参数？

2. 解释题

解释习题图 5.1 所示各表面粗糙度要求的含义。

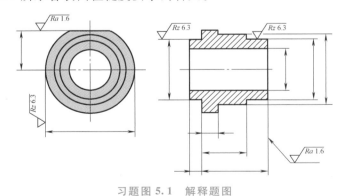

习题图 5.1   解释题图

3. 标注题

采用 GB/T 131—2006 规定的表面粗糙度标注方法，将下列要求标注在习题图 5.2 所示的零件图上（各表面均采用去除材料法获得）。

1）ϕ_1 圆柱面的表面粗糙度参数 Ra 的上限值为 $3.2\mu m$。

2）左端面的表面粗糙度参数 Ra 的最大值为 $1.6\mu m$。

3）右端面的表面粗糙度参数 Ra 的上限值为 1.6μm。

4）内孔表面的表面粗糙度参数 Rz 的上限值为 0.8μm。

5）螺纹工作表面的表面粗糙度参数 Ra 的上限值为 3.2μm，下限值为 1.6μm。

6）其余各表面的表面粗糙度参数 Ra 的上限值为 12.5μm。

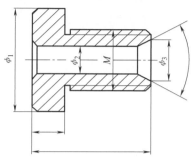

习题图 5.2　标注题图

科学家科学史
"两弹一星"功勋科学家：杨嘉墀

第 6 章

典型零件的精度设计与检测

PPT 课件

本章要点及学习指导：

1）根据轴承的精度合理确定外圈与轴承座、内圈与轴颈的尺寸公差、几何公差以及表面粗糙度等，以保证滚动轴承的工作性能和使用寿命。

2）根据图 1.1 所示立式台钻主轴部件的装配示意图，通过主轴带轮与花键套筒联结、花键套筒与主轴联结，掌握单键联结和花键联结的公差配合、精度选择及检测。

3）根据主轴前端螺纹与螺母的结合，掌握螺纹的公差配合、精度选择与检测。

4）根据主轴前端莫氏锥度装配要求，掌握圆锥结合的公差配合、精度选择与检测。

5）根据主轴箱齿轮、齿条传动的使用要求，熟悉影响齿轮传动的偏差项目，正确进行标准圆柱齿轮的精度设计，掌握渐开线圆柱齿轮偏差的检测。

6.1 滚动轴承的精度设计与检测

滚动轴承在机械产品中的应用极其广泛。在图 1.1 中，花键套筒和主轴就是通过滚动轴承确定它们在箱体、齿条套筒内的相对位置和主轴的旋转精度。因此，滚动轴承在机械产品中起着重要的作用，其精度很大程度决定了机械产品或设备的旋转精度。

6.1.1 滚动轴承简介

滚动轴承是精密的标准部件。它主要由套圈——内、外圈（薄壁套类零件）、滚动体、保持架等组成，如图 6.1 所示。

滚动轴承的类型很多，按照滚动体可分为球轴承、滚子（圆柱、圆锥）轴承和滚针轴承。

按照承受载荷方向，滚动轴承大致可分为向心轴承（主要承受径向载荷）、推力轴承（承受纯轴向载荷）和角接触轴承（同时承受径向和轴向载荷的向心推力轴承）。

滚动轴承的工作性能和使用寿命，既取决于本身的制造精度，也与配合件即传动轴的轴颈、轴承座孔的直径尺寸精度、几何精度

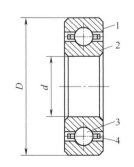

图 6.1　滚动轴承

1—外圈　2—内圈
3—滚动体　4—保持架

（形状、位置精度）以及表面粗糙度等有关。

当机械产品应用滚动轴承时，精度设计的任务是：

1）选择滚动轴承的公差等级。

2）确定与滚动轴承配合的轴颈和轴承座孔的尺寸公差带代号。

3）确定与滚动轴承配合的轴颈、轴承座孔的几何公差以及表面粗糙度要求。

因此，实现"滚动轴承与轴颈、轴承座孔（或称外壳孔）"的外互换性，首先必须解决两个问题：一是掌握国家标准规定的滚动轴承公差等级；二是掌握国家标准关于"轴承内圈内径公差带和外圈外径公差带"规定。目的是为了正确选择滚动轴承的公差等级，确定与滚动轴承的配合代号。

6.1.2　滚动轴承的精度规定

1. 滚动轴承的公差等级及其应用

在实际应用中，向心轴承比其他类型轴承应用更为广泛。根据国家标准 GB/T 307.1—2017《滚动轴承　向心轴承　产品几何技术规范（GPS）和公差值》的规定，滚动轴承按尺寸公差与旋转精度分级。向心轴承（除圆锥滚子轴承）分为普通（0）、6、5、4 和 2 五个等级，其中普通（0）级最低、2 级最高；圆锥滚子轴承分为普通（0）、6X、5、4、2 五个等级。

普通（0）级为普通精度，在机器制造中应用最广泛，主要用于旋转精度要求不高的机构中。例如，用于减速器、卧式车床变速箱和进给箱、汽车和拖拉机变速器、普通电动机水泵、压缩机和涡轮机。

除普通（0）级外，其余各等级轴承统称为高精度轴承，主要用于高线速度或高旋转精度的场合。这类精度的轴承在各种金属切削机床上应用较多，见表 6.1。在图 1.1 中，滚动轴承公差等级采用 6 级。

表 6.1　机床主轴轴承公差等级

轴承类型	公差等级	应用情况
深沟球轴承	4	高精度磨床、丝锥磨床、螺纹磨床、磨齿机、插齿刀磨床
角接触球轴承	5	精密镗床、内圆磨床、齿轮加工机床
	6	卧式车床、铣床
单列圆柱滚子轴承	4	精密丝杠车床、高精度车床、高精度外圆磨床
	5	精密车床、精密磨床、转塔车床、普通外圆磨床、多轴车床、镗床
	6	卧式车床、自动车床、铣床、立式车床
向心短圆柱滚子轴承、调心滚子轴承	6	精密车床及铣床的后轴承
圆锥滚子轴承	4	磨齿机
	5	精密车床、精密铣床、镗床、精密转塔车床、滚齿机
	6X	铣床、车床
推力球轴承	6	一般精度车床

2. 滚动轴承内径、外径公差带及其特点

GB/T 307.1—2017 对滚动轴承内径（d）和外径（D）规定了两种公差：一是规定了内径和外径实际尺寸的极限偏差；二是轴承套圈任一横截面内量得的最大直径和最小直径的平

均直径（即单一径向平面内的平均内径 d_{mp}、外径 D_{mp}）的公差。

国家标准规定这两种公差的目的：

1）规定"轴承内圈内径和外圈外径尺寸的极限偏差"是为了使轴承内圈或外圈在加工和运输过程中产生的变形不至于过大而能在装配后得到矫正，减少对轴承工作精度的影响。因为，轴承内圈和外圈是薄壁套类零件，径向刚性较差，容易产生径向变形。

2）规定"轴承内（外）圈各处局部实际内（外）径的平均值公差"是保证轴承与轴颈、座孔配合的性质和精度。因为，轴承内圈或外圈是薄壁套类零件，它们分别与轴颈、座孔配合时，决定配合性质的是内（外）圈的局部实际平均内（外）径。

GB/T 307.1—2017 规定了滚动轴承内圈内径、外圈外径公差带。向心轴承内圈平均内径公差和外圈平均外径公差见表 6.2 和表 6.3。

表 6.2　向心轴承内圈平均内径公差（GB/T 307.1—2017）　　　（单位：μm）

直径/mm	公差等级	平均内径的极限偏差		直径/mm	公差等级	平均内径的极限偏差	
		上极限偏差	下极限偏差			上极限偏差	下极限偏差
>2.5~18	普通(0)	0	−8	>30~50	普通(0)	0	−12
	6	0	−7		6	0	−10
	5	0	−5		5	0	−8
	4	0	−4		4	0	−6
	2	0	−2.5		2	0	−2.5
>18~30	普通(0)	0	−10	>50~80	普通(0)	0	−15
	6	0	−8		6	0	−12
	5	0	−6		5	0	−9
	4	0	−5		4	0	−7
	2	0	−2.5		2	0	−4

表 6.3　向心轴承外圈平均外径公差（GB/T 307.1—2017）　　　（单位：μm）

直径/mm	公差等级	平均外径的极限偏差		直径/mm	公差等级	平均外径的极限偏差	
		上极限偏差	下极限偏差			上极限偏差	下极限偏差
>30~50	普通(0)	0	−11	>80~120	普通(0)	0	−15
	6	0	−9		6	0	−13
	5	0	−7		5	0	−10
	4	0	−6		4	0	−8
	2	0	−4		2	0	−5
>50~80	普通(0)	0	−13	>120~150	普通(0)	0	−18
	6	0	−11		6	0	−15
	5	0	−9		5	0	−11
	4	0	−7		4	0	−9
	2	0	−4		2	0	−5

滚动轴承内圈内径、外圈外径公差带特点：

1）公差带的大小。在同一直径尺寸段中，公差等级越高，公差值越小。

2）公差带的位置。公差带均在零线下方，即上极限偏差为 0。

3. 滚动轴承与轴颈、轴承座孔配合的基准制与配合性质

由于轴承为标准部件，因此，轴承内圈内径与轴颈的配合为基孔制，轴承外圈外径与轴承座孔径的配合为基轴制。

由于轴承内圈内径公差带与基准孔（H）公差带的位置不同，因此，轴承与轴颈配合性质不同于光滑圆柱结合中的基孔制配合。

　　例如，在图 1.1 中，花键套筒上轴承 $\phi25$mm、公差等级 6 级，与轴颈 $\phi25$j6 配合，查表 6.2 可知轴承内径公差为 $\phi25_{-0.008}^{0}$mm，轴径公差为 $\phi25$j6（$_{-0.004}^{+0.009}$）mm，它们构成过渡配合。将 6 级公差轴承与 $\phi25$j6 配合和 $\phi25$H6/j6 比较，虽然它们都是基孔制、过渡配合，但它们的最大间隙和最大过盈各不相等。因为基准孔的公差值和极限偏差都不同。

　　同理，6 级公差轴承与孔 $\phi52$JS7 的配合性质和 $\phi52$JS7/h6 的配合性质也是不同的。

　　国家标准是根据滚动轴承配合的特殊要求，规定了轴承与轴颈、轴承座孔配合的内径和外径公差带。

　　轴承内圈通常与轴一起旋转，为了防止内圈和轴颈之间产生相对滑动而磨损，影响轴承的工作性能，因此，要求配合面之间具有一定的过盈量，但过盈量不宜过大。因此，国家标准将轴承内圈平均内径公差带设置为上极限偏差为 0，即公差带在零线下方。这样，轴承内圈内径公差带位置比基准孔（基本偏差为 H）的公差带下移了，孔的尺寸小了，与轴配合就变紧了。

　　轴承外圈因安装在轴承座孔中，通常不旋转。考虑到工作时温度升高会使轴热胀伸长而产生轴向移动，因此，两端轴承中有一端轴承应是游动支承，可使外圈与座孔的配合稍微松一些，使之补偿轴的热胀量，让轴可以伸长，防止轴被挤弯而影响轴承正常运转。为此，国家标准将轴承外圈平均外径公差带设置在零线下方。

　　滚动轴承内圈内径、外圈外径公差带位置如图 6.2 所示。

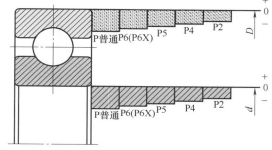

图 6.2　滚动轴承内圈内径、外圈外径公差带位置

6.1.3　滚动轴承的配合件尺寸公差及其选择

　　滚动轴承的配合件尺寸公差是指与轴承配合的轴颈直径、轴承座孔孔径的尺寸公差。必须根据轴承配合部位的工作性能要求，选择国家标准规定的轴颈或轴承座孔的尺寸公差带。

　　国家标准 GB/T 275—2015 规定了与普通（0）级公差轴承配合的轴和轴承座孔公差带，如图 6.3 和图 6.4 所示。正确地选择与轴承配合的轴颈和轴承座孔孔径公差带，对于保证滚动轴承的正常运转及旋转精度，延长其使用寿命影响极大。

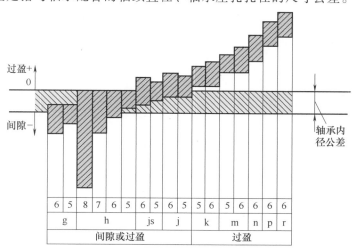

图 6.3　普通（0）级公差轴承与轴配合的常用公差带关系图

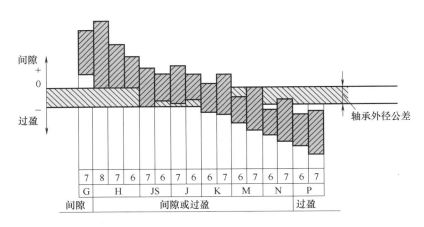

图 6.4　普通（0）级公差轴承与轴承座孔配合的常用公差带关系图

选择时，主要考虑以下因素：内、外圈的工作条件（套圈运转、承载的情况和载荷大小）、轴承的类型、轴承的公称尺寸大小、轴承的公差等级、轴承轴向位移的限度及其他情况等。

对于初学者，选择方法多为类比法，即通过查表 6.4～表 6.11 确定轴颈和轴承座孔的尺寸公差带、几何公差和表面粗糙度。

表 6.4　向心轴承和轴的配合——轴公差带（GB/T 275—2015）

载荷情况			圆柱孔轴承			轴公差带
		举例	深沟球轴承、调心球轴承和角接触球轴承	圆柱滚子轴承和圆锥滚子轴承	调心滚子轴承	
			轴承公称内径/mm			
内圈承受旋转载荷或方向不定载荷	轻载荷	输送机、轻载齿轮箱	≤18	—	—	h5
			>18~100	≤40	≤40	j6[①]
			>100~200	>40~140	>40~100	k6[①]
			—	>140~200	>100~200	m6[①]
	正常载荷	一般通用机械、电动机、泵、内燃机、直齿轮传动装置	≤18	—	—	j5、js5
			>18~100	≤40	≤40	k5[②]
			>100~140	>40~100	>40~65	m5[②]
			>140~200	>100~140	>65~100	m6
			>200~280	>140~200	>100~140	n6
			—	>200~400	>140~280	p6
			—	—	>280~500	r6
	重载荷	铁路机车车辆轴箱、牵引电动机、破碎机等	—	>50~140	>50~100	n6[③]
				>140~200	>100~140	p6[③]
				>200	>140~200	r6[③]
					>200	r7[③]
内圈承受固定载荷	所有载荷	内圈需在轴向易移动	非旋转轴上的各种轮子	所有尺寸		f6
						g6
		内圈不需在轴向易移动	张紧滑轮、绳轮			h6
						j6
仅有轴向负荷			所有尺寸			j6、js6

（续）

圆锥孔轴承					
载荷情况		举例	深沟球轴承、调心轴承和角接触球轴承	圆柱滚子轴承和圆锥滚子轴承	调心滚子轴承	轴公差带
			轴承公称内径/mm		
所有载荷	轴承装在退卸套上	铁路机车车辆轴箱	所有尺寸			h8（IT6）④⑤
	轴承装在紧定套上	一般机械传动	所有尺寸			h9（IT7）④⑤

① 凡对精度有较高要求的场合，应用 j5、k5、m5 代替 j6、k6、m6。
② 圆锥滚子轴承、角接触球轴承配合对游隙影响不大，可用 k6、m6 代替 k5、m5。
③ 重载荷下轴承游隙应选大于 N 组。
④ 凡精度或转速要求较高的场合，应选用 h7（IT5）代替 h8（IT6）等。
⑤ IT6、IT7 表示圆柱度公差值（如 IT6 表示圆柱度公差等级为 6 级的公差值）。

表 6.5　向心轴承和轴承座孔的配合——孔公差带（GB/T 275—2015）

载荷情况		其他状况	举例	孔公差带①	
				球轴承	滚子轴承
外圈承受固定载荷	轻、正常、重载荷	轴向易移动,可采用剖分式轴承座	一般机械、铁路机车车辆轴箱	H7、G7②	
	冲击载荷	轴向能移动,可采用整体或剖分式轴承座	电动机、泵、曲轴主轴承	J7、JS7	
方向不定载荷	轻、正常载荷				
	正常、重载荷			K7	
	重载荷、冲击载荷	轴向不移动,可采用整体式轴承座	牵引电动机	M7	
外圈承受旋转载荷	轻载荷		带传动张紧轮	J7	K7
	正常载荷		轮毂轴承	M7	N7
	重载荷			—	N7、P7

① 并列公差带随尺寸的增大从左至右选择；对旋转精度有较高要求时，可相应提高一个公差等级。
② 不适用于剖分式轴承座。

表 6.6　推力轴承和轴的配合——轴公差带（GB/T 275—2015）

载荷情况		轴承类型	轴承公称内径/mm	轴公差带
仅有轴向载荷		推力球和推力圆柱滚子轴承	所有尺寸	j6、js6
径向和轴向联合载荷	轴圈承受固定载荷	推力调心滚子轴承、推力角接触球轴承、推力圆锥滚子轴承	≤250	j6
			>250	js6
	轴圈承受旋转载荷或方向不定载荷		≤200	k6①
			>200～400	m6①
			>400	n6①

① 要求较小过盈时，可分别用 j6、k6、m6 代替 k6、m6、n6。

表 6.7　推力轴承和轴承座孔的配合——孔公差带（GB/T 275—2015）

载荷情况		轴承类型	孔公差带
仅有轴向载荷		推力球轴承	H8
		推力圆柱、圆锥滚子轴承	H7
		推力调心滚子轴承	—①
径向和轴向联合载荷	座圈承受固定载荷	推力角接触球轴承、推力调心滚子轴承、推力圆锥滚子轴承	H7
	座圈承受旋转载荷或方向不定载荷		K7②
			M7③

① 轴承座孔与外圈之间间隙为 0.001D（D 为轴承公称外径）。
② 一般工作条件。
③ 有较大径向载荷时。

表 6.4~表 6.11 适用于以下情况。

1）轴承公差等级为普通（0）级、6 级或 6X 级。

2）轴为实心或厚壁钢制轴。

3）轴承座孔为钢制或铸铁件。

4）轴承游隙符合 GB/T 4604.1—2012 中的 N 组。

选择轴和轴承座孔公差带时应考虑的因素及选择的基本原则如下。

（1）运转条件　轴承套圈相对于载荷方向旋转或摆动（指载荷方向不定）时，应选择过盈配合；轴承套圈相对于载荷方向恒定时，可选择间隙配合，见表 6.8。载荷方向难以确定时，宜选择过盈配合。

表 6.8　轴承套圈运转及承载情况（GB/T 275—2015）

套圈运转情况	典型示例	示意图	套圈承载情况	推荐的配合
内圈旋转 外圈静止 载荷方向恒定	带轮驱动轴		内圈承受旋转载荷 外圈承受静止载荷	内圈过盈配合 外圈间隙配合
内圈静止 外圈旋转 载荷方向恒定	传送带托辊 汽车轮毂轴承		内圈承受静止载荷 外圈承受旋转载荷	内圈间隙配合 外圈过盈配合
内圈旋转 外圈静止 载荷随内圈旋转	离心机、振动筛、 振动机械		内圈承受静止载荷 外圈承受旋转载荷	内圈间隙配合 外圈过盈配合
内圈静止 外圈旋转 载荷随外圈旋转	回转式破碎机		内圈承受旋转载荷 外圈承受静止载荷	内圈过盈配合 外圈间隙配合

（2）载荷大小　载荷有轻、正常和重载荷 3 种载荷类型。GB/T 275—2015 根据径向当量动载荷 P_r 与轴承产品样本中规定的径向额定动载荷 C_r 的比值大小进行分类，见表 6.9。

表 6.9　向心轴承载荷大小

载荷大小	P_r 值的大小	载荷大小	P_r 值的大小
轻载荷	$P_r \leqslant 0.06C_r$	重载荷	$P_r > 0.12C_r$
正常载荷	$0.06C_r < P_r \leqslant 0.12C_r$		

选择配合时，载荷越大，配合应选择越紧。因为在重载荷和冲击载荷作用下，要防止轴承产生变形和受力不均而引起配合松动。因此，当承受重载荷或冲击载荷时，一般应选择比正常、轻载荷时更紧的配合。承受变化载荷应比承受平稳载荷的配合选得较紧一些。

（3）轴承游隙　游隙大小必须合适：过大不仅使转轴发生较大的径向圆跳动和轴向窜动，还会使轴承产生较大的振动和噪声；过小又会使轴承滚动体与套圈产生较大的接触应力，使轴承摩擦发热而降低寿命，故游隙大小应适度。

在常温状态下工作的轴承按照表 6.4~表 6.7 选择的轴和孔公差带一般都能保证有适度的游隙。值得注意的是选用过盈配合会导致轴承游隙减小，应检验安装后轴承的游隙是否满足使用要求，以便正确选择配合及轴承游隙。

（4）其他因素

1）温度。轴承在运转时，因轴承摩擦发热和其他热源的影响，使轴承套圈的温度高于相邻零件的温度，造成内圈与轴颈配合变松，外圈可能因为膨胀而影响轴承在座孔中的轴向移动。因此，应考虑轴承与轴和轴承座的温差和热的流向。

2）转速。对于转速高又承受冲击动载荷作用的滚动轴承，轴承与轴颈、座孔的配合应选用过盈配合。

3）公差等级。选择轴和座孔的尺寸公差等级时应与轴承的公差等级相协调。如普通（0）级、6（6X）级轴承，与之配合的轴尺寸公差等级一般选 IT6，座孔尺寸公差等级一般选 IT7；对于旋转精度和运动平稳性有较高要求的应用场合，在提高轴承公差等级的同时，轴和座孔的公差等级也应提高（如在电动机、机床以及 5 级公差等级的轴承应用中，轴的尺寸公差等级一般选择 IT5，座孔尺寸公差等级则选择 IT6）。

对于滚针轴承，座孔材料为钢或铸铁时，尺寸公差带可选用 N5 或 N6；座孔材料为轻合金时，选用比 N5 或 N6 略松的公差带。

（5）公差原则的选择　轴和座孔分别与轴承内圈、外圈配合，由于内、外圈是薄壁套类零件，其径向刚性较差，易受径向载荷作用而产生变形，最终影响轴承的旋转精度。因此，轴和座孔的尺寸公差与形状公差之间的关系应采用包容要求。

选择轴和轴承座孔的几何公差（形状公差、跳动公差）与表面粗糙度时可参照表 6.10 和表 6.11。

表 6.10　轴和轴承座孔的几何公差（GB/T 275—2015）

公称尺寸 /mm		圆柱度公差 t/μm				轴向圆跳动公差 t_1/μm			
		轴颈		轴承座孔		轴肩		轴承座孔肩	
		轴承公差等级							
>	≤	普通(0)	6(6X)	普通(0)	6(6X)	普通(0)	6(6X)	普通(0)	6(6X)
—	6	2.5	1.5	4.0	2.5	5	3	8	5
6	10	2.5	1.5	4.0	2.5	6	4	10	6
10	18	3.0	2.0	5.0	3.0	8	5	12	8
18	30	4.0	2.5	6.0	4.0	10	6	15	10
30	50	4.0	2.5	7.0	4.0	12	8	20	12
50	80	5.0	3.0	8.0	5.0	15	10	25	15
80	120	6.0	4.0	10.0	6.0	15	10	25	15
120	180	8.0	5.0	12.0	8.0	20	12	30	20
180	250	10.0	7.0	14.0	10.0	20	12	30	20
250	315	12.0	8.0	16.0	12.0	25	15	40	25
315	400	13.0	9.0	18.0	13.0	25	15	40	25
400	500	15.0	10.0	20.0	15.0	25	15	40	25

表 6.11　与轴承配合表面及端面的表面粗糙度（GB/T 275—2015）

轴或轴承座孔直径/mm		轴或座孔配合表面直径公差等级					
		IT7		IT6		IT5	
		表面粗糙度 Ra/μm					
>	≤	磨	车	磨	车	磨	车
—	80	1.6	3.2	0.8	1.6	0.4	0.8
80	500	1.6	3.2	1.6	3.2	0.8	1.6
端面		3.2	6.3	3.2	6.3	1.6	3.2

注：表中"磨"或"车"是指该表面最终工序的加工方法为"磨削"或"车削"。

6.1.4　滚动轴承配合的精度设计实例

【例 6.1】　如图 1.1 所示，已知花键套筒上安装了 6205/P6 深沟球轴承，轴承承受轻载荷。轴颈直径为 $d=25\text{mm}$，座孔孔径 $D=52\text{mm}$。试确定轴颈和座孔的公差带代号（明确直径尺寸的极限偏差）、几何（形状、位置）公差值和表面粗糙度值，并将它们标注在装配图和花键套筒、主轴箱的零件图上。

【解】

1）已知立式台钻属于小型机床，轴承公差等级 6 级。

2）轴承套圈运转和承载情况。立式台钻花键套筒在主轴箱中主要承受带轮上带的拉力，两个轴承位上有径向的反作用力。因此，轴承承受定向、静止的径向载荷。内圈和花键套筒一起旋转；外圈安装在整体式主轴箱体孔中，不旋转。轴承在花键套筒上轴向不能移动。由表 6.8 可知，内圈承受旋转载荷，外圈承受静止载荷。

3）载荷大小，由已知条件可知，轴承承受轻载荷。

4）查表 6.4，根据内圈承受旋转轻载荷，深沟球轴承，直径 25mm，初选 $\phi25\text{j6}$。轴承公差等级为 6 级，轴颈尺寸公差等级应选择 IT6，即 $\phi25\text{j6}$。

根据外圈承受固定轻载荷，轴承在轴向不能移动，整体式轴承座孔，可从表 6.5 中选择的公差带有 G7、H7、J7、JS7、K7。综合分析，选择 $\phi52\text{JS7}$ 较为合理。由于轴承公差等级为 6 级，箱体孔（轴承座孔）尺寸公差等级一般选 IT7，则轴承座孔的公差带为 $\phi52\text{JS7}$。

5）根据轴承公差等级为 6 级，查表 6.10 得：轴颈圆柱度公差为 0.0025mm，箱体（轴承座）孔圆柱度公差为 0.005mm；轴肩端面的轴向圆跳动公差为 0.006mm（公称尺寸按 $\phi30\text{mm}$ 查表）。

6）为了保证轴承与轴颈、轴承座孔的配合性质，轴颈和轴承座孔尺寸公差应采用包容要求，即 $\phi25^{+0.009}_{-0.004}$Ⓔ、$\phi52\pm0.015$Ⓔ。

7）按表 6.11 选取轴和轴承座孔的表面粗糙度参数值：轴 $Ra\le0.8\mu\text{m}$，轴承座孔 $Ra\le1.6\mu\text{m}$（最终工序加工方法为磨削）。根据表 6.11 中推荐：轴肩端面 $Ra\le3.2\mu\text{m}$（磨削），此处与轴承端面接触。注意：Ra 取值应按照国家标准规定的系列值选取，见表 5.2。

8）将上述选择的结果标注在局部图样上，如图 6.5 所示。

9）装配图、零件图的标注如图 1.1、图 3.21 和图 6.6 所示。

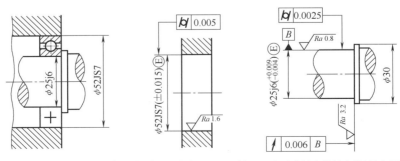

a) 立式台钻局部装配图　b) 立式台钻中主轴箱局部图样　c) 立式台钻中花键套筒局部图样

图 6.5　轴颈和轴承座孔公差在局部图样上的标注示例

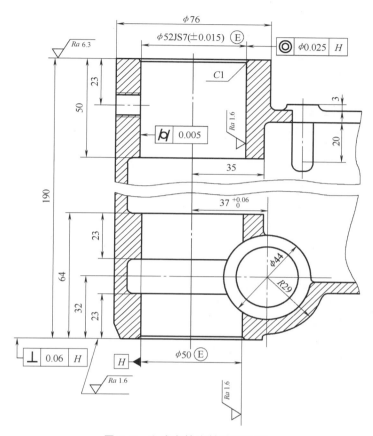

图 6.6　立式台钻主轴箱零件图

6.2　键的精度设计与检测

　　键联结是机械产品中应用广泛的结合方式，通常用于轴和轴上零件（如齿轮、带轮、联轴器等）之间的联结，用来传递转矩和运动。有时为轴上传动零件起轴向的导向作用，如机床等变速箱中的滑移齿轮，可以沿着花键轴向移动形成不同的变速机构。

　　根据键联结的功用、使用要求的不同，键联结可分为单键联结和花键联结。

　　在图 1.1 中，带轮与花键套筒通过单键联结，花键套筒又与主轴通过花键联结来传递运动和转矩。设计时要选择键联结的结构形式和尺寸，确定相应的公差配合。下面结合实例分别介绍单键联结和花键联结的极限与配合。

6.2.1　单键联结的公差配合与检测

1. 单键联结的结构和几何参数

　　单键按其结构形式的不同分为平键（包括普通平键、导向平键、薄形平键）、半圆键、楔键（包括普通楔键、钩头楔键）和切向键 4 种，见表 6.12。

表 6.12 单键的结构形式

类型		图形	类型	图形
平键	普通平键	A型 / B型 / C型	半圆键	
	导向平键	A型 / B型	楔键	普通楔键 ∠1:100
	薄形平键	A型 / B型 / C型		钩头楔键 ∠1:100
				切向键 ∠1:100

普通平键联结具有对中性好、装拆方便的特点，应用最为广泛。

导向平键用于轴与轮毂之间有相对轴向移动的联结。导向平键用螺钉固定在轴槽中，轴上零件沿轴做轴向移动，键的中部设有起键螺纹孔，以便于键的拆装。

薄形平键主要用于轮毂壁较薄、轴和轮毂强度要求不能削弱太多的场合。

半圆键具有定心性好、能在轴槽中摆动、装配方便的特点。但它的键槽较深，对轴的削弱较大，常用于轻载和锥形轴端的联结。

普通平键联结包括轴键槽、毂键槽和键 3 部分组成，其中 b 为键与键槽的宽度，t_1、t_2 分别代表轴键槽深度和毂键槽深度，L 和 h 分别代表键长和键高，d 为相配合轴、孔的公称直径。普通平键联结结构形式如图 6.7 所示，普通平键键槽剖面尺寸及键槽公差见表 6.13。

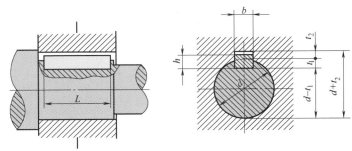

图 6.7 普通平键联结结构形式

表 6.13　普通平键键槽剖面尺寸及键槽公差（GB/T 1095—2003）　　（单位：mm）

轴	键	键槽										
公称尺寸	键尺寸	宽度 b						深度				半径 r
		公称尺寸	极限偏差					轴 t_1		毂 t_2		
			松联结		正常联结		紧密联结	公称尺寸	极限偏差	公称尺寸	极限偏差	
d	b×h		轴 H9	毂 D10	轴 N9	毂 JS9	轴和毂 P9					min	max
>10~12	4×4	4	+0.030 0	+0.078 +0.030	0 -0.030	±0.015	-0.012 -0.042	2.5	+0.1 0	1.8	+0.1 0	0.08	0.16
>12~17	5×5	5						3.0		2.3			
>17~22	6×6	6						3.5		2.8		0.16	0.25
>22~30	8×7	8	+0.036 0	+0.098 +0.040	0 -0.036	±0.018	-0.015 -0.051	4.0		3.3			
>30~38	10×8	10						5.0		3.3			
>38~44	12×8	12	+0.043 0	+0.120 +0.050	0 -0.043	±0.0215	-0.018 -0.061	5.0	+0.2 0	3.3	+0.2 0	0.25	0.40
>44~50	14×9	14						5.5		3.8			
>50~58	16×10	16						6.0		4.3			
>58~65	18×11	18						7.0		4.4			

2. 平键联结的公差配合

平键联结是在轴和轮毂孔中分别开键槽，装入平键后，键的顶面和毂键槽之间留有一定的间隙，平键的两侧面分别与轴、毂键槽侧面相互接触传递转矩，键宽 b 就是主要的配合尺寸。普通平键的尺寸与公差见表 6.14。

表 6.14　普通平键的尺寸与公差（GB/T 1096—2003）　　（单位：mm）

宽度 b	公称尺寸	4	5	6	8	10	12	14	16	18	20	22	25	28
	极限偏差（h8）	0 -0.018			0 -0.022		0 -0.027				0 -0.033			
高度 h	公称尺寸	4	5	6	7	8	8	9	10	11	12	14	14	16
	极限偏差 矩形(h11)	—			0 -0.090					0 -0.110				
	极限偏差 方形(h8)	0 -0.018			—					—				

由于平键均为标准件，国家标准对键宽规定了公差带代号为 h8，所以键与轴键槽、毂键槽的配合均采用基轴制，通过改变键槽的公差带来实现不同的配合性能要求。国家标准GB/T 1095—2003《平键　键槽的剖面尺寸》对轴键槽规定了 3 种公差带，代号分别为 H9、N9、P9；对毂键槽也规定了 3 种公差带，代号分别为 D10、JS9、P9。平键联结键宽与键槽宽的公差带图如图 6.8 所示，分别构成松联结、正常联结和紧密联结 3 组不同的配合，以满足不同的使用要求。平键联结的 3 组配合及其应用见表 6.15。

表 6.15　平键联结的 3 组配合及其应用

配合种类	尺寸 b 的公差			配合性质及其应用
	键	轴键槽	毂键槽	
松联结	h8	H9	D10	键在轴上及轮毂中均能滑动,主要用于导向平键,轮毂可在轴上做轴向移动
正常联结		N9	JS9	键在轴上及轮毂中均固定,广泛用于一般机械制造中载荷不大的场合
紧密联结		P9	P9	键在轴上及轮毂中均牢固,且配合更紧,主要用于载荷较大且有冲击以及需双向传递转矩的场合

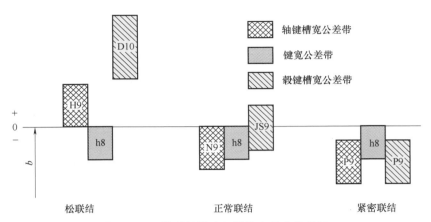

图 6.8　平键联结键宽与键槽宽的公差带图

国家标准对键联结中的非配合尺寸也规定了相应的公差带。键高 h 的公差带代号为 h11。对于正方形截面的平键，键宽和键高相等，都选用 h8。键长 L 的公差带代号为 h14，轴键槽长度的公差带代号为 H14。轴键槽深度 t_1 和毂键槽深度 t_2 的公差见表 6.13。

为了保证键联结的装配质量，键和键槽应给出相应的几何公差要求。

当平键的长宽比 $L/b \geqslant 8$ 时，键宽 b 的两个侧面在长度方向的平行度公差应按照 GB/T 1184—1996《形状和位置公差　未注公差值》进行选取：当 $b<6$mm 时，平行度公差等级取 7 级；当 $b \geqslant 8 \sim 36$mm 时，取 6 级；当 $b \geqslant 40$mm 时，取 5 级。

轴键槽和轮毂键槽两侧面的中心平面相对于轴线要规定对称度公差，对称度公差按 GB/T 1184—1996《形状和位置公差　未注公差值》进行选取：一般取 7～9 级。

普通平键联结的轴键槽和毂键槽两侧面的表面粗糙度参数 Ra 值推荐为 $1.6 \sim 3.2 \mu m$，轴键槽和毂键槽底面的表面粗糙度参数 Ra 值为 $6.3 \mu m$。

【例 6.2】　已知某齿轮减速器输出轴与齿轮孔配合 $\phi56$H7/h6，采用普通平键联结传递转矩，齿轮宽度 $B=63$mm，试选择平键的规格尺寸，确定平键联结的公差配合，并作图表示。

【解】

1）根据轴、孔配合公称直径 $\phi56$mm，查表 6.13 得，键宽尺寸 $b=16$mm，可选择平键 $b \times h = 16$mm×10mm。

齿轮宽度 $B=63$mm，可选择键长 $L=56$mm。

2）齿轮轴、孔平键联结采用正常联结，查表 6.15 得，轴键槽选用 N9，毂键槽选用 JS9。

轴键槽宽 16N9 $\binom{0}{-0.043}$ mm，毂键槽宽 16JS9（±0.021）mm。

轴键槽深 $t_1 = 6^{+0.2}_{\ 0}$mm，毂键槽深 $t_2 = 4.3^{+0.2}_{\ 0}$mm。

$d-t_1 = 50^{\ 0}_{-0.2}$mm，$d+t_2 = 60.3^{+0.2}_{\ 0}$mm。

3）一般要求键槽的对称度公差选择 8 级，查国家标准可知公差值为 0.02mm。

轴键槽和毂键槽的标注如图 6.9 所示。

3. 键及键槽的检测

在生产中一般采用游标卡尺、千分尺等通用计量器具对键进行检测。

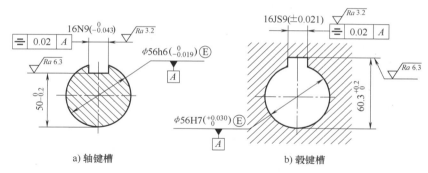

图 6.9　轴键槽与毂键槽的标注

在单件、小批量生产中，键槽宽度和深度的检测一般用通用量具检测；而在大批量生产中，常用专用量规检测尺寸。键槽尺寸检测极限量规如图 6.10 所示。

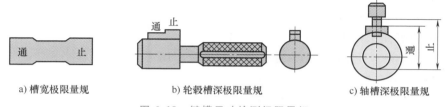

图 6.10　键槽尺寸检测极限量规

在单件、小批量生产时，通常采用通用量具检测键槽的对称度误差；而在大批量生产时，可采用专用量规来检测键槽的对称度误差。键槽的对称度误差检测量规如图 6.11 所示。

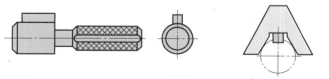

图 6.11　键槽的对称度误差检测量规

6.2.2　矩形花键联结的公差配合与检测

1. 花键联结概述

当轴、孔需要传递较大的转矩，并要求较高的定心精度时，单键联结已不能满足使用要求。此时，通常选用花键联结。花键联结由内花键和外花键组成。它可以是固定联结，也可以是滑动联结。花键联结的优点是：由于是多齿传递载荷，承载能力较强；孔和轴的定心精度高、导向性好；花键齿槽浅，应力集中小，联结强度高。

花键分为矩形花键、渐开线花键和三角花键 3 种。生产中应用最多的是矩形花键。

2. 矩形花键的几何参数与定心方式

矩形花键联结后主要保证内、外花键具有较高的同轴度，并传递较大的转矩。矩形花键有大径 D、小径 d 和键宽 B 共 3 个主要尺寸参数，如图 6.12 所示。

由于花键联结具有大径、小径和键侧面
3 个结合面，如果要求这 3 个结合面都有很
高的加工精度是很困难的，而且也无必要。
为了简化花键的加工工艺，提高花键的加工
质量，保证装配的定心精度和稳定性，通常
是在上述 3 个结合面中选取一个作为定心表
面，以此确定花键联结的配合性质。

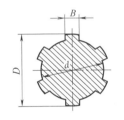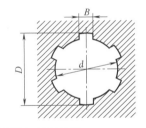

图 6.12　矩形花键的几何参数

在实际生产中，大批量生产内花键主要
采用拉削方式，内花键的加工质量主要是由拉刀来保证。如果采用大径定心，生产中当内花
键要求有较高的硬度时，热处理后内花键变形就很难用拉刀进行修正；另外当花键联结要求
较高的定心精度和表面粗糙度时，拉削工艺也很难保证加工的质量要求。

如果采用小径定心，热处理后的内花键小径变形可通过内圆磨削进行修复，使其具有更
高的尺寸精度和更小的表面粗糙度值；同时外花键的小径也可通过成形磨削，达到所要求的
精度。为保证花键联结具有较高的定心精度、较好的定心稳定性、较长的使用寿命，国家标
准规定矩形花键联结采用小径定心。

GB/T 1144—2001《矩形花键尺寸、公差和检验》规定了圆柱直齿小径定心矩形花键的
公称尺寸、极限与配合、检验规则和标记方法。小径定心对定心直径（小径 d）规定了较高
的精度要求，对非定心直径（大径 D）提出了较低的精度要求，装配后大径处具有较大的
间隙。由于转矩的传递是通过键和键槽侧面进行的，国家标准对键宽和键槽宽规定了较高的
尺寸精度。

为了便于加工和检测，国家标准规定矩形花键的键数 N 为偶数，分别为 6、8、10 共 3 种，
沿圆周均匀分布。根据工作载荷的不同，矩形花键又分为轻、中两个系列，轻系列键高尺寸较
小，承载能力较低；中系列键高尺寸较大，承载能力较强。矩形花键的公称尺寸系列见表 6.16。

表 6.16　矩形花键的公称尺寸系列（GB/T 1144—2001）　　　　（单位：mm）

小径 d	轻系列				中系列			
	规格 $N×d×D×B$	键数 N	大径 D	键宽 B	规格 $N×d×D×B$	键数 N	大径 D	键宽 B
11	—	—	—	—	6×11×14×3	6	14	3
13					6×13×16×3.5		16	3.5
16					6×16×20×4		20	4
18					6×18×22×5		22	5
21					6×21×25×5		25	5
23	6×23×26×6	6	26	6	6×23×28×6		28	6
26	6×26×30×6		30	6	6×26×32×6		32	6
28	6×28×32×7		32	7	6×28×34×7		34	7
32	8×32×36×6	8	36	6	8×32×38×6	8	38	6
36	8×36×40×7		40	7	8×36×42×7		42	7
42	8×42×46×8		46	8	8×42×48×8		48	8
46	8×46×50×9		50	9	8×46×54×9		54	9
52	8×52×58×10		58	10	8×52×60×10		60	10
56	8×56×62×10		62	10	8×56×65×10		65	10
62	8×62×68×12		68	12	8×62×72×12		72	12

3. 矩形花键联结的极限与配合

矩形花键联结可分为一般用和精密传动用花键联结，其公差带的选择见表 6.17。

表 6.17 矩形内、外花键的尺寸公差带（GB/T 1144—2001）

内花键				外花键			装配形式
d	D	B		d	D	B	
		拉削后 不热处理	拉削后 热处理				
一般用							
H7	H10	H9	H11	f7	a11	d10	滑动
				g7		f9	紧滑动
				h7		h10	固定
精密传动用							
H6	H10	H7、H9		f6	a11	d8	滑动
				g6		f7	紧滑动
				h6		h8	固定
H5				f5		d8	滑动
				g5		f7	紧滑动
				h5		h8	固定

注：1. 精密传动用的内花键，当需要控制键侧配合间隙时，槽宽可选 H7，一般情况下可选 H9。
　　2. d 为 H6 和 H7 的内花键，允许与提高一级的外花键配合。

国家标准 GB/T 1144—2001 规定，矩形花键的配合采用基孔制，主要的目的是为了减少内花键拉刀的数量。

通过改变外花键的小径和外花键宽的尺寸公差带可形成不同的配合性质。按装配形式分为滑动、紧滑动和固定 3 种配合。滑动联结通常用于移动距离较长、移动频率高的条件下工作的花键；而当内、外花键定心精度要求高、传递转矩大并常伴有反向转动的情况下，可选用配合间隙较小的紧滑动联结。这两种配合在工作过程中，内花键既可传递转矩，又可沿外花键做轴向移动。对于内花键在轴上固定不动，只用来传递转矩的情况，应选用固定联结。

一般用内花键分为拉削后热处理和不热处理两种。拉削后热处理的内花键，由于键槽产生变形，国家标准规定了较低的精度等级（由 H9 降为 H11）。精密传动用的内花键，当需要控制键侧配合间隙时，槽宽可选 H7，一般情况下可选 H9。

花键配合的定心精度要求越高、传递转矩越大时，花键应选用较高的公差等级。常见汽车、拖拉机变速器中多采用一般用花键；精密机床变速箱中多采用精密传动用花键。

由于矩形花键具有复杂的结合表面，各种几何误差将会严重影响花键的联结质量，国家标准对其几何公差做了具体要求。

矩形花键联结的内、外花键定心小径的极限尺寸遵守包容要求。

内、外花键键侧的位置度误差将会影响花键联结的键侧配合间隙，国家标准规定了相应的位置度公差，并采用最大实体要求。矩形花键的位置度公差见表 6.18。

国家标准还对矩形花键的对称度和等分度提出了公差要求。矩形花键的对称度公差见表 6.19。

当生产中采用较长的花键联结时，可根据产品的性能要求具体规定键侧对轴线的平行度公差。

矩形花键各配合表面的表面粗糙度推荐值见表 6.20。

表 6.18　矩形花键的位置度公差（GB/T 1144—2001）　　　　　（单位：mm）

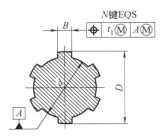 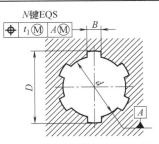

键槽宽或键宽 B		3	3.5~6	7~10	12~18
位置度公差 t_1					
键槽宽		0.010	0.015	0.020	0.025
键宽	滑动、固定	0.010	0.015	0.020	0.025
	紧滑动	0.006	0.010	0.013	0.016

表 6.19　矩形花键的对称度公差（GB/T 1144—2001）　　　　　（单位：mm）

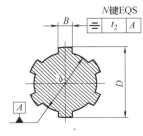 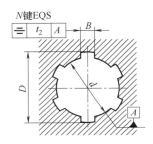

键槽宽或键宽 B	3	3.5~6	7~10	12~18
对称度公差 t_2				
一般用	0.010	0.012	0.015	0.018
精密传动用	0.006	0.008	0.009	0.011

注：矩形花键的等分度公差与键宽的对称度公差相同。

表 6.20　矩形花键各配合表面的表面粗糙度推荐值

加工表面	内花键	外花键
	Ra 不大于/μm	
小径	1.6	0.8
大径	6.3	3.2
键侧	3.2	0.8

4. 矩形花键的标注

矩形花键联结在图样上的标注，应按次序包含以下项目：键数 N、小径 d、大径 D、键（槽）宽 B、公差带代号以及标准号。

标注示例：某花键联结，键数 $N=6$，定心小径 d 为 $\phi 23\text{H7/f7}$，大径 D 为 $\phi 26\text{H10/a11}$，键宽 B 为 6H11/d10 的标记如下：

花键规格：$N×d×D×B$

$6×23×26×6$

花键副：$6×23\dfrac{\text{H7}}{\text{f7}}×26\dfrac{\text{H10}}{\text{a11}}×6\dfrac{\text{H11}}{\text{d10}}$　GB/T 1144—2001

内花键：6×23H7×26H10×6H11　GB/T 1144—2001

外花键：6×23f7×26a11×6d10　GB/T 1144—2001

5. 矩形花键的检测

（1）综合检测　在大批量生产中，一般都采用量规进行检测。用花键综合量规同时检测花键的小径 d、大径 D、键（槽）宽 B 的关联作用尺寸，使其控制在最大实体边界内，同时保证大径对小径的同轴度。内、外花键检测用综合量规如图 6.13 所示。

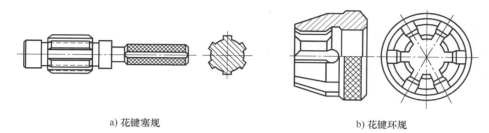

a) 花键塞规　　　　　　　　　　　　b) 花键环规

图 6.13　内、外花键检测用综合量规

用单项检测法检测键槽的等分度、对称度，代替键槽的位置度，以保证配合要求和安装要求。

用单项止规（或其他量具）分别检测小径、大径、键槽宽的最小实体尺寸。花键单项检测极限量规如图 6.14 所示。

检测时，当综合通规通过，单项止规通不过，则花键合格；若综合通规不能通过，则花键不合格。

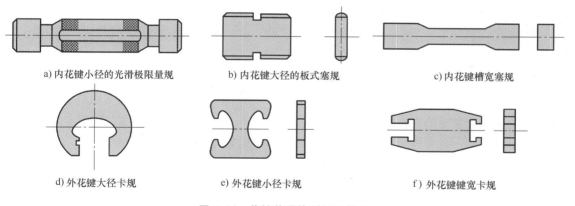

a) 内花键小径的光滑极限量规　　　　b) 内花键大径的板式塞规　　　　　c) 内花键槽宽塞规

d) 外花键大径卡规　　　　　　e) 外花键小径卡规　　　　　　f) 外花键键宽卡规

图 6.14　花键单项检测极限量规

（2）单项检测　在单件小批量生产中，可用通用量具分别检测花键的尺寸（d、D 和 B）偏差、大径对小径的同轴度误差和键（槽）的位置度误差，以保证各尺寸偏差和几何误差在公差范围内。

6. 矩形花键联结应用实例

【例 6.3】　试确定图 1.1 所示花键套筒上有关花键联结部分的尺寸公差和几何公差。

【解】

（1）分析　立式台钻中的花键套筒（材料为 45 钢）与主轴（40Cr）尾部的外花键配

合，主要任务是传递运动和转矩，将带轮旋转运动通过花键联结传递给主轴。主轴前端部锥面通过钻夹头与孔刀具的柄部联结，孔加工（钻、扩孔）的位置精度由钻夹具保证。因此，花键联结的位置精度要求不太高。在立式台钻实际生产中，花键套筒采用调质处理，主轴花键部分采用表面淬火。

此处为"一般用"级别的传动，主轴旋转精度由主轴前端两个深沟球轴承、一个推力球轴承的配合保证。

（2）选择　内花键：花键部分由拉刀加工成形。为了减少拉刀数量，采用基孔制。

装配形式：主轴是在移动距离较长、移动频率较高的条件下工作，属于滑动联结。

本例题的花键套筒采用调质处理，内花键可采用拉削加工，属于精加工；主轴外花键采取表面淬火。为了便于用磨削方法加工主轴上花键大径，用拉削加工内花键，花键铣刀铣削主轴花键槽，故采用大径定心。

定心尺寸采用较高的精度和较小的表面粗糙度值。

在选择大径和小径精度以及表面粗糙度值时，可查表 6.17 和表 6.20。值得注意的是：表 6.17 和表 6.20 推荐的值是以小径定心所规定的数据，故在本例题中，选择的大径和小径精度以及表面粗糙度值应与表 6.17 和表 6.20 中规定的数据相反。

拉削可达到的经济精度——公差等级为 IT5~IT8。

矩形花键联结按一般用滑动联结要求设计，内、外花键的尺寸公差带查表 6.17。

内花键：小径 d 取 IT10，基孔制，公差带代号：$\phi 14H10$（$^{+0.07}_{0}$）mm；$Ra \leq 6.3\mu m$。

大径 D 取 IT7，公差带代号：$\phi 17H7$（$^{+0.018}_{0}$）mm；$Ra \leq 1.6\mu m$。

键槽宽 $B = 5H9$（$^{+0.030}_{0}$）mm（因立式台钻结构限制，采用非标尺寸，拉削后不热处理）；$Ra \leq 3.2\mu m$。

外花键：小径 d 取 a11，公差带代号：$\phi 14a11$（$^{-0.290}_{-0.400}$）mm；$Ra \leq 3.2\mu m$。

大径 D 取 f7，公差带代号：$\phi 17f7$（$^{-0.016}_{-0.034}$）mm；$Ra \leq 0.8\mu m$。

键宽 $B = 5d10$（$^{-0.030}_{-0.078}$）mm；$Ra \leq 0.8\mu m$。

键槽的位置度要求查表 6.18，按照"滑动、固定"，取位置度公差为 0.015mm，且遵守最大实体要求；键槽的对称度要求查表 6.19，按照"一般用"，取对称度公差为 0.012mm。

对于内花键，将上述选择结果标注在花键套筒零件图中，如图 3.21 所示。

对于外花键，将上述选择结果标注在主轴零件图中，如实训图 6.1 所示。

6.3 螺纹的精度设计与检测

螺纹联接的应用随处可见，其形态各异，功能多样，如螺栓和螺母被用来联接管道的法兰，或是将变速箱稳固地安装在机械底座上。螺纹还被用来联接构筑桥梁和厂房等结构的构件，形成各种不同的框架结构。在液压系统中，60°圆锥管螺纹确保了密封联接的实现，而丝杠和螺母的组合则用于传递运动和转矩，形成螺旋运动副。螺纹联接的种类和规格多种多样，不同制造商生产的相同规格螺纹组件，在实际使用中如何能够确保它们能够完全互换呢？

本节通过对米制普通螺纹的极限与配合的讲解，介绍螺纹零件实现互换的条件。

6.3.1　概述

螺纹联接在机电产品制造中应用十分广泛，根据结合性质和使用要求的不同，通常分为以下 3 类。

（1）普通螺纹　普通螺纹又称为紧固螺纹，其基本牙型为三角形，主要用于零部件的联接与紧固。普通螺纹联接的主要使用要求是可旋合性和联接的可靠性。

（2）传动螺纹　传动螺纹的主要作用是用来传递精确的位移和动力，如机床传动中的丝杠和螺母，量具中的测微螺杆和螺母，千斤顶中的起重螺杆和螺母等。传动螺纹的牙型主要采用梯形、锯齿形、矩形等，主要使用要求是传递动力的可靠性、合理的间隙保证良好的润滑和传递位移的准确性。

（3）紧密螺纹　紧密螺纹是指用于密封要求的螺纹，如液压、气动、管道等联接螺纹。紧密螺纹要求具有良好的旋合性和密封性，使用过程中不得漏油、漏水、漏气等。

1. 螺纹的基本牙型和几何参数

米制普通螺纹基本牙型是指在螺纹轴向剖面内，将正三角形（原始三角形）截去顶部和底部所形成的螺纹牙型。基本牙型如图 6.15 所示。

（1）牙型角（α）和牙型半角（$\alpha/2$）　在螺纹牙型上，两相邻牙侧间的夹角，称为牙型角；牙型角的一半为牙型半角。米制普通螺纹的牙型角 $\alpha = 60°$，牙型半角 $\alpha/2 = 30°$。

（2）大径（D 或 d）　大径是指与外螺纹牙顶或内螺纹牙底相切的假想圆柱或圆锥的直径。D 表示内螺纹的大径，d 表示外螺纹的大径。国家标准规定，普通螺纹大径的公称尺寸为螺纹的公称直径。普通螺纹的螺距（P）分为粗牙和细牙两种，直径与螺距标准组合系列见表 6.21。

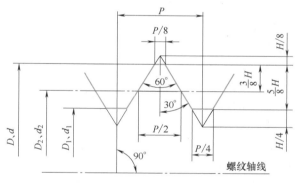

图 6.15　普通螺纹的基本牙型

表 6.21　普通螺纹的直径与螺距标准组合系列（GB/T 193—2003）　（单位：mm）

公称直径 D、d			螺距 P								
第 1 系列	第 2 系列	第 3 系列	粗牙	细牙							
				4	3	2	1.5	1.25	1	0.75	0.5
5			0.8								0.5
	5.5										0.5
6			1							0.75	
	7		1							0.75	
8			1.25						1	0.75	
		9	1.25						1	0.75	
10			1.5					1.25	1	0.75	
		11	1.5						1	0.75	
12			1.75				1.5	1.25	1		

（续）

公称直径 D、d			螺距 P								
第1系列	第2系列	第3系列	粗牙	细牙							
				4	3	2	1.5	1.25	1	0.75	0.5
	14		2				1.5	1.25①	1		
		15					1.5		1		
16			2				1.5		1		
		17					1.5		1		
	18		2.5			2	1.5		1		
20			2.5			2	1.5		1		
	22		2.5			2	1.5		1		
24			3			2	1.5		1		
	25					2	1.5		1		
		26				2	1.5				
	27		3			2	1.5		1		
		28				2	1.5		1		
30			3.5		3	2	1.5		1		
		32				2	1.5				
	33		3.5		3	2	1.5				
		35②					1.5				
36			4		3	2	1.5				
		38					1.5				
	39		4		3	2	1.5				
		40			3	2	1.5				
42			4.5	4	3	2	1.5				

① 仅用于发动机的火花塞。
② 仅用于轴承的锁紧螺母。

（3）小径（D_1 或 d_1）　小径是指与外螺纹牙底或内螺纹牙顶相切的假想圆柱或圆锥的直径。

内螺纹的小径（D_1）和外螺纹的大径（d）又称为螺纹的顶径，内螺纹的大径（D）和外螺纹的小径（d_1）又称为螺纹的底径。

（4）中径（D_2 或 d_2）　中径是指一个假想圆柱或圆锥的直径，该圆柱或圆锥的母线通过牙型上沟槽和凸起宽度相等的地方。该假想圆柱或圆锥称为中径圆柱或中径圆锥。螺纹中径的大小，直接影响螺纹牙型相对于螺纹轴线的径向位置，直接影响螺纹的旋合性能，其是螺纹极限与配合中一个重要的几何参数。

（5）单一中径（D_{2s} 或 d_{2s}）　单一中径是指一个假想圆柱或圆锥的直径，该圆柱或圆锥的母线通过牙型上的沟槽宽度等于 1/2 螺距的地方，如图 6.16 所示。其中 P 为公称螺距，ΔP 为螺距误差。如果实际螺纹螺距没有误差，螺纹中径与单一中径一致。

（6）作用中径（D_{2m} 或 d_{2m}）　作用中径是指在规定的旋合长度内，恰好包容实际螺纹的一个假想螺纹的中径。这个假想螺纹具有理想的螺距、牙型半角以及牙型高度，并在牙顶处和牙底处留有间隙，以保证包容时不与实际螺纹的大、小径发生干涉。外螺纹的作用中径如图 6.17 所示，d_{2a} 为实际外螺纹中径。

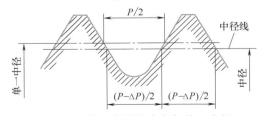

图 6.16　普通螺纹的中径与单一中径

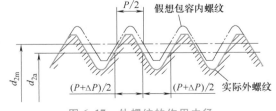

图 6.17　外螺纹的作用中径

（7）螺距（P）　螺距是指相邻两牙在中径线上对应两点间的轴向距离。普通螺纹的基本尺寸见表 6.22。

表 6.22　普通螺纹的基本尺寸（GB/T 196—2003）　　　（单位：mm）

公称直径 D、d 第1系列	第2系列	第3系列	螺距 P	中径 D_2、d_2	小径 D_1、d_1
5			**0.8**	4.480	4.134
			0.5	4.465	4.459
	5.5		0.5	5.175	4.959
6			**1**	5.350	4.917
			0.75	5.513	5.188
	7		**1**	6.350	5.917
			0.75	6.513	6.188
8			**1.25**	7.188	6.647
			1	7.350	6.917
			0.75	7.513	7.188
		9	**1.25**	8.188	7.647
			1	8.350	7.917
			0.75	8.513	8.188
10			**1.5**	9.026	8.376
			1.25	9.188	8.647
			1	9.350	8.917
			0.75	9.513	9.188
		11	**1.5**	10.026	9.376
			1	10.350	9.917
			0.75	10.513	10.188
12			**1.75**	10.863	10.106
			1.5	11.026	10.376
			1.25	11.188	10.647
			1	11.350	10.917
	14		**2**	12.701	11.835
			1.5	13.026	12.376
			1.25	13.188	12.647
			1	13.350	12.917
		15	1.5	14.026	13.376
			1	14.350	13.917
16			**2**	14.701	13.835
			1.5	15.026	14.376
			1	15.350	14.917
		17	1.5	16.026	15.376
			1	16.350	15.917
	18		**2.5**	16.376	15.294
			2	16.701	15.835
			1.5	17.026	16.376
			1	17.350	16.917

公称直径 D、d 第1系列	第2系列	第3系列	螺距 P	中径 D_2、d_2	小径 D_1、d_1
20			**2.5**	18.376	17.294
			2	18.701	17.835
			1.5	19.026	18.376
			1	19.350	18.917
	22		**2.5**	20.376	19.294
			2	20.701	19.835
			1.5	21.026	20.376
			1	21.350	20.917
24			**3**	22.051	20.752
			2	22.701	21.835
			1.5	23.026	22.376
			1	23.350	22.917
	25		2	23.701	22.835
			1.5	24.026	23.376
			1	24.350	23.917
		26	1.5	25.026	24.376
	27		**3**	25.051	23.752
			2	25.701	24.835
			1.5	26.026	25.376
			1	26.350	25.917
		28	2	26.701	25.835
			1.5	27.026	26.376
			1	27.350	26.917
30			**3.5**	27.727	26.211
			3	28.051	26.752
			2	28.701	27.835
			1.5	29.026	28.376
			1	29.350	28.917
		32	2	30.727	29.835
			1.5	31.026	30.376
	33		**3.5**	30.727	29.211
			3	31.051	29.752
			2	31.701	30.835
			1.5	32.026	31.376
		35	1.5	34.026	33.376
36			**4**	33.402	31.670
			3	34.051	32.752
			2	34.701	33.835
			1.5	35.026	34.376

注：1. 表中用黑体表示的为粗牙螺纹的螺距。
　　2. 直径系列优先选用第 1 系列，其次是第 2 系列，特殊情况选用第 3 系列。

（8）导程（Ph）　导程是指同一条螺旋线上的相邻两牙在中径线上对应两点间的轴向距离。对于单线（头）螺纹，$Ph = P$；对于多线（头）螺纹，导程等于螺距与线数 n 的乘积：$Ph = nP$。

（9）螺纹升角（φ）　螺纹升角是指在中径圆柱或圆锥上，螺旋线的切线与垂直于螺纹轴线的平面的夹角。

$$\tan\varphi = \frac{nP}{\pi d_2}$$

式中　φ——螺纹升角；

　　　n——螺纹线数；

　　　P——螺距；

　　　d_2——螺纹中径。

（10）旋合长度　旋合长度是指两个相互配合的螺纹沿螺纹轴线方向相互旋合部分的长度。

2. 螺纹几何参数误差对螺纹结合精度的影响

螺纹的几何参数主要有大径、小径、中径、螺距、牙型半角以及螺纹升角等。在加工制造过程中，这些参数不可避免地会产生误差，将会对螺纹联接产生影响。对于不同的螺纹，不同几何参数的影响会有所差别。内螺纹大径和外螺纹小径处都留有间隙，一般不会影响螺纹的配合性质。

普通螺纹联接靠螺纹牙侧面接触承受载荷，旋合时每个螺纹牙能否同时接触均匀受力，对螺纹联接的质量至关重要。因此，影响配合质量的因素主要是螺距误差、牙型半角误差和中径误差。

传动螺纹要求传递运动稳定、准确，保证传动位移精度，因此，单个螺距误差和最大的螺距累积误差成为影响位移精度的主要因素。

（1）螺距误差对螺纹互换性的影响　对于普通紧固螺纹来说，螺距误差主要影响螺纹的可旋合性和联接的可靠性；对于传动螺纹来说，螺距误差会影响螺纹的传动精度，并影响螺纹牙上载荷分布的均匀性。

螺距误差包括螺距局部误差（ΔP）和螺距累积误差（ΔP_Σ）。螺距局部误差是指在螺纹的全长上，任意单个实际螺距对公称螺距的最大差值，其与旋合长度无关；螺距累积误差是指在旋合长度内，任意多个实际螺距与其公称螺距的最大差值。螺距误差与旋合长度有关，是影响螺纹互换性的主要因素。

如图 6.18 所示，外螺纹只具有螺距误差，内、外螺纹再没有其他误差，在旋合长度的

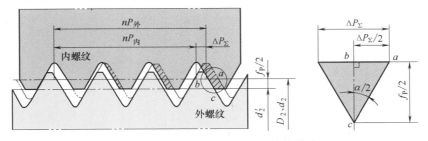

图 6.18　螺距误差对螺纹旋合性的影响

几个螺距内，外螺纹的螺距累积误差为 ΔP_Σ，由图可知，内、外螺纹将产生干涉（图 6.18 所示阴影部分）而造成无法旋合。

在制造过程中，由于螺距误差无法避免，为了保证有螺距误差的内、外螺纹能够正常旋合，可把有螺距误差的外螺纹的中径缩小，或把有螺距误差的内螺纹的中径增大。这个实际螺纹中径缩小或增大的数值称为螺距误差中径当量值 f_P。将螺距误差折合成螺纹中径当量值，即为中径的缩小量或增大量，计算公式为

$$f_P = \cot\frac{\alpha}{2}\,|\Delta P_\Sigma| \tag{6.1}$$

式中　f_P——螺距误差中径当量值（μm）；

　　　α——牙型角（°）；

　　ΔP_Σ——螺距累积误差（μm）。

对于普通螺纹，因 $\alpha = 60°$，所以，$f_P = 1.732\,|\Delta P_\Sigma|$。

由于螺距误差不论正或负，都将影响螺纹的旋合性，只是发生干涉的左右牙侧面有所不同，所以公式中 ΔP_Σ 取其绝对值。

在国家标准中，没有规定螺纹的螺距公差，而是将螺距累积误差折算成中径公差的一部分，通过控制螺纹中径误差来控制螺距误差。

（2）牙型半角误差及其中径当量值　牙型半角误差是指实际牙型半角 $\frac{\alpha'}{2}$ 与公称牙型半角 $\frac{\alpha}{2}$ 之差，即 $\Delta\frac{\alpha}{2} = \frac{\alpha'}{2} - \frac{\alpha}{2}$。牙型半角误差产生的原因主要是实际牙型角的角度误差或牙型角方向偏斜。当实际牙型角只有角度误差而无方向偏斜时，左右两个牙型半角相等，但都不等于公称值；当实际牙型角无误差，而存在方向偏斜，即牙型半角平分线与螺纹轴线不垂直时，左右牙型半角不相等；还有可能是牙型角本身有误差，同时牙型角方向偏斜两个因素共同造成了牙型半角误差。

牙型半角误差也会使螺纹牙侧发生干涉而影响旋合性，还会影响牙侧面的接触面积，降低联接强度。牙型半角误差对旋合性的影响如图 6.19 所示。

图 6.19 所示内螺纹具有基本牙型，外螺纹的中径和螺距与内螺纹相同，外螺纹的左右牙型半角存在误差 $\Delta\frac{\alpha_\text{左}}{2}$ 和 $\Delta\frac{\alpha_\text{右}}{2}$。当内、外螺纹旋合时，牙型将产生干涉（如图 6.19 所示阴影部分）。此时，如果将外螺纹的中径减少 $f_{\alpha/2}$（或将内螺纹的中径增大 $f_{\alpha/2}$），外螺纹牙型下移至虚线位置，内、外螺纹可自由旋合。螺纹中径因牙型半角误差而减小（或增大）的值，称为牙型半角误差中径当量值 $f_{\alpha/2}$。

对于普通螺纹，内、外螺纹都会产生牙型半角误差，其中径当量值计算如下。

当 $\left(\dfrac{\alpha}{2}\right)_\text{外} < \left(\dfrac{\alpha}{2}\right)_\text{内}$ 时，如图 6.19a 所示，将会在外螺纹的顶部 $\dfrac{3H}{8}$ 处发生干涉，则

$$f_{\alpha/2} = 0.44P\Delta\frac{\alpha}{2} \tag{6.2}$$

当 $\left(\dfrac{\alpha}{2}\right)_\text{外} > \left(\dfrac{\alpha}{2}\right)_\text{内}$ 时，如图 6.19b 所示，将会在外螺纹的底部 $\dfrac{H}{4}$ 处发生干涉，则

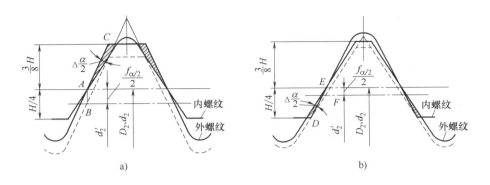

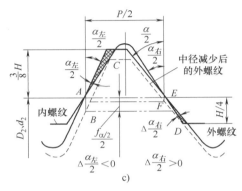

图 6.19　牙型半角误差对旋合性的影响

$$f_{\alpha/2} = 0.291P\Delta\frac{\alpha}{2} \tag{6.3}$$

但实际情况是，同一牙型的左右半角并不一定对称，左右半角误差也并不一定相等，对互换性的影响也就不同，如图 6.19c 所示。牙型半角误差中径当量值 $f_{\alpha/2}$ 可根据具体情况按下式计算，即

$$f_{\alpha/2} = 0.073P\left(k_1\left|\Delta\frac{\alpha_{左}}{2}\right| + k_2\left|\Delta\frac{\alpha_{右}}{2}\right|\right) \tag{6.4}$$

式中　$\Delta\dfrac{\alpha_{左}}{2}$、$\Delta\dfrac{\alpha_{右}}{2}$——左、右牙型半角误差（′）；

　　　　k_1、k_2——系数。

当 $\Delta\dfrac{\alpha_{左}}{2}\left(\text{或 }\Delta\dfrac{\alpha_{右}}{2}\right) > 0$ 时，k_1（或 k_2）取 2（内螺纹取 3）；当 $\Delta\dfrac{\alpha_{左}}{2}\left(\text{或 }\Delta\dfrac{\alpha_{右}}{2}\right) < 0$ 时，k_1（或 k_2）取 3（内螺纹取 2）。

（3）中径误差对螺纹互换性的影响　在螺纹制造过程中，螺纹中径也会出现误差。此时如果外螺纹的中径大于内螺纹的中径时，外螺纹无法旋合拧入；而当外螺纹的中径过小，外螺纹拧入后，内、外螺纹的间隙过大，配合过松，影响联接的紧密性和联接强度。为了保证螺纹联接的配合质量和联接强度，必须严格控制中径误差。

假设内、外螺纹的中径误差为 ΔD_{2a}（Δd_{2a}），由于螺距误差折算成中径当量值 f_P，牙型半角误差折算成中径当量值 $f_{\alpha/2}$，内、外螺纹中径总公差 T_{D_2}（T_{d_2}）应满足以下关系式，即

$$T_{D_2} \geqslant \Delta D_{2a} + f_P + f_{\alpha/2} \tag{6.5}$$

$$T_{d_2} \geqslant \Delta d_{2a} + f_P + f_{\alpha/2} \tag{6.6}$$

当内螺纹存在螺距误差和牙型半角误差时，只能与一个中径较小的外螺纹正确旋合，相当于有误差的内螺纹的中径减小。当外螺纹存在螺距误差和牙型半角误差时，只能与一个中径较大的内螺纹正确旋合，相当于有误差的外螺纹的中径增大。这个减小（或增大）的假想中径称为螺纹的作用中径，用 D_{2m}（d_{2m}）表示，计算公式为

$$D_{2m} = D_{2a} - (f_P + f_{\alpha/2}) \tag{6.7}$$

$$d_{2m} = d_{2a} + (f_P + f_{\alpha/2}) \tag{6.8}$$

式中　D_{2a}、d_{2a}——内、外螺纹的实际中径。

6.3.2　普通螺纹的公差配合

1. 普通螺纹的公差

普通螺纹国家标准（GB/T 197—2018）中，列出了普通螺纹的公差等级，分别规定了内、外螺纹的中径和顶径公差等级。普通螺纹的公差等级见表 6.23。其中 6 级是基本级，3 级公差值最小，精度最高；9 级精度最低。

表 6.23　普通螺纹的公差等级

螺纹直径		公差等级	螺纹直径		公差等级
外螺纹	中径 d_2	3、4、5、6、7、8、9	内螺纹	中径 D_2	4、5、6、7、8
	大径（顶径）d	4、6、8		小径（顶径）D_1	4、5、6、7、8

内、外螺纹顶径公差见表 6.24。

普通螺纹中径公差见表 6.25。

表 6.24　内、外螺纹顶径公差（GB/T 197—2018）　（单位：μm）

公差项目	内螺纹顶径（小径）公差 T_{D_1}					外螺纹顶径（大径）公差 T_d		
螺距 P/mm	公差等级					公差等级		
	4	5	6	7	8	4	6	8
0.5	90	112	140	180	—	67	106	—
0.6	100	125	160	200	—	80	125	—
0.7	112	140	180	224	—	90	140	—
0.75	118	150	190	236	—	90	140	—
0.8	125	160	200	250	315	95	150	236
1	150	190	236	300	375	112	180	280
1.25	170	212	265	335	425	132	212	335
1.5	190	236	300	375	475	150	236	375
1.75	212	265	335	425	530	170	265	425
2	236	300	375	475	600	180	280	450
2.5	280	355	450	560	710	212	335	530
3	315	400	500	630	800	236	375	600
3.5	355	450	560	710	900	265	425	670
4	375	475	600	750	950	300	475	750

表 6.25　普通螺纹中径公差（GB/T 197—2018）　　　　　（单位：μm）

公称大径/mm		螺距 P/mm	内螺纹中径公差 T_{D_2}					外螺纹中径公差 T_{d_2}						
			公差等级					公差等级						
>	≤		4	5	6	7	8	3	4	5	6	7	8	9
2.8	5.6	0.5	63	80	100	125	—	38	48	60	75	95	—	—
		0.6	71	90	112	140	—	42	53	67	85	106	—	—
		0.7	75	95	118	150	—	45	56	71	90	112	—	—
		0.75	75	95	118	150	—	45	56	71	90	112	—	—
		0.8	80	100	125	160	200	48	60	75	95	118	150	190
5.6	11.2	0.75	85	106	132	170	—	50	63	80	100	125	—	—
		1	95	118	150	190	236	56	71	90	112	140	180	224
		1.25	100	125	160	200	250	60	75	95	118	150	190	236
		1.5	112	140	180	224	280	67	85	106	132	170	212	265
11.2	22.4	1	100	125	160	200	250	60	75	95	118	150	190	236
		1.25	112	140	180	224	280	67	85	106	132	170	212	265
		1.5	118	150	190	236	300	71	90	112	140	180	224	280
		1.75	125	160	200	250	315	75	95	118	150	190	236	300
		2	132	170	212	265	335	80	100	125	160	200	250	315
		2.5	140	180	224	280	355	85	106	132	170	212	265	335
22.4	45	1	106	132	170	212	—	63	80	100	125	160	200	250
		1.5	125	160	200	250	315	75	95	118	150	190	236	300
		2	140	180	224	280	355	85	106	132	170	212	265	335
		3	170	212	265	335	425	100	125	160	200	250	315	400
		3.5	180	224	280	355	450	106	132	170	212	265	335	425
		4	190	236	300	375	475	112	140	180	224	280	355	450
		4.5	200	250	315	400	500	118	150	190	236	300	375	475

2. 普通螺纹的基本偏差

螺纹公差带是以基本牙型为零线布置的，其位置如图 6.20 所示。螺纹的基本牙型是计算螺纹偏差的基准。

国家标准对内螺纹规定了两种基本偏差 G、H，其基本偏差 $EI \geqslant 0$，如图 6.20a、b 所示。国家标准对外螺纹规定了 8 种基本偏差 a、b、c、d、e、f、g、h，其基本偏差 $es \leqslant 0$，基本偏差 e、f、g、h 如图 6.20c、d 所示。在图 6.20c、d 中，$d_{3\max}$ 为外螺纹的最大底（小）径。GB/T 197—2018 中，对 $d_{3\max}$ 也规定了基本偏差。

根据前面所述普通螺纹的公差等级和基本偏差代号，可以组成多种不同的公差带。普通螺纹的公差带代号由公差等级数字和基本偏差字母组成，如 6g、6H、5G 等。这种表示方法与第 3 章所述的尺寸公差带代号有所不同，螺纹公差带代号的公差等级数字在前，基本偏差字母在后。

3. 旋合长度

螺纹长度的大小直接关系到螺纹的加工和装配。短螺纹容易加工和装配，长螺纹的加工和装配难度都将加大。旋合长度将会影响螺纹联接件的配合精度和互换性，设计时必须选择合理的旋合长度。

国家标准对螺纹联接规定了 3 组旋合长度，分别为短旋合长度组（S）、中等旋合长度组（N）和长旋合长度组（L）。

4. 螺纹的推荐公差带

螺纹精度的高低直接决定螺纹加工、检测的难易程度。为了减少螺纹加工刀具和检测用

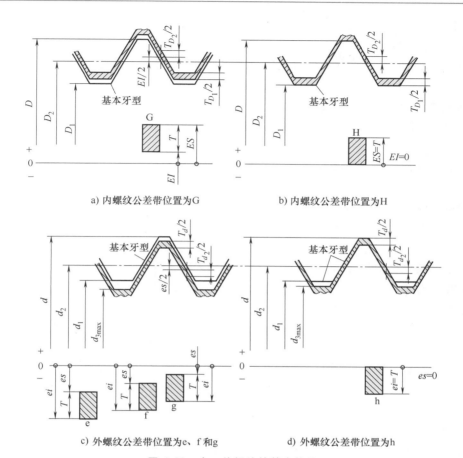

a) 内螺纹公差带位置为G　　　　　　b) 内螺纹公差带位置为H

c) 外螺纹公差带位置为e、f和g　　　　d) 外螺纹公差带位置为h

图 6.20　内、外螺纹的基本偏差

的量具规格和种类，国家标准推荐了常用的公差带，见表 6.26。国家标准规定了"优先、其次和尽可能不用"的选用顺序。除非特殊情况，不准选用国家标准规定以外的其他公差带。如果不知道螺纹旋合长度，推荐按中等旋合长度（N）进行选取。

表 6.26　普通螺纹的推荐公差带

旋合长度		内螺纹推荐公差带			外螺纹推荐公差带		
		S	N	L	S	N	L
公差精度	精密	4H	5H	6H	（3h4h）	4h*、（4g）	（5h4h）、（5g4g）
	中等	5H*、（5G）	6H *、6G*	7H*、（7G）	（5h6h）、（5g6g）	6h、6g *、6f*、6e*	（7h6h）、（7g6g）、（7e6e）
	粗糙	—	7H、（7G）	8H、（8G）	—	8g、（8e）	（9g8g）、（9e8e）

注：1. 优先选用带 * 的公差带，其次选用不带 * 的公差带，加 （ ） 的公差带尽可能不用。
　　2. 带方框及 * 的公差带用于大批量生产的紧固件。

GB/T 197—2018 中规定螺纹的公差精度分为精密、中等和粗糙共 3 个等级。

（1）精密　用于精密螺纹，以保证内、外螺纹具有稳定的配合性质。

（2）中等　用于一般用途螺纹。

（3）粗糙　用于制造困难的螺纹，如在热轧棒料上或深不通孔内加工的螺纹。

上述内、外螺纹的公差带可以任意组合，但在实际生产中，为了保证内、外螺纹旋合后有足够的接触高度，国家标准要求加工后的内、外螺纹最好组成 H/g、H/h 或 G/h 配合。如果要求内、外螺纹旋合后具有较好的同轴度和足够的联接强度，可选用 H/h 配合；对于经常拆卸、工作温度较高的螺纹，可选用间隙较小的 H/g、G/h 配合；对于需要涂镀保护层的螺纹，根据镀层的厚度不同选用 6H/6e 或 6G/6e 配合。

5. 普通螺纹的标记

螺纹的完整标记由螺纹特征代号、尺寸代号、公差带代号及其他有必要说明的个别信息等组成。

（1）特征代号　普通螺纹的特征代号用字母"M"表示。

（2）尺寸代号　螺纹的尺寸代号为"公称直径×螺距"，单位为 mm。对于粗牙螺纹，螺距项省略不标。例如，M8，M10×1。

（3）公差带代号　公差带代号包括中径公差带代号和顶径公差带代号。中径公差带代号在前，顶径公差带代号在后。如果中径公差带代号与顶径公差带代号相同，则只标注一个公差带代号。螺纹尺寸代号与公差带代号之间用"-"分开。

国家标准规定，下列中等公差精度螺纹的公差带代号可以省略。

内螺纹：——5H　公称直径≤1.4mm。

　　　　——6H　公称直径≥1.6mm。

外螺纹：——6h　公称直径≤1.4mm。

　　　　——6g　公称直径≥1.6mm。

内、外螺纹配合的公差带代号标记，内螺纹公差带代号在前，外螺纹公差带代号在后，中间用斜线"/"分开。

（4）有必要说明的其他信息　主要包括螺纹的旋合长度和旋向。

对旋合长度为短组和旋合长度为长组的螺纹，应在公差带代号后分别标注"S"和"L"代号，旋合长度组别代号与公差带代号之间用"-"分开。对旋合长度为中等组螺纹不标注（省略）旋合长度组代号"N"。

对左旋螺纹，应在螺纹标记的最后标注"LH"代号，与前面用"-"分开。右旋螺纹不标注（省略）旋向代号。

普通螺纹标记示例如下。

外螺纹：

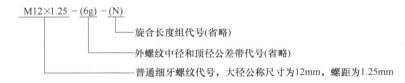

内螺纹：

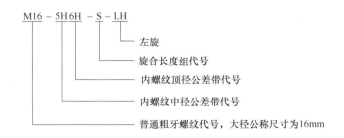

内、外螺纹装配标记示例如下。

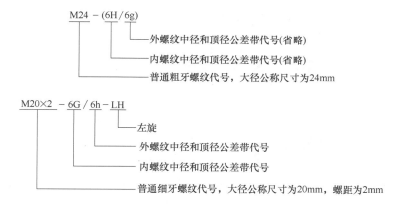

普通粗牙螺纹代号，大径公称尺寸为24mm

M24 - (6H/6g)
　　外螺纹中径和顶径公差带代号(省略)
　　内螺纹中径和顶径公差带代号(省略)
　　普通粗牙螺纹代号，大径公称尺寸为24mm

M20×2 - 6G/6h - LH
　　左旋
　　外螺纹中径和顶径公差带代号
　　内螺纹中径和顶径公差带代号
　　普通细牙螺纹代号，大径公称尺寸为20mm，螺距为2mm

6.3.3　普通螺纹的检测

1. 综合检验

对于大批量生产用于紧固联接的普通螺纹，只要求保证可旋合性和一定的联接强度，其螺距误差及牙型半角误差按照包容要求，可由中径公差综合控制。在对螺纹进行综合检验时，使用螺纹综合极限量规进行检验。用螺纹量规的通规检验内、外螺纹的作用中径及底径的合格性，用螺纹量规的止规检验内、外螺纹单一中径的合格性。

螺纹量规是按照极限尺寸判断原则（泰勒原则）设计的，螺纹通规体现了最大实体牙型边界，具有完整的设计牙型，其长度等于被检螺纹的旋合长度，故能正确检验作用中径。如果螺纹通规在旋合长度上与被测螺纹顺利旋合，则表明螺纹的作用中径未超过螺纹的最大实体牙型中径，且螺纹底径也符合公差要求。

螺纹止规用来控制螺纹的实际中径，为了避免牙型半角误差及螺距误差对检验结果的影响，止规的牙型做成截短牙型，使止规只在单一中径处与被测螺纹牙侧接触，且止端的牙扣只做出几个牙。如果螺纹止规不能旋合或部分旋合，表明被测螺纹的单一中径没有超出最小实体牙型尺寸。

螺纹量规分为塞规和环规，分别用来检验内、外螺纹。

图 6.21 所示为用环规检验外螺纹。用卡规先检验外螺纹顶径的合格性，再用螺纹环规的通规检验。如能与被测螺纹顺利旋合，则表明该外螺纹的作用中径合格。若被测螺纹的单一中径合格，则螺纹环规的止规不能通过被测螺纹（最多允许旋进 2～3 牙）。

图 6.22 所示为用塞规检验内螺纹。用光滑极限量规（塞规）检验内螺纹顶径的合格性，再用螺纹塞规的通规检验内螺纹的作用中径和底径，通规在旋合长度内与内螺纹顺利旋合，作用中径和底径合格。若被检验内螺纹的单一中径合格，则

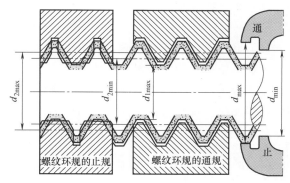

图 6.21　用环规检验外螺纹

螺纹塞规的止规不能通过被检验内螺纹（最多旋入 2~3 牙）。

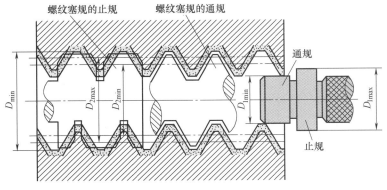

图 6.22　用塞规检验内螺纹

2. 单项测量

对于具有其他精度要求和功能要求的精密螺纹，其中径、螺距和牙型半角等参数规定了不同的公差要求，常进行单项测量。

（1）用量针测量　在生产中，常采用三针法测量外螺纹的中径。它具有方法简单、测量精度高的优点，应用广泛。图 6.23 所示为用三针法测量外螺纹的单一中径。测量时，根据被测螺纹的螺距，选取合适直径的三根精密量针，按图 6.24 所示位置放在被测螺纹的牙槽内，夹放在两测头之间。合适的量针直径，可以保证量针与牙槽接触点的轴间距离正好在公称螺距一半处，即三针法测量的是螺纹的单一中径。然后用精密测量仪器测出针距 M 值。根据螺纹的螺距 P、牙型半角 $\alpha/2$ 及量针的直径 d_0，按以下公式（推导过程略）计算出测量螺纹的单一中径 d_{2s}，即

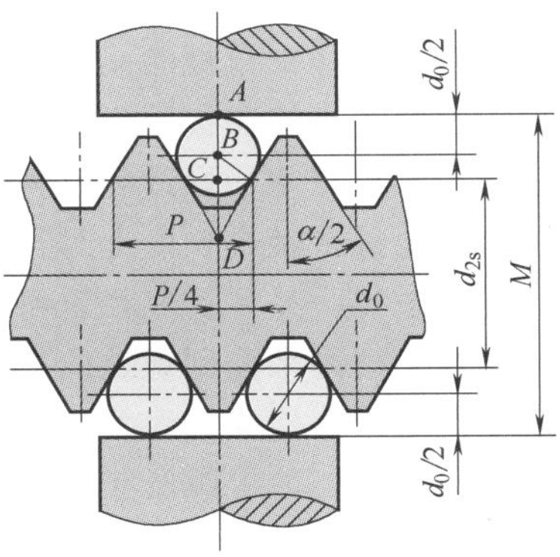

$$d_{2s} = M - d_0 \left(1 + \frac{1}{\sin\dfrac{\alpha}{2}} \right) + \frac{P}{2}\cot\frac{\alpha}{2} \qquad (6.9)$$

图 6.23　用三针法测量外螺纹的单一中径

对于米制普通螺纹，牙型半角 $\alpha/2 = 30°$，代入上式得

$$d_{2s} = M - 3d_0 + 0.866P$$

（2）用万能工具显微镜测量　单项测量可用万能工具显微镜测量螺纹的各种参数。万能工具显微镜是一种应用很广泛的光学计量仪器。它采用影像法测量的原理，将被测螺纹的牙型轮廓放大成像，按被测螺纹的影像测量其螺距、牙型半角和中径等几何参数。各种精密螺纹，如螺纹量规、精密丝杠等，均可用万能工具显微镜测量。

6.4　圆柱齿轮传动的精度设计与检测

齿轮传动是机械产品中应用最广泛的传动机构之一。它在机床、汽车、仪器仪表等行业

得到了广泛应用,其主要功能是用来传递运动、动力和精密分度等。齿轮传动精度将会直接影响机器的传动质量、效率和使用寿命。结合图 1.1 所示立式台钻主轴箱齿轮、齿条传动的使用要求,本节将着重介绍国家最新颁布的渐开线圆柱齿轮精度标准、齿轮的精度设计和检测方法。

6.4.1　概述

在各种齿轮传动系统中,通常是由齿轮、轴、轴承和箱体等零部件组成。这些零部件的制造和安装精度,都会对齿轮传动产生影响。其中,齿轮本身的制造精度和齿轮副的安装精度又起着主要的作用。

1. 齿轮传动的使用要求

随着现代科技不断发展,要求机械产品的自身重量轻、传递功率大、转动速度快、工作精度高,因而对齿轮传动提出了更高的要求。在不同的机械产品中,齿轮传动的使用要求有所不同,主要包括以下几个方面。

(1) 传递运动的准确性　要求齿轮在一转范围内传动比的变化尽量小,以保证从动齿轮与主动齿轮的相对运动协调一致。当主动齿轮转过一个角度 φ_1 时,从动齿轮根据齿轮的传动比 i 转过相应的角度 $\varphi_2 = i\varphi_1$。根据齿廓啮合基本定律,齿轮传动比 i 应为一个常数,但由于齿轮加工和安装误差,使得每一瞬时的传动比都不相同,从而造成了从动齿轮的实际转角偏离理论值产生了转角误差。为了保证齿轮传递运动的准确性,应限制齿轮在一转内的最大转角误差。

(2) 传动的平稳性　要求齿轮在转过每一个齿的范围内,瞬时传动比的变化尽量小,以保证齿轮传动平稳,降低齿轮传动过程中的冲击、振动和噪声。

(3) 载荷分布的均匀性　要求齿轮在啮合时工作齿面接触良好,载荷分布均匀,避免轮齿局部受力引起应力集中,造成局部齿面的过度磨损、点蚀甚至轮齿折断,提高齿轮的承载能力和使用寿命。

(4) 齿侧间隙的合理性　要求齿轮副啮合时,非工作齿面间应留有一定的间隙,用以储存润滑油、补偿齿轮受力后的弹性变形、热变形以及齿轮传动机构的制造、安装误差,防止齿轮工作过程中卡死或齿面烧伤。但过大的间隙会在起动和反转时引起冲击,造成回程误差,因此齿侧间隙的选择应在一个合理的范围内。

为了保证齿轮传动具有良好的工作性能,以上 4 个方面均要有一定的要求。但根据用途和工作条件的不同,对上述要求的侧重点会有所区别。

对于机械制造中常用的齿轮,如机床、汽车、拖拉机、减速器等行业用的齿轮,主要要求是传动的平稳性和载荷分布的均匀性,对传递运动的准确性要求可稍低一些。

对于精密机床中的分度机构、控制系统和测试机构中使用的齿轮,对传递运动的准确性提出了较高的要求,以保证主、从动齿轮运动协调一致。这类齿轮一般传递动力较小,齿轮模数、齿宽也不大,对载荷分布的均匀性要求也不高。

对于轧钢机、矿山机械和起重机械中主要用于传递动力的齿轮,其特点是传递功率大、圆周速度低,选用齿轮的模数和齿宽都较大,对载荷分布的均匀性要求较高。

对于汽轮机、高速发动机中的齿轮,因其传递功率大、圆周速度高,要求工作时振动、冲击和噪声要小,对传动的平稳性有极其严格的要求,对传递运动的准确性和载荷分布的均匀性也有较高的要求；还要求较大的齿侧间隙，以保证齿轮良好的润滑，避免高速运动温度升高而咬死。

2. 齿轮偏差的来源

齿轮轮齿的切削加工方法很多，按齿廓形成的原理可分为两大类：成形法和展成法。

用成形法加工齿轮时，刀具的齿形与被加工齿轮的齿槽形状相同。常用盘状模数铣刀和指状模数铣刀在铣床上借助分度装置铣削加工齿轮。

用展成法加工齿轮时，齿轮表面通过专用齿轮加工机床的展成运动形成渐开线齿面。常用的加工方法有滚齿、插齿、磨齿、剃齿、珩齿、研齿等。

由于齿轮加工系统中的机床、刀具、齿坯的制造、安装等存在着多种误差因素，致使加工后的齿轮存在各种形式的偏差。下面以在滚齿机上加工齿轮为例，如图 6.24 所示，分析齿轮偏差产生的主要原因。

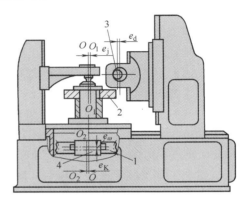

图 6.24　滚齿加工示意图
1—分度蜗轮　2—工件（齿坯）
3—滚刀　4—蜗杆

（1）几何偏心　几何偏心产生的原因是由于加工时齿坯孔的基准轴线 $O_1—O_1$ 与滚齿机工作台旋转轴线 $O—O$ 不重合而引起的安装偏心，造成了齿轮齿圈的基准轴线与齿轮工作时的旋转轴线不重合。几何偏心使加工过程中齿坯孔的基准轴线 $O_1—O_1$ 与滚刀的距离发生变化，使切出的齿轮轮齿一边短而肥、一边瘦而长。当以齿轮孔的基准轴线 $O_1—O_1$ 定位检测时，在一转范围内产生周期性齿圈径向跳动，同时齿距和齿厚也产生周期性变化。当这种齿轮与理想齿轮啮合传动时，必然产生转角误差，影响齿轮传递运动的准确性。

（2）运动偏心　运动偏心是由于齿轮加工机床分度蜗轮加工误差以及安装过程中分度蜗轮轴线 $O_2—O_2$ 与工作台旋转轴线 $O—O$ 不重合引起的。运动偏心使齿坯相对于滚刀的转速不均匀，而使被加工齿轮的齿廓产生切向位移。在齿轮加工时，蜗杆的线速度是恒定不变的，只是蜗轮、蜗杆的中心距周期性变化，即蜗轮（齿坯）在一转内的转速呈现周期性变化。当蜗轮的角速度由 ω 增加到 $\omega+\Delta\omega$ 时，使被切齿轮的齿距和公法线都变长；当角速度由 ω 减少到 $\omega-\Delta\omega$ 时，切齿滞后又会使齿距和公法线都变短，从而使齿轮产生周期性变化的切向偏差。因此，运动偏心也影响齿轮传递运动的准确性。

（3）机床传动链的高频误差　在加工直齿轮时，传动链中分度机构各元件的误差，尤其是分度蜗杆由于安装偏心引起的径向跳动和轴向窜动，将会造成蜗轮（齿坯）在一周范围内的转速出现多次变化，引起加工齿轮的齿距偏差和齿形偏差。在加工斜齿轮时，除分度机构各元件的误差外，还受到差动链误差的影响。机床传动链的高频误差引起加工齿轮的齿面产生波纹，会使齿轮啮合时瞬时传动比产生波动，影响齿轮传动的平稳性。

（4）滚刀的制造和安装误差　在制造滚刀的过程中，滚刀本身的齿距、齿形等偏差，都会在加工齿轮的过程中复映到被加工齿轮的每一个齿上，使被加工齿轮产生齿距偏差和齿廓形状偏差。

滚刀由于安装偏心，会使被加工齿轮产生径向偏差。滚刀刀架导轨或齿坯轴线相对于工作台旋转轴线的倾斜及轴向窜动，会使进刀方向与轮齿的理论方向产生偏差，引起加工齿面沿齿长方向的歪斜，造成齿廓倾斜偏差和螺旋线偏差，影响载荷分布的均匀性。

3. 齿轮偏差的分类

由于齿轮加工过程中造成工艺误差的因素很多，齿轮加工后的偏差形式也很多。为了区别和分析齿轮各种偏差的性质、规律以及对传动质量的影响，将齿轮偏差进行分类。

1）按偏差出现的频率分为长周期（低频）偏差和短周期（高频）偏差，如图 6.25 所示。

在齿轮加工过程中，齿廓表面的形成是由滚刀对齿坯周期性连续滚切的结果，因此，加工偏差是齿轮转角的函数，具有周期性。

齿轮回转一周出现一次的周期性偏差称为长周期（低频）偏差。齿轮加工过程中由于几何偏心和运动偏心引起的偏差属于长周期偏差。它是以齿轮的一转为周期，如图 6.25a 所示，对齿轮一转内传递运动的准确性产生影响。高速时，还会影响齿轮传动的平稳性。

齿轮转动一个齿距角的过程中出现一次或多次的周期性偏差称为短周期（高频）偏差。产生偏差的原因主要是机床传动链的高频误差和滚刀的制造和安装误差，以分度蜗杆的一转或齿轮的一齿为周期，在齿轮一转中多次出现，如图 6.25b 所示，对齿轮传动的平稳性产生影响。实际齿轮的运动偏差是一条复杂周期函数曲线，如图 6.25c 所示，其中包含了长周期偏差和短周期偏差。

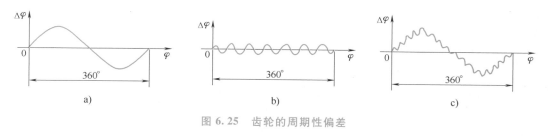

图 6.25　齿轮的周期性偏差

2）按偏差产生的方向分为径向偏差、切向偏差和轴向偏差。

① 在齿轮加工过程中，由于切齿刀具与齿坯之间的径向距离发生变化而引起的加工偏差称为齿廓的径向偏差。例如，齿轮的几何偏心和滚刀的安装偏心，都会在切齿的过程中使齿坯相对于滚刀的距离产生变动，导致切出的齿廓相对于齿轮基准孔轴线产生径向位置的变动，造成径向偏差。

② 在齿轮加工过程中，由于滚刀的运动相对于齿坯回转速度的不均匀，致使齿廓沿齿轮切线方向产生的偏差，称为齿廓的切向偏差。例如，分度蜗轮的运动偏心、分度蜗杆的径向跳动和轴向跳动以及滚刀的轴向跳动等，都会使齿坯相对于滚刀回转速度不均匀，产生切向偏差。

③ 在齿轮加工过程中，由于切齿刀具沿齿轮轴线方向进给运动偏斜产生的加工偏差称为齿廓的轴向偏差。例如，刀架导轨与机床工作台回转轴线不平行、齿坯安装歪斜等，均会造成齿廓的轴向偏差。

6.4.2　单个齿轮的评定指标及检测

由于齿轮加工机床传动链的高频误差、刀具和齿坯的制造和安装误差以及加工过程中受力变形、受热变形等因素，都会使加工的齿轮产生偏差。

国家标准GB/T 10095《圆柱齿轮　ISO齿面公差分级制》包括以下两部分内容。

1. 齿面偏差的定义和允许值（GB/T 10095.1—2022）

GB/T 10095.1—2022《圆柱齿轮　ISO齿面公差分级制　第1部分：齿面偏差的定义和允许值》规定了单个渐开线圆柱齿轮齿面的制造和合格判定的公差分级制，还规定了各项齿面公差的术语、齿面公差分级制的结构和允许值；按照公差值由小到大的顺序，定义了11个齿面公差等级，1~11级，并提供了公差值计算公式，适用于法向模数 m_n 为 0.5~70mm、分度圆直径 d 为 5~15000mm、齿宽 b 为 4~1200mm 的单个渐开线圆柱齿轮，齿数为 5~1000，螺旋角不大于 45°。

（1）齿距偏差

1）任一单个齿距偏差（f_{pi}）。在齿轮的端平面内、测量圆上，实际齿距与理论齿距的代数差。该偏差是任一齿面相对于相邻同侧齿面偏离其理论位置的位移量，如图6.26所示。

当齿轮存在任一单个齿距偏差时，无论实际齿距大于还是小于公称齿距，都会在一对轮齿啮合完而另一对轮齿进入啮合时，由于齿距的偏差造成主动轮齿和被动轮齿发生冲撞，从而影响齿轮传动的平稳性。

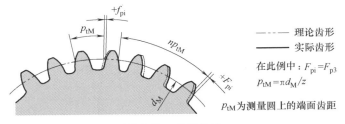

图 6.26　齿距偏差

2）单个齿距偏差（f_p）。所有任一单个齿距偏差（f_{pi}）的最大绝对值。

3）任一齿距累积偏差（F_{pi}）。n 个相邻齿距的弧长与理论弧长的代数差，n 的范围为 1~z，左侧齿面和右侧齿面 F_{pi} 值的个数均等于齿数。理论上 F_{pi} 等于这 n 个齿距的任一单个齿距偏差（f_{pi}）的代数和；是相对于一个基准轮齿齿面，任意轮齿齿面偏离其理论位置的位移量。k 个齿距累积偏差 F_{pk} 是针对指定齿侧面在所有跨 k 个齿距的扇形区域内，任一齿距累积偏差值 F_{pi} 的最大代数差（图6.26和图6.27）。在特定情况下，k 取齿数的八分之一，记为 $F_{pz/8}$。国家标准指出（除非另有规定），k 不大于齿数的八分之一，对于扇形齿轮，齿数 z 是完整齿轮的齿数，而不是扇形齿轮的齿数，$F_{pz/8}$ 仅适用于齿数大于或等于12的齿轮。

4）齿距累积总偏差（F_p）。齿轮所有齿的指定齿面的任一齿距累积偏差（F_{pi}）的最大代数

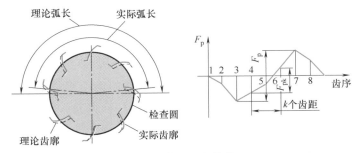

图 6.27　齿距累积偏差

差。它表现为齿距累积偏差曲线的总幅值。齿距累积总偏差 F_p 和任一齿距累积偏差 F_{pi} 反映了齿轮一转中传动比的变化，如果在较少的齿距数上的任一齿距累积偏差过大时，在齿轮实际工作中将产生很大的惯性力，尤其是高速齿轮，动载荷可能相当大，故可作为评定齿轮传递运动准确性的偏差项目。齿距累积偏差的测量不是强制性的，除非另有规定。

齿距累积偏差的检验是沿着同侧齿面间的实际弧长与理论弧长做比较测量，能够反映几

何偏心和运动偏心对加工齿轮的综合影响，故 F_p 可代替切向综合总偏差 F_{is} 作为评定齿轮运动准确性的必检项目。

F_{is} 是产品齿轮与测量齿轮在单面啮合连续运转中测得的一条连续记录偏差的曲线，反映了齿轮每瞬间的传动比的变化，其测量时的运动情况接近于工作状态。但 F_p 是沿着与基准孔同心的圆周上逐齿测得的折线状偏差曲线，只反映了齿侧有限点的偏差，而不能反映齿面上任意两点间的传动比的变化。故对齿轮运动准确性的评价不如切向综合总偏差 F_{is} 准确。

除另有规定，齿距偏差检测均在接近齿高和齿宽中部的位置测量。f_{pi} 需对每个轮齿的两侧面的齿距进行测量。

从测得的各个齿距偏差的数值中，找出绝对值最大的偏差数值即为单个齿距偏差 f_p；找出最大值和最小值，其差值即为齿距累积总偏差 F_p；将每相邻 k 个齿距的偏差数值相加得到 k 个齿距的偏差值，其中的最大差值即为 k 个齿距累积偏差 F_{pk}。

（2）齿廓偏差　齿廓偏差是指实际齿廓偏离设计齿廓的量，该偏离量在端平面内且垂直于渐开线齿廓的方向计值。

设计齿廓是指符合设计规定的齿廓，一般是指端面齿廓。在齿廓的曲线图中，未经修形的渐开线齿廓迹线一般为直线。

1）齿廓总偏差（F_α）。在计值范围 L_α 内，包容被测实际齿廓的两条设计齿廓平行线之间的距离，如图 6.28a 所示，即过齿廓迹线最高、最低点所作的设计齿廓迹线的两条等距线间的距离为 F_α。

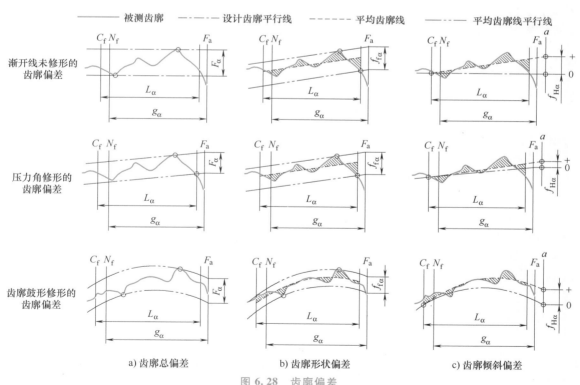

图 6.28　齿廓偏差

C_f—齿廓控制点　N_f—有效齿根点　F_a—齿顶成形点（修顶起始处）　$f_{f\alpha}$—齿廓形状偏差

L_α—齿廓计值长度　g_α—啮合线长度　F_α—齿廓总偏差　$f_{H\alpha}$—齿廓倾斜偏差　a—齿顶点

　　从上述分析中可知，如果齿轮存在齿廓偏差，其齿廓不是标准的渐开线，就无法保证瞬时传动比为常数，容易产生振动与噪声，齿廓总偏差 F_α 是影响齿轮传动平稳性的主要因素。

　　生产中为了进一步分析影响齿廓总偏差 F_α 的误差因素，国家标准又把齿廓总偏差细分为齿廓形状偏差 $f_{f\alpha}$ 和齿廓倾斜偏差 $f_{H\alpha}$。

　　2）齿廓形状偏差（$f_{f\alpha}$）。是指在计值范围 L_α 内，包容被测实际齿廓的，与平均齿廓线完全相同的两条曲线间的距离，且每条曲线与平均齿廓线的距离为常数，如图 6.28b 所示。

　　3）齿廓倾斜偏差（$f_{H\alpha}$）。是指以齿廓控制圆直径 d_{Cf} 为起点，以平均齿廓线的延长线与齿顶圆直径 d_a 的交点为终点，与这两点相交的两条设计齿廓平行线之间的距离，如图 6.28c 所示。

　　（3）螺旋线偏差　螺旋线偏差是指在端面基圆切线方向上测得的，被测螺旋线偏离设计螺旋线的量。设计螺旋线是指设计者给定的螺旋线，在展开图中竖向代表对理论螺旋线进行的修正，横向代表齿宽；未给定时，设计螺旋线是无修形的螺旋线，如图 6.29 所示。

　　1）螺旋线总偏差（F_β）。在计值范围 L_β 内，包容被测螺旋线，两条设计螺旋线平行线之间的距离，如图 6.29a 所示。

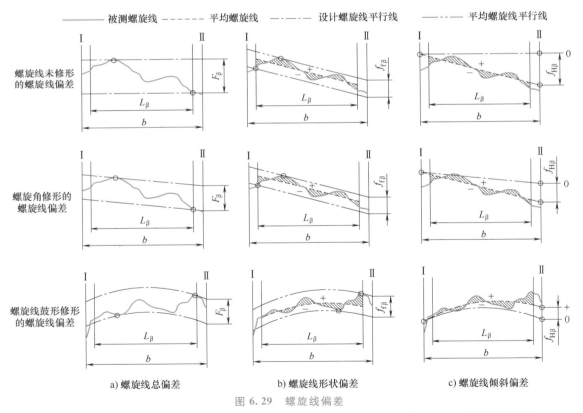

图 6.29　螺旋线偏差

b—齿宽（轴向）　L_β—螺旋线计值长度　F_β—螺旋线总偏差　$f_{f\beta}$—螺旋线形状偏差　$f_{H\beta}$—螺旋线倾斜偏差

　　有时，为了进一步分析 F_β 产生的原因，又将 F_β 细分为螺旋线形状偏差 $f_{f\beta}$ 和螺旋线倾斜偏差 $f_{H\beta}$。

2）螺旋线形状偏差（$f_{f\beta}$）。在计值范围 L_β 内，包容被测螺旋线且平行于平均螺旋线的两条平行线间的距离，每条曲线与平均螺旋线的距离为常数，如图 6.29b 所示。

3）螺旋线倾斜偏差（$f_{H\beta}$）。在齿轮全齿宽 b 内，通过平均螺旋线的延长线和两端面的交点的、两条设计螺旋线平行线之间的距离，如图 6.29c 所示。

2. 径向综合偏差与公差（GB/T 10095.2—2023）

GB/T 10095.2—2023《圆柱齿轮　ISO 齿面公差分级制　第 2 部分：径向综合偏差的定义和允许值》给出单个齿轮径向综合偏差的定义以及各个公差等级的公差（R30～R50，共分为 21 个公差等级）计算方法；测量方法基于码特齿轮与产品齿轮双面啮合综合测量；适用于齿数不小于 3、分度圆直径不大于 600mm 的齿轮。

1）一齿径向综合偏差、一齿径向综合公差。

① 一齿径向综合偏差 f_{id}。产品齿轮的所有轮齿与码特齿轮双面啮合测量中，中心距在任一齿距内的最大变动量，如图 6.30 所示。

② 一齿径向综合公差 f_{idT}。产品齿轮所有轮齿的 f_{id} 的最大允许值。

2）径向综合总偏差、径向综合总公差。

① 径向综合总偏差（F_{id}），它是指产品齿轮的所有轮齿与码特齿轮（满足精度要求并用来测量产品齿轮径向综合偏差的齿轮）双面啮合测量中，中心距的最大值与最小值之差，如图 6.30 所示。

② 径向综合总公差（F_{idT}）。它是指径向综合总偏差 F_{id} 的最大允许值。

径向综合偏差的测量值受到码特齿轮的精度、产品齿轮与码特齿轮的总重合度的影响。码特齿轮的轮齿设计及公差要求应由产

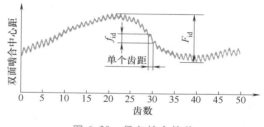

图 6.30　径向综合偏差

品齿轮的供需双方商定，对于精度要求高的产品齿轮通常要用更高精度的码特齿轮。产品齿轮与码特齿轮之间不应有啮合干涉。建议检查测量过程中最小中心距处齿顶与齿根过渡曲面之间的干涉。建议检查产品齿轮与码特齿轮之间的最小总重合度，在采用的各公差中该值宜大于 1.02。

径向综合偏差包含了右侧和左侧齿面综合偏差的成分，无法确定同侧齿面的单项偏差。径向综合总偏差 F_{id} 主要反映了机床、刀具或齿轮装夹产生的径向长、短周期偏差的综合影响。但由于其受左右齿面的共同影响，只能反映齿轮的径向偏差，不能反映齿轮的切向偏差，不适合验收高精度的齿轮。采用双面接触连续检查，测量效率高，并可得到一条连续的偏差曲线，主要用于大批量生产的齿轮以及小模数齿轮的检测。

径向综合公差等级由径向综合总偏差 F_{id} 和一齿径向综合偏差 f_{id} 的测量来确定。确定一个齿轮的 ISO 径向综合公差等级时，应同时满足这两个独立的公差要求。

6.4.3　齿轮公差等级及公差值

1. 齿轮公差等级

GB/T 10095.1—2022 对齿面偏差（如齿距、齿廓、螺旋线和切向综合偏差）规定了 11 个公差等级，按数字 1～11 由低到高的顺序排列。齿面公差等级的标识或规定应按下述格式

表示：

GB/T 10095.1—2022，等级 A

此处 A 表示设计齿面公差等级。对于给定的具体齿轮，各偏差项目可使用不同的齿面公差等级。

GB/T 10095.2—2023 对径向综合偏差 F_{id} 和 f_{id} 规定了 21 个公差等级，即 R30～R50。径向综合偏差标注方式为：

GB/T 10095.2— 2023，R××级

其中××为设计的径向综合公差等级。

齿轮总的公差等级应由所有偏差项目中的最大公差等级数来确定。

2. 齿轮各项公差值的计算公式

齿轮各项公差值可根据以下公式进行计算。

（1）单个齿距公差 f_{pT} $\quad f_{pT} = (0.001d + 0.4m_n + 5)\sqrt{2}^{A-5}$

（2）齿距（分度）累积总公差 F_{pT} $\quad F_{pT} = (0.002d + 0.55\sqrt{d} + 0.7m_n + 12)\sqrt{2}^{A-5}$

（3）齿廓倾斜公差 $f_{H\alpha T}$ $\quad f_{H\alpha T} = (0.4m_n + 0.001d + 4)\sqrt{2}^{A-5}$

（4）齿廓形状公差 $f_{f\alpha T}$ $\quad f_{f\alpha T} = (0.55m_n + 5)\sqrt{2}^{A-5}$

（5）齿廓总公差 $F_{\alpha T}$ $\quad F_{\alpha T} = \sqrt{f_{H\alpha T}^2 + f_{f\alpha T}^2}$

（6）螺旋线倾斜公差 $f_{H\beta T}$ $\quad f_{H\beta T} = (0.05\sqrt{d} + 0.35\sqrt{b} + 4)\sqrt{2}^{A-5}$

（7）螺旋线形状公差 $f_{f\beta T}$ $\quad f_{f\beta T} = (0.07\sqrt{d} + 0.45\sqrt{b} + 4)\sqrt{2}^{A-5}$

（8）螺旋线总公差 $F_{\beta T}$ $\quad F_{\beta T} = \sqrt{f_{H\beta T}^2 + f_{f\beta T}^2}$

（9）齿距累积公差 F_{pkT} $\quad F_{pkT} = f_{pT} + \dfrac{4k}{z}(0.001d + 0.55\sqrt{d} + 0.3m_n + 7)\sqrt{2}^{A-5}$

（10）一齿径向综合公差 f_{idT} $\quad f_{idT} = \left(0.08\dfrac{z_c m_n}{\cos\beta} + 64\right)2^{[(R-R_x-44)/4]} = \dfrac{F_{idT}}{2^{(R_x/4)}}$

其中：计算齿数 $z_c = \min(|z|, 200)$；公差等级修正系数 $R_x = 5\{1 - 1.12^{[(1-z_c)/1.12]}\}$。

（11）径向综合总公差 F_{idT}

1）圆柱齿轮径向综合总公差 F_{idT}：$F_{idT} = \left(0.08\dfrac{z_c m_n}{\cos\beta} + 64\right)2^{[(R-44)/4]}$

注：本式适用于圆柱齿轮及齿数大于 2/3 整圆齿数的扇形齿轮，用于扇形齿轮 $|z_k/z| > 2/3$ 时，与完整圆柱齿轮一致。

2）扇形齿轮径向综合总公差 F_{idT}：$F_{idT} = \left(0.08\dfrac{z_c m_n}{\cos\beta} + 64\right)2^{[(R-44)/4]}\left[\left(1 - 1.5\dfrac{|z_k| - 1}{|z|}\right)2^{\left(\frac{-R_x}{4}\right)} + 1.5\dfrac{|z_k| - 1}{|z|}\right]$

注：本式仅适用于齿数小于或等于 2/3 整圆齿数的扇形齿轮，即 $|z_k/z| \leqslant 2/3$，并对其扇形尺寸进行补偿。

3）k 齿径向综合公差 F_{idkT}：$F_{idkT} = \left(0.08\dfrac{z_c m_n}{\cos\beta} + 64\right) \times 2^{[(R-44)/4]} \times \left[\left(1 - 1.5\dfrac{k-1}{|z|}\right)2^{\left(\frac{-R_x}{4}\right)} + \right.$

$$1.5\frac{k-1}{|z|}\Big]$$

（12）径向跳动公差 F_{rT}　　$F_{rT}=0.9F_{pT}=0.9(0.002d+0.55\sqrt{d}+0.7m_n+12)\sqrt{2}^{A-5}$

上述（1）~（9）齿面参数两相邻公差等级的级间公比是 $\sqrt{2}$，本公差级数值乘以（或除以）$\sqrt{2}$ 可得到相邻较大（或较小）一级的数值。5 级精度的未圆整的计算值乘以 $\sqrt{2}^{A-5}$ 即可得任一齿面公差等级的待求值。对应公差值圆整规则：如果计算值大于 $10\mu m$，圆整到最接近的整数值；如果计算值不大 $10\mu m$，且不小于 $5\mu m$，圆整到最接近的尾数为 $0.5\mu m$ 的值；如果计算值小于 $5\mu m$，圆整到最接近的尾数为 $0.1\mu m$ 的值。上述（10）、（11）中公差值圆整规则：公差值应圆整到最接近的整数值，如果小数部分为 0.5，应向上圆整到最近的整数值。

【例 6.4】　确定齿数为 14、模数为 3.0mm、公差等级为 R48 的直齿圆柱齿轮的一齿径向综合公差和径向综合总公差。

【解】

（1）根据公式计算一齿径向综合公差

$$z_c=\min(|z|,200)=\min(|14|,200)=14$$

$$R_x=5\{1-1.12^{[(1-z_c)/1.12]}\}=5\{1-1.12^{[(1-14)/1.12]}\}=3.658$$

$$f_{idT}=\left(0.08\frac{z_cm_n}{\cos\beta}+64\right)\times2^{[(R-R_x-44)/4]}=\left(0.08\times\frac{14\times3}{\cos0°}+64\right)\times2^{[(48-3.658-44)/4]}\mu m$$

$$=71.470\mu m$$

根据规则圆整到最近的整数值：$f_{idT}=71\mu m$。

（2）根据公式计算径向综合总公差

$$F_{idT}=\left(0.08\frac{z_cm_n}{\cos\beta}+64\right)\times2^{[(R-44)/4]}=\left(0.08\times\frac{14\times3}{\cos0°}+64\right)\times2^{[(48-44)/4]}\mu m$$

$$=134.720\mu m$$

根据规则圆整到最近的整数值：$F_{idT}=135\mu m$。

【例 6.5】　斜齿轮（包括 $z/8$ 个齿距）：法向模数为 0.7mm、螺旋角为 25°、公差等级为 R44、齿数为 40 的斜齿轮，计算一齿径向综合公差、径向综合总公差和跨 $z/8$ 个齿距的径向综合公差。

【解】

（1）根据公式计算一齿径向综合公差

$$z_c=\min(|z|,200)=\min(|40|,200)=40$$

$$R_x=5\{1-1.12^{[(1-z_c)/1.12]}\}=5\{1-1.12^{[(1-40)/1.12]}\}=4.903$$

$$f_{idT}=\left(0.08\frac{z_cm_n}{\cos\beta}+64\right)\times2^{[(R-R_x-44)/4]}=\left(0.08\times\frac{40\times0.7}{\cos25°}+64\right)\times2^{[(48-4.903-44)/4]}\mu m$$

$$=28.420\mu m$$

根据规则圆整到最近的整数值：$f_{idT}=28\mu m$。

（2）根据公式计算径向综合总公差

$$F_{idT}=\left(0.08\frac{z_cm_n}{\cos\beta}+64\right)\times2^{[(R-44)/4]}=\left(0.08\times\frac{40\times0.7}{\cos25°}+64\right)\times2^{[(44-44)/4]}\mu m$$

$$= 66.472 \mu m$$

根据规则圆整到最近的整数值：$F_{idT} = 66 \mu m$。

（3）计算跨 $z/8$ 个齿距的径向综合公差

跨齿距数：
$$k = \frac{|z|}{8} = \frac{40}{8} = 5$$

根据公式计算跨 5 个齿距的径向综合公差：

$$F_{idkT} = \left(0.08 \frac{z_c m_n}{\cos\beta} + 64 \right) \times 2^{\left[(R-44)/4 \right]} \times \left[\left(1 - 1.5 \frac{k-1}{|z|} \right) 2^{\left(\frac{-R_x}{4} \right)} + 1.5 \frac{k-1}{|z|} \right]$$

$$F_{id5T} = \left(0.08 \times \frac{40 \times 0.7}{\cos 25°} + 64 \right) \times 2^{\left[(44-44)/4 \right]} \times \left[\left(1 - 1.5 \times \frac{5-1}{|40|} \right) \times 2^{\left(\frac{-4.903}{4} \right)} + 1.5 \times \frac{5-1}{|40|} \right] \mu m$$

$$= 34.128 \mu m$$

根据规则圆整到最近的整数值：$F_{id5T} = 34 \mu m$。

3. 齿轮坯的精度

齿轮坯是指在轮齿加工前供制造齿轮用的工件。齿轮坯的内孔或轴颈、端面和顶圆常作为齿轮加工、装配和检验的基准。因此，齿轮坯的精度将直接影响齿轮的加工精度、安装精度和运行状况。提高齿轮坯的加工精度，要比提高轮齿的加工精度要经济得多。因此应根据生产现场的制造设备条件，尽量使齿轮坯的制造公差保持最小值。这样可使齿轮的加工过程具有较低要求的公差，从而获得更为经济的整体设计。

齿轮坯的尺寸公差按表 6.27 确定。

表 6.27 齿轮坯的尺寸公差

齿轮公差等级	5	6	7	8	9	10	11
孔　尺寸公差	IT5	IT6	IT7		IT8		IT9
轴　尺寸公差		IT5		IT6		IT7	IT8
齿顶圆直径[①]	$\pm 0.05 m_n$						

① 当齿顶圆不作为测量齿厚的基准时，其尺寸公差按 IT11 给定，但不大于 $0.1 m_n$。

有关齿轮轮齿精度（齿距偏差、齿廓偏差和螺旋线偏差等）参数的数值，只有明确其特定的旋转轴线时才有意义。当测量时，齿轮的旋转轴线发生改变，则这些参数测量值也会发生变化。因此，在齿轮的图样上必须明确标注出规定齿轮偏差的基准轴线。

基准轴线是由基准面中心确定，是加工或检验人员对单个齿轮确定轮齿几何形状的基准。工作轴线是装配好的齿轮在工作时绕其旋转的轴线，其由工作安装面的中心确定。

齿轮的加工、检验和装配，应尽量采取"基准统一"的原则。通常将基准轴线与工作轴线重合，即将安装面作为基准面。基准轴线的确定有以下 3 种基本方法。

① 用两个"短的"圆柱或圆锥形基准面上设定的两个圆的圆心来确定基准轴线，如图 6.31 所示。

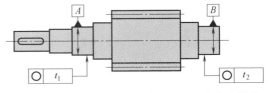

图 6.31 用两个"短的"基准面确定的基准轴线

② 用一个"长的"圆柱或圆锥形的面来同时确定轴线的位置和方向，孔的轴线可以用与之正确装配的工作心轴的轴线来代表，如图 6.32 所示。

③ 用一个"短的"圆柱形基准面上的一个圆的圆心来确定轴线的位置，轴线方向垂直于一个基准端面，如图 6.33 所示。

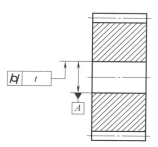

图 6.32　用一个"长的"基准面
确定的基准轴线

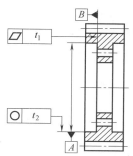

图 6.33　用一个"短的"圆柱形基准面和
一个端面基准面确定的基准轴线

对于齿轮轴，通常是把零件安装在两端的顶尖上加工和检测，两个中心孔确定了齿轮轴的基准轴线。此时，齿轮的工作轴线和基准轴线不重合，需对轴承的安装面相对于中心孔的基准轴线规定较高的圆跳动公差，如图 6.34 所示。

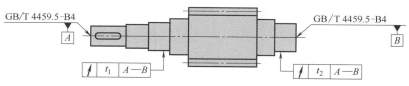

图 6.34　用中心孔确定的基准轴线

上述齿轮坯的基准面或工作安装面的精度对齿轮的加工质量有很大的影响，因此，应控制其几何公差。这些面的精度要求必须在零件图上规定。所有基准面和工作安装面的形状公差应不大于表 6.28 中的规定值，且公差应减至能经济地制造的最小值。

表 6.28　基准面与工作安装面的形状公差

基准面	公差项目		
	圆度	圆柱度	平面度
两个"短的"圆柱或圆锥形基准面	$0.04(L/b)F_\beta$ 或 $0.1F_p$，取两者中的小值	—	—
一个"长的"圆柱或圆锥形基准面	—	$0.04(L/b)F_\beta$ 或 $0.1F_p$，取两者中的小值	—
一个"短的"圆柱形基准面和一个端面基准面	$0.06F_p$	—	$0.06(D_d/b)F_\beta$

注：1. 当齿顶圆柱面作为基准面时，形状公差应不大于表中规定的相关数值。
　　2. L 为较大的轴承跨距，D_d 为基准面直径，b 为齿宽。

如果以齿轮的工作安装面作为基准面，则不用考虑跳动公差。但当齿轮加工或检验的基准轴线与工作轴线不重合时，则要规定工作安装面的跳动公差。工作安装面相对基准轴线的跳动公差见表 6.29。

如齿轮的端面和齿顶圆柱面，常在齿轮切削加工和检测时作为工作安装面或测量基准，也应规定相应的跳动公差。

表 6.29　工作安装面相对基准轴线的跳动公差

确定基准轴线的基准面	跳动量（总的指示幅度）	
	径向	轴向
仅指圆柱或圆锥形基准面	$0.15(L/b)F_\beta$ 或 $0.3F_p$，取两者中的大值	—
一个圆柱形基准面和一个端面基准面	$0.3F_p$	$0.2(D_d/b)F_\beta$
齿轮坯的公差应减至能经济地制造的最小值		

注：当齿顶圆作为基准面时，跳动公差应不大于表中规定的相关数值。

齿轮各表面的表面粗糙度 Ra 推荐值见表 6.30。

表 6.30　齿轮各表面的表面粗糙度 Ra 推荐值　　　　　（单位：μm）

公差等级	5		6		7		8		9	
轮齿齿面	硬	软	硬	软	硬	软	硬	软	硬	软
	≤0.8	≤1.6	≤0.8	≤1.6	≤1.6	≤3.2	≤3.2	≤6.3	≤3.2	≤6.3
齿面加工方法	磨齿		磨齿或珩齿		剃齿或珩齿		精滚精插	插齿或滚齿		滚齿或铣齿
齿轮基准孔	0.4~0.8		1.6			1.6~3.2				6.3
齿轮轴基准轴颈	0.4		0.8		1.6				3.2	
齿轮基准端面	1.6~3.2		3.2~6.3						6.3	
齿顶圆	1.6~3.2		6.3							

6.4.4　齿轮副的精度和侧隙

1. 齿轮副的精度

前面介绍了单个齿轮的偏差项目和渐开线圆柱齿轮的精度标准，齿轮装配后的安装偏差也会影响到齿轮的使用性能，因此需对齿轮副的偏差加以控制。

（1）中心距允许偏差　中心距偏差是一对齿轮装配后实际中心距与公称中心距之差，如图 6.35 所示。中心矩允许偏差是设计者规定的中心距偏差的变化范围。公称中心距是在考虑了最小侧隙及两齿轮的齿顶和其相啮合的非渐开线齿廓齿根部分的干涉后确定的。

中心距偏差的大小不但会影响齿轮副的侧隙，而且对齿轮啮合的重合度产生影响，因此必须加以控制。

GB/Z 18620.3—2008 没有给出中心距允许偏差的数值，设计者可参考某些成熟产品的设计来确定，或参照表 6.31 中的规定选择。

（2）轴线平行度偏差 $f_{\Sigma\delta}$ 和 $f_{\Sigma\beta}$　由于轴线平行度偏差的影响与其向量的方向有关，所以国家标准规定了轴线平面内的偏差 $f_{\Sigma\delta}$ 和垂直平面上的偏差 $f_{\Sigma\beta}$。如果一对啮合的圆柱齿轮的两条轴线不平行，形成了空间的异面

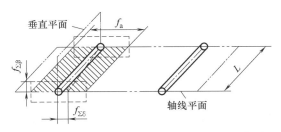

图 6.35　齿轮副轴线的平行度偏差和中心距偏差

（交叉）直线，则将影响螺旋线啮合偏差，进而影响齿轮载荷分布的均匀性，因此必须加以控制，如图 6.35 所示。

表 6.31　中心距偏差 f_a　　　　　（单位：μm）

中心距 a/mm	齿轮公差等级				
	3、4	5、6	7、8	9、10	11、12
≥6~10	±4.5	±7.5	±11.0	±18.0	±45
>10~18	±5.5	±9.0	±13.5	±21.5	±55

（续）

中心距 a/mm	齿轮公差等级				
	3、4	5、6	7、8	9、10	11、12
>18~30	±6.5	±10.5	±16.5	±26.0	±65
>30~50	±8.0	±12.5	±19.5	±31.0	±80
>50~80	±9.5	±15.0	±23.0	±37.0	±90
>80~120	±11.0	±17.5	±27.0	±43.5	±110
>120~180	±12.5	±20.0	±31.5	±50.0	±125
>180~250	±14.5	±23.0	±36.0	±57.5	±145
>250~315	±16.0	±26.0	±40.5	±65.0	±160
>315~400	±18.0	±28.5	±44.5	±70.0	±180
>400~500	±20.0	±31.5	±48.5	±77.5	±200

轴线平面内的偏差 $f_{\Sigma\delta}$ 是在两轴线的公共平面上测量的，此公共平面是用两轴承跨距中较长的一个轴承跨距 L 和另一根轴上的一个轴承来确定的。如果两轴承跨距相同，则用小齿轮轴和大齿轮轴的一个轴承确定。垂直平面上的偏差 $f_{\Sigma\beta}$ 是在与轴线公共平面相垂直的"交错轴平面"上测量的。每项平行度偏差是以与有关轴承间距离 L（轴承中间距 L）相关联的值来表示的。

轴线平行度偏差将影响螺旋线啮合偏差。轴线平面内的偏差对啮合偏差的影响是工作压力角的正弦函数，而垂直平面上的偏差的影响则是工作压力角的余弦函数。因此，垂直平面上的偏差所导致的啮合偏差要比同样大小的轴线平面内的偏差导致的啮合偏差大 2~3 倍。

$f_{\Sigma\delta}$ 和 $f_{\Sigma\beta}$ 的最大推荐值为

$$f_{\Sigma\beta} = \frac{L}{2b}F_\beta \tag{6.10}$$

$$f_{\Sigma\delta} = 2f_{\Sigma\beta} \tag{6.11}$$

式中　L——轴承跨距；

　　　b——齿宽。

（3）接触斑点　接触斑点是指装配好的齿轮副，在轻微制动下，运转后齿面上分布的接触擦亮痕迹，如图 6.36 所示。齿面上分布的接触斑点大小，可用于评估轮齿间载荷的分布情况。也可以将产品齿轮安装在机架上与测量齿轮在轻载下测量接触斑点，评估装配后齿轮螺旋线精度和齿廓精度。

接触斑点在齿面展开图上用百分比计算。

沿齿高方向：接触痕迹高度 h_c 与有效齿面高度 h 之比的百分数，即 $h_c/h×100\%$。

沿齿长方向：接触痕迹长度 b_c 与工作长度 b 之比的百分数，即 $b_c/b×100\%$。

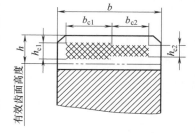

图 6.36　接触斑点分布示意图

国家标准给出了装配后齿轮副接触斑点的最低要求，见表 6.32。

表 6.32　装配后齿轮副接触斑点的最低要求（GB/Z 18620.4—2008）

公差等级	$b_{c1}/b×100\%$		$h_{c1}/h×100\%$		$b_{c2}/b×100\%$		$h_{c2}/h×100\%$	
	直齿轮	斜齿轮	直齿轮	斜齿轮	直齿轮	斜齿轮	直齿轮	斜齿轮
4级及更高	50	50	70	50	40	40	50	30
5、6	45	45	50	40	35	35	30	20

（续）

公差等级	$b_{c1}/b\times100\%$		$h_{c1}/h\times100\%$		$b_{c2}/b\times100\%$		$h_{c2}/h\times100\%$	
	直齿轮	斜齿轮	直齿轮	斜齿轮	直齿轮	斜齿轮	直齿轮	斜齿轮
7、8	35	35	50	40	35	35	30	20
9~12	25	25	50	40	25	25	30	20

上述轮齿接触斑点的检测，不适用对轮齿和螺旋线修形的齿轮齿面。

2. 齿轮副的侧隙

在一对装配好的齿轮副中，侧隙 j 是相啮齿轮齿间的间隙。它是在节圆上齿槽宽度超过相啮齿轮齿厚的量。

在齿轮设计中，为了保证啮合传动比的恒定，消除反向的空程和减少冲击，都是按照无侧隙啮合进行设计。但在实际生产过程中，为保证齿轮良好的润滑，补偿齿轮因制造、安装误差以及热变形等对齿轮传动造成的不良影响，必须在非工作面留有侧隙。

侧隙需要的量与齿轮的大小、精度、安装和应用情况有关。

齿轮副的侧隙是在齿轮装配后自然形成的，侧隙的大小主要取决于齿厚和中心距。在最小的中心距条件下，通过改变齿厚偏差来获得不同的齿侧间隙。

（1）齿侧间隙的分类　齿侧间隙分为圆周侧隙 j_{wt} 和法向侧隙 j_{bn}。

圆周侧隙 j_{wt} 是当固定相啮合齿轮中的一个，另一个齿轮所能转过的节圆弧长的最大值。

法向侧隙 j_{bn} 是指当两个齿轮的工作齿面相互接触时，其非工作齿面间的最短距离。法向侧隙 j_{bn} 可以用塞尺进行测量，如图 6.37 所示。

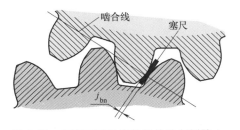

图 6.37　用塞尺测量齿轮副的法向侧隙 j_{bn}

圆周侧隙 j_{wt} 和法向侧隙 j_{bn} 之间的关系为

$$j_{bn}=j_{wt}\cos\alpha_{wt}\cos\beta_b \qquad (6.12)$$

式中　α_{wt}——齿轮端面的压力角；

β_b——齿轮基圆的螺旋角。

（2）最小侧隙 j_{bmin} 的确定　最小侧隙 j_{bmin} 是当一个齿轮的轮齿以最大允许实效齿厚（实效齿厚是指测量所得的齿厚加上轮齿各要素偏差及安装所产生的综合影响在齿厚方向的量）与一个也具有最大允许实效齿厚的相配的齿在最小的允许中心距相啮合时，静态条件下存在的最小允许侧隙。

齿轮副侧隙的大小，受以下因素的影响。

1）箱体、轴和轴承的安装偏斜。

2）由于箱体的偏差和轴承的间隙导致齿轮轴线的不对准或歪斜。

3）温度影响（箱体与齿轮零件的温度差，由中心距和材料差异所致）。

4）安装误差，如轴的偏心。

5）轴承的径向跳动。

6）旋转零件的离心胀大。

7）其他因素，如润滑剂的允许污染以及非金属齿轮材料的溶胀等。

为了保证齿轮的正常工作，避免因安装误差、温升等引起卡死现象，并保证良好的润滑，在齿轮副的非工作齿面间留有合理的最小侧隙 j_{bnmin}。

对于用黑色金属材料制造的齿轮和箱体，工作时齿轮节圆线速度小于 15m/s，其箱体、轴和轴承都采用常用的一般制造公差的齿轮传动，最小侧隙 j_{bnmin}（单位为 mm）可按下式计算，即

$$j_{bnmin} = \frac{2}{3}(0.06 + 0.0005a_i + 0.03m_n) \tag{6.13}$$

按上式计算可以得出表 6.33 所列的推荐数据。

表 6.33　大、中模数齿轮最小间隙 j_{bnmin} 的推荐数据（GB/Z 18620.2—2008）

（单位：mm）

模数 m_n	中心距 a_i					
	50	100	200	400	800	1600
1.5	0.09	0.11	—	—	—	—
2	0.10	0.12	0.15	—	—	—
3	0.12	0.14	0.17	0.24	—	—
5	—	0.18	0.21	0.28	—	—
8	—	0.24	0.27	0.34	0.47	—
12	—	—	0.35	0.42	0.55	—
18	—	—	—	0.54	0.67	0.94

（3）齿厚偏差与公差　法向齿厚是指齿厚的理论值，两个具有法向齿厚 s_n 的齿轮在公称中心距下是无侧隙啮合的。为了得到合理的齿侧间隙，通过将轮齿齿厚减薄一定的数值，在装配后侧隙就会自然形成。

法向齿厚可按下式计算，即

对外齿轮：
$$s_n = m_n\left(\frac{\pi}{2} + 2x\tan\alpha_n\right) \tag{6.14}$$

对内齿轮：
$$s_n = m_n\left(\frac{\pi}{2} - 2x\tan\alpha_n\right) \tag{6.15}$$

式中　x——齿轮的变位系数。

对于斜齿轮，s_n 值应在法向平面内测量。

齿轮副的侧隙是在理论中心距的条件下，通过减薄轮齿的齿厚获得的。为获得最小侧隙 j_{bnmin}，齿厚应保证有最小的减薄量，必须规定齿厚的上极限偏差 E_{sns}；为了保证齿侧间隙不致过大，又必须规定齿厚公差 T_{sn} 及齿厚下极限偏差 E_{sni}，如图 6.38 所示。

由于实际齿轮都是在理论齿厚的基础上，减薄一定的数值来获得齿侧间隙，故齿厚的上、下极限偏差都应取负值。齿厚的上极限偏差数值决定了侧隙的大小，其选择大体上与齿轮精度无关。

当主动齿轮与被动齿轮齿厚都做成最大值，即做成齿厚上极限偏差 E_{sns} 时，可获得最小侧隙 j_{bnmin}，即

$$j_{bnmin} = \left|(E_{sns1} + E_{sns2})\right|\cos\alpha_n \tag{6.16}$$

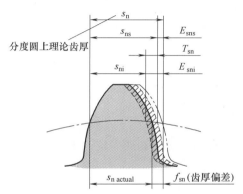

图 6.38　齿厚的允许偏差

如果两齿轮的齿厚上极限偏差相等，即 $E_{sns1}=E_{sns2}=E_{sns}$，则 $j_{bnmin}=2\left|E_{sns}\cos\alpha_n\right|$，此时两齿轮的齿厚上极限偏差为

$$E_{sns}=-\frac{j_{bnmin}}{2\cos\alpha_n} \tag{6.17}$$

为了保证齿侧间隙不能过大，还应根据齿轮的使用要求和加工设备适当控制齿厚的下极限偏差 E_{sni}，E_{sni} 可按下式计算，即

$$E_{sni}=E_{sns}-T_{sn} \tag{6.18}$$

式中 T_{sn}——齿厚公差。

齿厚公差 T_{sn} 的选择，大体上与齿轮的精度无关，主要由加工设备来控制。齿厚公差过小将会增加齿轮的制造成本，过大又会使侧隙加大，使齿轮正、反转时空程过大，造成冲击，必须确定一个合理的数值。齿厚公差由径向跳动公差 F_{rT} 和切齿径向进刀公差 b_r 组成，为了满足使用要求必须控制最大间隙时，计算公式为

$$T_{sn}=2\tan\alpha_n\sqrt{F_{rT}^2+b_r^2} \tag{6.19}$$

式中 b_r——切齿径向进刀公差，按表 6.34 所列选取。

表 6.34   切齿径向进刀公差 b_r

齿轮公差等级	3	4	5	6	7	8	9	10
b_r	IT7	1.26IT7	IT8	1.26IT8	IT9	1.26IT9	IT10	1.26IT10

注：IT 值按齿轮分度圆直径为主参数查国家标准公差数值表确定。

（4）公法线长度偏差 E_{bn} 公法线长度偏差为公法线实际长度与公称长度之差。公法线长度是在基圆柱切平面（公法线平面）上跨 k 个齿（对外齿轮）或 k 个齿槽（对内齿轮），在接触到一个齿的右齿面和另一个齿的左齿面的两个平行平面之间测得的距离，如图 6.39 所示。

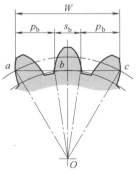

对于大模数的齿轮，生产中通常测量齿厚控制侧隙。齿轮齿厚的变化必然会引起公法线长度的变化，在中、小模数齿轮的批量生产中，常采用测量公法线长度的方法来控制侧隙。

公法线长度尺寸的公称值由下式计算，即

$$W_k=m_n\cos\alpha_n\left[(k-0.5)\pi+z\text{inv}\alpha_t+2\tan\alpha_n x\right] \tag{6.20}$$

或

$$W_k=(k-1)p_{bn}+s_{bn} \tag{6.21}$$

图 6.39   公法线长度

式中 x——变位系数；

z——齿数；

$\text{inv}\alpha_t$——压力角的渐开线函数，$\text{inv}20°=0.014904$；

k——相继齿距数。

$$k=\frac{\alpha}{180°}+0.5 \tag{6.22}$$

对于非变位标准齿轮，当 $\alpha=20°$ 时，k 值用下列近似公式计算，即

$$k=\frac{z}{9}+0.5（四舍五入取整数）$$

公法线长度偏差（E_{bns}、E_{bni}）与齿厚极限偏差（E_{sns}、E_{sni}）的换算关系为

$$E_{bns} = E_{sns}\cos\alpha_n - 0.72F_{rT}\sin\alpha_n \tag{6.23}$$

$$E_{bni} = E_{sni}\cos\alpha_n + 0.72F_{rT}\sin\alpha_n \tag{6.24}$$

公法线长度尺寸 $W_k{}^{E_{bns}}_{E_{bni}}$ 中 W_k 为跨 k 个齿数的公法线长度，E_{bns} 为公法线长度的上极限偏差，E_{bni} 为公法线长度的下极限偏差。

6.4.5　圆柱齿轮的精度设计

1. 齿轮精度设计方法及步骤

（1）确定齿轮的公差等级　公差等级的选择主要依据的是齿轮的用途、使用要求和工作条件等。选择的方法主要有计算法和经验法（类比法）两种。

计算法主要用于精密传动链齿轮的设计，可按传动链的精度要求，计算出允许的转角误差大小，根据传递运动准确性偏差项目，选择适宜的公差等级。

经验法是参考同类产品的齿轮精度，结合所设计齿轮的具体要求来确定公差等级。表 6.35 列出了生产实践中常见的各种用途齿轮的大致公差等级，可供设计时参考。

表 6.35　齿轮公差等级的应用（供参考）

齿轮用途	公差等级	齿轮用途	公差等级	齿轮用途	公差等级
测量齿轮	2~5	轻型汽车	5~8	轧钢机	5~10
汽轮机减速器	3~6	机车	6~7	起重机械	6~10
金属切削机床	3~8	通用减速器	6~8	矿山绞车	8~10
航空发动机	3~7	载重汽车、拖拉机	6~9	农业机械	8~10

在机械传动中应用最多的齿轮既传递运动又传递动力，其公差等级与圆周速度密切相关，因此可计算出齿轮的最高圆周速度，参考表 6.36 确定齿轮的公差等级。

表 6.36　根据圆周速度选择齿轮公差等级（供参考）

公差等级	圆周速度/(m/s)		齿面的终加工	应用
	直齿	斜齿		
3级（极精密）	<40	<75	特别精密的磨削和研齿；用精密滚刀加工或单边剃齿后的大多数不经淬火的齿轮	要求特别精密的或在最平稳且无噪声的特别高速下工作的齿轮；特别精密的机构中的齿轮；透平齿轮；检测 5~6 级齿轮用的测量齿轮
4级（特别精密）	<35	<70	精密磨齿；用精密滚刀加工和挤齿或单边剃齿后的大多数齿轮	特别精密分度机构中或在最平稳且无噪声的极高速下工作的齿轮；透平齿轮；检测 7 级齿轮用的测量齿轮
5级（高精密）	<20	<40	精密磨齿；大多数用精密滚刀加工，进而挤齿或剃齿的齿轮	精密分度机构中或要求极平稳且无噪声的高速下工作的齿轮；精密机构用齿轮；透平齿轮；检测 8、9 级齿轮用的测量齿轮
6级（高精密）	<15	<30	精密磨齿或剃齿	要求高效率且无噪声的高速下平稳工作的齿轮或分度机构的齿轮；特别重要的航空、汽车齿轮；读数装置用特别精密传动的齿轮
7级（精密）	<10	<15	无须热处理仅用精确刀具加工的齿轮；淬火齿轮必需精整加工（磨齿、挤齿、珩齿等）	增速和减速用齿轮传动；金属切削机床送刀机构用齿轮；高速减速器用齿轮；航空、汽车用齿轮；读数装置用齿轮

（续）

公差等级	圆周速度/(m/s)		齿面的终加工	应用
	直齿	斜齿		
8级（中等精密）	<6	<10	不磨齿，必要时光整加工或对研	无须特别精密的一般机械制造用齿轮；分度链中的机床传动齿轮；飞机、汽车制造业中的不重要齿轮；起重机构用齿轮；农业机械中的重要齿轮；通用减速器齿轮
9级（较低精度）	<2	<4	无须特殊光整工作	用于粗糙工作的齿轮

（2）选择检验项目　选择齿轮检验项目考虑的因素很多，概括起来大致有以下几方面。

1）齿轮的公差等级和用途。

2）检验的目的，是工序间检验还是完工检验。

3）齿轮的切齿工艺。

4）齿轮的生产批量。

5）齿轮的尺寸大小和结构形式。

6）生产企业现有测试设备情况等。

在齿轮精度标准 GB/T 10095.1—2022 及其指导性技术文件中，给出的偏差项目虽然很多，但作为评价齿轮质量的客观标准，齿轮质量的检验项目主要是齿距偏差（F_p、f_p）、齿廓总偏差 F_α、齿廓形状偏差 $f_{f\alpha}$、齿廓倾斜偏差 $f_{H\alpha}$、螺旋线总偏差 F_β、螺旋线形状偏差 $f_{f\beta}$、螺旋线倾斜偏差 $f_{H\beta}$、齿厚 s 等。标准中给出的其他参数，一般不是必检项目，生产中可根据供需双方具体要求协商确定。

齿轮精度标准 GB/T 10095.2—2023 及其指导性技术文件中给出了径向综合偏差的公差等级，可根据需求选用与 GB/T 10095.1—2022 中的要素偏差（如齿距、齿廓、螺旋线等）相同或不同的公差等级。径向综合偏差仅适用于产品齿轮与码特齿轮的啮合检验，而不适用于两个产品齿轮啮合的检验。

当文件需要叙述齿轮的公差等级时，应注明 GB/T 10095.2—2023 或 GB/T 10095.1—2022。

通常，轮齿两侧采用相同的公差。在某些情况下，承载齿面可比非承载齿面或轻承载齿面规定更高的公差等级。此时，应在齿轮工程图上说明，并注明承载齿面。在表 6.37 中列出了符合要求应进行测量的最少参数。

表 6.37　推荐的齿轮检验组

直径/mm	齿面公差等级	最少可接受参数		检验项目	典型测量方法	最少测量齿数
		默认参数表	备选参数表			
$d \leqslant 4000$	10~11	F_p、f_p、s、F_α、F_β	s、c_p、$F_{id}^{①}$、$f_{id}^{①}$	F_p、f_p	双测头、单测头	全齿
	7~9	F_p、f_p、s、F_α、F_β	s、$c_p^{②}$、F_{is}、f_{is}	F_α、$f_{f\alpha}$、$f_{H\alpha}$	齿廓测量	3齿
	1~6	F_p、f_p、s、F_α、$f_{f\alpha}$、$f_{H\alpha}$、F_β、$f_{f\beta}$、$f_{H\beta}$	s、$c_p^{②}$、F_{is}、f_{is}	F_β、$f_{f\beta}$、$f_{H\beta}$	螺旋线测量	3齿
$d > 4000$	7~11	F_p、f_p、s、F_α、F_β	F_p、f_p、s（$f_{f\beta}$ 或 $c_p^{②}$）	F_{is}、f_{is}	—	全齿

① 根据 ISO1328-2，仅限于齿轮尺寸不受限制时。

② 接触斑点的验收标准和测量方法，应经供需双方同意。

（3）选择最小侧隙和计算齿厚极限偏差　参照本章 6.4.4 节的内容，由齿轮副的中心距合理地确定最小侧隙值，计算确定齿厚极限偏差。

（4）确定齿轮坯公差和表面粗糙度　根据齿轮的工作条件和使用要求，参照本章 6.4.3 节的内容确定齿轮坯的尺寸公差、几何公差和表面粗糙度值。

（5）绘制齿轮工作图　绘制齿轮工作图，填写规格数据表，标注相应的技术要求。

2. 齿轮精度设计应用举例

【例 6.6】　某减速器中的输出轴直齿圆柱齿轮，已知：模数 $m_n = 2.75\text{mm}$，齿数 $z_2 = 82$，两齿轮的中心距 $a = 143\text{mm}$，孔径 $D = 56\text{mm}$，压力角 $\alpha = 20°$，齿宽 $b = 63\text{mm}$，输出轴转速 $n_2 = 805\text{r/min}$，轴承跨距 $L = 110\text{mm}$，齿轮材料为 45 钢，减速器箱体材料为铸铁，齿轮工作温度 55℃，减速器箱体工作温度为 35℃，小批量生产。

试确定齿轮的公差等级、检验项目、有关侧隙的指标、齿轮坯公差和表面粗糙度，并绘制齿轮工作图。

【解】

（1）确定齿轮的公差等级　普通减速器传动齿轮，由表 6.35 初步选定，齿轮的公差等级在 6~8 级。根据齿轮输出轴转速 $n_2 = 805\text{r/min}$，齿轮的圆周速度为

$$v = \frac{\pi d n}{1000 \times 60} = \frac{3.14 \times 2.75 \times 82 \times 805}{1000 \times 60}\text{m/s} = 9.5\text{m/s}$$

查表 6.36，可确定该齿轮的公差等级为 7 级。

（2）选择检验项目，确定其公差或极限偏差　参考表 6.37，普通减速器齿轮，小批量生产，中等精度，无振动、噪声等特殊要求，即选择检验项目 F_p、f_p、s、F_α 和 F_β。

齿轮分度圆直径 $d = m_{nz_2} = 2.75 \times 82\text{mm} = 225.5\text{mm}$，相应公差可依据 6.4.3 节中计算公式计算，即

$$\begin{aligned}
F_{pT} &= (0.002d + 0.55\sqrt{d} + 0.7m_n + 12)\sqrt{2}^{A-5} \\
&= (0.002 \times 225.5 + 0.55\sqrt{225.5} + 0.7 \times 2.75 + 12)\sqrt{2}^{7-5}\,\mu m \\
&= 45.27\mu m
\end{aligned}$$

$$f_{pT} = (0.001d + 0.4m_n + 5)\sqrt{2}^{A-5} = (0.001 \times 225.5 + 0.4 \times 2.75 + 5)\sqrt{2}^{7-5}\,\mu m = 12.65\mu m$$

同理，经计算：$F_{\alpha T} = 19.65\mu m$，$F_{\beta T} = 22.90\mu m$。经圆整后各项目公差取值为：$F_{pT} = 0.045\text{mm}$，$f_{pT} = 0.013\text{mm}$，$F_{\alpha T} = 0.020\text{mm}$，$F_{\beta T} = 0.023\text{mm}$。

（3）选择最小侧隙和齿厚偏差　已知齿轮中心距：$a = 143\text{mm}$，按式（6.13）计算

$$j_{bnmin} = \frac{2}{3}(0.06 + 0.0005a + 0.03m_n) = \frac{2}{3}(0.06 + 0.0005 \times 143 + 0.03 \times 2.75)\text{mm} = 0.143\text{mm}$$

由式（6.14）计算齿轮的法向齿厚 s_n，即

$$s_n = m_n\left(\frac{\pi}{2} + 2x\tan\alpha_n\right) = 2.75 \times \left(\frac{\pi}{2} + 2 \times 0 \times \tan20°\right)\text{mm} = 4.320\text{mm}$$

由式（6.17）得齿厚上极限偏差为

$$E_{sns} = -\frac{j_{bnmin}}{2\cos\alpha_n} = -\frac{0.143}{2\cos20°}\text{mm} = -0.076\text{mm}$$

径向跳动公差 F_{rT}：$F_{rT} = 0.9F_{pT} = 0.9 \times 0.045\text{mm} \approx 0.041\text{mm}$。

由齿轮分度圆直径 $d = 225.5\text{mm}$，查表 6.34 得：$b_r = \text{IT9} = 0.115\text{mm}$。

代入式（6.19）计算齿厚公差为

$$T_{sn} = 2\tan 20° \sqrt{F_{rT}^2 + b_r^2} = 2\tan 20° \sqrt{0.041^2 + 0.115^2}\,\text{mm} \approx 0.089\,\text{mm}$$

由式（6.18）得齿厚下极限偏差为

$$E_{sni} = E_{sns} - T_{sn} = -0.076\,\text{mm} - 0.089\,\text{mm} = -0.165\,\text{mm}$$

齿厚公称尺寸及上、下极限偏差为：$s_n = 4.320_{-0.165}^{-0.076}\,\text{mm}$。

（4）齿轮坯公差和表面粗糙度

1）内孔尺寸及极限偏差。查表 6.27 得：内孔公差等级 IT7，即 $\phi 56\text{H7}Ⓔ = \phi 56_{0}^{+0.030}Ⓔ\,\text{mm}$。

当以齿顶圆作为测量齿厚的基准时，齿顶圆直径为

$$d_a = (z_2 + 2)m_n = (82 + 2) \times 2.75\,\text{mm} = 231\,\text{mm}$$

齿顶圆公差为 $T_{da} = \pm 0.05 m_n = \pm 0.05 \times 2.75\,\text{mm} \approx \pm 0.138\,\text{mm}$。

则 $d_a = (231 \pm 0.138)\,\text{mm}$。

2）各基准面的几何公差。内孔圆柱度公差 t_1：根据表 6.28 中的公式得

$$0.04(L/b)F_\beta = 0.04 \times (110/63) \times 0.023\,\text{mm} \approx 0.002\,\text{mm}$$

$$0.1F_p = 0.1 \times 0.045\,\text{mm} = 0.0045\,\text{mm}$$

选取上述两项公差中较小者，即 $t_1 = 0.002\,\text{mm}$。

轴向圆跳动公差 t_2：由表 6.29 查得

$$t_2 = 0.2(D_d/b)F_\beta = 0.2 \times (231/63) \times 0.023\,\text{mm} = 0.015\,\text{mm}$$

齿顶圆径向圆跳动公差 t_3：查表 6.29 得

$$t_3 = 0.3F_p = 0.3 \times 0.045\,\text{mm} = 0.0135\,\text{mm}$$

3）齿轮各表面的表面粗糙度。查表 6.30 得，齿面和齿轮内孔表面粗糙度 Ra 值为 1.6μm，齿轮左右端面表面粗糙度 Ra 值为 3.2μm，齿顶圆表面粗糙度 Ra 值为 6.3μm，其余表面的表面粗糙度 Ra 值为 12.5μm。

（5）齿轮工作图　如图 6.40 所示。

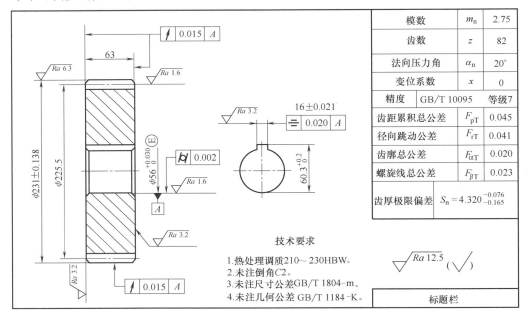

模数	m_n	2.75
齿数	z	82
法向压力角	α_n	20°
变位系数	x	0
精度	GB/T 10095	等级7
齿距累积总公差	F_{pT}	0.045
径向跳动公差	F_{rT}	0.041
齿廓总公差	$F_{\alpha T}$	0.020
螺旋线总公差	$F_{\beta T}$	0.023
齿厚极限偏差	$S_n = 4.320_{-0.165}^{-0.076}$	

技术要求

1. 热处理调质210～230HBW。
2. 未注倒角C2。
3. 未注尺寸公差GB/T 1804-m。
4. 未注几何公差 GB/T 1184-K。

$\sqrt{Ra\,12.5}$ （$\sqrt{\ }$）

标题栏

图 6.40　齿轮工作图

6.4.6　齿轮精度检测

齿轮精度检测包括单个齿轮的精度检测和齿轮副的精度检测，本节主要介绍单个齿轮主要偏差项目的检测方法。

1. 齿距偏差的测量

齿距偏差常用齿距仪、万能测齿仪、光学分度头等仪器进行测量。测量方法分为绝对测量和相对测量，相对测量方法应用最为广泛。

图 6.41 所示为使用齿距仪测量齿距的工作原理。测量时，按照被测齿轮的模数先将固定量爪 5 固定在仪器刻度位置上，利用齿顶圆定位，通过调整支脚 1 和 3，使固定量爪 5 和活动量爪 4 同时与相邻两同侧的齿面接触于分度圆上。以任一齿距作为基准齿距并将指示表 2 调零，然后逐个齿距进行测量，得到各个齿距相对于基准齿距的相对偏差 $f_{pi相对}$。再将测得的逐齿累积求出相对齿距累积偏差（$\sum_1^n f_{pi相对}$）。

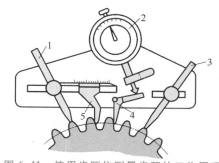

图 6.41　使用齿距仪测量齿距的工作原理
1、3—支脚　2—指示表　4—活动量爪　5—固定量爪

由于第一个齿距是任意选定的，假设各个齿距相对偏差的平均值为 $f_{pi平均}$，则

$$f_{pi平均} = \sum_1^n f_{pi相对} / z$$

式中　z——齿轮齿数。

将各个齿距的相对偏差分别减去 $f_{pi平均}$ 值，得到各齿距偏差，其中绝对值最大者，即为产品齿轮的单个齿距偏差 f_p。

将单个齿距偏差逐齿累积，求得各齿的齿距累积偏差 F_{pi}，找出其中的最大值、最小值，其差值即为齿距累积总偏差 F_p。

将 f_{pi} 值每相邻 k 个数字相加，即得出 k 个齿的齿距累积偏差 F_{pk} 值，其最大值即为 k 个齿距累积偏差 F_{pk}。

相对法测量齿距偏差数据处理示例见表 6.38。

表 6.38　相对法测量齿距偏差数据处理示例　　　　　（单位：μm）

齿序	齿距相对偏差 $f_{pi相对}$	$\sum_1^n f_{pi相对}$	任一单个齿距偏差 f_{pi}	任一齿距累积偏差 F_{pi}	k 个齿距累积偏差 F_{pk}
1	0	0	−0.5	−0.5	−3.5　（11～1）
2	−1	−1	−1.5	−2.0	−3.5　（12～2）
3	−2	−3	−2.5	−4.5	−4.5　（1～3）
4	−1	−4	−1.5	−6.0	−5.5　（2～4）
5	−2	−6	−2.5	−8.5	−6.5　（3～5）
6	+3	−3	+2.5	−6.0	−1.5　（4～6）
7	+2	−1	+1.5	−4.5	+1.5　（5～7）
8	+3	+2	+2.5	−2.0	+6.5　（6～8）
9	+2	+4	+1.5	−0.5	+5.5　（7～9）
10	+4	+8	+3.5	+3.0	+7.5　（8～10）
11	−1	+7	−1.5	+1.5	+3.5　（9～11）
12	−1	+6	−1.5	0	+0.5　（10～12）

首先将测得的齿距相对偏差 $f_{pi相对}$ 记入表 6.38 中第二列。

根据测得的 $f_{pt相对}$ 逐齿累积，计算出相对齿距累积偏差 $\sum\limits_1^n f_{pi相对}$，记入第三列。

求出各个齿距相对偏差的平均值为 $f_{pi平均}$，$f_{pi平均} = \sum\limits_1^n f_{pi相对} \Big/ z = 6\mu m/12 = 0.5\mu m$，各个齿距相对偏差分别减去 $f_{pi平均}$，得单个齿距偏差值，记入表 6.38 中第四列。其中绝对值最大者，即为产品齿轮的单个齿距偏差，即 $f_p = 3.5\mu m$。

各齿距偏差逐齿累积，求得各齿的齿距累积偏差 F_{pi}，记入表 6.38 中第五列，其中最大值与最小值之差即为产品齿轮的齿距累积总偏差

$$F_p = F_{pimax} - F_{pimin} = [3-(-8.5)]\mu m = 11.5\mu m$$

将 f_{pi} 每相邻 k（$k=3$）个数字相加，求得 k（$k=3$）个齿距累积偏差 F_{pk}，记入表 6.38 中第六列，其中最大值即为产品齿轮的 k（$k=3$）个齿距累积偏差

$$F_{pk} = 7.5\mu m$$

除另有规定，齿距偏差均在接近齿高和齿宽中部的位置测量。f_{pi} 需对每个轮齿的两侧面进行测量。

2. 齿廓偏差的测量

齿廓偏差的测量通常在渐开线检查仪上进行。渐开线检查仪分为万能渐开线检查仪和单盘式渐开线检查仪两种，图 6.42 所示为单盘式渐开线检查仪示意图。将产品齿轮 1 和可更换的基圆盘 2 装在同一心轴上，基圆盘直径等于产品齿轮的理论基圆直径，基圆盘与装在滑板上的直尺 3 相切。当直尺沿基圆盘做纯滚动时，带动基圆盘和产品齿轮同步转动，固定在直尺上的千分表测头 4 沿着齿面从齿根向齿顶方向滑动。

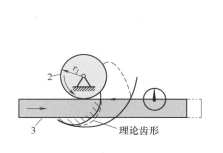 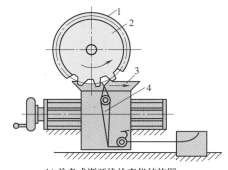

a) 单盘式渐开线检查仪工作原理图　　b) 单盘式渐开线检查仪结构图

图 6.42　单盘式渐开线检查仪

1—产品齿轮　2—基圆盘　3—直尺　4—千分表测头

根据渐开线的形成原理，若产品齿轮没有齿廓偏差，千分表测头不动，即千分表指针读数不变，测头走出的轨迹为理论渐开线。但是当存在齿廓偏差时，测头就会偏离理论齿廓曲线，产生附加位移并通过千分表指示出来，或由记录器画出齿廓偏差曲线。根据齿廓偏差的定义从记录曲线上求出 F_α 数值，有时为了进行工艺分析或应订货方要求，也可从曲线上进一步分析出 $f_{f\alpha}$ 和 $f_{H\alpha}$ 数值。

除另有规定，应在齿宽中间位置测量。当齿宽大于 250mm，应增加两个测量部位，即在距齿宽每侧 15% 的齿宽处测量。齿面至少要测量沿圆周均布的三个轮齿的左、右齿面。

3. 螺旋线偏差的测量

直齿圆柱齿轮的螺旋线总偏差 F_β 可用如图 6.43 所示的方法测量。产品齿轮连同测量心轴安装在具有前后顶尖的测量仪器上，将测量棒依次置于齿轮相隔 90°的齿槽位置，分别在测量棒两端打表，测得的两次示值差就可近似作为直齿圆柱齿轮的螺旋线总偏差。

斜齿轮的螺旋线总偏差可在导程仪或螺旋角测量仪上测量，如图 6.44 所示。当滑板 1 沿着齿轮轴线方向移动时，其上的正弦规 2 带动滑板 5 做径向运动，滑板 5 又带动与产品齿轮 4 同轴的圆盘 6 转动，从而使齿轮与圆盘同步转动，此时装在滑板 1 上的测头 7 相对于产品齿轮 4 来说，其运动轨迹为理论螺旋线，它与齿轮实际螺旋线进行比较从而测出螺旋线或导程偏差，并由指示表 3 显示出或记录器画出偏差曲线。按照 F_β 定义，可从偏差曲线上求出 F_β 值。有时，为了进行工艺分析或应订货方要求，可以从曲线上进一步分析出 $f_{f\beta}$ 或 $f_{H\beta}$ 值。

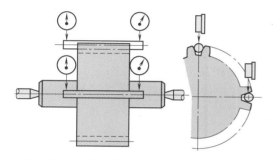

图 6.43　直齿圆柱齿轮螺旋线总偏差的测量

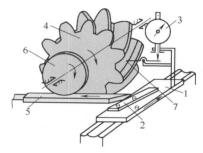

图 6.44　导程仪测螺旋线总偏差

1、5—滑板　2—正弦规　3—指示表
4—产品齿轮　6—圆盘　7—测头

4. 齿厚偏差的测量

控制相配齿轮的齿厚是十分重要的，其可以保证齿轮在规定的侧隙下运行。齿轮的齿厚偏差可通过齿厚游标卡尺测量，如图 6.45 所示。它由两套相互垂直的游标卡尺组成，其中垂直游标卡尺用于测量分度圆 d 至齿顶圆的弦齿高 h_c，水平游标卡尺用于测量所测部位（分度圆）的弦齿厚 s_{nc}。

在有些情况下，由于齿顶高的变位，要在分度圆直径 d 处测量齿厚不太容易，故而用一个计算式给出任意直径 d_y 处弦齿厚 s_{ync}，通常推荐选取 $d_y = d + 2m_n x$。

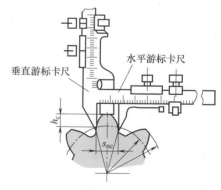

图 6.45　齿厚偏差的测量

用齿厚游标卡尺测量齿厚偏差，是以齿顶圆为基准。测量前，首先计算产品齿轮的弦齿高 h_{yc} 和弦齿厚 s_{ync}。当齿顶圆直径为公称值时，计算公式为

$$s_{yn} = s_{yt} \cos\beta_y \tag{6.25}$$

$$s_{yt} = d_y \left(\frac{s_t}{d} + \mathrm{inv}\alpha_t - \mathrm{inv}\alpha_{yt} \right) \quad \tan\beta_y = \frac{d_y}{d} \tan\beta$$

$$s_{ync} = d_{yn} \sin\left(\frac{s_{yn}}{d_{yn}} \cdot \frac{180}{\pi} \right) \tag{6.26}$$

$$d_{yn} = d_y - d + \frac{d}{\cos^2\beta_b} \tag{6.27}$$

$$\sin\beta_b = \sin\beta\cos\alpha_n \tag{6.28}$$

式中　α——压力角；

β——螺旋角；

y——任意（给定）直径；

n——法向；

t——端面；

b——基础。

对于外齿轮：

$$h_{yc} = h_y + \frac{d_{yn}}{2}\left[1 - \cos\left(\frac{s_{yn}}{d_{yn}} \cdot \frac{180}{\pi} \right) \right] \tag{6.29}$$

测量时，首先用外径千分尺测量齿顶圆直径，计算产品齿轮的弦齿高 h_{yc} 和弦齿厚 s_{ync}，按照 h_{yc} 值调整齿厚游标卡尺的垂直游标卡尺，并与齿顶相接触。移动水平游标卡尺卡脚靠紧齿面，并从水平游标卡尺上读出齿厚的实际尺寸。按照齿轮图样标注的齿厚极限偏差，判断被测实际齿厚是否合格。

5. 径向跳动的测量

径向跳动通常用齿轮跳动检查仪、万能测齿仪等仪器进行测量。检测时将一个适当的测头（球、砧、圆柱体等）逐齿放入被检测齿轮的每个齿槽中，检测出测头相对于齿轮轴线的最大和最小径向距离之差。齿轮跳动检查仪如图 6.46 所示。它主要由底座、滑板、立柱、顶尖座、调节螺母、回转盘和指示表等组成。为了测量不同模数的齿轮，测量仪器备有不同模数尺寸的测头。

为了保证测量径向跳动时测头在分度圆附近与齿面接触，检测前，首先根据产品齿轮的模数，选择合适直径的球形或圆柱形测头，装入指示表测量杆下端。

检测时，用心轴固定好产品齿轮，通过升降调整使测头位于齿槽内，测头在近似齿高中部与左、右齿面同时接触。调整指示表零位，并使其指针压缩 1~2 圈。将测头相继置于每个齿槽内，逐齿测量一圈，并记下指示表的读数。求出测头到齿轮轴线的最大和最小径向距离之差，即为产品齿轮径向跳动，如图 6.47 所示。

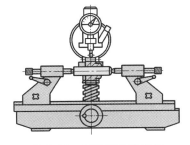

图 6.46　齿轮跳动检查仪

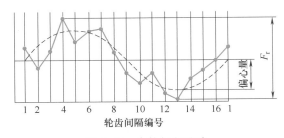

图 6.47　齿轮径向跳动

6. 切向综合偏差的测量

切向综合总偏差 F_{is} 和一齿切向综合偏差 f_{is} 采用齿轮单啮仪进行测量。图 6.48a 所示为光栅式单啮仪原理图，将标准蜗杆和产品齿轮单面啮合组成实际传动。蜗杆轴和产品齿轮主轴上分别装有刻线数相同的圆光栅盘，用以产生精确的传动比。当电动机通过传动系统带动标准蜗杆和圆光栅盘 I 转动时，标准蜗杆又带动产品齿轮及其同轴上的圆光栅盘 II 转动。高频光栅盘 I 和低频光栅盘 II 将标准蜗杆和产品齿轮的角位移通过光电信号发生器转变成电信号，并根据标准蜗杆的头数 K 和产品齿轮的齿数 z，通过分频器将高频信号 f_1 进行 z 分频，低频信号 f_2 进行 K 分频，两路信号便具有了相同的频率。若产品齿轮无偏差，则两路信号无相位差变化，记录仪输出图形为一个圆；否则，所记录的图形为产品齿轮的切向综合偏差曲线，如图 6.48b 所示。

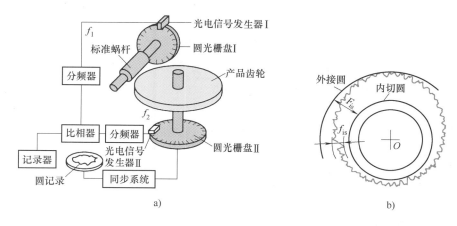

a)　　　　　　　　　　　　　　　　　　b)

图 6.48　光栅式单啮仪测量

7. 径向综合偏差的测量

径向综合偏差采用齿轮双面啮合综合检查仪（双啮仪）测量，如图 6.49 所示。测量时，将产品齿轮和码特齿轮分别安装在双啮仪的固定心轴和移动心轴上，借助于弹簧的拉力，使两个齿轮保持双面紧密啮合，此时的中心距为度量中心距。当两个齿轮相对转动时，由于产品齿轮存在加工偏差，使得度量中心距发生变化，通过测量台架的移动传到指示表，产品齿轮一转中测出两轮中心距最大变动量即为径向综合总偏差 F_{id}。或由记录装置画出双啮中心距的变动曲线，即为齿轮的径向综合偏差曲线，如图 6.49b 所示，从偏差曲线上可读出 F_{id} 与 f_{id}。

径向综合偏差包括了左、右齿面的啮合偏差成分，其不能得到同侧齿面的单项偏差。因此，此测量方法可用于大量生产的中等精度齿轮及小模数齿轮的检测。

8. 公法线长度的测量

公法线长度常用公法线指示卡规、公法线千分尺或万能测齿仪测量。

图 6.50a 所示为用公法线千分尺测量，将公法线千分尺的两平行测头按事先算好的相继齿距数 k 插入相应的齿间，并与两异名齿面接触。沿齿轮一周测量，从千分尺上依次读出公法线长度数值。

图 6.50b 所示为用公法线指示卡规测量，在卡规本体圆管 5 上装有活动卡脚 8 和固定

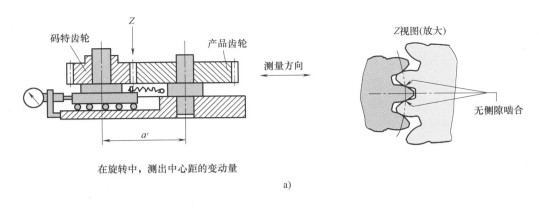

在旋转中，测出中心距的变动量

a)

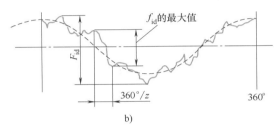

b)

图 6.49   齿轮双面啮合综合检查仪测量

卡脚 7，活动卡脚通过片弹簧 9 及杠杆 10 与千分表 1 连接，3 为固定框架，2 为拔销，将调节手柄 6 从圆管上拧下，插入套筒 4 的开口中，拧动后可以调节固定卡脚 7 在圆管上的轴向位置。测量时用公法线公称长度（量块组合）调整卡规的零位，然后按预定的卡量齿数将测量卡脚插入相应的齿槽与两异名齿面接触，从千分表上读取公法线长度偏差的数值。

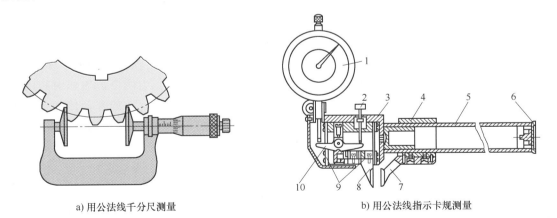

a) 用公法线千分尺测量   b) 用公法线指示卡规测量

图 6.50   公法线长度的测量

1—千分表   2—拔销   3—固定框架   4—套筒   5—圆管   6—调节手柄

7—固定卡脚   8—活动卡脚   9—片弹簧   10—杠杆

将所测得公法线长度数值求取平均值，并与公法线长度公称值比较，其差值即为公法线长度偏差 E_{bn}。

上述测量公法线长度值的最大值与最小值之差即为公法线长度变动 F_w，在现行齿轮国家标准中没有此项参数，在齿轮实际生产中，常用 F_r 和 F_w 组合来代替 F_p 或 F_{is}，作为小批量生产齿轮、低成本检验的一种手段，仅供参考。

6.5　圆锥配合的精度设计与检测

圆锥面是组成机械零件的一种常用的典型几何要素。圆锥配合是机器、仪器和工具结构中常用的连接与配合形式。

6.5.1　圆锥配合的分类和基本参数

1. 圆锥配合的分类

圆锥配合可分为 3 类：间隙配合、紧密配合和过盈配合。

（1）间隙配合　间隙配合具有间隙，间隙大小可以调整，零件易拆开，相互配合的内、外圆锥能相对运动。例如，机床顶尖、车床主轴的圆锥轴颈与滑动轴承的配合等。

（2）紧密配合　紧密配合很严密，可以防止漏气、漏水。例如，内燃机中阀门与阀门座的配合。然而，为了使配合的圆锥面有良好的密封性，内、外圆锥要成对研磨，因而这类圆锥不具有互换性。

（3）过盈配合　过盈配合具有自锁性，过盈量大小可调，用以传递转矩，而且装卸方便。例如，机床主轴锥孔与刀具（钻头、立铣刀等）锥柄的配合。

2. 圆锥配合的特点

圆锥配合与圆柱配合相比，具有以下特点。

1）圆锥结合具有较高的同轴度，对中性好，如图 6.51 所示。在圆柱配合中，当配合孔、轴存在间隙时，孔与轴的中心线就会存在同轴度误差；而在圆锥配合中，内、外圆锥在轴向力的作用下，做轴向相对运动，间隙逐渐减少，使结合件的轴线自动对中，从而具有较高的同轴度。

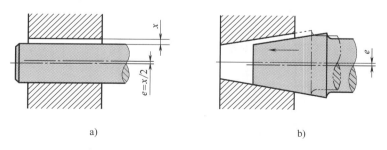

a)　　　　　　　　　　　　　b)

图 6.51　圆柱配合与圆锥配合的比较

2）配合性质可以调整。在圆柱配合中，相互配合的孔、轴之间的间隙或过盈是由孔、轴的基本偏差和标准公差确定的，加工完成后不再变化；而在圆锥配合中，通过内、外圆锥在轴向相对位置的移动，可以改变其配合间隙或过盈的大小，从而改变配合的性质，且反向移动时又容易拆卸。

3）密封性好。内、外圆锥的表面经过配对研磨后，配合起来具有良好的自锁性和密封性，常被用在防止漏气、漏水等场合。

圆锥配合的结构比较复杂，影响互换性的参数比较多，加工和检测也较困难，故其应用不如圆柱配合广泛。

3. 圆锥配合的基本参数

圆锥配合的基本参数如图 6.52 所示。

（1）圆锥角　在通过圆锥轴线的截面内，两条素线之间的夹角，用符号 α 表示。

（2）圆锥素线角　圆锥素线与其轴线之间的夹角，其等于圆锥角的一半，即 $\alpha/2$。

（3）圆锥直径　与圆锥轴线垂直的截面内的直径，有内、外圆锥的最大直径 D_i、D_e，内、外圆锥的最小直径 d_i、d_e，给定截面 x 处圆锥直径为 d_x。设计时，一般选用内圆锥的最大直径 D_i 或外圆锥的最小直径 d_e 作为公称直径。

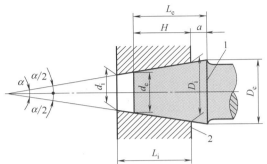

图 6.52　圆锥配合的基本参数
1—外圆锥基准面　2—内圆锥基准面

（4）圆锥长度　圆锥的最大直径截面与最小直径截面之间的轴向距离。圆锥长度用 L 表示。

（5）圆锥配合长度　内、外圆锥配合面的轴向距离，用符号 H 表示。

（6）锥度　两个垂直于圆锥轴线截面的圆锥直径之差与该两截面之间的轴向距离之比，用符号 C 表示。例如，圆锥最大直径 D 和圆锥最小直径 d 之差与圆锥长度 L 之比即为锥度 C，即

$$C = \frac{D-d}{L} = 2\tan\frac{\alpha}{2} = 1 : \frac{1}{2}\cot\frac{\alpha}{2} \tag{6.30}$$

锥度常用比例或分式形式表示，如 $C = 1 : 20$ 或 $C = 1/20$ 等。

（7）基面距　相互结合的内、外圆锥基准面间的距离，用符号 a 表示。

（8）轴向位移　相互配合的内、外圆锥，从实际初始位置（P_a）到终止位置（P_f）移动的距离，用符号 E_a 表示，如图 6.53 所示。

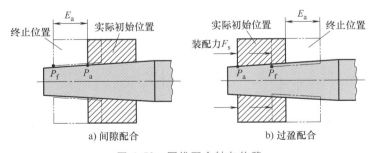

图 6.53　圆锥配合轴向位移

GB/T 157—2001《产品几何量技术规范（GPS）　圆锥的锥度与锥角系列》规定了机械工程一般用途圆锥的锥度与锥角系列，适用于光滑圆锥，见表 6.39。GB/T 157—2001 附录 A 中给出了特殊用途圆锥的锥度与锥角系列。

表 6.39　一般用途圆锥的锥度与锥角系列（GB/T 157—2001）

基本值		推算值			
		圆锥角 α			锥度 C
系列 1	系列 2	(°)(′)(″)	(°)	rad	
120°		—	—	2.09439510	1：0.2886751
90°		—	—	1.57079633	1：0.5000000
	75°			1.30899694	1：0.6516127
60°		—	—	1.04719755	1：0.8660254
45°		—	—	0.78539816	1：1.2071068
30°		—	—	0.52359878	1：1.8660254
1：3		18°55′28.7199″	18.92464442°	0.33029735	—
	1：4	14°15′0.1177″	14.25003270°	0.24870999	
1：5		11°25′16.2706″	11.42118627°	0.19933730	—
	1：6	9°31′38.2202″	9.52728338°	0.16628246	
	1：7	8°10′16.4408″	8.17123356°	0.14261493	
	1：8	7°9′9.6075″	7.15266875°	0.12483762	
1：10		5°43′29.3176″	5.72481045°	0.09991679	—
	1：12	4°46′18.7970″	4.77188806°	0.08328516	
	1：15	3°49′5.8975″	3.81830487°	0.06664199	
1：20		2°51′51.0925″	2.86419237°	0.04998959	—
1：30		1°54′34.8570″	1.90968251°	0.03333025	—
1：50		1°8′45.1586″	1.14587740°	0.01999933	—
1：100		34′22.6309″	0.57295302°	0.00999992	—
1：200		17′11.3219″	0.28647830°	0.00499999	—
1：500		6′52.5295″	0.11459152°	0.00200000	—

注：系列 1 中 120°~1：3 的数值近似按 R10/2 优先数系列，1：5~1：500 的数值近似按 R10/3 优先数系列（见 GB/T 321—2005）。

6.5.2　圆锥公差

　　GB/T 11334—2005《产品几何量技术规范（GPS）　圆锥公差》规定了圆锥公差的项目、给定方法和公差值；适用于锥度 C 为 1：3~1：500、圆锥长度 L 为 6~630mm 的光滑圆锥。国家标准中的圆锥角公差也适用于棱体的角度与斜度。

　　国家标准将圆锥公差分为圆锥直径公差、圆锥角公差、圆锥的形状公差及给定截面圆锥直径公差，其特点如下。

1. 圆锥直径公差（T_D）

　　圆锥直径公差 T_D 是指圆锥直径的允许变动量，即允许的最大极限圆锥直径 D_{max}（或 d_{max}）与最小极限圆锥直径 D_{min}（或 d_{min}）之差，如图 6.54 所示。

　　极限圆锥是与公称圆锥同轴且圆锥角相等，直径分别为上极限尺寸和下极限尺寸的两个圆锥。在垂直于圆锥轴线的任一截面上，这两个圆锥的直径差都相等。两个极限圆锥所限定的区域就是圆锥直径公差区。

　　圆锥直径公差值 T_D 以公称圆锥直

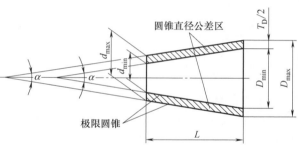

图 6.54　圆锥直径公差区

径（一般取最大圆锥直径 D）为公称尺寸，按 GB/T 1800.2—2020 中规定的标准公差选取。它适用于圆锥的全长 L。

2. 圆锥角公差（AT）

圆锥角公差 AT 是指圆锥角允许的变动量，即上极限圆锥角 $\alpha_{\max}$ 与下极限圆锥角 $\alpha_{\min}$ 之差，如图 6.55 所示。由图 6.58 可见，在圆锥轴向截面内，由最大和最小极限圆锥角所限定的区域称为圆锥角公差区。

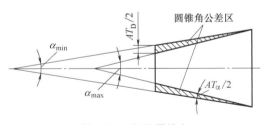

图 6.55　极限圆锥角

圆锥角公差 AT 有 AT_α 与 AT_D 两种表示方法。两者的关系为

$$AT_D = AT_\alpha \times L \times 10^{-3} \tag{6.31}$$

式中　AT_D——圆锥角公差（μm）；

　　　AT_α——圆锥角公差（μrad）；

　　　L——圆锥长度（mm）。

国家标准规定，圆锥角公差 AT 共分 12 个公差等级，用符号 $AT1$、$AT2$、…、$AT12$ 表示，$AT4 \sim AT9$ 圆锥角公差数值见表 6.40。

表 6.40　圆锥角公差值（GB/T 11334—2005）

公称圆锥长度 L/mm		圆锥角公差等级					
		AT4		AT5		AT6	
		AT_α	AT_D	AT_α		AT_D	AT_α		AT_D
大于	至	μrad	(″)	μm	μrad	(′)(″)	μm	μrad	(′)(″)	μm
6	10	200	41″	>1.3~2.0	315	1′05″	>2.0~3.2	500	1′43″	>3.2~5.0
10	16	160	33″	>1.6~2.5	250	52″	>2.5~4.0	400	1′22″	>4.0~6.3
16	25	125	26″	>2.0~3.2	200	41″	>3.2~5.0	315	1′05″	>5.0~8.0
25	40	100	21″	>2.5~4.0	160	33″	>4.0~6.3	250	52″	>6.3~10.0
40	63	80	16″	>3.2~5.0	125	26″	>5.0~8.0	200	41″	>8.0~12.5
63	100	63	13″	>4.0~6.3	100	21″	>6.3~10.0	160	33″	>10.0~16.0
100	160	50	10″	>5.0~8.0	80	16″	>8.0~12.5	125	26″	>12.5~20.0

公称圆锥长度 L/mm		圆锥角公差等级					
		AT7		AT8		AT9	
		AT_α	AT_D	AT_α		AT_D	AT_α		AT_D
大于	至	μrad	(′)(″)	μm	μrad	(′)(″)	μm	μrad	(′)(″)	μm
6	10	800	2′45″	>5.0~8.0	1250	4′18″	>8.0~12.5	2000	6′52″	>12.5~20.0
10	16	630	2′10″	>6.3~10.0	1000	3′26″	>10.0~16.0	1600	5′30″	>16.0~25.0
16	25	500	1′43″	>8.0~12.5	800	2′45″	>12.5~20.0	1250	4′18″	>20.0~32.0
25	40	400	1′22″	>10.0~16.0	630	2′10″	>16.0~25.0	1000	3′26″	>25.0~40.0
40	63	315	1′05″	>12.5~20.0	500	1′43″	>20.0~32.0	800	2′45″	>32.0~50.0
63	100	250	52″	>16.0~25.0	400	1′22″	>25.0~40.0	630	2′10″	>40.0~63.0
100	160	200	41″	>20.0~32.0	315	1′05″	>32.0~50.0	500	1′43″	>50.0~80.0

注：1μrad 等于半径为 1m、弧长为 1μm 所对应的圆心角。5$\mu rad \approx 1″$（秒）；300$\mu rad \approx 1′$（分）。

3. 圆锥的形状公差（T_F）

圆锥的形状公差包括圆锥素线直线度公差和截面圆度公差。对于要求不高的圆锥工件，其形状误差一般也用圆锥直径公差 T_D 控制。对于要求较高的圆锥工件，应单独按要求给定形状公差 T_F，T_F 的数值按 GB/T 1184—1996 选取。

4. 给定截面圆锥直径公差（T_{DS}）

给定截面圆锥直径公差 T_{DS} 是指在垂直圆锥轴线的给定截面内，圆锥直径允许的变动量。给定截面圆锥直径公差区为在给定的圆锥截面内，由两个同心圆所限定的区域，如图 6.56 所示。

给定截面圆锥直径公差值是以给定截面圆锥直径 d_x 为公称尺寸，按 GB/T 1800.2—2020 中规定的标准公差选取。

一般情况下不规定给定截面圆锥直径公差，只有对圆锥工件有特殊需求（如阀类零件中，在配合的圆锥给定截面上要求接触良好，以保证密封性）时，才规定此项公差，但必须同时规定圆锥角公差 AT，它们之间的关系如图 6.57 所示。

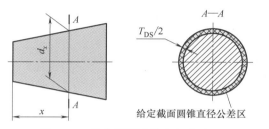

图 6.56　给定截面圆锥直径公差区

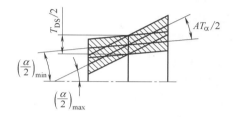

图 6.57　T_{DS} 与 AT 的关系

由图 6.57 可知，给定截面圆锥直径公差 T_{DS} 不能控制圆锥角误差 $\Delta\alpha$，两者相互无关，应分别满足要求。在给定截面上圆锥角误差的影响最小，故它是精度要求最高的一个截面。按 GB/T 11334—2005 中的规定，圆锥公差的给定方法有两种。

1）给出圆锥的理论正确圆锥角 α（或锥度 C）和圆锥直径公差 T_D。此时，圆锥角误差和圆锥形状误差均应在极限圆锥所限定的区域内。当圆锥角公差和圆锥形状公差有更高要求时，可再给出圆锥角公差 AT 和圆锥形状公差 T_F。此时 AT 和 T_F 仅占 T_D 的一部分。按这种方法给定圆锥公差时，在圆锥直径公差后边加注符号 Ⓣ。

2）给出给定的截面圆锥直径公差 T_{DS} 和圆锥角公差 AT。此时，给定的截面圆锥直径和圆锥角应分别满足这两项公差的要求。当对圆锥形状公差有更高要求时，可再给出圆锥形状公差 T_F。

6.5.3　圆锥配合

GB/T 12360—2005《产品几何量技术规范（GPS）　圆锥配合》适用于锥度 C 在 1∶3 ~ 1∶500、圆锥长度 L 在 6 ~ 630mm、直径至 500mm 光滑圆锥的配合。

圆锥极限与配合制是由基准制、圆锥公差和圆锥配合组成。圆锥配合的基准制分基孔制和基轴制，国家标准推荐优先采用基孔制；圆锥公差按 GB/T 11334—2005 确定，即"给出圆锥的公称圆锥角 α（或锥度 C）和圆锥直径公差 T_D，由 T_D 确定两个极限圆锥，此时的圆锥角误差和圆锥形状误差均应在两个极限圆锥所限定的区域内"。

GB/T 12360—2005 中给出了圆锥配合的形成、圆锥配合的一般规定和内、外圆锥轴向极限偏差的确定。

圆锥配合分间隙配合、过渡配合和过盈配合，相互配合的两圆锥公称尺寸应相同。

对于结构型圆锥配合由内、外圆锥直径公差区决定；对于位移型圆锥配合由内、外圆锥相对轴向位移量（E_a）决定。

1. 圆锥配合的特征

圆锥配合的特征是通过相互结合的内、外圆锥规定的轴向位置来形成间隙或过盈。间隙或过盈是在垂直于圆锥表面方向起作用，但按照垂直于圆锥轴线方向给定并测量。

根据确定相互结合的内、外圆锥轴向位置方法的不同，圆锥配合有结构型圆锥配合和位移型圆锥配合两种。

（1）结构型圆锥配合

1）由内、外圆锥的结构确定装配的最终位置而形成的配合。这种方式可以得到间隙配合、过渡配合和过盈配合。图 6.58a 所示为由轴肩接触得到间隙配合的示例。

2）由内、外圆锥基准平面之间的结构尺寸确定装配的最终位置而形成的配合。这种方式可以得到间隙配合、过渡配合和过盈配合。图 6.58b 所示为由结构尺寸 a 得到过盈配合的示例。

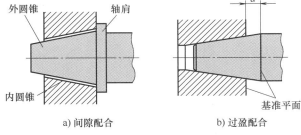

a) 间隙配合   b) 过盈配合

图 6.58 结构型圆锥配合

（2）位移型圆锥配合

1）由内、外圆锥实际初始位置 P_a 开始，做一定的相对轴向位移 E_a 而形成的配合。这种方式可以得到间隙配合和过盈配合。图 6.53a 所示为间隙配合的示例。

2）由内、外圆锥实际初始位置 P_a 开始，施加一定的装配力产生轴向位移而形成的配合。这种方式只能得到过盈配合，如图 6.53b 所示。

2. 圆锥直径配合量

圆锥配合在配合直径上允许的间隙或过盈的变动量称为圆锥直径配合量，用符号 T_{Df} 表示。

对于结构型圆锥配合，圆锥直径配合量也等于内、外圆锥的直径公差，即

间隙配合：
$$T_{Df} = |X_{max} - X_{min}| \tag{6.32}$$

过盈配合：
$$T_{Df} = |Y_{max} - Y_{min}| \tag{6.33}$$

过渡配合：
$$T_{Df} = |X_{max} - Y_{min}| \tag{6.34}$$

$$T_{Df} = T_{Di} + T_{De} \tag{6.35}$$

式中　T_{Di}、T_{De}——内、外圆锥的直径公差；

　　　　X——间隙量；

　　　　Y——过盈量。

对于位移型圆锥配合，其圆锥直径配合量 T_{Df} 等于最大间隙（过盈）与最小间隙（或过盈）之差的绝对值，也等于轴向位移公差 T_E 和锥度 C 之积，即

$$T_{Df} = |X_{max} - X_{min}| = |Y_{max} - Y_{min}|$$

$$T_{Df} = CT_E \tag{6.36}$$

3. 圆锥配合的一般规定

1）对于结构型圆锥配合推荐优先采用基孔制，内、外圆锥公差带代号及配合按 GB/T 1800.1—2020 中规定的基本偏差和标准公差选取符合要求的公差带和配合。

2）对于位移型圆锥配合的内圆锥直径公差带代号的基本偏差推荐选用 H 和 JS，外圆锥直径公差带代号的基本偏差推荐选用 h 和 js，其轴向位移的极限值（E_{amin}、E_{amax}）按 GB/T 1800.1—2020 中规定的极限间隙或极限过盈来计算，如图 6.59 所示。

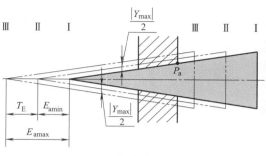

图 6.59 圆锥的轴向位移

极限间隙或极限过盈计算公式如下。

对于间隙配合：

$$E_{amin} = \frac{1}{C} X_{min} \qquad (6.37)$$

$$E_{amax} = \frac{1}{C} X_{max} \qquad (6.38)$$

$$T_E = E_{amax} - E_{amin} = \frac{1}{C}(X_{max} - X_{min}) \qquad (6.39)$$

式中　C——锥度；

　　X_{max}——配合的最大间隙；

　　X_{min}——配合的最小间隙；

　　T_E——轴向位移公差。

对于过盈配合：

$$E_{amin} = \frac{1}{C} |Y_{min}| \qquad (6.40)$$

$$E_{amax} = \frac{1}{C} |Y_{max}| \qquad (6.41)$$

$$T_E = E_{amax} - E_{amin} = \frac{1}{C} |Y_{max} - Y_{min}| \qquad (6.42)$$

式中　C——锥度；

　　Y_{max}——配合的最大过盈；

　　Y_{min}——配合的最小过盈。

4. 圆锥角偏差对圆锥配合的影响

GB/T 12360—2005 中的附录 A 给出了圆锥角偏离公称圆锥角时对圆锥配合的影响。

1）内、外圆锥的圆锥角偏离其公称圆锥角的圆锥角偏差，将影响圆锥配合表面的接触质量和对中性能。GB/T 11334—2005 的附录 A 中给出了由圆锥直径公差（T_D）限制的最大圆锥角误差（$\Delta\alpha_{max}$）。当完全利用圆锥直径公差区时，内、外圆锥的圆锥角极限偏差为 $\pm\Delta\alpha_{max}$。

2）为了使圆锥配合尽可能获得较大的接触长度，应选取较小的圆锥直径公差（T_D），或在圆锥直径公差区内给出更高要求的圆锥角公差。如在给定的圆锥直径公差（T_D）后，还需要给出圆锥角公差（AT），它们之间的关系应满足下列条件。

① 当圆锥角规定为单向极限偏差（$+AT$ 或 $-AT$）时：

$$AT_D < \Delta\alpha_{Dmax} = T_D \qquad (6.43)$$

$$AT_\alpha < \Delta\alpha_{max} = \frac{T_D}{L} \times 10^3 \qquad (6.44)$$

式中 AT_D——以长度单位表示的圆锥角公差（μm）；

AT_α——以角度单位表示的圆锥角公差（μrad）；

$\Delta\alpha_{Dmax}$——以长度单位表示的最大圆锥角误差（μm）；

L——公称圆锥长度（mm）。

② 当圆锥角规定为对称极限偏差 $\left(\pm\dfrac{AT}{2} \right)$ 时：

$$\frac{AT_D}{2} < \Delta\alpha_{Dmin} = T_D \qquad (6.45)$$

$$\frac{AT_\alpha}{2} < \Delta\alpha_{min} = \frac{T_D}{2} \times 10^3 \qquad (6.46)$$

③ 当内、外圆锥的圆锥角给定不同的偏差方向和不同的组合时，将会影响配合圆锥初始接触部位。在实际生产中，可根据不同的需要选择不同方向的偏差和组合。

当要求初始接触部位为最小圆锥直径时，应规定圆锥角为单向极限偏差，外圆锥为负（$-AT_e$），内圆锥为正（$+AT_i$），如图 6.60a 所示。

当要求初始接触部位为最大圆锥直径时，应规定圆锥角为单向极限偏差，外圆锥为正（$+AT_e$），内圆锥为负（$-AT_i$），如图 6.60b 所示。

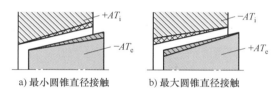

a) 最小圆锥直径接触   b) 最大圆锥直径接触

图 6.60 内、外圆锥初始接触部位

当初始接触部位无特殊要求，而要求保证配合圆锥角之间的差别为最小时，内、外圆锥角的极限偏差的方向应相同，可以是对称的 $\left(\pm\dfrac{AT_e}{2}、\pm\dfrac{AT_i}{2} \right)$，也可以是单向的（$+AT_e$、$+AT_i$ 或 $-AT_e$、$-AT_i$），如图 6.61 所示。

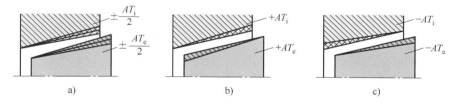

a)   b)   c)

图 6.61 内、外圆锥角极限偏差方向相同时的接触部位

5. 圆锥轴向极限偏差

圆锥轴向极限偏差是圆锥的某一极限圆锥与其公称圆锥轴向位置的偏离，如图 6.62 所示。规定下极限圆锥与公称圆锥的偏离为轴向上极限偏差（es_z、ES_z）；上极限圆锥与公称圆锥的偏离为轴向下极限偏差（ei_z、EI_z）；轴向上极限偏差与轴向下极限偏差的代数差的绝对值为轴向公差（T_z）。

轴向上极限偏差（es_z、ES_z）、轴向下极限偏差（ei_z、EI_z）和轴向公差 T_z 可根据图 6.62 所示确定。圆锥轴向极限偏差的换算公式见表 6.41。

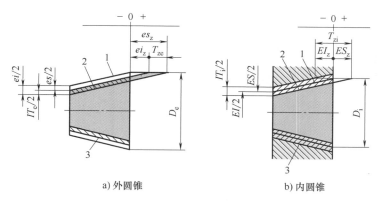

图 6.62　圆锥轴向极限偏差

1—公称圆锥　2—下极限圆锥　3—上极限圆锥

表 6.41　圆锥轴向极限偏差的换算公式

轴向极限偏差	外圆锥	内圆锥
轴向上极限偏差	$es_z = -\dfrac{1}{C} ei$	$ES_z = -\dfrac{1}{C} EI$
轴向下极限偏差	$ei_z = -\dfrac{1}{C} es$	$EI_z = -\dfrac{1}{C} ES$
轴向基本偏差	$e_z = -\dfrac{1}{C} \times 直径基本偏差$	$E_z = -\dfrac{1}{C} \times 直径基本偏差$
轴向公差	$T_{ze} = \dfrac{1}{C} IT_e$	$T_{zi} = \dfrac{1}{C} IT_i$

GB/T 12360—2005 的附录 B 中给出了圆锥配合的内圆锥或外圆锥直径极限偏差转换为轴向极限偏差的计算方法，可以用来确定圆锥配合的极限初始位置和圆锥配合后基准平面之间的极限轴向距离；当用圆锥量规检验圆锥直径时，可用来确定与圆锥直径极限偏差相应的圆锥量规的轴向距离。

由于圆锥工件往往同时存在圆锥直径偏差和圆锥角偏差，但对直径偏差和圆锥角偏差的检查不方便，特别是对内圆锥的检查更为困难，因此通常采用综合量规检查控制圆锥工件相对基本圆锥的轴向位移量，一般轴向位移量必须控制在轴向极限偏差范围内。

6.5.4　圆锥的公差注法

GB/T 15754—1995《技术制图　圆锥的尺寸和公差注法》规定了光滑正圆锥的尺寸和公差注法。生产中通常采用基本锥度法和公差锥度法进行标注。

1. 基本锥度法

基本锥度法通常适用于有配合要求的结构型内、外圆锥。基本锥度法是表示圆锥要素尺寸与其几何特征具有相互从属关系的一种公差带的标注方法，即由两同轴圆锥面（圆锥要素的最大实体尺寸和最小实体尺寸）形成具有理想形状的包容面公差区。实际圆锥处处不得超越这两个包容面。这样，该公差区即控制了圆锥直径大小及圆锥角偏差，也控制了圆锥面几何误差。

给定圆锥直径公差的标注如图 6.63 所示。此时，圆锥直径偏差、圆锥角偏差和圆锥几何误差都由圆锥直径公差控制。如果对圆锥角及其素线精度有更高的要求，应另外规定它们的公差，但其公差值应小于圆锥直径公差。

给定截面圆锥直径公差的标注如图 6.64 所示。给定截面圆锥直径公差，可以保证两个相互配合的圆锥在规定的截面上具有良好的密封性。

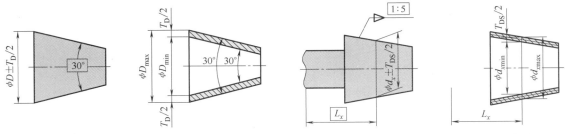

图 6.63 给定圆锥直径公差的标注   图 6.64 给定截面圆锥直径公差的标注

给定圆锥几何公差的标注如图 6.65 所示。倾斜度公差带（包括素线的直线度）在轮廓度公差带内浮动。

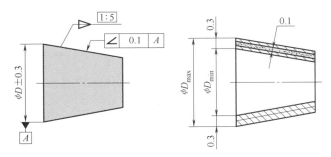

图 6.65 给定圆锥几何公差的标注

相配合圆锥公差的注法如图 6.66 所示。

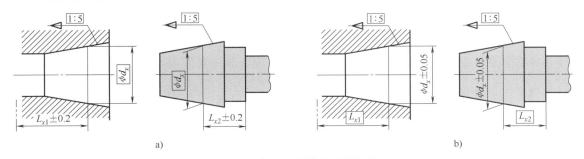

图 6.66 相配合圆锥公差的标注

2. 公差锥度法

公差锥度法仅适用于对某些给定截面圆锥直径有较高要求的圆锥和密封及非配合圆锥。公差锥度法是直接给定有关圆锥要素的公差，即同时给出圆锥直径公差和圆锥角公差，不构成两同轴圆锥面公差区的标注方法。此时，给定截面圆锥直径公差仅控制该截面圆锥直径偏差，不再控制圆锥角偏差，T_{DS} 和 AT 各自分别规定，分别满足要求，按照独立原则解释。根据要求也可附加给出有关几何公差要求做进一步控制。

给定最大圆锥直径公差 T_D、圆锥角公差 AT，如图 6.67a 所示。该圆锥的最大圆锥直径应由 $\phi D + \dfrac{T_D}{2}$ 和 $\phi D - \dfrac{T_D}{2}$ 确定；圆锥角应在 $24°30' \sim 25°30'$ 之间变化；圆锥素线直线度公差为 0.1mm。以上要求应独立考虑。给定截面圆锥直径公差 T_{DS}、圆锥角公差 AT，如图 6.67b 所示。给定截面处

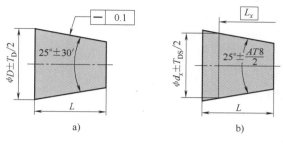

图 6.67　公差锥度法标注

的圆锥直径由 $\phi d_x + \dfrac{T_{DS}}{2}$ 和 $\phi d_x - \dfrac{T_{DS}}{2}$ 确定；圆锥角应在 $25° - \dfrac{AT8}{2} \sim 25° + \dfrac{AT8}{2}$ 之间变化。以上要求应独立考虑。

3. 未注公差角度尺寸的极限偏差

国家标准 GB/T 1804—2000 对于金属切削加工件的角度，包括在图样上标注的角度和通常不需要标注的角度（如 90°等），规定了未注公差角度尺寸的极限偏差，见表 6.42。该极限偏差值应为一般工艺方法可以保证达到的精度。实际应用中可根据不同产品的需要，从国家标准中规定的公差角度的公差等级（精密级、中等级、粗糙级、最粗级）中选择合适的等级。

表 6.42　未注公差角度尺寸的极限偏差值（GB/T 1804—2000）

公差等级	长度分段/mm				
	~10	>10~50	>50~120	>120~400	>400
精密级（f）	±1°	±30′	±20′	±10′	±5′
中等级（m）					
粗糙级（c）	±1°30′	±1°	±30′	±15′	±10′
最粗级（v）	±3°	±2°	±1°	±30′	±20′

未注公差角度尺寸的极限偏差按角度短边长度确定，若工件为圆锥时，则按圆锥素线长度确定。

未注公差角度尺寸的公差等级在图样或技术文件上用标准号和公差等级表示。例如，选用中等级时，在图样或技术文件上表示为：GB/T 1804-m。

6.5.5　锥度与圆锥角的检测

锥度与圆锥角的检测方法很多，生产中常用的检测方法如下。

1. 用通用量仪直接测量

对于精度要求不是太高的圆锥零件，通常用万能量角器直接测量其斜角或锥角。它可测量 $0° \sim 320°$ 范围内的任意角度值，分度值有 2′、5′ 两种。

对于精度要求较高的圆锥零件，常用光学分度头或测角仪进行测量。光学分度头的测量范围为 $0° \sim 360°$，分度值有 10″、5″、2″、1″ 等。测角仪的分度值可高达 0.1″，测量精度更高。

2. 用通用量具间接测量

利用被测圆锥的某些线性尺寸与圆锥角具有一定的函数关系，通过测量线性尺寸的差

值，然后计算出被测圆锥角的大小。图 6.68 所示为用正弦规测量圆锥角偏差。

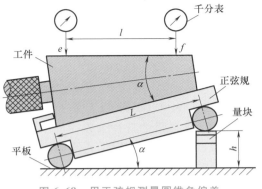

正弦规通常与量块、千分表、平板等配合使用。测量前，先根据被测圆锥的公称圆锥角 α，按下式计算出量块组的高度 h，即

$$h = L\sin\alpha$$

式中 L——正弦规两圆柱之间的中心距（100mm 或 200mm）。

根据计算的 h 值组合量块，并将量块组和正弦规按照图 6.68 所示放在平板上。此时，正弦规的工作面与平板的夹角为 α。然

图 6.68   用正弦规测量圆锥角偏差

后，将被测圆锥放在正弦规的工作面上，如果被测圆锥没有圆锥角偏差，则千分表在 e、f 两点的示值相同，即圆锥的素线与平板平行。反之，当 e、f 两点的示值存在某一差值，则表明存在圆锥角偏差 $\Delta\alpha$。

根据被测圆锥在 e、f 两点之间的读数差 ΔF，锥度偏差 ΔC 为

$$\Delta C = \frac{\Delta F}{l}(\,\mathrm{rad}) = \frac{\Delta F}{l} \times 10^6 (\,\mu\mathrm{rad})$$

若 e 点高于 f 点，则锥度实际偏差 ΔC 为正偏差；反之，为负偏差。

换算成圆锥角偏差，可按下式近似计算，即

$$\Delta\alpha = \frac{\Delta F}{l} \times 2 \times 10^5 (\,'')$$

3. 用量规检验

圆锥还可用锥度塞规和锥度环规进行检验。检验内圆锥用锥度塞规检验，检验外圆锥用锥度环规检验，如图 6.69 所示。在用量规检验圆锥工件时，通过涂色检查接触线的长度，用以检验圆锥角偏差。检验时要求在锥体的大端接触，高精度工件的接触线不低于圆锥长度的 85%，精密工件的接触线不低于圆锥长度的 80%，普通工件的接触线不低于圆锥长度的 75%。

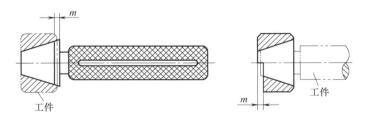

图 6.69   圆锥量规

用圆锥量规还可检验圆锥的基面距偏差。在圆锥量规的基准端刻有两条距离为 m 的刻线（塞规），或加工成一个轴向距为 m 的台阶（环规）。当被测圆锥的端面在量规刻线或台阶的两端面之间的 m 区域，则被测圆锥的基面距合格。

本 章 实 训

　　1. 分析立式台钻的使用功能要求，明确主轴上的轴承型号和公差等级，明确轴承内圈内径和外圈外径（单一平均内、外径）的上、下极限偏差值。

　　2. 分析轴承在主轴（实训图 6.1）上承受的载荷类型、大小等工作条件，选择与轴承配合的轴颈 $\phi17$mm 和套筒（实训图 6.2）孔 $\phi40$mm 的公差带代号、几何公差值和表面粗糙度值等。

　　3. 以图 1.1 所示立式台钻为例，完成以下任务。

　　1）立式台钻花键套筒与主轴带轮（$\phi24$mm）选用哪种单键联结？确定键的规格尺寸及相应键槽的尺寸与公差。

　　2）若要合理地检测轴键槽，请问用何种方法来测量尺寸误差和几何误差？

　　3）如果主轴轴端选用楔键进行联结，能否满足使用要求？容易产生什么问题？

　　4. 在某机床变速箱中，某一滑移齿轮拟选用矩形花键联结，规格为 $6\times32\times36\times6$，内、外花键表面的硬度要求为 40~45HRC，齿轮的公差等级为 6（GB/T 10095），试：

　　1）确定内、外花键的尺寸极限偏差、几何公差和表面粗糙度。

　　2）用综合通规和单项止规分别检测内、外花键是否合格。

　　3）分析花键联结所采用的公差原则。

　　5. 以图 1.1 所示立式台钻主轴箱为例，完成以下任务。

　　1）在立式台钻主轴箱设计中，都有哪些部位采用了螺纹联接？各应选用哪一种螺纹牙型？

　　2）主轴前端采用 M24×1.5 螺纹联接，确定螺纹联接的内、外螺纹的公差带代号，并写出内、外螺纹联接的配合代号。

　　3）螺纹的螺距误差和牙型半角误差在螺纹联接中通过何种方式进行控制？

　　4）主轴前端压紧螺母采用 M42×1.5 螺纹固定，试确定螺纹的公差等级。

　　6. 以图 1.1 所示立式台钻为例，完成以下任务。

　　1）立式台钻中花键套筒支承轴承通过挡圈固定，选用 M6×18（GB/T 75—2018）开槽长圆柱端紧定螺钉，试确定螺纹中径、大径的公差带代号。

　　2）查国家标准确定螺纹中径、大径和小径的极限偏差。

　　3）用螺纹环规检验螺纹是否合格，再用光滑极限量规检验螺纹大径是否合格。

　　7. 在立式台钻主轴箱中，用手转动齿轮轴上的操纵盘，通过齿条套筒带动主轴沿轴线上、下移动，完成钻削加工。已知：齿轮轴的模数 $m=2$mm、压力角 $\alpha=20°$、齿数 $z_1=13$、齿宽 $b_1=31$mm、齿轮变位系数 $x=+0.235$。轴承跨距 $L=50$mm，齿轮轴材料为 45 钢，主轴箱材料为铸铁，小批量生产，试完成齿轮轴的精度设计。

　　1）了解齿轮的偏差来源及对使用性能的影响。

　　2）确定齿轮轴偏差的检验项目，熟悉常用的检测方法。

　　3）掌握齿轮副的偏差和齿侧间隙。

　　4）合理选择齿轮的公差等级，确定相应的公差或偏差值。

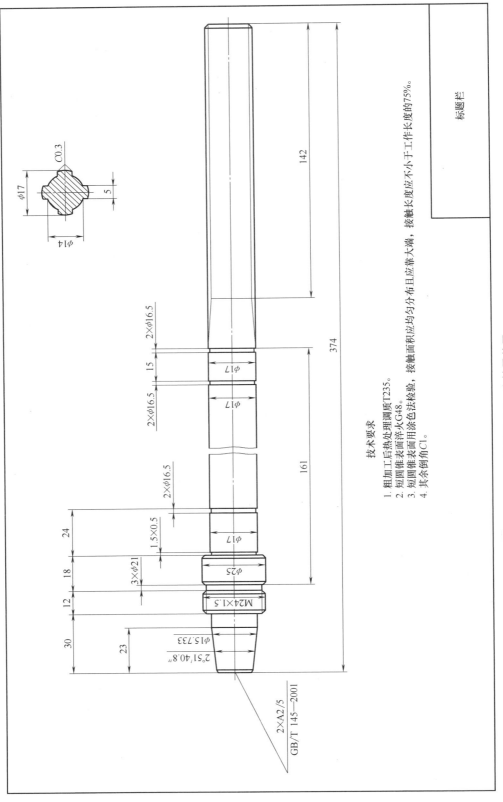

技术要求
1. 粗加工后热处理调质T235。
2. 短圆锥表面淬火G48。
3. 短圆锥表面用涂色法检验，接触面积应均匀分布应靠大端，接触长度应不小于工作长度的75‰。
4. 其余倒角C1。

实训图 6.1 主轴零件图

模数 /mm	m	2
齿数	z	18
齿形角 /(°)	α	20°
齿减薄位移变动 /mm	$\delta_0 H$	0.070

技术要求
1. 热处理 T235。
2. 内外圆倒角 C1。

标题栏

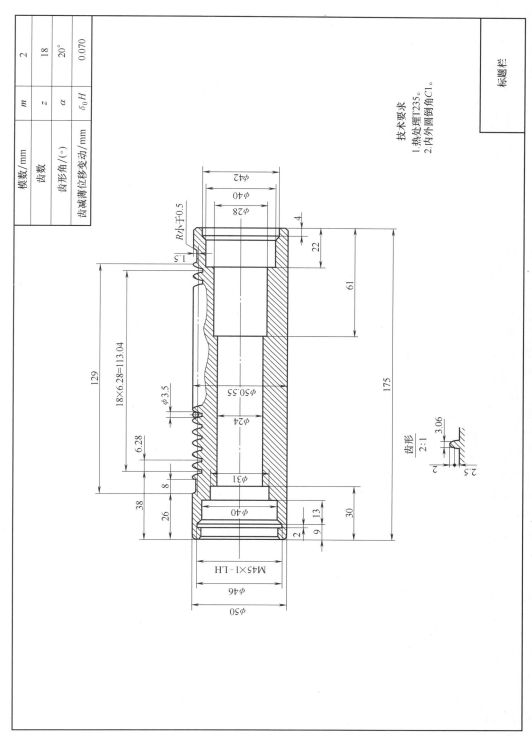

齿形
2:1

实训图 6.2　齿条套筒零件图

5）选择齿轮坯的公差和表面粗糙度，进行正确标注。

8. 以图 1.1 所示立式台钻为例，说明以下问题。

1）立式台钻主轴前端选用圆锥配合连接具有什么优点？

2）为了保证连接的可靠性，应对配合圆锥规定何种公差要求？

3）在机械设备、机电产品中，哪些地方常采用圆锥连接？

9. C620-1 车床尾座顶尖套与顶尖结合采用莫氏 4 号圆锥，顶尖的公称圆锥长度 $L=$ 118mm，圆锥角公差为 $AT8$，试：

1）确定顶尖的公称圆锥角 α、锥度 C 和圆锥角公差的数值。

2）用正弦规测量顶尖的圆锥角是否合格。

习　题

1. 填空题

1）滚动轴承内圈的内径尺寸公差为 $10\mu m$，与之相配合的轴颈的直径公差为 $13\mu m$，若最大过盈为 $-0.019mm$，则该轴颈的上极限偏差应为 ＿＿＿＿ μm，下极限偏差应为 ＿＿＿＿ μm。

2）滚动轴承最常用的公差等级是 ＿＿＿＿ 级；滚动轴承外圈与轴承座孔 H7 组成的配合类别是 ＿＿＿＿（间隙配合、过渡配合或过盈配合）。

3）某深沟球轴承的内圈与轴颈 $\phi25k5$、外圈与箱体（轴承座）孔 $\phi52J6$ 组成的配合，在装配图上标注的配合代号分别为 ＿＿＿＿、＿＿＿＿。

4）滚动轴承内圈与轴颈组成的配合采用基 ＿＿＿＿ 制，滚动轴承内圈内径公差带位于以公称内径为零线的 ＿＿＿＿ 方，且上极限偏差为 ＿＿＿＿。

5）滚动轴承外圈与轴承座孔组成的配合采用基 ＿＿＿＿ 制，滚动轴承外圈外径公差带位于以公称外径为零线的 ＿＿＿＿ 方，且上极限偏差为 ＿＿＿＿。

6）单键联结按其结构形式分为 ＿＿＿＿、＿＿＿＿、＿＿＿＿ 和 ＿＿＿＿ 4 种。

7）平键联结的主要配合尺寸是指 ＿＿＿＿，配合制采用 ＿＿＿＿。

8）根据用途不同，螺纹分为 ＿＿＿＿、＿＿＿＿ 和 ＿＿＿＿ 3 类。

9）为了传递动力可靠，传动比稳定，最常见的传动螺纹牙型是 ＿＿＿＿、＿＿＿＿ 和 ＿＿＿＿ 等。

10）影响螺纹互换性的主要因素有 ＿＿＿＿、＿＿＿＿ 和 ＿＿＿＿。

11）齿轮传动的使用要求包括 ＿＿＿＿、＿＿＿＿、＿＿＿＿ 和 ＿＿＿＿。

12）GB/T 10095.1—2022 给出了 ＿＿＿＿ 的偏差项目；GB/T 10095.2—2023 给出的是 ＿＿＿＿。

13）齿轮传动规定齿侧间隙主要是为保证 ＿＿＿＿、补偿齿轮的 ＿＿＿＿、＿＿＿＿ 以及热变形等因素对齿轮传动性能的影响。

14）齿轮回转一周出现一次的周期性偏差称为 ＿＿＿＿ 偏差。齿轮转动一个齿距角的过程中出现一次或多次的周期性偏差称为 ＿＿＿＿ 偏差。

15）圆锥配合的主要特点是 ＿＿＿＿、＿＿＿＿、＿＿＿＿。

16）根据圆锥的配合特征，圆锥配合分为_____型圆锥配合和_____型圆锥配合。

2. 选择题

1）某深沟球轴承的内圈旋转、外圈固定，承受方向和大小皆固定的径向载荷作用，则内圈承受（　　）载荷，而外圈承受（　　）载荷。

　　A. 方向不定　　　　　　B. 静止　　　　　　C. 旋转　　　　　　D. 方向不定和旋转

2）深沟球轴承内圈承受大小和方向均不变的径向载荷，在设计图样上该内圈与轴颈的配合采用较紧的配合，它决定于该内圈承受（　　）载荷的方向。

　　A. 静止　　　　　　　　B. 方向不定　　　　C. 旋转　　　　　　D. 方向不定和旋转

3）轿车前轮轮毂中的滚动轴承外圈相对于它所受载荷方向是（　　）。

　　A. 方向不定的　　　　　B. 静止的　　　　　C. 旋转的　　　　　D. 不可确定的

4）ϕ40k6 轴颈与深沟球轴承内圈配合的种类为（　　）。

　　A. 间隙配合　　　　　　B. 过渡配合　　　　C. 过盈配合　　　　D. 过渡或过盈配合

5）按 GB/T 307.1—2017 的规定，向心轴承内圈内径和外圈外径尺寸公差分为（　　）。

　　A. 2、3、4、5、6（6X）五级　　　　　　B. 2、4、5、6X、普通五级
　　C. 2、4、5、6、普通五级　　　　　　　　D. 2、3、4、5、普通五级

6）比较 ϕ30j6 轴颈与深沟球轴承内圈配合和 ϕ30H7/j6 配合的松紧程度是（　　）。

　　A. 前者较松　　　　　　　　　　　　　　B. 前者较紧
　　C. 两者的松紧程度相同　　　　　　　　　D. 无法比较

7）单键联结的主要工作尺寸键宽 b 由（　　）确定。

　　A. 轮毂宽度　　　　　B. 轴的直径　　　C. 转矩大小　　　D. 电动机功率

8）为了保证可旋合性和联接的可靠性，紧固螺纹采用（　　）牙型。

　　A. 梯形　　　　　　　B. 矩形　　　　　C. 三角形　　　　D. 锯齿形

9）外螺纹代号 M24-5g6g 中，5g 是指（　　）公差带。

　　A. 大径　　　　　　　B. 中径　　　　　C. 小径　　　　　D. 螺距

10）切向综合总偏差是反映齿轮（　　）的偏差项目。

　　A. 传递运动准确性　　　　　　　　　　　B. 传动平稳性
　　C. 载荷分布均匀性　　　　　　　　　　　D. 齿轮副侧隙

11）齿轮径向跳动 F_r 主要是由（　　）引起的。

　　A. 运动偏心 e_y　　　　　　　　　　　B. 几何偏心 e_j
　　C. 分度蜗杆安装偏心 e_ω　　　　　　D. 滚刀安装偏心 e_d

12）齿廓总偏差 F_α 是影响（　　）的主要因素。

　　A. 传递运动准确性　　　　　　　　　　　B. 传动平稳性
　　C. 载荷分布均匀性　　　　　　　　　　　D. 齿轮副侧隙

3. 简答题

1）平键联结有几种配合类型？

2）矩形花键的配合种类有哪些？

3）螺纹的螺距误差和中径误差对螺纹互换性有什么影响？

4）齿轮的公差等级分为几级？如何表示公差等级？试举例说明。

5）影响齿轮副精度的偏差项目有哪些？

6）为什么规定齿轮坯公差？齿轮坯的精度包含哪些方面？

4. 问答题

1）矩形花键的结合面有哪些？通常选用哪一个结合面作为定心表面？为什么？

2）以外螺纹为例，试说明螺纹中径 d_2、单一中径 d_{2s}、作用中径 d_{2m} 有何异同，三者在什么情况下相等？

3）如果螺纹的实际中径在规定的极限尺寸内，中径是否合格？为什么？

4）内、外螺纹配合代号 M16-6H/5g6g，试查国家标准确定内螺纹的中径、小径和外螺纹的大径、中径的极限偏差。

5）有一圆锥体，其尺寸参数为 D、d、L、C、α，试说明：能否把这些参数的尺寸和极限偏差全都标注在零件图上？为什么？

6）圆锥公差的给定方法有哪几种？它们各适用于什么场合？

7）为什么钻头、铰刀、铣刀等的尾柄与机床主轴孔连接多用圆锥结合？从使用要求出发，这些工具的锥体应有哪些要求？

8）锥度的检测常用哪几种方法？

5. 计算题

1）某机床变速箱中一滑动变速齿轮与矩形花键轴联结，已知花键的规格为 $6\times26\times30\times6$，内花键长 30mm，外花键长 75mm，内、外花键表面的热处理硬度为 40~45HRC，齿轮内花键在外花键上经常移动，且定心精度要求较高。试确定：

① 内、外花键的大径、小径和键宽的公差带代号，并计算极限偏差值。

② 内、外花键的几何公差和主要表面的表面粗糙度值。

③ 花键副的配合代号和内、外花键的公差带代号。

2）有一 M20-7H 内螺纹，测得螺纹的实际中径 $D_{2a}=18.420$mm，螺距累积误差 $\Delta P_\Sigma=-0.034$mm，牙型半角误差分别为 $\Delta\frac{\alpha_左}{2}=+30'$、$\Delta\frac{\alpha_右}{2}=-40'$，试问：此内螺纹的中径是否合格？

3）某螺栓 M20-6h，加工后测得实际大径 $d_a=19.980$mm，实际中径 $d_{2a}=18.255$mm，螺距累积误差 $\Delta P_\Sigma=+0.04$mm，牙型半角误差分别为 $\Delta\frac{\alpha_左}{2}=-35'$、$\Delta\frac{\alpha_右}{2}=-40'$，试判断该螺栓是否合格？

4）某机床主轴箱中一对标准直齿圆柱齿轮，$z_1=26$、$z_2=56$、$m=2.75$mm、$b_1=28$mm、$b_2=24$mm，内孔 $D_2=42$mm，两轴承跨距 $L=90$mm，$n_2=780$r/min，齿轮材料 45 钢，箱体材料 HT200，单件小批量生产。试对大齿轮进行精度设计，并绘制齿轮工作图。

5）已知某直齿圆柱齿轮，$m=3$mm、$z=12$、$\alpha=20°$、$x=0$mm，用齿距仪采用齿距相对测量法测得如下数据（单位为 μm）：0、+6、+9、-3、-9、+15、+9、+10、0、+9、+5、-3，齿轮公差等级为 7 级（GB/T 10095.1—2022）。试判断 F_p、f_{pi}、F_{pk}（$k=3$）是否合格？

6）有一对减速器用直齿圆柱齿轮，模数 $m=5$mm，齿数 $z_1=20$、$z_2=60$，齿宽 $b_1=50$mm，压力角 $\alpha=20°$，两轴承跨距 $L=100$mm，齿轮基准孔直径 $D=52$mm，转速 $n_1=960$r/min，要求转动平稳，小批量生产。试确定：

①　小齿轮的齿轮公差等级。

②　齿轮的检验项目及公差值（或极限偏差）。

③　齿轮的齿厚偏差。

④　齿轮坯的尺寸公差、几何公差和表面粗糙度。

⑤　键槽宽度和深度的公称尺寸和极限偏差。

7）有一外圆锥，锥度为 1∶20，圆锥最大直径为 100mm，圆锥长度为 200mm，试确定圆锥角、圆锥最小直径。

8）相互结合的内、外圆锥的锥度为 1∶50，基本圆锥直径为 100mm，要求装配后得到 H8/u7 的配合性质。试计算所需的轴向位移和轴向位移公差。

9）某钻床主轴孔与钻套结合采用莫氏 4 号锥度，钻套的公称圆锥长度 $L = 118mm$，圆锥角公差为 $AT8$，试查国家标准确定其基本圆锥角 α 和锥度 C 以及圆锥角公差的数值。

10）有一外圆锥的最大圆锥直径 D 为 120mm，圆锥长度 L 为 260mm，圆锥直径公差 T_D 取为 IT9，求 T_D 所能限制的最大圆锥角误差 $\Delta\alpha_{\max}$。

科学家科学史

"两弹一星"功勋科学家：钱学森

第 7 章

光滑工件尺寸检测和量规设计

PPT 课件

本章要点及学习指导:

1) 根据被测工件尺寸精度要求,选择满足测量精度要求且测量方便易行、成本经济的计量器具。

2) 光滑工件检验时的验收原则,做出误收和误废的原因,国家标准规定的安全裕度和验收极限。

3) 对于光滑工件尺寸的检测,选择通用计量器具的方法和步骤。

4) 光滑极限量规的类型、设计原理及其工作部位尺寸公差带的设置以及几何公差、表面粗糙度的选择。

通过本章学习,学习者可以掌握从满足测量精度要求、经济、测量方便易行的角度出发,正确合理地选择通用计量器具;掌握光滑极限量规的设计方法;学会绘制光滑极限量规工作图,并会正确地标注。

7.1 光滑工件尺寸检测

由于计量器具存在测量误差、轴或孔有形状误差、测量条件偏离国家标准规定范围等原因,测量结果会偏离被测真值。当测量误差较大时,可能导致做出错误判断。为了保证足够的测量精度,实现零件互换性,必须正确、合理地选择计量器具,按 GB/T 3177—2009《产品几何技术规范(GPS) 光滑工件尺寸的检验》规定的验收原则及要求验收工件。

7.1.1 光滑工件尺寸的验收原则、安全裕度和验收极限

1. 验收原则

由第 3 章可知,轴、孔的提取要素的实际尺寸在尺寸公差带内,该尺寸合格。但是,当工件被测真值在极限尺寸附近时,由于存在测量误差,则容易误导人们做出错误判断——误收或误废。

误收是指把被测真值超出极限尺寸范围的工件误判为合格件而接收。

误废是指把被测真值在极限尺寸范围内的工件误判为不合格件而报废。

误收会影响产品质量，误废则会造成经济损失。

例如，用示值误差为 ±0.005mm 的外径千分尺测量某实际零件上 $\phi55d9$ 轴颈的实际尺寸，其尺寸公差带如图 7.1 所示。当被测真值在上、下极限尺寸附近时，由于外径千分尺存在测量误差，设测得值呈正态分布，其极限误差为 ±5μm，因此，当轴径真值在 $\phi54.900 \sim \phi54.905mm$ 和 $\phi54.821 \sim \phi54.826mm$ 范围时，因外径千分尺存在示值误差，使外径千分尺测得的实际尺寸有可能在尺寸公差带内而造成误收；同理，当轴径真值在 $\phi54.900 \sim \phi54.895mm$ 和 $\phi54.826 \sim \phi54.831mm$ 范围时，则可能产生误废。

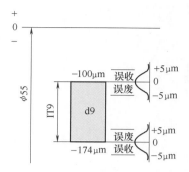

图 7.1　测量误差对检验
结果的影响

国家标准规定的工件验收原则是：只接收位于规定的尺寸极限以内的工件，即只允许误废而不允许误收。对于图 7.1 所示的例子，要防止由于计量器具误差造成的误收，可将尺寸公差带上、下极限偏差线各内缩 5μm 作为合格尺寸的验收范围。

由于受计量器具的内在误差（如随机误差、未定系统误差）、测量条件（如温度、压陷效应）及该工件形状误差等综合影响，使测量结果会偏离真值，其偏离程度由测量不确定度评定。显然，测量不确定度 μ' 由计量器具不确定度 μ_1' 和温度、压陷效应及工件形状误差等因素影响所引起的不确定度 μ_2' 两部分组成。

2. 安全裕度和验收极限

（1）安全裕度　国家标准通过安全裕度来防止因测量不确定度的影响而使工件误收和误废，即设置验收极限，以执行国家标准规定的验收原则。

安全裕度（A）即测量不确定度的允许值。它由被测工件的尺寸公差值确定，一般取工件尺寸公差值的 10% 左右。安全裕度的数值可查表 7.1。

（2）验收极限　验收极限是判断所检验工件尺寸合格与否的尺寸界限。

GB/T 3177—2009 规定了确定验收极限的两种方式。

1）验收极限是从规定是的最大实体尺寸（MMS）和最小实体尺寸（LMS）分别向工件公差带内移动一个安全裕度（A）来确定，如图 7.2 所示。

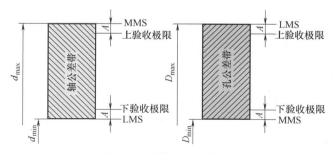

图 7.2　验收极限示意图

轴尺寸的验收极限：上验收极限 = 最大实体尺寸（MMS）- 安全裕度（A）

下验收极限 = 最小实体尺寸（LMS）+ 安全裕度（A）

孔尺寸的验收极限：上验收极限 = 最小实体尺寸（LMS）- 安全裕度（A）

下验收极限 = 最大实体尺寸（MMS）+ 安全裕度（A）

表 7.1　IT6~IT11 的尺寸公差、安全裕度和计量器具的测量不确定度允许值 (μ_1)

(单位：μm)

标准公差等级

公差尺寸		IT6		μ_1			IT7		μ_1			IT8		μ_1			IT9		μ_1			IT10		μ_1			IT11		μ_1		
大于	至	T	A	I	II	III	T	A	I	II	III	T	A	I	II	III	T	A	I	II	III	T	A	I	II	III	T	A	I	II	III
—	3	6	0.6	0.5	0.9	1.4	10	1	0.9	1.5	2.3	14	1.4	1.3	2.1	3.2	25	2.5	2.3	3.8	5.6	40	4	3.6	6	9	60	6	5.4	9	14
3	6	8	0.8	0.7	1.2	1.8	12	1.2	1.1	1.8	2.7	18	1.8	1.6	2.7	4.1	30	3	2.7	4.5	6.8	48	4.8	4.3	7.2	11	75	7.5	6.8	11	17
6	10	9	0.9	0.8	1.4	2	15	1.5	1.4	2.3	3.4	22	2.2	2	3.3	5	36	3.6	3.3	5.4	8.1	58	5.8	5.2	8.7	13	90	9	8.1	14	20
10	18	11	1.1	1	1.7	2.5	18	1.8	1.7	2.7	4.1	27	2.7	2.4	4.1	6.1	43	4.3	3.9	6.5	9.7	70	7	6.3	11	16	110	11	10	17	25
18	30	13	1.3	1.2	2	2.9	21	2.1	1.9	3.2	4.7	33	3.3	3	5	7.4	52	5.2	4.7	7.8	12	84	8.4	7.6	13	19	130	13	12	20	29
30	50	16	1.6	1.4	2.4	3.6	25	2.5	2.3	3.8	5.6	39	3.9	3.5	5.9	8.8	62	6.2	5.6	9.3	14	100	10	9	15	23	160	16	14	24	36
50	80	19	1.9	1.7	2.9	4.3	30	3	2.7	4.5	6.8	46	4.6	4.1	6.9	10	74	7.4	6.7	11	17	120	12	11	18	27	190	19	17	29	43
80	120	22	2.2	2	3.3	5	35	3.5	3.2	5.3	7.9	54	5.4	4.9	8.1	12	87	8.7	7.8	13	20	140	14	13	21	32	220	22	20	33	50
120	180	25	2.5	2.3	3.8	5.6	40	4	3.6	6	9	63	6.3	5.7	9.5	14	100	10	9	15	23	160	16	15	24	36	250	25	23	38	56
180	250	29	2.9	2.6	4.4	6.5	46	4.6	4.1	6.9	10	72	7.2	6.5	11	16	115	12	10	17	26	185	18	17	28	42	290	29	26	44	65
250	315	32	3.2	2.9	4.8	7.2	52	5.2	4.7	7.8	12	81	8.1	7.3	12	18	130	13	12	19	29	210	21	19	32	47	320	32	29	48	72
315	400	36	3.6	3.2	5.4	8.1	57	5.7	5.1	8.4	13	89	8.9	8	13	20	140	14	13	21	32	230	23	21	35	52	360	36	32	54	81
400	500	40	4.0	3.6	6.0	9.0	63	6.3	5.7	9.5	14	97	9.7	8.7	15	22	155	16	14	23	35	250	25	23	38	56	400	40	36	60	90

2）验收极限等于规定的最大实体尺寸（MMS）和最小实体尺寸（LMS），即 A 值等于零。上述方式 1）适用的场合如下。

① 验收遵守包容要求的尺寸和公差等级高的尺寸。这是因为内缩一个安全裕度，不但可以防止因测量误差而造成的误收，而且可以防止由于工件的形状误差而引起的误收。

② 验收呈偏态分布的尺寸。对"实际尺寸偏向的一边"采用内缩一个 A 作为验收极限。

③ 验收遵守包容要求且过程能力指数 $C_p \geqslant 1$ 的尺寸，其最大实体尺寸一边的验收极限内缩一个安全裕度。其中，当工件尺寸遵循正态分布时，过程能力指数 $C_p = T/(6\sigma)$，T 为工件尺寸公差值，σ 为标准偏差。

上述方式 2）适用的场合如下。

① 验收过程能力指数 $C_p \geqslant 1$ 的尺寸。

② 验收非配合和一般公差的尺寸。

7.1.2　计量器具的选择

1. 计量器具的测量不确定度允许值 μ_1 的选择

根据被测工件被测部位的尺寸公差等级，可查表 7.1 获得测量不确定度允许值 μ_1。一般情况下，优先选用测量不确定度允许值 μ_1 中 I 档，其次选用 II 档、III 档。当对测量结果有争议时，可以采用更精确的计量器具或按事先双方商定的方法解决。

2. 计量器具的选择原则

用通用计量器具测量工件尺寸，应参照 GB/T 3177—2009《产品几何技术规范（GPS）　光滑工件尺寸的检验》选择计量器具。该国家标准适用于使用通用计量器具，如游标卡尺、千分尺及车间使用的比较仪、投影仪等量具量仪，对图样上注出公差等级为 IT6～IT18、公称尺寸至 500mm 的光滑工件尺寸的检验。国家标准规定了计量器具的选择原则，具体的选择方法如下。

（1）$\mu_1' \leqslant \mu_1$ 原则　按照计量器具的不确定度允许值 μ_1 选择计量器具，以保证测量结果的可靠性。计量器具的测量不确定度允许值（I 档）$\mu_1 = 0.9A$，见表 7.1。常用的千分尺、游标卡尺、指示表和比较仪的测量不确定度 μ_1' 见表 7.2～表 7.4。在选择计量器具时，不仅要选择符合 $\mu_1' \leqslant \mu_1$ 条件的，而且要选择检测成本低、车间或生产现场具备的计量器具。

表 7.2　千分尺和游标卡尺的测量不确定度 μ_1'　　　　（单位：mm）

工件尺寸范围		计量器具类型			
		分度值为 0.01mm 的外径千分尺	分度值为 0.01mm 的内径千分尺	分度值为 0.02mm 的游标卡尺	分度值为 0.05mm 的游标卡尺
大于	至	测量不确定度 μ_1'			
—	50	0.004			
50	100	0.005	0.08		0.050
100	150	0.006		0.020	
150	200	0.007			
200	250	0.008	0.013		
250	300	0.009			
300	350	0.010			
350	400	0.011	0.020		0.100
400	450	0.012			
450	500	0.013	0.025		

表 7.3   指示表的测量不确定度 μ'_1 （单位：mm）

工件尺寸范围		计量器具类型			
		分度值为 0.001mm 的千分表（0 级在全程范围内、1 级在 0.2mm 内）、分度值为 0.002mm 的千分表在 1 转范围内	分度值为 0.001mm、0.002mm、0.005mm 的千分表（1 级在全程范围内）、分度值为 0.01mm 的百分表（0 级在任意 1mm 内）	分度值为 0.01mm 的百分表（0 级在全程范围内，1 级在任意 1mm 内）	分度值为 0.01mm 的百分表（1 级在全程范围内）
大于	至	测量不确定度 μ'_1			
—	25	0.005	0.010	0.018	0.030
25	40	0.005	0.010	0.018	0.030
40	65	0.005	0.010	0.018	0.030
65	90	0.005	0.010	0.018	0.030
90	115	0.005	0.010	0.018	0.030
115	165	0.006	0.010	0.018	0.030
165	215	0.006	0.010	0.018	0.030
215	265	0.006	0.010	0.018	0.030
265	315	0.006	0.010	0.018	0.030

注：测量时，使用的标准器由不多于 4 块、1 级（或 4 等）的量块组成。

表 7.4   比较仪的测量不确定度 μ'_1 （单位：mm）

工件尺寸范围		计量器具类型			
		分度值为 0.0005mm（相当于放大倍数 2000 倍）的比较仪	分度值为 0.001mm（相当于放大倍数 1000 倍）的比较仪	分度值为 0.002mm（相当于放大倍数 400 倍）的比较仪	分度值为 0.005mm（相当于放大倍数 250 倍）的比较仪
大于	至	测量不确定度 μ'_1			
—	25	0.0006	0.0010	0.0017	0.0030
25	40	0.0007	0.0010	0.0017	0.0030
40	65	0.0008	0.0011	0.0018	0.0030
65	90	0.0008	0.0011	0.0018	0.0030
90	115	0.0009	0.0012	0.0018	0.0030
115	165	0.0010	0.0013	0.0019	0.0030
165	215	0.0012	0.0014	0.0020	0.0030
215	265	0.0014	0.0016	0.0021	0.0035
265	315	0.0016	0.0017	0.0022	0.0035

注：测量时，使用的标准器由不多于 4 块、1 级（或 4 等）的量块组成。

（2）$0.4\mu'_1 \leqslant \mu_1$ 原则   当采用比较法测量，且所使用的标准器具形状与工件形状相同时，千分尺的测量不确定度 μ'_1 比采用绝对测量法的测量不确定度降低了 60%，这说明比较测量法的测量精度比绝对测量法高。

（3）$0.6\mu'_1 \leqslant \mu_1$ 原则   当采用比较法测量，且所使用的标准器具形状与工件形状不相同时，千分尺的测量不确定度 μ'_1 比采用绝对测量法的测量不确定度降低了 40%。由于标准器具形状与工件形状不同，测量误差增大，所以测量精度比第（2）项选择原则低。

选择计量器具时除考虑测量不确定度外，还要考虑检测成本、计量器具的适用性和生产现场拥有的计量器具条件。计量器具的适用性是指计量器具的使用性能应适应被测工件的尺寸、结构、被测部位、重量、材质软硬以及批量的大小和检测效率等方面的要求。

3. 光滑工件尺寸检验及选择计量器具示例

【例 7.1】   试确定某轴直径 $\phi55d9 \left(^{-0.100}_{-0.174}\right)$ 尺寸（无配合要求）的验收极限，并选择

计量器具。

【解】

1) 确定检验尺寸 $\phi 55d9$ $\left(^{-0.100}_{-0.174}\right)$ 的验收极限。

因为轴直径 $\phi 55d9$ 无配合要求, 所以根据国家标准有关规定, 验收极限应按照不内缩方式确定, $A = 0$。

上验收极限 $= MMS = d_{max} = 54.900mm$

下验收极限 $= LMS = d_{min} = 54.826mm$

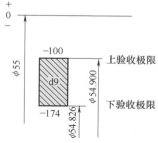

图 7.3　$\phi 55d9$ $\left(^{-0.100}_{-0.174}\right)$ 轴的
尺寸公差带及验收极限

则 $\phi 55d9$ $\left(^{-0.100}_{-0.174}\right)$ 轴的尺寸公差带及验收极限如图 7.3 所示。

2) 选择计量器具。查表 7.1, IT9 对应的 I 档计量器具不确定度的允许值 μ_1 为 0.0067mm, 查表 7.2, 分度值为 0.01mm、测量范围在 50~100mm 的外径千分尺的测量不确定度 μ'_1 为 0.005mm, 该量具满足 "$\mu'_1 \leqslant \mu_1$ 原则"; 而分度值为 0.02mm 的游标卡尺的 μ'_1 为 0.020mm, 不满足 "$\mu'_1 \leqslant \mu_1$ 原则", 所以不能采用该游标卡尺。

选择结果: 应采用分度值为 0.01mm、测量范围在 50~100mm 的外径千分尺。

【例 7.2】　试确定某孔直径 $\phi 30H6$ $\left(^{+0.013}_{0}\right)$ Ⓔ 的验收极限, 并选择检验直径 $\phi 30H6$ $\left(^{+0.013}_{0}\right)$ 的计量器具 (设生产现场的过程能力指数 $C_p \geqslant 1$)。

【解】

1) 确定检验 $\phi 30H6$ $\left(^{+0.013}_{0}\right)$ Ⓔ 的验收极限。

因为孔直径 $\phi 30H6$ $\left(^{+0.013}_{0}\right)$ Ⓔ 采用包容要求, 且 $C_p \geqslant 1$, 所以最大实体尺寸一边的验收极限按内缩方式确定, 而另一验收极限按不内缩确定。

查表 7.1, 尺寸 >18~30mm 的安全裕度 $A = 0.0013mm$, 则

上验收极限 $= LMS = D_{max} = 30.013mm$

下验收极限 $= MMS + A = D_{min} + A$

$$= 30.000mm + 0.0013mm$$

$$= 30.0013mm$$

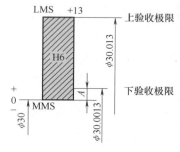

图 7.4　$\phi 30H6$ $\left(^{+0.013}_{0}\right)$ Ⓔ 的
尺寸公差带及验收极限

则 $\phi 30H6$ $\left(^{+0.013}_{0}\right)$ Ⓔ 的尺寸公差带及验收极限如图 7.4 所示。

2) 选择检验孔直径尺寸 $\phi 30H6$ $\left(^{+0.013}_{0}\right)$ Ⓔ 的计量器具。查表 7.1, 尺寸 >18~30mm、IT6、I 档计量器具不确定度的允许值 μ_1 为 0.0012mm。查表 7.4, 分度值为 0.001mm、测量范围在 25~40mm 的比较仪的测量不确定度 μ'_1 为 0.001mm。可见, 该比较仪满足 "$\mu'_1 \leqslant \mu_1$ 原则"; 而分度值为 0.002mm 的比较仪的测量不确定度 μ'_1 为 0.0018mm, 不满足 "$\mu'_1 \leqslant \mu_1$ 原则"。故选择分度值为 0.001mm、测量内径的比较仪测量孔 $\phi 30H6$ $\left(^{+0.013}_{0}\right)$。

【例 7.3】　试确定某轴直径 $\phi 85h6$ $\left(^{0}_{-0.022}\right)$ Ⓔ的验收极限, 并选择检验轴 $\phi 85h6$ $\left(^{0}_{-0.022}\right)$ Ⓔ的计量器具, 设生产现场没有比较仪, 有内、外径千分尺和游标卡尺等计量器具。

【解】

1）确定检验 $\phi85h6$（$^{\ 0}_{-0.022}$）Ⓔ的验收极限。因为轴直径 $\phi85h6$（$^{\ 0}_{-0.022}$）Ⓔ遵守包容要求，且精度较高，所以根据国家标准有关规定，验收极限应按照内缩方式确定验收极限。

查表 7.1，尺寸在 80~120mm、IT6 的安全裕度 $A=0.0022$mm，则

上验收极限 = MMS-A = d_{max}-A = 85.000mm-0.0022mm = 84.9978mm

下验收极限 = LMS+A = d_{min}+A = 84.978mm+0.0022mm = 84.9802mm

则 $\phi85h6$（$^{\ 0}_{-0.022}$）Ⓔ轴的尺寸公差带及验收极限如图 7.5 所示。

2）选择计量器具。查表 7.1，尺寸 >80~120mm 、IT6 、Ⅰ档计量器具不确定度的允许值 μ_1 为 0.0020mm。

由表 7.4 可知，本应选择分度值为 0.001mm、测量范围在 65~90mm、测量不确定度 μ'_1 为 1.1μm 的比较仪，但生产现场没有比较仪，故应按"$0.4\mu'_1 \leqslant \mu_1$ 原则"确定检测量具。

查表 7.2 得测量范围在 50~100mm、分度值为 0.01mm 的外径千分尺的测量不确定度 $\mu'_1=0.005$mm，$0.4\mu'_1=$ 0.002mm，$\mu_1=0.002$mm，满足"$0.4\mu'_1 \leqslant \mu_1$ 原则"。

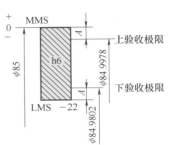

图 7.5　$\phi85h6$（$^{\ 0}_{-0.022}$）Ⓔ轴的尺寸公差带及验收极限

当选择分度值为 0.01mm 的外径千分尺检测 $\phi85h6$（$^{\ 0}_{-0.022}$）轴尺寸时，应采用比较法测量，而且所采用的标准器具形状应与工件形状相同。

比较法测量是指测量前，先将外径千分尺相对标准器调零，然后再测量工件尺寸。比较法测量可减小计量器具的测量不确定度值，提高计量器具的测量精度。测量 $\phi85h6$（$^{\ 0}_{-0.022}$）所使用的标准器具形状应与工件形状相同，即被测工件尺寸形状是外圆柱面，那么，体现 $\phi85$mm 标准尺寸的标准器具形状也应是外圆柱面。

7.2　光滑极限量规设计

GB/T 1957—2006《光滑极限量规　技术条件》用于检验遵守包容要求的单一实际要素，常用于判断轴、孔实际轮廓状态的合格性。

7.2.1　光滑极限量规的作用和分类

1. 光滑极限量规的作用

光滑极限量规是一种无刻度、成对使用的专用检验器具，适用于大批量生产、遵守包容要求的轴、孔检验，以保证检验合格的轴与孔的配合性质。

用光滑极限量规的通规和止规检验被检轴或孔，若通规能通过但止规不能通过被检轴或孔（止规沿着和环绕不少于 4 个位置上进行检验），则被检轴或孔合格。

2. 光滑极限量规的分类

（1）按被检工件类型分类

1）塞规。用以检验孔的量规。

2）卡规。用以检验轴的量规。

（2）按量规用途分类

1）工作量规。在加工工件的过程中用于检验工件的量规，由操作者使用。为了使操作者提高加工精度，保证工件合格率，防止废品产生，要求通规是新的或磨损较小的量规。

2）验收量规。验收者（检验员或购买机械产品的客户代表）用以验收工件的量规。为了使更多合格件得以验收，并减少纠纷，量规的通规应是旧的或已磨损较大但未超过磨损极限的量规。

3）校对量规。专门用于校对轴用工作量规——卡规或环规的量规。卡规和环规的工作尺寸属于孔尺寸，由于尺寸精度高，难以用一般计量器具测量，故国家标准规定了校对量规。校对量规又分为以下几种：

① TT。在制造轴用通规时，用以校对的量规。当校对量规通过时，被校对的新的通规合格。

② ZT。在制造轴用止规时，用以校对的量规。当校对量规通过时，被校对的新的止规合格。

③ TS。用以检验轴用旧的通规是否报废用的校对量规。如果校对量规通过，则轴用旧的通规磨损达到或超过极限，应进行报废处理。

7.2.2　光滑极限量规的设计原理和工作量规的设计

1. 光滑极限量规的设计原理

由包容要求可知：光滑极限量规应按照遵守包容要求的合格条件设计，即"被测实际轮廓（提取组成要素）应处处不得超越最大实体边界，其局部实际尺寸不得超出最小实体尺寸"。因此，光滑极限量规的通规应模拟体现最大实体边界（MMB），止规模拟体现最小实体尺寸（LMS）。

2. 工作量规的设计

光滑极限量规的设计主要有量规的结构形式设计、通规和止规的形状设计及其尺寸精度设计等。

量规的结构形式可根据实际需要，选用适当的结构，常用结构形式如图 7.6 和图 7.7 所示。下面重点介绍光滑极限量规中工作量规工作部分的形状及其几何参数的精度设计。

（1）工作量规通规、止规的形状设计　工作量规通规、止规的形状设计应按照光滑极限量规的设计原理进行。

由光滑极限量规的设计原理可知：由于"通规模拟体现最大实体边界"，则通规的形状为被检要素遵守的最大实体边界的全形形状；而"止规模拟体现最小实体尺寸"，则止规的形状为两点接触式形状，如图 7.6d、e 所示。

在量规的实际设计中，由于加工、使用和成本的原因，量规的形状未能完全按照设计原理进行设计制造。国家标准规定：允许适当地偏离设计原理来设计量规的形状。例如，塞规的止规、检验大尺寸孔的塞规的通规和卡规的通、止规的形状就是按"偏离设计原理"进行设计的。

检验孔的塞规的止规未按两点接触式的形状设计，而是设计成全形，即设计成外圆柱面，如图 7.6a~c 所示。这是因为两点接触式的形状加工复杂，而全形加工方便，但其圆柱厚度应薄。

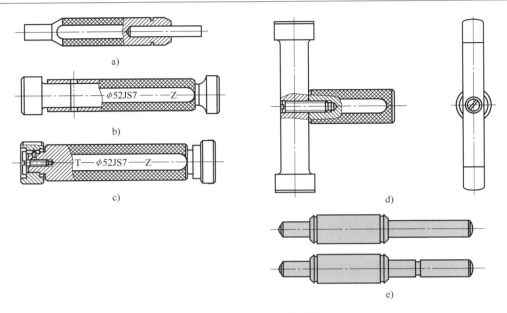

图 7.6　常见孔用塞规的结构形式

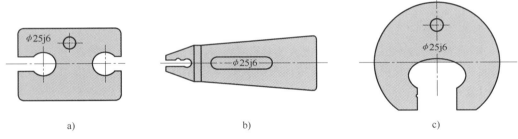

图 7.7　常见轴用卡规的结构形式

对于检验大尺寸孔的通规，若按全形设计制造，则会因笨重而无法使用，只能设计成非全形的形状，如图 7.6d 所示。

卡规的通规形状设计，按照设计原理，应按全形设计成内圆柱表面的形状，而卡规的通规是两平行平面的内表面，与被检轴的形状不一致。按照设计原理，卡规的止规应设计成环规，即内圆柱表面，如图 4.39 所示。卡规的止规同样偏离了设计原理，非两点接触式。可见，卡规的通、止规的形状设计均偏离了设计原理。

在 GB/T 1957—2006《光滑极限量规　技术条件》附录 B 中推荐了量规形式和应用尺寸范围，见表 7.5，可供选择。

表 7.5　工作量规形式和应用尺寸范围

用途	推荐顺序	量规的工作尺寸/mm			
		~18	>18~100	>100~315	>315~500
工件孔用的通端量规形式	1	全形塞规		不全形塞规	球端杆规
	2	—	不全形塞规或片形塞规	片形塞规	
工件孔用的止端量规形式	1	全形塞规	全形或片形塞规		球端杆规
	2	—	不全形塞规		—

（续）

用途	推荐顺序	量规的工作尺寸/mm			
		~18	>18~100	>100~315	>315~500
工件轴用的通端量规形式	1	环规		卡规	
	2	卡规		—	
工件轴用的止端量规形式	1	卡规			
	2	环规		—	

（2）工作量规的通规、止规的尺寸及其精度设计　工作量规的通规、止规的尺寸及其精度设计是指通规、止规的公称尺寸及其公差带设计。

1）通规、止规的尺寸公差带。由于在制造通规、止规过程中，必定产生误差，国家标准规定了检验工件尺寸的公差等级在 IT6~IT16 范围内的通规、止规的制造公差（T）。表 7.6 列出了尺寸至 180mm 和被检工件尺寸的公差等级在 IT6~IT10 范围内的通规、止规的制造公差。

表 7.6　工作量规的通规、止规的制造公差（T）和位置要素（Z）　（单位：μm）

工件公称尺寸/mm		被检工件尺寸的公差等级														
		IT6			IT7			IT8			IT9			IT10		
大于	至	公差值	T	Z	公差值	T	Z	公差值	T	Z	公差值	T	Z	公差值	T	Z
—	3	6	1.0	1.0	10	1.2	1.6	14	1.6	2.0	25	2.0	3	40	2.4	4
3	6	8	1.2	1.4	12	1.4	2.0	18	2.0	2.6	30	2.0	4	48	3.0	5
6	10	9	1.4	1.6	15	1.8	2.4	22	2.4	3.2	36	2.8	5	58	3.6	6
10	18	11	1.6	2.0	18	2.0	2.8	27	2.8	4.0	43	3.4	6	70	4.0	8
18	30	13	2.0	2.4	21	2.4	3.4	33	3.4	5.0	52	4.0	7	84	5.0	9
30	50	16	2.4	2.8	25	3.0	4.0	39	4.0	6.0	62	5.0	8	100	6.0	11
50	80	19	2.8	3.4	30	3.6	4.6	46	4.6	7.0	74	6.0	9	120	7.0	13
80	120	22	3.2	3.8	35	4.2	5.4	54	5.4	8.0	87	7.0	10	140	8.0	15
120	180	25	3.8	4.4	40	4.8	6.0	63	6.0	9.0	100	8.0	12	160	9.0	18

2）通规公差带的位置要素（Z）。通规公差带的位置要素是为了保证通规具有一定寿命而设置的公差带位置要素。在检验工件时，对于合格的工件，由于通规往往要通过被检孔（或轴）的实际轮廓，因此会产生磨损。所以，需要增大通规的最大实体量，即将通规的公差带向被检尺寸公差带内移动一个量，这个量为位置要素（Z），其值见表 7.6。

3）通规、止规的尺寸公差带位置设置。由于光滑极限量规的通规模拟体现的是最大实体边界（MMB），止规模拟体现的是最小实体尺寸（LMS），所以，通规的尺寸公差带按最大实体尺寸（MMS）设置位置，而且还需要考虑内缩一个位置要素（Z）；止规的尺寸公差带按最小实体尺寸（LMS）设置位置，如图 7.8 所示。

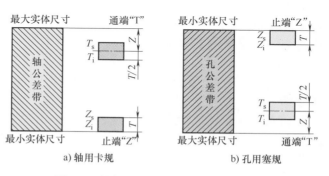

图 7.8　通规、止规的尺寸公差带分布图

通规、止规的尺寸公差带位置设置在被检工件尺寸公差带以内，即采用"内缩"方式，使光滑极限量规验收工件时可有效地防止误收，保证了工件精度，但会出现误废。

通规、止规工作部分的极限尺寸计算公式，见表 7.7。

表 7.7　通规、止规工作部分的极限尺寸计算公式

光滑极限量规		极限尺寸计算公式	光滑极限量规		极限尺寸计算公式
孔用塞规	通规	$T_{max} = D + T_s = D + EI + Z + T/2$ $T_{min} = D + T_i = D + EI + Z - T/2$	轴用卡规	通规	$T_{max} = d + T_s = d + es - Z + T/2$ $T_{min} = d + T_i = d + es - Z - T/2$
	止规	$Z_m = D + Z_s = D + ES$ $Z_{min} = D + Z_i = D + ES - T$		止规	$Z_{max} = d + Z_s = d + ei + T$ $Z_{min} = d + Z_i = d + ei$

注：1. D、d 为被检工件表面的公称尺寸，$ES(es)$、$EI(ei)$ 分别为孔（轴）的上、下极限偏差。
　　2. T 为量规的制造公差，Z 为量规的位置要素。
　　3. T_s、T_i 为通规尺寸的上、下极限偏差，Z_s、Z_i 为止规尺寸的上、下极限偏差。

（3）工作量规的通规、止规的几何精度及表面粗糙度设计　工作量规的通规、止规的几何公差主要有以下要求：几何公差 t 取值为量规尺寸公差值 T 的一半，即 $t = T/2$。当 $T \leqslant 0.002$mm 时，取 $t = 0.001$mm。而且，通规、止规的尺寸公差与形状公差之间的关系遵守包容要求。

通规、止规测量面的表面粗糙度参数 Ra 值可按表 7.8 中选择。

表 7.8　量规测量面的表面粗糙度参数 Ra 值

工作量规	工作量规的公称尺寸/mm		
	≤120	>120~315	>315~500
	工作量规测量面的表面粗糙度 Ra 值/μm		
IT6 级孔用塞规	≤0.05	≤0.10	≤0.20
IT6~IT9 级轴用环规 IT7~IT9 级孔用塞规	≤0.10	≤0.20	≤0.40
IT10~IT12 级轴用环规、孔用塞规	≤0.20	≤0.40	≤0.80
IT13~IT16 级轴用环规、孔用塞规	≤0.40	≤0.80	

（4）工作量规的通规、止规工作部分的技术要求　量规工作部分采用合金工具钢、碳素工具钢、渗碳钢及其他耐磨材料制造。这些材料的尺寸稳定性好且耐磨。若用碳素钢制造，其工作表面应进行镀铬或氮化处理，其厚度应大于磨损量，以提高量规工作表面的硬度。钢制量规工作面的硬度不应小于 700HV（或 60HRC），并应经过稳定性处理。

量规的工作面不应有锈迹、毛刺、黑斑、划痕等明显影响外观和使用质量的缺陷。其他表面不应有锈蚀和裂纹。

3. 光滑极限量规的工作量规设计实例

下面以设计检验箱体孔 $\phi52JS7(\pm0.015)$ Ⓔ 和花键套筒上 $\phi25j6\left(^{+0.009}_{-0.004}\right)$ Ⓔ 轴颈的光滑极限量规的工作量规为例，介绍设计方法。

【例 7.4】　设计 $\phi52JS7(\pm0.015)$ Ⓔ 孔用量规——塞规的工作量规和 $\phi25j6\left(^{+0.009}_{-0.004}\right)$ Ⓔ 轴用量规——卡规的工作量规。

【解】

1）按被检工件尺寸及其公差等级查表 7.6，获得量规的制造公差（T）和量规公差带的位置要素（Z）。

塞规的工作量规：$T = 3.6$μm，$Z = 4.6$μm。

卡规的工作量规：$T = 2$μm，$Z = 2.4$μm。

2）分别绘制塞规、卡规的通、止规的尺寸公差带分布图，如图 7.9 和图 7.10 所示。

3）由图 7.9、图 7.10 分别计算塞规、卡规工作量规的通、止规的工作尺寸。

① $\phi52JS7(\pm0.015)$ Ⓔ 孔用量规——塞规。

通规的尺寸公差：$\phi52^{-0.0086}_{-0.0122} = \phi51.9914^{\ 0}_{-0.0036}$（按照"入体原则"标注）；

止规的尺寸公差：$\phi52^{+0.0150}_{+0.0114} = \phi52.015^{\ 0}_{-0.0036}$（按照"入体原则"标注）。

② $\phi25j6\left(^{+0.009}_{-0.004}\right)$ Ⓔ 轴用量规——卡规。

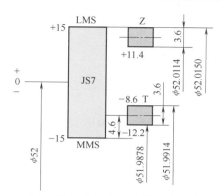

图 7.9 孔用塞规的尺寸公差带分布图

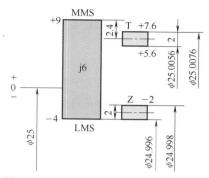

图 7.10 轴用卡规的尺寸公差带分布图

通规的尺寸公差：$\phi25^{+0.0076}_{+0.0056}=\phi25.0056^{+0.002}_{0}$。

止规的尺寸公差：$\phi25^{-0.002}_{-0.004}=\phi24.996^{+0.002}_{0}$。

4）设计塞规、卡规的通、止规形状，确定几何公差项目及公差值。塞规工作量规的通规形状为长圆柱、止规形状为短圆柱，其尺寸公差与几何公差之间的关系遵循包容要求，且圆柱度公差 $t=T/2=0.0018\mathrm{mm}$。

卡规工作量规的通、止规的形状均为两平行平面，其平行度公差值为尺寸公差的一半，即 $t=0.001\mathrm{mm}$。

5）确定表面粗糙度值及技术要求。按表 7.8 推荐，公称尺寸 $\le120\mathrm{mm}$、IT7 级孔用塞规工作表面 $Ra\le0.10\mu\mathrm{m}$，IT6 级轴用卡规工作表面 $Ra\le0.10\mu\mathrm{m}$。取塞规工作表面 $Ra\le0.10\mu\mathrm{m}$，卡规工作表面 $Ra\le0.10\mu\mathrm{m}$。技术要求（略）。

图 7.11 所示为塞规工作图。图 7.12 所示为卡规工作图。

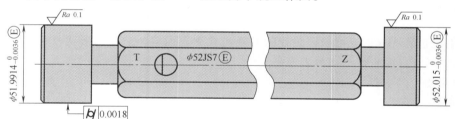

图 7.11 塞规工作图

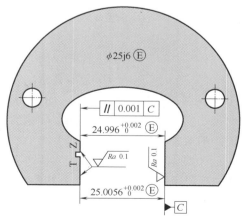

图 7.12 卡规工作图

本 章 实 训

1）对立式台钻主轴上的轴颈 $\phi17$mm 进行检测，选择计量器具。

2）对立式台钻主轴箱体孔 $\phi50$mm、齿条套筒上的轴颈 $\phi50$mm 和轴承安装孔 $\phi40$mm 进行检测，选择计量器具。若选择光滑极限量规检验工件，则设计光滑极限量规，并绘制量规工作图。

3）选择测量花键套筒上轴颈 $\phi24$mm 与键配合的轴键槽 4N9 的计量器具，确定验收极限。

习　　题

1. 填空题

1）光滑极限量规按用途分为_____、_____、_____。

2）_____被测要素可以使用光滑极限量规检验。

3）用光滑极限量规检验工件时，通规用来控制_____，止规用来控制_____。被测工件的合格条件是_____。

4）_____工作量规没有校对量规。

5）光滑极限量规的工作部分分为_____规和_____规。

6）检验 $\phi50^{+0.050}_{+0.025}$mm 孔用工作量规的通规按_____尺寸设计，止规按_____尺寸设计。

7）满足包容要求的光滑极限量规的通规与被测表面应_____形状；止规与被测表面应_____形状，即止规与被测表面呈_____接触。

2. 选择题

1）在零件图样上标注为 $\phi60js7\circledE$，该轴的尺寸公差为 0.030mm，验收时安全裕度为 0.003mm，按照内缩公差带方式确定验收极限，则该轴的上验收极限为（　　）mm，下验收极限为（　　）mm。

A. 60.015　　　　　B. 60.012　　　　　C. 59.988　　　　　D. 59.985

2）光滑极限量规设计应符合（　　）。

A. 与理想要素比较原则　　　　　　B. 独立原则

C. 测量特征参数原则　　　　　　　D. 包容要求

3）光滑极限量规的通规用来控制被检工件的（　　），止规用来控制被检工件的（　　）。

A. 最大实体尺寸　　B. 最小实体尺寸　　C. 被测实际轮廓　　D. 被测实际尺寸

4）塞规（光滑极限量规）的通规用来控制被检孔的（　　）不得超越其（　　）。

A. 最小实体尺寸　　　B. 最大实体尺寸　　C. 最大实体边界　　D. 实际轮廓

5）按 GB/T 3177—2009 的规定，对于非配合尺寸，其验收极限应采用（　　）。

A. 从工件公差带上、下两端双向内缩　　B. 只从工件公差带上端内缩

C. 只从工件公差带下端内缩　　　　　　D. 工件的最大、最小实体尺寸

3. 填表题

试计算遵守包容要求的 $\phi40H7/n6$ 配合的孔、轴工作量规的极限尺寸，将计算的结果填入习题表 7.1 中，并画出公差带分布图。

习题表 7.1　填表题表

工件	量规	量规公差 $T/\mu m$	位置要素 $Z/\mu m$	量规公称尺寸/mm	量规极限尺寸/mm		量规图样标注尺寸/mm
					上极限尺寸	下极限尺寸	
孔	通规						
$\phi40H7$Ⓔ	止规						
轴	通规						
$\phi40n6$Ⓔ	止规						

4. 简答题

1）为什么规定安全裕度和验收极限？

2）尺寸呈正态分布和偏态分布，其验收极限有何不同？

3）光滑极限量规的通规和止规的形状各有什么特点？为什么应具有这样的形状？

4）零件图上被测要素的尺寸公差和几何公差按哪种公差原则标注时，才能使用光滑极限量规检验？为什么？

5）在使用偏离包容要求的光滑极限量规检验工件时，为了避免造成误判，应如何操作光滑极限量规？

5. 计算题

1）用普通计量器具测量下列孔和轴，试分别确定它们的安全裕度、验收极限以及使用的计量器具的名称和分度值。

① $\phi150h11$。

② $\phi50H7$。

③ $\phi35e9$。

④ $\phi95p6$。

2）试计算检验 $\phi60H7/r6$Ⓔ孔、轴用的工作量规通规和止规的极限尺寸，并画出该孔和轴通规、止规公差带示意图。试在光滑极限量规（工作量规）的工作图上标注。

科学家科学史
"两弹一星"功勋科学家：屠守锷

第 **8** 章

尺寸链

PPT 课件

本章要点及学习指导：

尺寸链的计算是机械产品零、部件在装配设计、零件图上尺寸标注以及在加工工艺设计中工序间基面换算等方面不可缺少的工作。本章要点如下。

1）尺寸链在精度设计中的作用及其在制造、装配中的应用。

2）尺寸链的含义、组成及分类。

3）有关尺寸链的基本术语，如封闭环、组成环、增环、减环等。

4）尺寸链计算的三种类型——正计算、反计算及中间计算。

5）解尺寸链的基本公式。

6）尺寸链的查找、分析、建立及求解。

8.1 概述

根据机械产品的技术要求，经济合理地决定各有关零件的尺寸公差和几何公差，使机械产品获得最佳的技术经济效益，这对于保证产品质量和提高产品设计水平都有重要意义。

尺寸链分析是机械设计领域中的一项关键技术。它专注于研究产品内部各尺寸间的相互关系，并评估这些关系如何影响装配的准确度及满足技术规范。通过分析，可以确定各个零件的尺寸和位置公差，以经济合理的方式确保产品满足设计精度的要求。

机械产品由零部件组成，只有各零部件间保持正确的尺寸关系，才能实现正确的运动关系以达到功能要求。但是，零件的尺寸、形状与位置在制造过程中又必然存在误差，因此需要从零部件的尺寸与位置的变动中去分析各零部件之间的相互关系与影响。从机械产品的技术与装配条件出发，适当限定各零部件有关尺寸与位置允许的变动范围，或在结构设计上和装配工艺上，为了达到精度要求采取相应措施。这些问题正是尺寸链的研究对象和需要解决的问题。

尺寸链是由一组相互间有一定精度要求、联系的尺寸组成。没有精度要求的尺寸链是没有实际意义的。

8.1.1　尺寸链的定义

在一个零件或一台机器的结构中，构成封闭形式、相互联系的尺寸组合，称为尺寸链。

8.1.2　尺寸链的组成

尺寸链是由一个封闭环和若干个组成环组成。环为列入尺寸链中的每一个尺寸。

图 8.1　尺寸链

1. 封闭环 A_0

在加工或装配过程中间接获得的派生尺寸（最后自然形成的尺寸）称为封闭环，如图 8.1 所示的 A_0。

2. 组成环 A_i

在加工或装配过程中直接获得的尺寸（除 A_0 外，对封闭环有影响的其他全部各环）称为组成环，如图 8.1 所示的 A_1、A_2。

（1）增环　在组成环中，该环自身增大使封闭环随之增大，该环自身减小使封闭环随之减小的组成环称为增环，如图 8.1 所示的 A_1。

（2）减环　在组成环中，该环自身增大使封闭环随之减小，该环自身减小使封闭环随之增大的组成环称为减环，如图 8.1 所示的 A_2。

（3）增减环的确定方法　首先给封闭环任意确定一个方向，然后沿此方向确定一回路。回路方向与封闭环方向一致的环为减环，回路方向与封闭环方向相反的环为增环，如图 8.2 所示。

图 8.2　增减环的确定

8.1.3　尺寸链的特征

从上述的尺寸链定义和尺寸链的组成中可以看出，尺寸链具有以下 4 个特征。

（1）封闭性　各环必须依次连接封闭，不封闭不能成为尺寸链。

（2）关联性　任一组成环的尺寸或公差的变化都必然引起封闭环的尺寸或公差的变化。

（3）唯一性　一个尺寸链只有一个封闭环，既不能没有，也不能出现两个或两个以上的封闭环。

（4）最少的环数　一个尺寸链最少有 3 个环，少于 3 个环的尺寸链不存在。

8.1.4　尺寸链的种类

1. 按研究对象分类

（1）零件尺寸链　由零件上的设计尺寸组成的尺寸链称为零件尺寸链。图 8.3a 中反映了齿轮轴零件轴向设计尺寸之间的关系，构成了一个零件尺寸链，如图 8.3b 所示。

（2）工艺尺寸链　由同一零件上的工艺尺寸形成的尺寸链称为工艺尺寸链。如图 8.4a 所示，阶梯工件在加工过程中，已加工尺寸 A_2 和本工序尺寸 A_1 直接影响设计尺寸 A_0。反映工艺尺寸之间的关系，构成了一个工艺尺寸链，如图 8.4b 所示。

（3）装配尺寸链　由不同零件设计尺寸所形成的尺寸链称为装配尺寸链。如图 8.5a 所示齿轮与轴的装配关系中，A_1、A_2、A_3、A_4、A_5 分别为 5 个不同零件的轴向设计尺寸，A_0

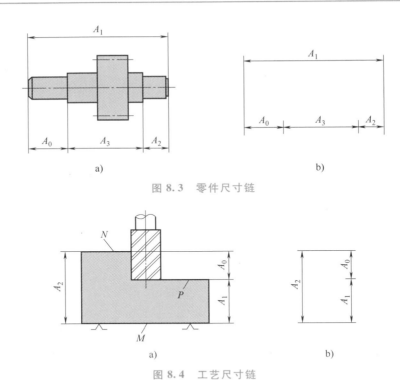

图 8.3   零件尺寸链

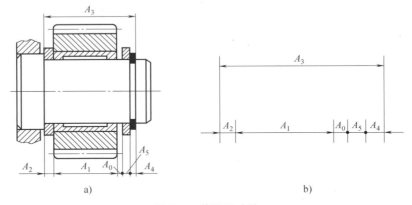

图 8.4   工艺尺寸链

是各个零件装配后，在齿轮右端面与挡圈端面之间形成的间隙，A_0 受其他 5 个零件轴向设计尺寸变化的影响，因而 A_0 和 A_1、A_2、A_3、A_4、A_5 构成一个装配尺寸链，如图 8.5b 所示。

图 8.5   装配尺寸链

2. 按形态分类

（1）直线尺寸链   全部组成环都平行于封闭环的尺寸链称为直线尺寸链（图 8.3～图 8.5）。

（2）平面尺寸链   全部组成环位于一个或几个平行平面内，但某些组成环不平行于封闭环，这样的尺寸链称为平面尺寸链。

（3）空间尺寸链   组成环位于几个不平行的平面内，这样的尺寸链称为空间尺寸链。

尺寸链中常见的是直线尺寸链，平面尺寸链和空间尺寸链可以用坐标投影法转换为直线尺寸链。

3. 按几何特征分类

（1）长度尺寸链　链中各环均为长度尺寸的尺寸链称为长度尺寸链（图 8.3~图 8.5）。

（2）角度尺寸链　链中各环为角度尺寸的尺寸链称为角度尺寸链。

4. 按相互关系分类

（1）独立尺寸链　独立尺寸链中的所有组成环和封闭环都只属于这一个尺寸链，不参与其他尺寸链的组成。

（2）相关尺寸链　相关尺寸链中的某些环不只属于这一个尺寸链，还参与其他尺寸链的组成。因此，相关尺寸链还可分为并联、串联和混联尺寸链。

本章重点讨论直线尺寸链。

8.2　尺寸链的确立与分析

8.2.1　尺寸链的确立

正确地查明尺寸链的组成，是进行尺寸链计算的依据，其具体步骤如下。

1. 确定封闭环

建立尺寸链，首先要正确地确定封闭环。

零件尺寸链中的封闭环应为公差等级要求最低的环，一般在零件图上不进行标注，以免引起加工中的混乱。例如，图 8.3a 所示的尺寸 A_0 是不标注的。

工艺尺寸链中的封闭环是在加工中最后自然形成的环，一般为被加工零件要求达到的设计尺寸或工艺过程中需要的余量尺寸。加工顺序不同，封闭环也不同。所以，工艺尺寸链中的封闭环必须在加工顺序确定之后才能判断。

装配尺寸链中的封闭环是在装配之后形成的，往往是机器上有装配精度要求的尺寸，如保证机器可靠工作的相对位置尺寸或保证零件相对运动的间隙等。在着手建立尺寸链之前，必须查明在机器装配和验收的技术要求中规定的所有几何精度要求项目，这些项目往往就是某些尺寸链的封闭环。

2. 查找组成环

组成环是对封闭环有直接影响的那些尺寸，与此无关的尺寸要排除在外。一个尺寸链的环数应尽量少。

查找装配尺寸链的组成环时，先从封闭环的任意一端开始，找相邻零件（设为第一个零件）的尺寸，然后再找与第一个零件相邻的第二个零件的尺寸，这样一环接一环，直到封闭环的另一端为止，从而形成封闭的尺寸链。

一个尺寸链中最少要有两个组成环。在组成环中，可能只有增环没有减环，但不能只有减环没有增环。

在封闭环有较高技术要求的情况下，建立尺寸链时，还要考虑几何误差对封闭环的影响。

3. 绘制尺寸链图

为了讨论问题方便，更清楚地表达尺寸链的组成，通常不需要画出零件或部件的具体结构，也不必按照严格的比例，只需将链中各尺寸依次画出，形成封闭的图形即可，如图 8.1、图 8.2、图 8.3b、图 8.4b、图 8.5b 所示。

8.2.2　尺寸链的分析及尺寸链的计算类型

尺寸链的计算包括分析确定封闭环与组成环公称尺寸之间及其公差或极限偏差之间的关系等。组成环公称尺寸是设计给定的尺寸，通常都是已知量，通过尺寸链分析计算，主要是校核各组成环公称尺寸是否有误。对组成环的公差与极限偏差，通常情况下可直接给出经济可行的数值，但需应用尺寸链的分析计算来审核所给数值能否满足封闭环的技术要求，从而决定达到封闭环技术要求的工艺方法。因此，尺寸链计算可分为下列 3 种类型。

（1）正计算　已知组成环，求解封闭环。这种情况简称为正计算，用于验算、校核及某些需要解算封闭环的情况。可以看出，正计算时封闭环的计算结果是唯一确定的。

（2）反计算　已知封闭环，求解各组成环。这种情况简称为反计算，用于产品设计、加工和装配工艺计算等方面。在计算中，将封闭环公差正确合理地分配到各组成环（包括公差大小和公差带分布位置），不是一个单纯计算的问题，而是需要按具体情况选择最佳方案的问题。

（3）中间计算　已知封闭环及部分组成环，求解其余各组成环。它用于设计、工艺计算及校验等场合。

通常正计算又称为校核计算，反计算和中间计算又称为设计计算。

8.3　尺寸链的计算方法

根据机械产品设计要求、结构特征、公差等级、生产批量和互换程度的不同，尺寸链的计算可采用极值法（完全互换法）、概率法（大数法、统计法）、选择法、修配法和调整法等。

本章只介绍极值法和概率法计算尺寸链，其他方法在"机械制造技术基础"课程中有详细叙述。

8.3.1　极值法（完全互换法）

极值法的特点是从保证"完全互换"着手，由尺寸链各环的极限尺寸（或极限偏差）出发进行尺寸链计算，不考虑各环实际尺寸的分布情况。用该方法计算出来的尺寸进行加工，其优点是得到的零件具有完全互换性，安全裕度大；缺点是得到的零件公差值小，制造不经济。

极值法通常用于组成环环数少或封闭环公差大的尺寸链。极值法是尺寸链计算中最基本的方法，该方法用极值公差公式计算。

1. 公称尺寸的计算公式

设 A_0 表示封闭环的公称尺寸，A_i 表示第 i 个组成环的公称尺寸，m 表示组成环的环数，

ξ_i 表示第 i 个组成环的传递系数。根据封闭环与组成环之间的函数关系，得

$$A_0 = \sum_{i=1}^{m} \xi_i A_i \qquad (8.1)$$

对于直线尺寸链，增环的传递系数 $\xi_z = +1$，减环的传递系数 $\xi_j = -1$。设增环数为 n，则减环数为 $m\text{-}n$，若以下角标 z 表示增环序号，j 表示减环序号，则式（8.1）可以写成

$$A_0 = \sum_{z=1}^{n} A_z - \sum_{j=n+1}^{m} A_j \qquad (8.2)$$

式（8.2）表明，对于直线尺寸链，封闭环的公称尺寸等于所有增环公称尺寸之和减去所有减环公称尺寸之和。

2. 极限尺寸的计算公式

封闭环的上极限尺寸 $A_{0\max}$ 等于所有增环的上极限尺寸 $A_{z\max}$ 之和减去所有减环下极限尺寸 $A_{j\min}$ 之和；封闭环的下极限尺寸 $A_{0\min}$ 等于所有增环的下极限尺寸 $A_{z\min}$ 之和减去所有减环的上极限尺寸 $A_{j\max}$ 之和，即

$$\begin{cases} A_{0\max} = \sum_{z=1}^{n} A_{z\max} - \sum_{j=n+1}^{m} A_{j\min} \\ A_{0\min} = \sum_{z=1}^{n} A_{z\min} - \sum_{j=n+1}^{m} A_{j\max} \end{cases} \qquad (8.3)$$

3. 极限偏差的计算公式

封闭环的上极限偏差 ES_0 等于所有增环的上极限偏差 ES_z 之和减去所有减环的下极限偏差 EI_j 之和；封闭环的下极限偏差 EI_0 等于所有增环的下极限偏差 EI_z 之和减去所有减环的上极限偏差 ES_j 之和，即

$$\begin{cases} ES_0 = \sum_{z=1}^{n} ES_z - \sum_{j=n+1}^{m} EI_j \\ EI_0 = \sum_{z=1}^{n} EI_z - \sum_{j=n+1}^{m} ES_j \end{cases} \qquad (8.4)$$

4. 公差的计算公式

由式（8.3）或由式（8.4）可得各组成环与封闭环公差之间的关系：封闭环的公差 T_0 等于各组成环的公差 T_i 之和，即

$$T_0 = \sum_{i=1}^{m} T_i \qquad (8.5)$$

式（8.5）是直线尺寸链公差的计算公式，又称为极值公差公式。由此可知，尺寸链各环公差中封闭环的公差最大，所以封闭环是尺寸链中精度最低的环。

【例 8.1】 图 8.6a 所示为套筒，先车外圆至尺寸 $\phi 50_{-0.16}^{-0.08}$mm，在镗内孔至尺寸 $\phi 40_{0}^{+0.06}$mm，且内、外圆同轴度公差为 $\phi 0.02$mm，求套筒壁厚。

【解】
本题已知组成环，求解封闭环，属于正计算类型。

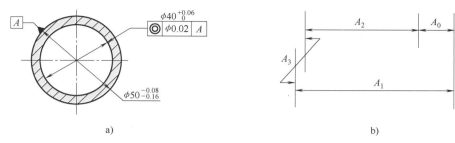

图 8.6　套筒尺寸链

1）确定封闭环、组成环、画尺寸链图。由于套筒壁厚是在车外圆和镗内孔之后形成的，因此该壁厚尺寸是封闭环。

取半径组成尺寸链，此时外圆和内孔的尺寸及其极限偏差均按半值计算，得到 $A_1 = 25_{-0.08}^{-0.04}$ mm、$A_2 = 20_{0}^{+0.03}$ mm。同轴度公差以 $A_3 = (0 \pm 0.01)$ mm 加入尺寸链，作为增环或减环均可，此处以增环加入。

绘制尺寸链图，如图 8.6b 所示。A_1 为增环，A_2 为减环。

2）按式（8.2）计算封闭环的公称尺寸。
$$A_0 = A_1 + A_3 - A_2 = 25\text{mm} + 0\text{mm} - 20\text{mm} = 5\text{mm}$$

3）按式（8.4）计算封闭环的极限偏差。
$$ES_0 = ES_1 + ES_3 - EI_2 = -0.04\text{mm} + 0.01\text{mm} - 0\text{mm} = -0.03\text{mm}$$

$$EI_0 = EI_1 + EI_3 - ES_2 = -0.08\text{mm} + (-0.01)\text{mm} - (+0.03)\text{mm} = -0.12\text{mm}$$

所以壁厚的尺寸为 $A_0 = 5_{-0.12}^{-0.03}$ mm。

【例 8.2】　图 8.4a 所示工件设计要求 M 面到 N 面之间的尺寸为 $60_{-0.10}^{0}$ mm，N 面到 P 面之间的尺寸为 $25_{0}^{+0.25}$ mm。在之前的工序中已加工出平面 M、N，并已保证 M 面到 N 面之间的尺寸为 $60_{-0.10}^{0}$ mm。现欲以平面 M 定位加工平面 P（调整法加工）。试确定本工序的工序尺寸及极限偏差（即铣刀端面至夹具定位面的尺寸调整为多少时，才能保证零件加工后的设计尺寸 $25_{0}^{+0.25}$ mm）。

【解】

本题已知封闭环及一组成环，求另一组成环。这是解工艺尺寸链问题，属于中间计算类型。

依据题意画出尺寸链图，如图 8.4b 所示。在该尺寸链中，尺寸 $60_{-0.10}^{0}$ mm 是本工序未加工之前已经具有的，尺寸（P 面到 M 面之间的尺寸）A_1 是本工序加工时直接保证的，只有尺寸 $25_{0}^{+0.25}$ mm 是依赖于前两个尺寸而间接形成的。所以 $A_0 = 25_{0}^{+0.25}$ mm 为封闭环。尺寸 $A_2 = 60_{-0.10}^{0}$ mm 为组成环的增环，尺寸 $A_1 = x$ 为组成环的减环。

1）求未知尺寸 A_1。按式（8.2）计算减环 A_1 的公称尺寸。

因为　　$A_0 = A_2 - A_1$

所以　　$A_1 = A_2 - A_0 = 60\text{mm} - 25\text{mm} = 35\text{mm}$

2）计算尺寸 A_1 的极限偏差。按式（8.4）计算极限偏差。

因为　　$ES_0 = ES_2 - EI_1$，$EI_0 = EI_2 - ES_1$

所以　　$EI_1 = ES_2 - ES_0 = 0\text{mm} - (+0.25)\text{mm} = -0.25\text{mm}$

$$ES_1 = EI_2 - EI_0 = -0.10\text{mm} - 0\text{mm} = -0.10\text{mm}$$

所以本例要求的工序尺寸及极限偏差为 $A_1 = 35_{-0.25}^{-0.10}\text{mm}$。

将其按"入体原则"标注，则为 $A_1 = 34.9_{-0.15}^{0}\text{mm}$。

【例 8.3】　如图 8.5a 所示装配关系，轴是固定的，齿轮在轴上回转，要求保证齿轮与挡圈之间的轴向间隙为 0.10 ~ 0.35mm。已知：$A_1 = 30\text{mm}$、$A_2 = 5\text{mm}$、$A_3 = 43\text{mm}$、$A_4 = 3_{-0.05}^{0}\text{mm}$（标准件——轴用卡圈）、$A_5 = 5\text{mm}$。组成环的分布皆服从正态分布，且分布中心与公差带中心重合，分布范围与公差范围相同。现采用完全互换法装配，试确定各组成环公差和极限偏差。

【解】

本题已知封闭环及部分组成环，求解其余各组成环，是公差的合理分配问题（即设计计算问题），属于反计算类型。

1）绘制装配尺寸链图，校验各环公称尺寸。按题意，轴向间隙为 0.10~0.35mm，则封闭环 $A_0 = 0_{+0.10}^{+0.35}\text{mm}$，封闭环公差 $T_0 = 0.25\text{mm}$，本尺寸链共有 5 个组成环，其中 A_3 为增环，A_1、A_2、A_4、A_5 都是减环。装配尺寸链图如图 8.5b 所示。

封闭环公称尺寸为

$$A_0 = A_3 - (A_1 + A_2 + A_4 + A_5) = [43 - (30 + 5 + 3 + 5)]\text{mm} = 0\text{mm}$$

由计算可知，各组成环公称尺寸已定，数值无误。

2）确定各组成环公差和极限偏差。

① 确定各组成环平均极值公差为

$$T_{\text{av,L}} = \frac{T_0}{m} = \frac{0.25}{5}\text{mm} = 0.05\text{mm}$$

② 根据各组成环公称尺寸大小与零件加工难易程度，以平均极值公差为基础，确定各组成环的极值公差。

A_5 为一挡圈，易于加工，且其尺寸可用通用量具测量，故选它为协调环。

A_4 为标准件，其公差和极限偏差为确定值，即 $A_4 = 3_{-0.05}^{0}\text{mm}$，$T_4 = 0.05\text{mm}$。其余取 $T_1 = 0.06\text{mm}$，$T_2 = 0.04\text{mm}$，$T_3 = 0.07\text{mm}$，各组成环公差等级约为 IT9。

③ 确定各组成环的极限偏差。A_1、A_2 为外尺寸，按基准轴（h）确定：$A_1 = 30_{-0.06}^{0}\text{mm}$，$A_2 = 5_{-0.04}^{0}\text{mm}$。$A_3$ 为内尺寸，按基准孔（H）确定：$A_3 = 43_{0}^{+0.07}\text{mm}$。

3）计算协调环极值公差和极限偏差。

按式（8.5）计算协调环 A_5 的极值公差。

$$T_0 = T_1 + T_2 + T_3 + T_4 + T_5$$

$$T_5 = T_0 - (T_1 + T_2 + T_3 + T_4) = [0.25 - (0.06 + 0.04 + 0.07 + 0.05)]\text{mm} = 0.03\text{mm}$$。

按式（8.4）计算协调环 A_5 的极限偏差。

$$ES_0 = ES_3 - EI_1 - EI_2 - EI_4 - EI_5$$

$$EI_5 = ES_3 - EI_1 - EI_2 - EI_4 - ES_0 = [+0.07 - (-0.06) - (-0.04) - (-0.05) - (+0.35)]\text{mm} = -0.13\text{mm}$$

$$EI_0 = EI_3 - ES_1 - ES_2 - ES_4 - ES_5$$

$$ES_5 = EI_3 - ES_1 - ES_2 - ES_4 - EI_0 = [0-0-0-0-(+0.10)] \text{mm} = -0.10\text{mm}$$

于是得到 $A_5 = 5_{-0.13}^{-0.10}$ mm。

则各组成环公称尺寸和极限偏差为

$$A_1 = 30_{-0.06}^{0} \text{mm}, \quad A_2 = 5_{-0.04}^{0} \text{mm}, \quad A_3 = 43_{0}^{+0.07} \text{mm}, \quad A_4 = 3_{-0.05}^{0} \text{mm}, \quad A_5 = 5_{-0.13}^{-0.10} \text{mm}$$

8.3.2 概率法（大数法、统计法）

概率法的特点是从保证"大数互换"着手，由尺寸链各环尺寸分布的实际可能性出发进行尺寸链计算。

零件实际尺寸的分布是一种随机变量，在其公差带内可能出现各种形式的分布。例如：在工艺稳定的大批量生产中，实际尺寸的分布接近于正态分布；在试切法加工的单件生产中，实际尺寸（即局部尺寸）的分布为偏态分布，分布中心偏向最大实体尺寸一侧。

如果各组成环的尺寸均按正态分布，则封闭环尺寸必按正态分布；如果各组成环尺寸为偏态分布或任意其他分布，随着组成环的环数增加，封闭环仍然趋向正态分布。

在正常生产条件下，零件加工的实际尺寸为极限尺寸的可能性较小；而在装配时，各零、部件的误差同时为极大、极小的组合，其可能性就更小。因此，在大批量生产中，可将组成环的公差适当放大，这样做不但可以使零件容易加工制造，提高经济效益，也能使其装配过程与完全互换法的装配过程一样简单、方便，使绝大多数机械产品能保证装配精度要求。当然，此时封闭环超出技术要求的情况也是存在的，但概率极小。对于极少数不合格的零部件予以报废或采取措施进行修复。

该方法用统计公差公式计算。

概率法适用于成批生产、组成环的环数较多或封闭环精度要求较高的尺寸链。

1. 公称尺寸的计算公式

封闭环与组成环的公称尺寸关系仍按式（8.1）或式（8.2）计算。

2. 公差的计算公式

当各组成环的局部尺寸按正态分布，封闭环公差为

$$T_0 = \sqrt{\sum_{i=1}^{m} \xi_i^2 T_i^2} \tag{8.6}$$

对于直线尺寸链，增环的传递系数 $\xi_z = +1$，减环的传递系数 $\xi_j = -1$，则式（8.6）可以写成

$$T_0 = \sqrt{\sum_{i=1}^{m} T_i^2} \tag{8.7}$$

各组成环平均平方公差为

$$T_{\text{av},Q} = \frac{T_0}{\sqrt{m}} \tag{8.8}$$

3. 中间偏差的计算公式

各环的中间偏差等于其上极限偏差与下极限偏差的平均值；并且封闭环的中间偏差 Δ_0

还等于所有增环的中间偏差 Δ_z 之和减去所有减环的中间偏差 Δ_j 之和，即

$$
\begin{cases}
\Delta_i = \dfrac{1}{2}(ES_i + EI_i) \\[2mm]
\Delta_0 = \dfrac{1}{2}(ES_0 + EI_0) \\[2mm]
\Delta_0 = \displaystyle\sum_{z=1}^{n} \Delta_z - \sum_{j=n+1}^{m} \Delta_j
\end{cases}
\tag{8.9}
$$

式（8.9）同样适用于极值法。

4. 极限偏差的计算公式

各环的上极限偏差等于其中间偏差加上该环公差的一半；各环的下极限偏差等于其中间偏差减去该环公差的一半，即

$$
\begin{cases}
ES_0 = \Delta_0 + \dfrac{T_0}{2},\ \ EI_0 = \Delta_0 - \dfrac{T_0}{2} \\[2mm]
ES_i = \Delta_i + \dfrac{T_i}{2},\ \ EI_i = \Delta_i - \dfrac{T_i}{2}
\end{cases}
\tag{8.10}
$$

式（8.10）同样适用于极值法。

【例 8.4】　如图 8.5a 所示装配关系，轴是固定的，齿轮在轴上回转，要求保证齿轮与挡圈之间的轴向间隙为 $0.10 \sim 0.35\text{mm}$。已知：$A_1 = 30\text{mm}$、$A_2 = 5\text{mm}$、$A_3 = 43\text{mm}$、$A_4 = 3_{-0.05}^{\ 0}\text{mm}$（标准件——轴用卡圈）、$A_5 = 5\text{mm}$。组成环的分布皆服从正态分布，且分布中心与公差带中心重合，分布范围与公差范围相同。现采用大数互换法装配，试确定各组成环公差和极限偏差。

【解】

本题是公差的合理分配问题

1）绘制装配尺寸链图，校验各环公称尺寸。按题意，轴向间隙为 $0.10 \sim 0.35\text{mm}$，则封闭环 $A_0 = 0_{+0.10}^{+0.35}\text{mm}$，封闭环公差 $T_0 = 0.25\text{mm}$。本尺寸链共有 5 个组成环，其中 A_3 为增环，A_1、A_2、A_4、A_5 都是减环，装配尺寸链图如图 8.5b 所示。

封闭环公称尺寸为

$$
A_0 = \sum_{i=1}^{m} \xi_i A_i = A_3 - (A_1 + A_2 + A_4 + A_5) = [43 - (30 + 5 + 3 + 5)]\text{mm} = 0\text{mm}
$$

由计算可知，各组成环公称尺寸已定，数值无误。

2）确定各组成环公差。首先按式（8.8）计算各组成环平均平方公差，即

$$
T_{\mathrm{av},Q} = \frac{T_0}{\sqrt{m}} = \frac{0.25}{2.23}\text{mm} \approx 0.11\text{mm}
$$

然后调整各组成环公差。A_3 尺寸为轴上轴向尺寸，它与其他组成环相比较，加工难度较大。先选择较难加工尺寸 A_3 为协调环，再根据各组成环公称尺寸和零件加工难易程度，以平均公差为基础，相对从严选取各组成环公差：$T_1 = 0.14\text{mm}$、$T_2 = T_5 = 0.08\text{mm}$，其公差等级约为 IT11，$A_4 = 3_{-0.05}^{\ 0}\text{mm}$（标准件），$T_4 = 0.05\text{mm}$。由式（8.7）可得

$$
T_3 = \sqrt{T_0^2 - (T_1^2 + T_2^2 + T_4^2 + T_5^2)} = \sqrt{0.25^2 - (0.14^2 + 0.08^2 + 0.05^2 + 0.08^2)}\ \text{mm}
$$
$$
= 0.16\text{mm}（只舍不入）
$$

3) 确定各组成环的极限偏差。A_1、A_2、A_5 皆为外尺寸，按"偏差入体原则"确定其极限偏差得

$$A_1 = 30_{-0.14}^{0} \text{mm}, \quad A_2 = 5_{-0.08}^{0} \text{mm}, \quad A_5 = 5_{-0.08}^{0} \text{mm}$$

按式（8.9）求得封闭环 A_0 和组成环 A_1、A_2、A_4、A_5 的中间偏差分别为 $\Delta_0 = +0.225 \text{mm}$，$\Delta_1 = -0.07 \text{mm}$，$\Delta_2 = -0.04 \text{mm}$，$\Delta_4 = -0.025 \text{mm}$，$\Delta_5 = -0.04 \text{mm}$。

按式（8.9）求得协调环 A_3 的中间偏差为

$$\Delta_3 = \Delta_0 + (\Delta_1 + \Delta_2 + \Delta_4 + \Delta_5) = [+0.225 + (-0.07 - 0.04 - 0.025 - 0.04)] \text{mm}$$
$$= +0.05 \text{mm}$$

按式（8.10）求得协调环的极限偏差为

$$ES_3 = \Delta_3 + \frac{1}{2}T_3 = \left(+0.05 + \frac{1}{2} \times 0.16\right) \text{mm} = +0.13 \text{mm}$$

$$EI_3 = \Delta_3 - \frac{1}{2}T_3 = \left(+0.05 - \frac{1}{2} \times 0.16\right) \text{mm} = -0.03 \text{mm}$$

所以 A_3 的极限尺寸为

$$A_3 = 43_{-0.03}^{+0.13} \text{mm}$$

则各组成环为 $A_1 = 30_{-0.14}^{0} \text{mm}$，$A_2 = 5_{-0.08}^{0} \text{mm}$，$A_3 = 43_{-0.03}^{+0.13} \text{mm}$，$A_4 = 3_{-0.05}^{0} \text{mm}$，$A_5 = 5_{-0.08}^{0} \text{mm}$。

比较例 8.3 和例 8.4 计算结果，可得：采用大数互换法装配时，其组成环平均公差扩大 $\sqrt{m}$ 倍，即 $\dfrac{T_{av,Q}}{T_{av,L}} = \dfrac{0.11}{0.05} \approx \sqrt{5}$。也就是说：各环尺寸加工精度由 IT9 下降为 IT11，加工成本明显下降，而装配后出现不合格的概率仅为 0.27%。

本 章 实 训

1）分析并思考在图 1.1 所示立式台钻各零件的轴向上，何处涉及尺寸链问题？

2）在图 1.1 中（参看图 3.21 所示花键套筒零件图），已知：花键套筒轴肩的右端面到左侧环槽的左侧面之间的轴向尺寸为 51.2mm、两个轴承的宽度尺寸均为 $15_{-0.12}^{0} \text{mm}$、挡圈的轴向尺寸为 20mm、弹性挡圈的宽度尺寸为 $1.2_{-0.05}^{0} \text{mm}$。要求保证轴承与挡圈之间的轴向间隙为 0.1~0.35mm（即轴向总间隙量为 0.2~0.7mm）。现采用完全互换法装配，试确定尺寸 51.2mm 和 20mm 的公差及上、下极限偏差，以保证上述各零件在立式台钻中轴向定位，使轴承运转正常。在图 3.21 中标注尺寸 51.2mm 的上、下极限偏差。

习　　题

1. 简答题

1）什么是尺寸链？尺寸链具有什么特征？

2）如何确定尺寸链的封闭环？能不能说尺寸链中未知的环就是封闭环？

3）为什么封闭环的公差比任何一个组成环的公差都大？

4）正计算、反计算和中间计算的特点和应用场合是什么？

5）极值法和概率法解尺寸链的根本区别是什么？

2. 计算题

1）某轴在磨削加工后表面镀铬，镀铬层深度为 $0.025 \sim 0.040\text{mm}$。镀铬后轴的直径尺寸为 $\phi 28_{-0.045}^{0}\text{mm}$。适用极值法求该轴镀铬前的尺寸。

2）装配关系如图 8.5a 所示，已知 $A_1 = 30_{-0.06}^{0}\text{mm}$、$A_2 = 5_{-0.04}^{0}\text{mm}$、$A_3 = 43_{0}^{+0.07}\text{mm}$、$A_4 = 3_{-0.05}^{0}\text{mm}$、$A_5 = 5_{-0.13}^{-0.10}\text{mm}$。组成环的分布皆服从正态分布，且分布中心与公差带中心重合，分布范围与公差范围相同。试用大数互换法求封闭环的公称尺寸、公差值及其极限偏差。

科学家科学史
"两弹一星"功勋科学家：雷震海天

第 9 章

计算机辅助公差设计

本章要点及学习指导：

作为机械设计中的重要组成部分，精度设计不但影响产品的使用性能和质量，而且对制造成本也有着极其重要的影响。计算机辅助公差设计是实现 CAD 和 CAM 集成的核心技术之一，已经成为影响设计和制造信息集成的瓶颈环节。本章要点如下。

1）计算机辅助公差设计的概念、发展历史以及常用软件。

2）计算机辅助公差设计的常用方法。

3）计算机辅助公差设计的应用实例。

9.1 概述

产品和零件的公差等级越高，加工的难度就越大，制造成本就越高。零件的公差与制造成本是一对矛盾。传统的设计过程中没有公差分析的手段，工程师在进行产品设计时对于公差的确定往往是凭经验或采用类比法。合理的公差取值要靠长期的经验积累，对新手和经验不足的工程师来说是很困难的。在很多情况下，按照设计所给定的精度加工出的零件是否满足产品的性能和技术指标的要求，装配后对产品的精度是否有影响，只有在零件加工出来和装配时才能得到答案。这样就造成浪费、返工、增加成本、影响生产进度。

计算机辅助公差设计（Computer Aided Tolerancing，CAT）就是在机械产品的设计、加工、装配、检验等过程中，利用计算机对产品及其零、部件的尺寸和公差进行并行优化选择和监控，用最低的成本设计并制造出满足用户精度要求的产品。

9.1.1 计算机辅助公差设计的发展历史

1978 年英国剑桥大学的 Hillyard 博士首次提出利用计算机辅助设计确定零件的几何形状、尺寸和几何公差的概念。同年，丹麦的 Bjorke 教授在其专著《计算机辅助公差设计》中提出利用计算机进行尺寸链公差设计和制造，这是 CAT 发展的开端。1983 年 Reguicha 发表《几何公差理论基础》，提出一种基于漂移（Offsetting）的点集数学模型，文中引入漂移公差带的概念，用几何概念统一了不同公差类型。通过漂移可以定义相应的尺寸、几何公差带，成为计算机公差建模的理论基础。在此基础上，Jayaraman 等人在 1989 年从功能要求的角度，发展了用于公差描述的虚拟边界表示法（VBRS），从装配要求及材料体积要求两个方面提出对零件最大实体状态和最小实体状态的限制，从而奠定了计算机辅助公差设计的理论基础。

1986 年法国的 Fainguelemt 等人提出在 CAPP 中进行公差分析的一整套方法，包括零件的定位误差和刀具的磨损误差。到 1987 年，美国 Turner 博士建立了一套具有实用意义的公差数学理论和公差分析方法，提出了可行性矢量空间公差模型。1993 年 Wirty 提出了矢量公差模型，对公差信息的处理，均有一定优势。Ahmad 在 1988 年提出用专家系统的方法进行 ISO 互换性公差配合的选择。1988 年 R. Weill 教授在国际生产工程协会年会上，发表关键论文《根据功能进行公差设计》，至此形成了比较系统的 CAT 理论。

1994 年美国颁布了"ANSI Y14.5.1M-1994"尺寸和公差数学定义的新标准，公差数学定义可以消除公差语义在计算机表示中存在的二义性，为计算机辅助公差建模表示和检测奠定基础。1998 年 Utpal Roy 提出基于数学定义的形状和尺寸公差域形成的变动模型，在公差分析的应用方面有新的开拓。公差数学化建模理论与方法为研究公差分析、公差设计、评价与公差检测提供了理论支撑，对实现 CAT 有非常重要的意义。

2000 年 8 月在杭州召开了首届 CAT 会议。浙江大学的吴昭同、杨将新教授的课题组从 1993 年起在计算机辅助公差设计领域开展了广泛、深入的研究，取得了丰硕成果，出版了专著《计算机辅助公差优化设计》。华中科技大学的李柱、蒋向前教授提出了统计公差、统计几何公差及统计表面粗糙度等理论。重庆大学的张根保教授开展了并行公差设计研究。西安交通大学、山东理工大学、合肥工业大学、北京理工大学、上海交通大学、哈尔滨工业大学等高校都有专门从事技术研究的团体。

9.1.2　计算机辅助公差设计的发展趋势

随着计算机软硬件技术的快速发展和计算机辅助公差设计理论研究的层层深入，计算机辅助公差设计的研究出现了如下的发展趋势。

1）基于新一代标准的计算机辅助公差技术研究。由于各种技术的快速发展，目前应用于计算机辅助公差设计研究所基于的尺寸和几何公差规范已经不再适应当前各种最新技术的要求，严重阻碍了计算机辅助公差设计技术的发展。由于这个原因，国际标准化组织已经致力于"尺寸和几何产品规范和检测"方面标准的制定，以适应当前各种技术的发展。新的技术标准体系基于数字制造及信息技术，将产品的功能要求、设计规范、测量评定等相关信息进行融合，面向 CAD/CAM/CAQ 的市场需求，以保证预定几何功能为目标的标准体系。这个标准不仅为信息时代产品功能、规范和检验提供了统一的标准，同时也为计算机辅助公差设计技术的研究、发展提供了重要依据和极大帮助。

2）虚拟环境下的公差设计技术。虚拟现实技术的发展已经为人们的研究工作提供了新的解决手段，在工程领域已经成功地应用到产品虚拟装配、数值计算的可视化表达等方面，其沉浸感的拟实效果和仿真的人机交互同样可以为公差设计提供极大的帮助，并可以超越现实世界，模拟真实世界中无法感知的现象。例如，将微米级的公差信息实现可视化的表达和感触，利用带公差的产品模型进行虚拟装配以考察其装配过程对性能的影响等。目前这一领域的研究还处于起步阶段。由于虚拟环境实时交互性等方面的要求，虚拟环境下公差模型的建立、公差和精度的可视化表达、带公差的零部件的装配技术、带公差的产品模型装配精度的评判体系等关键理论基础还有待进一步研究。

3）CAT 软件系统的三维化和实用化。随着 CAT 理论基础的逐步完善，其软件系统的研制将面向三维空间的公差分析和设计，能够与现有的三维虚拟产品开发软件系统紧密集成，为产品开发全生命周期中的相关环节提供并行的公差信息。同时，CAT 软件系统的工程实用性和自动化程度将是衡量软件是否成功的标准。

9.1.3 商业化 CAT 软件现状

随着 CAT 理论和实践的持续推进，近年来出现了许多优秀的商业 CAT 软件，这些 CAT 软件通常与 Cre/o、SolidWorks、CATIA 等三维建模软件集成使用，在公差仿真模型、公差链的建立以及公差仿真分析等方面具有非常显著的优势。

（1）CE/TOL CE/TOL 的理论基础是 Brigham Young 大学的 ADCATS 协会提出的 Vector-Loop 运动学模型和 DLM（直接线性化方法），由 Sigmetrix 公司开发，以装配体中的运动学节点建模为核心，公差分析是通过搜索矢量回路、构建小位移传递矩阵来实现。CE/TOL 已经被集成到主流三维 CAD 系统中。该系统同时存储了制造工艺能力数据，可以同时进行统计或极值公差分析。

（2）VSA-GDT/VSA-3D Variation Systems Analysis Inc.（VSA 公司）提供了两个 CAT 产品：VSA-GDT 和 VSA-3D。VSA 公司已和 Dassault Systemes 公司结成了战略伙伴关系，因此 VSA 产品可直接读取 CATIA.3D FDT 产品生成的公差数据。

（3）VisVSA 由美国 EDS 公司开发的 VisVSA 软件是尺寸公差分析工具，可以实现装配公差累积分析，可以处理三维零件公差累积，并且可以集成进大多数 CAD 系统，采用的分析算法是 Monte-Carlo 仿真技术。VisVSA 可以实现公差值的验证，但不能验证基准参考框架。VisVSA 系统不能处理未标注公差规范，公差分析是点-点的分析。

（4）Valisys Valisys 是由 Tecnomatix 公司开发的公差分析工具。这个系统包含了自动创建检测过程规划，并且有验证 GD&T 功能（如验证 DRF）。公差域用三维图形来表示，并可以用到后续的检测阶段。Valisys 可以集成到 Unigraphics、CATIA 等 CAD 系统中。

（5）StackSoft 和 VarTran StackSoft 是由 UTS 开发的一维线性公差分析工具，可进行统计公差分析。使用前必须先识别出公差链和名义尺寸的方向，然后必须手工输入公差链，包括输入名义尺寸和变动上、下限等。不过，StackSoft 很难集成到 CAD 系统中。VarTran 由 Taylor Enterprise Inc. 开发，其与 StackSoft 比较类似。

（6）Unigrahics-Quick Stack Unigrahics 是一个 CAD/CAM/CAE 系统，其几何公差模块允许 GD&T 规范和语义检查，并且公差验证相对来说比较完整。该系统在规范过程可提供帮助信息引导设计人员设计，但是该系统没有公差分析功能。Unigraphics Quick Stack 是由 EDS 和 Tecnomatix 合作开发的简单公差累积分析工具，2002 年推向市场，其能进行装配体几何变动的极值分析。

（7）I-deas I-deas 是由 EDS 公司发布的 CAD/CAM/CAE 系统，在其内部的设计模块中，能实现二维公差累积分析。该公差分析模型基于参数化公差模型，可以进行二维的极值法和统计法公差分析，但不能进行公差验证。

（8）CATIA.3D FDT CATIA.3D FDT 公差系统是由 Dassault Systemes 公司开发的，其

基于 Clément 等人提出的 TTRS、SDT 等技术。该系统通过自动检查和识别 TTRS 和 TTRS 组合来规范相应的公差。目前该系统只限于配合/接触的特征面的装配体层公差规范，并不能用于零件层公差规范。

（9）DATS3D　DTAS3D（Dimensional Tolerance Analysis System 3D）是棣拓科技有限公司开发的一款基于蒙特卡洛原理的先进公差分析系统。它通过对产品的公差和装配关系进行详细建模，结合解析和仿真计算，能够准确预测产品设计是否符合关键尺寸要求。此外，该系统还可以估算产品的合格率，并对潜在的问题进行根源分析，以便进行有效的改进。

9.2　公差设计方法

按所应用的对象不同，公差设计可分为装配级的公差设计和零件级的公差设计。装配级的公差设计研究装配中各有关零件误差的积累对产品性能的影响。零件级的公差设计讨论零件尺寸和公差之间的相容性问题。

计算机辅助公差设计涉及尺寸公差和几何公差，对表面粗糙度涉及很少，对各种公差之间的非线性叠加涉及极少。按照几何要素之间的空间关系，计算机辅助公差设计可分为一维公差设计（主要是线性尺寸和公差的设计）、二维公差设计、三维公差设计和细微公差设计。

使用的设计方法可以分成三大类：利用实体建模和变量几何技术进行公差设计的方法、基于工艺分析的设计方法和利用人工智能、专家系统进行设计的方法。主要的公差设计方法包括极值法、概率统计法、蒙特卡洛法等。

9.2.1　极值法

极值法计算公差主要适用于：

1）要求保证完全互换、公差等级较高、组成环环数较少的尺寸链，如孔与轴的配合等。

2）要求保证完全互换、公差等级中等、组成环环数较多的尺寸链，如枪械等一般军工产品。

3）公差比较宽松、没有必要进行十分准确计算的尺寸链，如限制齿轮副轴向错位量、工艺尺寸链的计算等。

9.2.2　概率统计法

概率统计法以一定置信水平为依据，通常封闭环趋近正态分布，取置信水平 $P = 99.73\%$。因此，按概率统计法计算公差，不要求 100% 互换，只要求大数互换。对于某些重要场合，应当有适当的工艺措施，排除可能有 0.27% 产品超出公差范围或极限偏差。取置信水平 $P = 99.73\%$ 时，封闭环相对分布系数 $K_0 = 1$；在某些生产条件下，要求适当放宽组成环公差时，可取较低的 P 值。

概率统计法不但要求确定尺寸链中各环的公差与极限偏差，而且还需要知道实际尺寸在其公差带内分布的信息，用以估计统计参数 e 与 K 的取值。通常按类似的生产条件下得到的统计资料来确定这些数值。

概率统计法适用于封闭环精度高、组成环环数较多的尺寸链。应用概率统计法有可能使各组成环获得较为宽松的公差量。

9.2.3　蒙特卡洛法

1. 蒙特卡洛法概述

在尺寸链中各组成环的尺寸是在产品零件加工过程中得到的，其数值是在其公差范围内并符合一定分布规律的随机变量。尺寸链方程决定的封闭环尺寸，则是一组组成环尺寸的随机变量的函数，所以它也是一个随机变量。蒙特卡洛法进行公差设计，就是把求解封闭环尺寸及其公差的问题，当作求一个随机变量的统计量的问题来处理。因此，封闭环尺寸及其公差的确定，完全可以采用随机模拟和统计试验的方法。在一定条件下，用这种方法得到的结果，可能较为符合实际情况。

用蒙特卡洛法进行公差设计的步骤：

1）明确各组成环尺寸的分布规律。

2）根据计算精度的要求确定随机模拟次数 N。

3）根据各组成环尺寸的分布规律和分布范围，分别对其进行随机抽样，从而得到一组组成环尺寸的随机数（A_1、A_2 等）。

4）将随机抽样得到的一组各组成环尺寸的随机数（A_1、A_2 等）代入尺寸链方程，计算封闭环尺寸 A_0，得到该尺寸的一个子样。

5）将上述步骤3）、4）重复 N 次，即可得到封闭环尺寸的 N 个子样，构成一个样本。

6）对所得到的封闭环尺寸的样本进行统计处理，从而确定封闭环尺寸的平均值、极限值、公差等。

2. 组成环尺寸的随机模拟

在已知组成环的公称尺寸、上极限偏差、下极限偏差以及尺寸分布规律的条件下，如何对其随机模拟以产生符合其尺寸分布规律且在其公差范围内的随机数呢？

由概率论和数理统计的理论可知：只要有了一种连续分布的随机变量，就可以通过变换、舍选等方法，得到任意分布规律的随机变量。在一维连续分布的随机变量中，在（0，1）上连续分布的随机变量是最简单的。因此，在对各组成环尺寸进行随机模拟时，通常是先产生在（0，1）上均匀分布的随机数，然后再根据计算公式，换算成其他分布规律的随机数。

（1）在（0，1）上均匀分布的随机数的产生　在（0，1）上均匀分布的随机数可以由高级程序语言所提供的 Random( ) 函数产生。在 C 语言上是 md( ) 函数。

（2）正态分布 $N(\mu, \sigma^2)$ 的随机数的产生　正态分布 $N(\mu, \sigma^2)$ 的随机数与（0，1）上均匀分布的随机数之间存在着一定的变换关系。根据概率论与数理统计的有关理论，若 T_1、T_2 是两个相互独立在（0，1）上均匀分布的随机数，则两个相互独立的标准正态分布 $N(0, 1)$ 的随机数 C_1，C_2 为

$$C_1 = (-2\ln T_1)^{\frac{1}{2}} \cos(2\pi T_2)$$

$$C_2 = (-2\ln T_2)^{\frac{1}{2}} \sin(2\pi T_1)$$

又因为标准正态分布 $N(0, 1)$ 的随机数 C 与正态分布 $N(\mu, \sigma^2)$ 的随机数 y 之间存在如下的变换关系，即

$$y = \mu + C\sigma$$

所以，由在（0，1）上均匀分布的随机数 T_1、T_2 变换为正态分布 $N(\mu, \sigma^2)$ 的随机数 y_1、y_2 的变换公式为

$$y_1 = \mu + (-2\ln T_1)^{\frac{1}{2}}\cos(2\pi T_2)\sigma$$

$$y_2 = \mu + (-2\ln T_2)^{\frac{1}{2}}\sin(2\pi T_1)\sigma$$

（3）任意分布规律的随机数 η_i 的产生　若随机变量 η 具有连续的分布函数 $F(\eta)$，且 $F(\eta)$ 是连续递增的，又有在（0，1）上均匀分布的随机数 T，则有

$$\eta = F^{-1}(T)$$

即 η 是方程 $T = F(\eta)$ 的解。

因此，若随机变量 η 有概率密度函数 $\phi(\eta)$，η_i 为它的一个随机数，T_i 为在（0，1）上均匀分布的随机数，则有

$$T_i = \int_{-\infty}^{\eta_i} \phi(\eta)\mathrm{d}\eta$$

1）随机变量 η 在（a，b）上均匀分布时，其概率密度函数为

$$\phi(\eta) = \frac{1}{b-a} \quad (a < \eta < b)$$

$$T_i = \int_{-\infty}^{\eta_i} \frac{1}{b-a}\mathrm{d}\eta = \int_{a}^{\eta_i} \frac{1}{b-a}\mathrm{d}\eta = \frac{\eta_i - a}{b-a}$$

所以，在（a，b）上均匀分布的随机数 η_i 为

$$\eta_i = a + (b-a)T_i$$

2）随机变量 η 具有指数分布规律时，其概率密度函数为

$$\phi(\eta) = \lambda\mathrm{e}^{-\lambda\eta} \quad (\eta \geqslant 0)$$

$$T_i = \int_{-\infty}^{\eta_i} \lambda\mathrm{e}^{-\lambda\eta}\mathrm{d}\eta = \int_{0}^{\eta_i} \lambda\mathrm{e}^{-\lambda\eta}\mathrm{d}\eta = 1 - \mathrm{e}^{-\lambda\eta_i}$$

所以，具有指数分布规律的随机数 η_i 为

$$\eta_i = -\frac{1}{\lambda}\ln(1 - T_i)$$

3）随机变量 η 在（$-a$，a）上呈三角形分布时，其概率密度函数为

$$\phi(\eta) = \frac{a+\eta}{2a^2} \quad (|\eta| < a)$$

$$T_i = \int_{-\infty}^{\eta_i} \frac{a+\eta}{2a^2}\mathrm{d}\eta = \frac{1}{4} + \frac{\eta_i}{2a} + \frac{\eta_i^2}{4a^2}$$

所以，具有三角形分布规律的随机数 η_i 为

$$\eta_i = a(2\sqrt{T_i} - 1)$$

3. 封闭环尺寸样本的统计处理

对各组成环尺寸经过 N 次模拟和尺寸链方程求解后，得到了 N 个封闭环尺寸的子样

$(X_1, X_2, \cdots, X_N)$，则可以做如下的统计处理，以求出封闭环尺寸的平均值、极大值、极小值、公差等。

1）求封闭环尺寸的 N 个子样的平均值。

$$\overline{X} = \frac{1}{N} \sum_{i=1}^{N} X_i$$

2）求封闭环尺寸的 N 个子样的最大值、最小值。

$$X_{\max} = \max(X_1, X_2, \cdots, X_N)$$

$$X_{\min} = \min(X_1, X_2, \cdots, X_N)$$

3）求封闭环尺寸的平均值。封闭环尺寸的平均值为 N 个子样的平均值，即

$$X_{\mathrm{av}} = \overline{X}$$

4）求封闭环尺寸的极大值、极小值。N 个子样的最大值为封闭环尺寸的极大值，N 个子样的最小值为封闭环尺寸的极小值，即

$$X_{0\max} = X_{\max}, \quad X_{0\min} = X_{\min}$$

5）求封闭环尺寸的上极限偏差和下极限偏差。

$$ES_0 = X_{0\max} - X_{\mathrm{av}}, \quad EI_0 = X_{0\min} - X_{\mathrm{av}}$$

4. 抽样次数 N 的确定

按上述统计处理方法求出的封闭环尺寸的平均值、极大值、极小值，其可靠度如何呢？它们与随机模拟（随机抽样）次数有什么关系呢？随机抽样次数应如何确定呢？

设封闭环尺寸分布的概率密度函数为 $\phi(x)$，经过 N 次随机抽样所求得的 N 个子样中的最大值、最小值是 $X_{\max}$、$X_{\min}$，则封闭环尺寸介于 $X_{\max}$ 和 $X_{\min}$ 之间的概率 W 为

$$W = P\{X_{\min} < X < X_{\max}\} = \int_{X_{\min}}^{X_{\max}} \phi(x)\,\mathrm{d}x$$

由于 $X_{\max}$ 和 $X_{\min}$ 是随机变量，所以 W 也是随机变量。可以证明，无论封闭环尺寸为何种分布形式，随机变量 W 分布的概率密度函数均为

$$\phi(W) = N(N-1)W^{N-2}(1-W) \quad （其中 N 为随机抽样次数）$$

因此，若给定数值 p，则随机变量 W 的取值大于 p 的概率为

$$P\{W > p\} = \int_p^1 \phi(W)\,\mathrm{d}W = \int_p^1 N(N-1)W^{N-2}(1-W)\,\mathrm{d}W$$

积分后得

$$P\{W > p\} = 1 - [Np^{N-1} - (N-1)p^N]$$

若给定 $P\{W>p\} = 1-\alpha\,(\alpha<1)$，使 $W>p$ 的取值的置信水平为 $1-\alpha$，则有

$$1 - [Np^{N-1} - (N-1)p^N] = 1-\alpha$$

即

$$[Np^{N-1} - (N-1)p^N] - \alpha = 0$$

求解上式所得 N 的数值，可以理解为：封闭环尺寸 X 被包括在 $X_{\max}$ 和 $X_{\min}$ 之间的比例不少于 p 的概率是 $1-\alpha$ 条件下所需要的封闭环尺寸的随机抽样次数（即所需的样本容量）。给定不同的 p 和 $1-\alpha$，就可得到不同的随机抽样次数 N。

综上所述，在用蒙特卡洛法进行公差设计时，可以根据所要求计算结果可靠程度的大小来确定 p 和 $1-\alpha$ 的具体数值，然后查表，即可求得随机抽样次数 N。

9.2.4　实例分析

如图 9.1 所示，齿轮两端面各有一个挡环，轴槽中装入开口卡环，齿轮端面与挡环之间需有间隙，以保证齿轮正常转动。图 9.1 中将齿轮端面与左右挡环之间的间隙放在一侧。对此间隙大小有直接影响的尺寸是齿轮宽度 A_1、左挡环宽度 A_2、轴上的轴肩到轴槽尺寸 A_3、卡环宽度 A_4 及右挡环宽度 A_5 五个尺寸。间隙 A_0 与上述五个尺寸连接成封闭的尺寸组，形成尺寸链。

已知：组成环尺寸 $A_1 = 30_{-0.10}^{\ 0}$mm、$A_2 = 5_{-0.05}^{\ 0}$mm、$A_3 = 43_{+0.10}^{+0.20}$mm、$A_4 = 3_{-0.05}^{\ 0}$mm、$A_5 = 5_{-0.05}^{\ 0}$mm，其中卡环 A_2 是标准件。传递系数 $\xi_1 = -1$、$\xi_2 = -1$、$\xi_3 = 1$、$\xi_4 = -1$、$\xi_5 = -1$。

要求：按工作条件，间隙的极限值为 $0.10 \sim 0.35$mm，即 $A_0 = 0_{+0.10}^{+0.35}$mm。

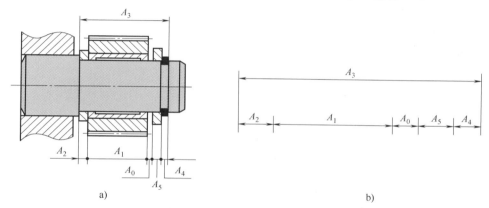

图 9.1　齿轮部件及尺寸链示意图

（1）极值法求解　各组成环数据见表 9.1。

表 9.1　各组成环数据

环	名称	传递系数	公称尺寸 /mm	下极限偏差 /mm	上极限偏差 /mm	公差 /mm	中间偏差 /mm
A_1	齿轮宽度	-1	30	-0.10	0	0.10	-0.05
A_2	挡环宽度	-1	5	-0.05	0	0.05	-0.025
A_3	轴肩尺寸	1	43	+0.10	+0.20	0.10	+0.15
A_4	卡环宽度	-1	3	-0.05	0	0.05	-0.025
A_5	挡环宽度	-1	5	-0.05	0	0.05	-0.025

1）封闭环的极值公差。

$$T_0 = \sum_{i=1}^{n} T_i = 0.10\text{mm} + 0.05\text{mm} + 0.10\text{mm} + 0.05\text{mm} + 0.05\text{mm} = 0.35\text{mm}$$

2）封闭环的中间偏差

$$\Delta_0 = \sum_{i=1}^{n} \xi_i \Delta_i = 0.05\text{mm} + 0.025\text{mm} + 0.15\text{mm} + 0.025\text{mm} + 0.025\text{mm} = +0.275\text{mm}$$

3）封闭环的极限偏差。

$$ES_0 = \Delta_0 + T_0/2 = +0.275\text{mm} + 0.35\text{mm}/2 = +0.45\text{mm}$$

$$EI_0 = \Delta_0 - T_0/2 = +0.275\text{mm} - 0.35\text{mm}/2 = +0.10\text{mm}$$

封闭环公差大于规定要求，中间偏差也和要求不一致，上极限偏差超出规定要求，应适当缩小各组成环公差。

4）重新确定各组成环公差。各组成环平均极值公差为

$$T_0 = 0.35\text{mm} - 0.10\text{mm} = 0.25\text{mm}$$

$$T_{av} = \frac{T_0}{n} = 0.05\text{mm}$$

估计各组成环公差等级：按平均公差及各组成环公称尺寸，公差等级约为 IT9（当公差等级高于 IT8 时，按此决定组成环公差是不经济的，应当采用其他方法）。

各组成环公差：按各组成环公称尺寸大小与零件工艺性好坏，以平均公差为基础，取 $T_1 = T_3 = 0.06\text{mm}$，$T_2 = T_5 = 0.04\text{mm}$。

各组成环极限偏差：将组成环 A_3 作为调整环，其余各组成环按"入体原则"决定极限偏差，则

$$A_1 = 30_{-0.06}^{0}\text{mm}, \quad A_2 = 5_{-0.04}^{0}\text{mm}, \quad A_4 = 3_{-0.05}^{0}\text{mm}, \quad A_5 = 5_{-0.04}^{0}\text{mm}$$

这时各组成环相应中间偏差为

$$\Delta_1 = -0.03\text{mm}, \quad \Delta_2 = -0.02\text{mm}, \quad \Delta_4 = -0.025\text{mm}, \quad \Delta_5 = -0.02\text{mm}$$

组成环 A_3 的中间偏差为

$$\Delta_3 = +0.13\text{mm}$$

组成环 A_3 的极限偏差为

$$ES_3 = \Delta_3 + T_3/2 = +0.13\text{mm} + 0.06\text{mm}/2 = +0.16\text{mm}$$

$$EI_3 = \Delta_3 - T_3/2 = +0.13\text{mm} - 0.06\text{mm}/2 = +0.10\text{mm}$$

于是

$$A_3 = 43_{+0.10}^{+0.16}\text{mm}$$

（2）概率统计法求解

1）决定分布系数。取置信水平 $P = 99.73\%$。如果按小批量生产条件，可设 A_1、A_2、A_5 服从偏向最大实体尺寸的 β 分布；A_4 是大量生产的标准件，服从正态分布；A_3 服从三角分布，封闭环趋近正态分布。则各环相应系数为

$$K_1 = K_2 = K_5 = 1.17, \quad K_3 = 1.22, \quad K_4 = K_0 = 1$$

$$e_1 = e_2 = e_5 = 0.26, \quad e_3 = e_4 = e_0 = 0$$

2）校核封闭环统计公差。

$$T_0 = \frac{1}{K_0}\sqrt{\sum_{i=1}^{n} \xi_i^2 K_i^2 T_i^2} = 0.19\text{mm}$$

3）校核封闭环中间偏差。

$$\Delta_0 = \sum_{i=1}^{n} \xi_i\left(\Delta_i + e_i \frac{T_i}{2}\right) = +0.249\text{mm}$$

4）校核封闭环极限偏差。

$$ES_0 = \Delta_0 + T_0/2 = +0.249\text{mm} + 0.19\text{mm}/2 = +0.344\text{mm}$$

$$EI_0 = \Delta_0 - T_0/2 = +0.249\text{mm} - 0.19\text{mm}/2 = +0.154\text{mm}$$

5）校核结论。封闭环公差满足要求，符合装配要求。

（3）蒙特卡洛法求解　假定各组成环均按正态分布，标准差是尺寸公差的 1/6，故在组成环尺寸中 η_i 要在 3σ 内，剔除 $\mu \pm 3\sigma$ 以外的随机数，因为超出此范围的尺寸均作为不合格的尺寸被剔除。各尺寸及其极限偏差、换算后的尺寸、标准差见表 9.2。

表 9.2　各尺寸及其极限偏差、换算后的尺寸、标准差

环	名称	尺寸/mm	换成对称偏差尺寸/mm	标准差/mm
A_1	齿轮宽度	$30_{-0.10}^{0}$	$29.95_{-0.05}^{+0.05}$	0.0167
A_2	挡环宽度	$5_{-0.05}^{0}$	$4.975_{-0.025}^{+0.025}$	0.0083
A_3	轴肩尺寸	$43_{+0.10}^{+0.20}$	$43.15_{-0.05}^{+0.05}$	0.0167
A_4	卡环宽度	$3_{-0.05}^{0}$	$2.975_{-0.025}^{+0.025}$	0.0083
A_5	挡环宽度	$5_{-0.05}^{0}$	$4.975_{-0.025}^{+0.025}$	0.0083

结果分析：p 和 $1-\alpha$ 取不同的值，在同一取值的情况下各做 5 次实验，所得结果见表 9.3。k 表示在 $(\mu-3\sigma, \mu+3\sigma)$ 之外的尺寸个数。

表 9.3　实验结果

p	$1-\alpha$	抽样次数	实验序号	均值 /mm	标准差 /mm	按公式计算		运算中出现		k	公差
						$A_{0\max}$/mm	$A_{0\min}$/mm	$A_{0\max}$/mm	$A_{0\min}$/mm		
0.95	0.95	93	1	0.2819	0.0275	0.3644	0.1993	0.3383	0.2046	0	0.1651
			2	0.2793	0.0283	0.3643	0.1943	0.3353	0.2192	0	0.1700
			3	0.2768	0.0280	0.3608	0.1927	0.3406	0.2138	0	0.1680
			4	0.2840	0.0316	0.3789	0.1892	0.3579	0.2049	0	0.1896
			5	0.2749	0.0306	0.3667	0.1833	0.3538	0.2096	0	0.1834
0.97	0.97	177	1	0.2797	0.0276	0.3625	0.1968	0.3383	0.2045	0	0.1657
			2	0.2776	0.0293	0.3655	0.1896	0.3473	0.2049	0	0.1759
			3	0.2767	0.0305	0.3681	0.1853	0.3579	0.2096	0	0.1829
			4	0.2771	0.0267	0.3572	0.1970	0.3700	0.2184	1	0.1603
			5	0.2738	0.0276	0.3568	0.1909	0.3315	0.1893	1	0.1659
0.99	0.99	662	1	0.2770	0.0287	0.3630	0.1910	0.3700	0.2046	1	0.1719
			2	0.2754	0.0280	0.3594	0.1914	0.3530	0.1893	1	0.1680
			3	0.2757	0.0267	0.3559	0.1955	0.3668	0.1999	1	0.1604
			4	0.2747	0.0277	0.3579	0.1915	0.3538	0.1929	1	0.1664
			5	0.2762	0.0280	0.3604	0.1920	0.3607	0.1814	3	0.1683
0.9973	0.9973	3072	1	0.2753	0.0280	0.3593	0.1913	0.3700	0.1839	4	0.1680
			2	0.2751	0.0272	0.3569	0.1939	0.3616	0.1762	7	0.1635
			3	0.2754	0.0274	0.3576	0.1933	0.3624	0.1826	5	0.1643
			4	0.2746	0.0274	0.3568	0.1924	0.3660	0.1910	6	0.1644
			5	0.2757	0.0277	0.3586	0.1927	0.3749	0.1817	8	0.1659
0.9999	0.9999	9230	1	0.2752	0.0275	0.3578	0.1926	0.3700	0.1762	17	0.1652
			2	0.2751	0.0274	0.3574	0.1928	0.3749	0.1686	24	0.1645
			3	0.2749	0.0272	0.3564	01934	0.3799	0.1654	25	0.1630
			4	0.2749	0.0271	0.3562	0.1938	0.3758	0.1629	20	0.1625
			5	0.2752	0.0268	0.3556	0.1948	0.3978	0.1830	16	0.1608

由表 9.3 实验结果可以看出：

1）当抽样次数为 93 时，封闭环尺寸均值变化较明显，随着抽样次数的增加，封闭环尺寸均值逐渐稳定在 0.2749~0.2752mm 之间，这符合大数定律和中心极限定理，与实际情

况一致。

2）在第 1 组实验中，5 次实验中封闭环尺寸有 0 次超出 $(\mu-\sigma, \mu+3\sigma)$ 范围，随着抽样次数的增加，当达到 3072 次时，5 次实验中超出 $(\mu-\sigma, \mu+3\sigma)$ 范围的分别占 0.13%、0.23%、0.16%、0.20%、0.26%，平均占 0.20%，即在区间 $(\mu-\sigma, \mu+3\sigma)$ 的置信概率大约为 99.80%，与 99.73% 基本一致。

3）以抽样次数 3072 作为代表，5 次实验所得平均值

$$T_0 = (0.1680\text{mm}+0.1635\text{mm}+0.1643\text{mm}+0.1644\text{mm}+0.1659\text{mm})/5 = 0.1652\text{mm}$$

完全符合公差为 0.25mm 的要求，并可适当放宽组成环的公差，以降低加工成本。

4）以第 4 组实验为代表，知其上极限偏差稍微超出尺寸要求，将尺寸 A_3 作为调整环，并调整尺寸 A_3 为 $43.10^{+0.05}_{-0.05}$mm 重新计算，结果见表 9.4（3072 次，$p = 0.9973$，$1-\alpha = 0.9973$）。

表 9.4　将尺寸 A_3 调整后的实验结果

实验序号	均值 /mm	标准差 /mm	按公式计算		运算中出现		k	公差 /mm
			A_{0max}/mm	A_{0min}/mm	A_{0max}/mm	A_{0min}/mm		
1	0.2253	0.0280	0.3093	0.1413	0.3200	0.1339	4	0.1680
2	0.2251	0.0272	0.3069	0.1434	0.3116	0.1262	7	0.1635
3	0.2254	0.0274	0.3075	0.1432	0.3124	0.1326	5	0.1643
4	0.246	0.0274	0.3068	0.1424	0.3160	0.1410	6	0.1644
5	0.2256	0.0277	0.3086	0.1427	0.3249	0.1317	8	0.1659
平均值	0.2252	0.0275	0.3078	0.1426	—	—	6	0.1652

这样，封闭环就完全符合要求。

5）将尺寸 A_3 调整为 $43.10^{+0.05}_{-0.05}$mm 后还有公差余量，可适当放宽 A_1 的公差，A_1 调整为 $30^{+0.04}_{-0.10}$mm，化为对称偏差则为 $29.97^{+0.07}_{-0.07}$mm，结果见表 9.5（3072 次，$p = 0.9973$，$1-\alpha = 0.9973$），仍能满足封闭环精度要求。

表 9.5　将尺寸 A_1 调整后的实验结果

实验序号	均值 /mm	标准差 /mm	按公式计算		运算中出现		k	公差 /mm
			A_{0max}/mm	A_{0min}/mm	A_{0max}/mm	A_{0min}/mm		
1	0.2054	0.0322	0.3019	0.1089	0.3163	0.1070	3	0.1930
2	0.2053	0.0314	0.2995	0.1111	0.3102	0.0890	8	0.1883
3	0.2057	0.0315	0.3001	0.1112	0.3042	0.0996	4	0.1889
4	0.2045	0.0315	0.2989	0.1101	0.3121	0.1073	6	0.1888
5	0.2056	0.0317	0.3009	0.1104	0.3170	0.0946	11	0.1904
平均值	0.2053	0.0317	0.3003	0.1103	—	—	6	0.1898

6）对比结论。

① 用蒙特卡洛法模拟的 X_{max} 和 X_{min} 远小于和大于极值法的计算，可大大降低零件加工的精度要求，效果与用概率统计法计算相同。

② 在设计产品的尺寸精度时，如已知有关加工尺寸的分布规律均为正态分布时，按给定的置信度和允许的拟合误差值决定最小抽样数。输入各组成环尺寸和标准差（即公差的 1/6），用计算机求出封闭环的公称尺寸（即所有 X_i 的均值）和标准差。如按通常的概率统计法计算，因有两个系数 e 和 K 难以确定而不便计算。

③ 如果拟降低某一尺寸的设计精度时，只要修改这一尺寸的数据，输入并重新计算，这样很快地决定出合理的公差。

④ 如果已知某几个尺寸分布规律不是正态分布，同样可将这几个尺寸按特定的规律产生随机数，输入程序中计算。

⑤ 如果不知是什么样的分布时，若按概率统计法必须将该尺寸抽样测量一批数据，然后做统计分析处理，拟合成某一分布函数，这样做是很麻烦的。如按蒙特卡洛法可将抽样测量的一批数据（也是随机的）输入到程序中，与其他几个已知分布规律的尺寸共同参与运算，同样可得到所需的结果，省去了对测量数据做统计分析的工作。

9.3 计算机辅助公差设计实例

本节介绍基于商业软件的计算机辅助公差设计实例。

9.3.1 一维公差设计实例

本节通过介绍孔销最小间隙仿真实例，从而进一步阐释一维公差仿真。仿真软件选择 DTAS 8.0.0。

问题：上板与下板的装配图如图 9.2 所示，计算装配体中孔销最小间隙 X 的尺寸公差。下、上板零件图如图 9.3 所示。

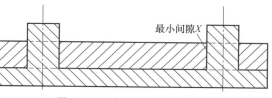

图 9.2　上板与下板的装配图

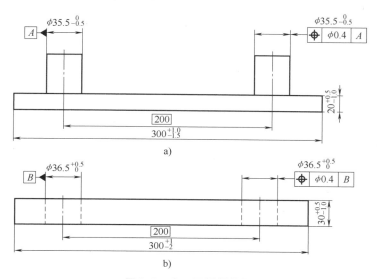

图 9.3　上、下板零件图

1. 创建尺寸链

（1）确定封闭环　根据问题要求，最小间隙 X 为封闭环。它是装配后产生的尺寸，是间接获取的。

（2）找出与封闭环相关的零件及尺寸

1）封闭环 X 是上下板装配后产生的，上下板与封闭环相关。

2）假设孔直径不变，销直径变化，X 发生变化，则孔销直径与 X 有关。

假设上下板装配，让下板不动，晃动上板，间隙 X 也会发生变化，两孔中心距、两销中心距与 X 有关。

（3）创建尺寸链　封闭环为图 9.2 所示孔销间隙 X，要求间隙 X 最小。创建尺寸链时，需要假设一些场景来保证间隙 X 最小。假设下板不动，上板沿水平方向向右平移，直至孔销对左侧接触，如图 9.4 所示。

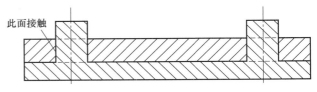

图 9.4　上下板接触场景

2. 绘制尺寸链

使用绘图命令 绘制出封闭环 X，如图 9.5 所示。

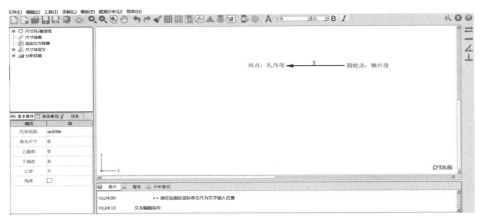

图 9.5　绘制封闭环

当一条尺寸线起点与另一条尺寸线的终点在同一条线上时，使用 命令，如图 9.6 所示。

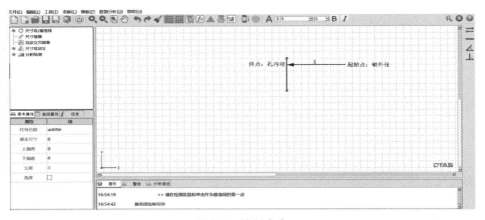

图 9.6　绘制命令

根据假设绘制尺寸链，如图 9.7 所示。

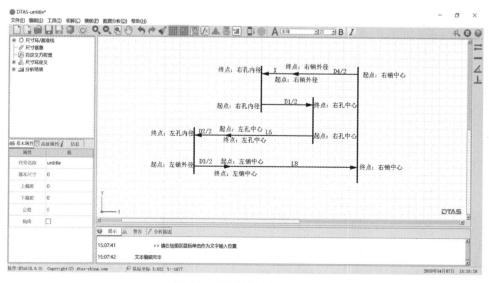

图 9.7　尺寸链绘制示意图

3. 解析尺寸链

框选绘图区封闭尺寸链，鼠标右键单击，弹出如图 9.8 所示窗口，选择"添加到尺寸链集"选项，再选择"新尺寸链"选项，被框选的尺寸链出现在"新尺寸链"下拉列表中，同时被框选的尺寸链以紫色高亮显示在绘图区，软件会自动解析新创建的尺寸链，并生成方程。可以在"查看方程组"选项中查看自动生成的方程组，如图 9.9 所示。

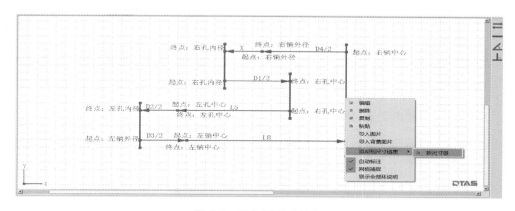

图 9.8　添加到尺寸链集

4. 输入数据

公差属性：输入各组成环基本尺寸及上下偏差[○]，如图 9.10 所示。

分布属性：为各组成环和封闭环选择分布属性如图 9.11 所示。

[○] 根据现行国家标准，术语"基本尺寸"和"上、下偏差"已更改为"公称尺寸"和"上、下极限偏差"，为与软件一致，本章不做修改。

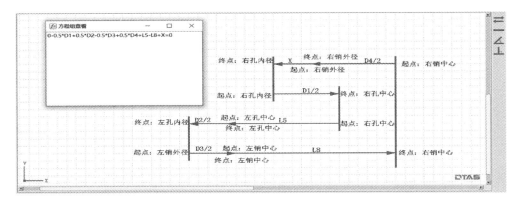

图 9.9　查看尺寸链方程组

数据查看

公差属性　分布属性　热膨胀属性

代号名称	代号说明	基本尺寸	上偏差	下偏差	公差	环类型	求解类型	角度	范围	公差类型
L5	两孔中心距	200	0.2	-0.2	0.4	组成环	已知			
X	孔销间隙	0	0	0	0	封闭环	求解值			
D1	右孔直径	36.5	0	-0.5	0.5	组成环	已知			
D2	左孔直径	36.5	0.5	0	0.5	组成环	已知			
D3	左销直径	35.5	0.5	0	0.5	组成环	已知			
L8	两销中心距	200	0.2	-0.2	0.4	组成环	已知			
D4	右销直径	35.5	0	-0.5	0.5	组成环	已知			

已选中：0/7，求解值：0/1，未知：0/0　确定　取消

图 9.10　公差属性设置

数据查看

公差属性　分布属性　热膨胀属性

代号名称	代号说明	分布状态	相对分布系数	相对不对称系数	参数A	参数B	自定义分布文件
L5	两孔中心距	6σ 正态分布	1	0	0	0	
X	孔销间隙	6σ 正态分布	1	0	0	0	
D1	右孔直径	6σ 正态分布	1	0	0	0	
D2	左孔直径	6σ 正态分布	1	0	0	0	
D3	左销直径	6σ 正态分布	1	0	0	0	
L8	两销中心距	6σ 正态分布	1	0	0	0	
D4	右销直径	6σ 正态分布	1	0	0	0	

已选中：0/7，求解值：0/1，未知：0/0　确定　取消

图 9.11　分布属性设置

5. 极值法/概率统计法

选择工具栏上“极值法/概率统计法”选项，弹出如图 9.12 所示窗口，单击“计算”按钮，即可得到封闭环基本尺寸及上下偏差、各组成环贡献度及传递系数。

极值法用来计算封闭环的极限值，故孔销最小间隙 $X=-0.9$mm，孔销干涉。

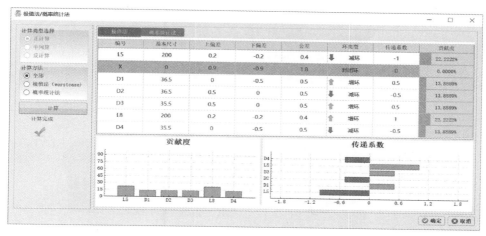

图 9.12　选择方法进行计算

6. 敏感度分析及结果解释

尺寸变化的敏感度又称为传递系数，其数值大小仅与结构有关，可用来表示尺寸链中的某一组成环尺寸对封闭环尺寸的影响程度。通过公差模型计算可以获得传递系数，利用传递系数分析影响装配精度的关键尺寸和非关键尺寸。传递系数计算基于零件特征和装配约束，是对于公差模型中各个变量的偏导数，其数学表达式为

$$\frac{\partial F}{\partial h} = \frac{\Delta F}{\Delta h} = \frac{F(h+\Delta h) - F(h-\Delta h)}{2h}$$

式中　$\Delta F / \Delta h$——传递系数；

　　　　F——装配函数；

　　　　h——某组成环（尺寸）；

　　　　Δh——组成环（尺寸）的变化量。

传递系数为分析尺寸关系提供了依据。通过传递系数的分析，可以了解影响装配要求的关键尺寸，从而进行尺寸优化，提高装配的可靠性。传递系数也可以用来发现非关键尺寸，这些尺寸对装配要求影响很小或者无影响，可在零件设计中降低精度要求。

9.3.2　三维公差设计实例

本节介绍三维计算机辅助公差设计实例——汽车后尾灯和背门之间的间隙（图 9.13）。

1. 确定分析目标

在建模开始之前，首先确定分析模型的目标。此实例为分析汽车后尾灯和背门之间的间隙。本实例用到的虚拟装配要考虑形状公差、位置公差和运动公差；虚拟测量为点与点距离测量。

2. 建模

1）导入相关零件模型，不同软件支持不同格式的模型（此实例使用 DTAS 3D 软件进行偏差分析，模型支持 igs、stp、CATpart 等格式），如图 9.14 所示。

2）为装配、测量创建相关特征。

① 为后尾灯建立装配点。单击"点特征"按钮，在后尾灯合适的位置创建 6 个点作为

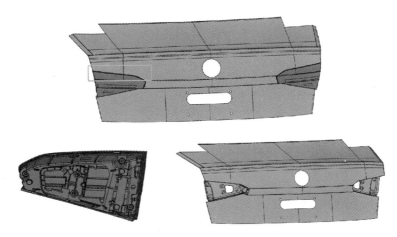

图 9.13　汽车后尾灯、背门及其装配

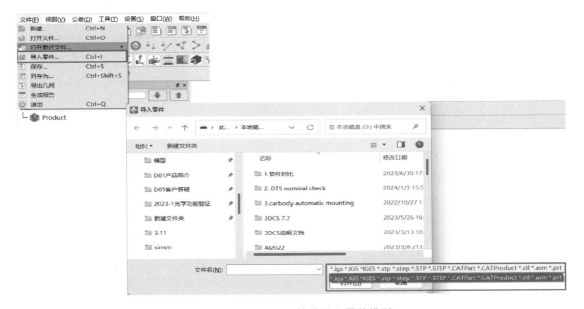

图 9.14　DTAS 3D 软件导入零件模型

装配点（分别选择 6 个点控制不同的方向，约束尾灯 6 个自由度）；把点命名为 X1、X2、X3、Z1、Z2、Y1（规范命名可以直观理解各个点控制的方向），如图 9.15 所示。

② 为测量建立点特征。在后尾灯和背门间隙、平面中分别创建间隙点特征、面差点特征，分别命名为 Gap 1、Flush 1、Gap 2、Flush 2、Gap 3、Flush 3 等（规范命名可以直观理解测量点为间隙 Gap 或面差 Flush），如图 9.16 所示。

后尾灯装配点创建完成后，使用"copy"复制功能，把后尾灯的装配点复制到背门；在背门上生成与后尾灯相对应的 Gap、Flush，如图 9.17 所示。

3）赋予特征相应的公差。定义公差：给零件定义允许的波动范围、不同的分布类型，使用蒙特卡洛法进行几千次或者几万次虚拟制造，来统计出单个零件批量制造的情况，如图 9.18 所示。

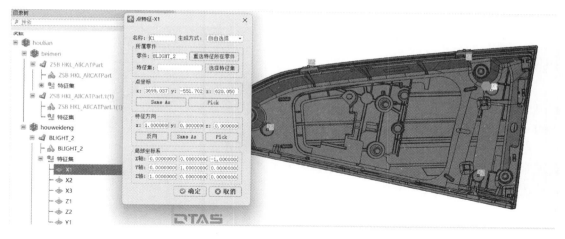

图 9.15　后尾灯装配点构建

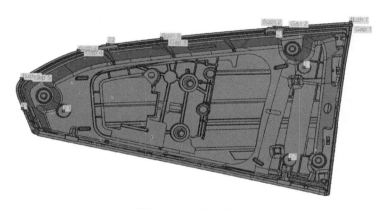

图 9.16　测量点构建

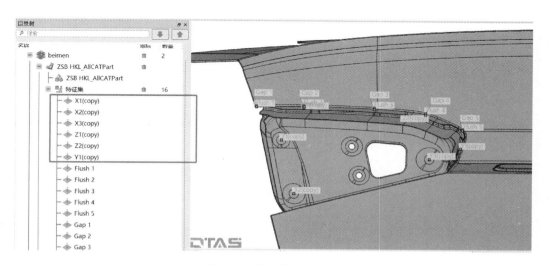

图 9.17　背门装配点构建

选择背门 6 个装配点特征，定义轮廓度公差（装配点公差一般赋在目标件上，且不要重复定义），如图 9.19 所示。

选择背门和后尾灯测量点，分别添加相应的公差，如图 9.20 所示。

4）建立装配。在三维公差分析软件中，虚拟装配方法有很多种，如单孔单销装配、两孔两销装配、321 装配、BestFit 等，如图 9.21 所示。

在汽车模型搭建中最常用的装配是 321 装配。打开 321 装配对话框，装配件选择后尾灯中已创建的 6 个点特征，目标件选择背门中与后尾灯相对应的 6 个点特征，如图 9.22 所示。

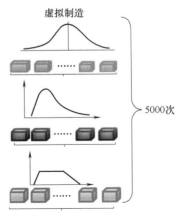

图 9.18　定义公差

图 9.19　定义轮廓度公差

图 9.20　为测量点定义公差

图 9.21　建立装配关系

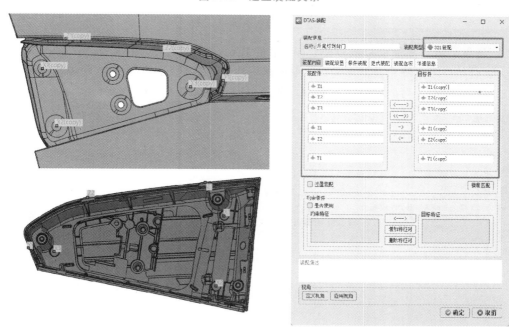

图 9.22　装配点选择

　　点特征选择完后，可以在装配设置中设置装配控制的六个方向，321 装配满足 321 原则（图 9.23）：前三个特征构成第一个主平面，控制三个自由度，一个平移、两个旋转；第四、第五特征构成第二平面，控制两个自由度，一个平移、一个旋转，且近似垂直于第一主平面；第六个特征为第三平面，控制一个平移自由度，且近似垂直于第一主平面和第二平面。如果特征有孔销配合，软件可以模拟现实中销在孔内浮动的情况。

图 9.23　装配点特征选择

5）建立测量。测量也有很多种，如直径、孔销间隙、点与点距离等，如图 9.24 所示。

一般点与点距离测量是汽车 DTAS 中最常用的一种测量方法。点与点距离测量可以测量两点之间实际距离、可以沿特征方向测量两点距离等，如图 9.25 所示。

图 9.24　测量方法选择

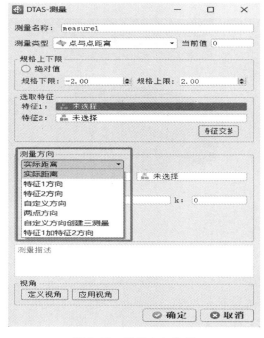

图 9.25　测量方向选择

本实例使用点与点距离测量的方法来添加间隙 Gap 和面差 Flush，如图 9.26 和图 9.27 所示，设置规格上下限（结果合格率根据设置的规格上下限来定义），设置面差时测量方向选择沿着特征方向。单击"确定"按钮，此处的间隙、面差创建完毕。

图 9.26　点与点距离测量添加间隙

图 9.27　点与点距离测量添加面差

其余间隙、面差创建方法与 Gap 1、Flush 1 方法相同，如图 9.28 所示。

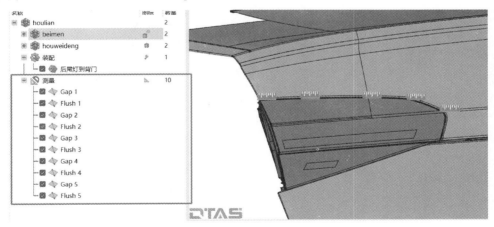

图 9.28　完整特征点测量

3. 模型自检

当建模工作全部完成后，可以单击装配动画来直观观察创建的装配是否有问题，如图 9.29 所示。利用公差波动的范围来说明装配是否有问题；如果出现装配件和目标件波动后位置错开很大，也许是因为装配点选择错误，这时就要检查装配点是否添加正确。

4. 分析结果

建模输入工作完成、装配动画也没问题，可以单击结果分析进行蒙特卡洛分析（图 9.30），通过蒙特卡洛大批量随机抽样出的结果，能够看出产品合格率、6sigma、标准差是

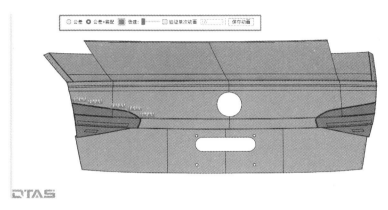

图 9.29   模型自检

否满足工艺要求；也可以通过贡献度判断哪些公差对结果影响比较大，进而优化公差、提高合格率；通过传递系数来判断装配定位工艺是否合理。

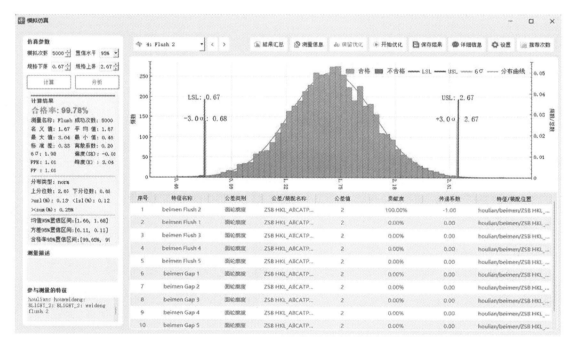

图 9.30   分析结果

更多实例可参考本书配套数字资源。

本 章 实 训

发动机尺寸链公差计算：利用尺寸链计算活塞运动到上止点时，活塞顶端到气缸顶端距离 A_0，A_0 技术要求为 $0.1 \sim 0.23$mm。曲柄连杆结构如图 9.31 所示。

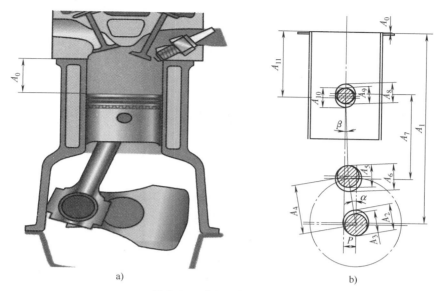

a) b)

图 9.31　曲柄连杆结构图

　　各组成环基本尺寸及上下偏差如图 9.32 所示，分布属性：默认所有组成环的公差分布均为"正态分布"。

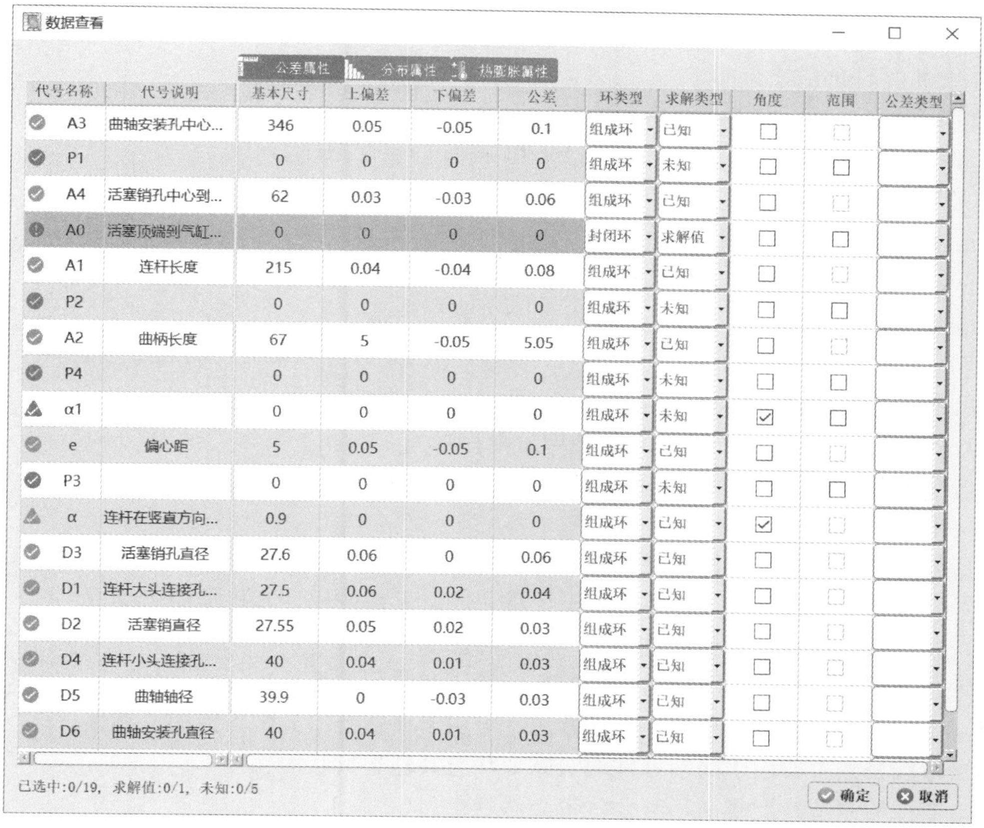

代号名称		代号说明	基本尺寸	上偏差	下偏差	公差	环类型	求解类型	角度	范围	公差类型
✅	A3	曲轴安装孔中心...	346	0.05	-0.05	0.1	组成环	已知	☐	☐	
✅	P1		0	0	0	0	组成环	未知	☐	☐	
✅	A4	活塞销孔中心到...	62	0.03	-0.03	0.06	组成环	已知	☐	☐	
⚠	A0	活塞顶端到气缸...	0	0	0	0	封闭环	求解值	☐	☐	
✅	A1	连杆长度	215	0.04	-0.04	0.08	组成环	已知	☐	☐	
✅	P2		0	0	0	0	组成环	未知	☐	☐	
✅	A2	曲柄长度	67	5	-0.05	5.05	组成环	已知	☐	☐	
✅	P4		0	0	0	0	组成环	未知	☐	☐	
⚠	α1		0	0	0	0	组成环	未知	☑	☐	
✅	e	偏心距	5	0.05	-0.05	0.1	组成环	已知	☐	☐	
✅	P3		0	0	0	0	组成环	未知	☐	☐	
⚠	α	连杆在竖直方向...	0.9	0	0	0	组成环	已知	☑	☐	
✅	D3	活塞销孔直径	27.6	0.06	0	0.06	组成环	已知	☐	☐	
✅	D1	连杆大头连接孔...	27.5	0.06	0.02	0.04	组成环	已知	☐	☐	
✅	D2	活塞销直径	27.55	0.05	0.02	0.03	组成环	已知	☐	☐	
✅	D4	连杆小头连接孔...	40	0.04	0.01	0.03	组成环	已知	☐	☐	
✅	D5	曲轴轴径	39.9	0	-0.03	0.03	组成环	已知	☐	☐	
✅	D6	曲轴安装孔直径	40	0.04	0.01	0.03	组成环	已知	☐	☐	

数据查看

公差属性　　分布属性　　热膨胀属性

已选中:0/19，求解值:0/1，未知:0/5　　　　　　✅ 确定　　❌ 取消

图 9.32　各组成环基本尺寸及上下偏差

习   题

1. 选择题

1）在计算机辅助公差设计中，用于定义零件尺寸允许变动范围的是（   ）。

A. 基准面　　　　　　B. 公差带　　　　　　C. 几何特征　　　　　　D. 材料属性

2）以下（   ）不是公差设计的主要目标。

A. 提高产品装配性能　　　　　　　B. 降低生产成本

C. 增大产品体积　　　　　　　　　D. 保证产品质量

3）在 CAD 软件中，进行公差分析时常用的软件模块是（   ）。

A. 渲染模块　　　　B. 装配分析模块　　　C. 公差分析模块　　　D. 动力学仿真模块

4）公差累计效应分析（Tolerance Stack-up Analysis）主要用于评估（   ）。

A. 单一零件的制造精度　　　　　　B. 装配体各零件间公差累积对装配精度的影响

C. 材料的热膨胀系数　　　　　　　D. 零件的表面粗糙度

5）下列（   ）表示方法适用于圆形零件的直径尺寸。

A. 线性公差　　　　　B. 角度公差　　　　　C. 直径公差　　　　　D. 形状公差

6）在公差设计中，使用公差带图的主要目的是（   ）。

A. 展示零件的详细结构　　　　　　B. 直观表示零件间的装配关系和公差要求

C. 分析零件的应力分布　　　　　　D. 预测零件的热变形

7）以下（   ）因素不会影响公差设计的结果。

A. 零件的制造工艺　　　　　　　　B. 零件的装配顺序

C. 零件的材质颜色　　　　　　　　D. 零件的使用环境

8）在 CAD 中，通过调整（   ）可以优化公差设计。

A. 零件的尺寸　　　B. 公差带的大小　　　C. 装配路径　　　　　D. 以上都是

9）使用蒙特卡洛模拟进行公差分析时，主要目的是（   ）。

A. 确定最坏的公差组合　　　　　　B. 评估公差分配方案对产品装配性能的影响

C. 预测产品的使用寿命　　　　　　D. 验证零件的强度

10）下列（   ）常用于计算机辅助公差设计。

A. SolidWorks　　　B. Photoshop　　　　C. MATLAB　　　　　D. Excel

2. 判断题

1）公差设计只关注零件的尺寸公差，不涉及形状和位置公差。（   ）

2）公差累计效应分析可以通过手工计算完成，无须使用计算机辅助工具。（   ）

3）在公差设计中，公差带越小，产品的制造成本越低。（   ）

4）公差带图的绘制需要依据零件的几何特征和装配关系。（   ）

5）蒙特卡洛模拟是一种概率统计方法，可用于评估公差分配方案的可靠性。（   ）

6）形状公差主要用于限制零件的实际形状与其理想形状的偏差。（   ）

7）零件的制造精度越高，其公差带必然越小。（   ）

8）公差设计的优化仅与公差带的大小有关，与零件的制造工艺无关。（   ）

9）在 CAD 软件中，公差分析模块通常与装配分析模块相互独立。（　　）

10）公差设计的目的之一是确保产品在制造和使用过程中的互换性。（　　）

3. 简答题

1）简述公差设计在产品开发过程中的重要性。

2）描述一种使用计算机辅助工具进行公差分析的基本流程。

4. 应用题

1）某公司设计了一款由多个零件组成的机械装置，现需进行公差设计以确保各零件能正确装配并满足性能要求。请列举出在进行公差设计时需要考虑的主要因素，并简要说明理由。

2）给定一个由两个零件装配而成的组件，零件 *A* 和零件 *B* 之间有一个配合面，要求装配后配合间隙为 0.1~0.2mm。零件 *A* 的制造公差为 ±0.05mm，请合理设计零件 *B* 的公差范围，并说明设计思路。

科学家科学史

"两弹一星"功勋科学家：彭桓武

参 考 文 献

[1] 邢闽芳，房强汉，陈丙三. 互换性与技术测量 ［M］. 4 版. 北京：清华大学出版社，2022.

[2] 张琳娜，赵凤霞，李晓沛. 简明公差标准应用手册 ［M］. 2 版. 上海：上海科学技术出版社，2010.

[3] 陈于萍，周兆元. 互换性与测量技术基础 ［M］. 2 版. 北京：机械工业出版社，2006.

[4] 王伯平. 互换性与测量技术基础 ［M］. 6 版. 北京：机械工业出版社，2023.

[5] 张也晗，刘永猛，刘品. 机械精度设计与检测基础 ［M］. 11 版. 哈尔滨：哈尔滨工业大学出版社，2021.

[6] 孟兆新，马惠萍. 机械精度设计基础 ［M］. 4 版. 北京：科学出版社，2022.